マーモセットラボマニュアル
はじめての取扱いから研究最前線まで

Laboratory Manual for marmoset studies
- From handling to the frontline of research -

監修　公益財団法人実験動物中央研究所
佐々木えりか

編集　**井上貴史**

黒滝陽子

日本クレア株式会社
三木理雅

アドスリー

序　文

　コモンマーモセット（マーモセット）研究のバイブルとして多くのマーモセット研究者に「緑本」と親しまれている谷岡功邦編著「マーモセットの飼育繁殖・実験手技・解剖組織」が発刊されてから22年が経った。この間，マーモセット研究は著しく発展し，わが国が世界を牽引する研究領域の一つとして挙げられるようになった。文部科学省（平成20〜25年）脳科学研究戦略推進プログラム「課題C」およびAMED（平成25〜30年）の脳科学研究戦略推進プログラム「霊長類モデル」のプロジェクトにおいて，トランスジェニックマーモセットおよびゲノム編集技術による標的遺伝子ノックアウト作製技術の開発，マーモセット全ゲノム解読，薬物代謝特性の理解がなされ，核磁気共鳴画像法（MRI），2光子顕微鏡など新たな画像解析技術の開発と，この技術を利用したマーモセット脳科学研究がとくに著しい発展をみせた。これらの研究は，平成26年度より開始された「革新的技術による脳機能ネットワークの全容解明プロジェクト」などに引継がれ，さらなる研究の進展が期待されている。マーモセット研究は，脳科学研究のみならずゲノム研究，発生学研究，免疫学研究，再生医学研究領域など多岐の研究領域に拡がり，平成24年には，日本マーモセット研究会（http://jsmr-marmoset.net/）が発足し，異領域研究，産学官の研究者の情報交換の場となっている。

　このような研究の発展と実験動物3Rの実現のために多くの非侵襲的，低侵襲的解析技術が開発されたことにより，マーモセット研究の基礎となる飼育技術，獣医学的管理，実験技術もより洗練され，新たな解析技術も多く確立されてきた。本書は，これら技術のアップデートを紹介することで，マーモセット研究のさらなる推進のサポートとなればと考えて編集されたものである。また，新規にマーモセットユーザーとなった研究者，マーモセットを使ってみたいけれどマーモセットの取扱いは難しそう，と躊躇している研究者にも実際にマーモセットの飼育，実験処置の方法を写真や動画を多用してイメージしやすいラボマニュアルとなるように務めた。

　ヒトに近縁であるマーモセットは，もともと実験結果をヒトに外挿しやすいモデル動物として注目され，前臨床研究モデルとして期待されてきた。近年，マウスで充分に研究され，哺乳類共通であると理解されていた生物学的特徴が実はマウス特有のものであることが明らかにされるといった新たな発見が相次いでおり，マーモセットは霊長類の生物学的特性を知るうえでも重要なモデルとなってきている。とくに，初期胚発生，生殖細胞の発生ではマウスと霊長類の相違が顕著であり，マーモセットはヒトを含む霊長類の発生を理解するためのモデルとして新たな注目を集めている。これらの新展開は，マーモセット発生工学，ゲノム情報学，イメージング技術の発達などが融合した結果である。そこで本書は，ラボマニュアルだけでなく，様々な研究領域の最前線のマーモセット研究の紹介ページを設けた。これら最前線の研究の紹介が，今後の異分野融合による新なるマーモセット研究の展開の一助になれば幸いである。

2018年7月

公益財団法人実験動物中央研究所マーモセット研究部
佐々木えりか

執筆者一覧

監　修

佐々木えりか　公益財団法人実験動物中央研究所マーモセット研究部
　　　　　　　応用発生学研究センター

編　集

井上貴史　　公益財団法人実験動物中央研究所マーモセット研究部疾患モデル研究室

黒滝陽子　　公益財団法人実験動物中央研究所事業部門 Tg マーモセット作製チーム

三木理雅　　日本クレア株式会社業務推進部

執筆者

石上暁代　　京都大学霊長類研究所

石淵智子　　公益財団法人実験動物中央研究所事業部門 Tg マーモセット作製チーム

入來篤史　　国立研究開発法人理化学研究所生命機能科学研究センター象徴概念発達研究チーム

植松明子　　慶應義塾大学医学部生理学教室

岡野栄之　　慶應義塾大学医学部生理学教室

喜多善亮　　国立研究開発法人理化学研究所脳神経科学研究センター

汲田和歌子　公益財団法人実験動物中央研究所マーモセット研究部応用発生学研究センター

小牧裕司　　公益財団法人実験動物中央研究所ライブイメージングセンター

榊原康文　　慶應義塾大学理工学部生命情報学科

佐藤賢哉　　公益財団法人実験動物中央研究所マーモセット研究部応用発生学研究センター

島田亜樹子　京都大学 iPS 細胞研究所未来生命科学開拓部門

下郡智美　　国立研究開発法人理化学研究所脳神経科学研究センター

蝉　克憲　　京都大学 iPS 細胞研究所未来生命科学開拓部門

外丸祐介　　広島大学自然科学研究支援開発センター

高島康弘　　京都大学 iPS 細胞研究所未来生命科学開拓部門

冨樫充良　　公益財団法人実験動物中央研究所事業部門 Tg マーモセット作製チーム

中村克樹　　京都大学霊長類研究所

秦　順一　　公益財団法人実験動物中央研究所・慶應義塾大学

垣生園子　　順天堂大学医学部医学研究科アトピー疾患研究センター

正水芳人　　東京大学大学院医学系研究科細胞分子生理学教室

松崎政紀　　東京大学大学院医学系研究科細胞分子生理学教室

峰重隆幸　　公益財団法人実験動物中央研究所マーモセット研究部疾患モデル研究室

三輪美樹　　京都大学霊長類研究所

山﨑由美子　国立研究開発法人理化学研究所生命機能科学研究センター象徴概念発達研究チーム

山崎浩史　　昭和薬科大学薬物動態学研究室

圦本晃海　　公益財団法人実験動物中央研究所マーモセット研究部疾患モデル研究室

李　佳穎　　公益財団法人実験動物中央研究所マーモセット研究部疾患モデル研究室

（50 音順 2018 年 7 月 31 日現在）

謝　辞

本書を執筆するにあたり、以下の方々にご協力をいただきましたこと深謝いたします。

執筆協力者（敬称略）

公益財団法人実験動物中央研究所
　岡原則夫
　鍵山直子
　川井健司
　佐々木絵美
　澤　延子
　関布美子
　堤　秀樹
　濱野　都
　林元展人
　森田華子
　保田昌彦
　山田祐子

株式会社ジェー・エー・シー
　上岡美智子
　澤田賀久
　山田知歩子

日本クレア株式会社
　鍵山謙介
　椿　正隆
　半田昌明

（50音順 2018 年 7 月 31 日現在）

目　次

基 本 編

1.1 マーモセットとは

井上貴史・佐々木えりか

　非ヒト霊長類（サル類）[a]の実験動物は古くより医学・生命科学研究に欠かせない存在としてその発展に貢献してきた。霊長類のみがもつ高次脳機能の解析，霊長類でのみ病態を示す感染症の研究，ヒトとの高い相同性に裏付けされた予測性の高い新薬・新規治療法の有効性・安全性評価など，実験用サル類の必要性はきわめて高い。マーモセットは，1）ヒトと同じ霊長類でありながら，2）小型で安全に取り扱いやすく，3）繁殖効率がよく遺伝子改変動物作製に適しているというメリットを持ち合わせた実験動物である。マーモセットを用いることでマウスなどのげっ歯類や他の動物種では困難であった実験が可能となり，難治性疾患の予防・治療法開発や未知の生命現象の解明が期待される。

　マーモセットを用いた研究を開始するにあたっては，まずはマーモセットのことをよく知っておくことが肝要である。本項では，マーモセットについての基本情報を提供する。

1 名称，分類，生息地

　マーモセット marmoset の名は小びとを指す古いフランス語 marmouset に由来するとされ，学名（属名）の *Callithrix* は綺麗な毛を意味する[2],[b]。それらの名が示すとおり，マーモセットは美しい被毛をもつ小型のサルである（図 1.1.1）。マーモセットといった場合には一般的にはマーモセット類の動物を指すが，本書でとりあげる実験動物のマーモセットはコモンマーモセット *Callithrix jacchus* という種である。以降，本書において「マーモセット」とはコモンマーモセットを指すこととする。

　マーモセットはヒトと同じ真猿類に分類される。真猿類のサルはアジア・アフリカを原産とする旧世界ザルと中南米原産の新世界ザルの2つのグループに大きく分けられるが[c]，マーモセットは後者に属する（図 1.1.2）。旧世界ザルと新世界ザルは3000〜4000万年前に共通の祖先から分岐したとされ，それぞれ独自に進化を遂げており[4]，新世界ザルのマーモセットは真猿類としてヒトと

[a] 霊長類（霊長目 Primates）には近年の分類では300以上もの種が報告されている[1]。ヒト以外の霊長類を非ヒト霊長類 nonhuman primate（NHP と略される）と総称し，サル類とは広義には非ヒト霊長類のことを指す。狭義にはサル monkey とは，チンパンジー，ゴリラ，オランウータンなどの類人猿 ape とロリス，キツネザルなどの原猿 prosimian 以外の霊長類を指す（図 1.1.2）。

[b] マーモセット類の属名 *Callithrix* は，ギリシャ語の Kalos「綺麗な」と thrix「毛」からの造語。和名としては近縁のタマリン類を含めてキヌザルやキヌゲザルとも呼称されることがあるが，現在ではあまり用いられない。ちなみに，キヌザルは異名（synonym）の *Hapale*（ギリシャ語で「柔らかいもの，優しいもの」を意味する）に由来する[2]。

[c] 旧世界ザルと新世界ザルは，鼻の形態が異なる。旧世界ザルの分類名は狭鼻猿類であり，鼻の穴の間隔が狭く，穴は下方あるいは前方に空いている。一方，マーモセットなどの新世界ザルの分類名は広鼻猿類であり，鼻の穴の間隔が広く，穴が外側に向いている（図 1.1.4）。

図 1.1.1 コモンマーモセット *Callithrix jacchus*

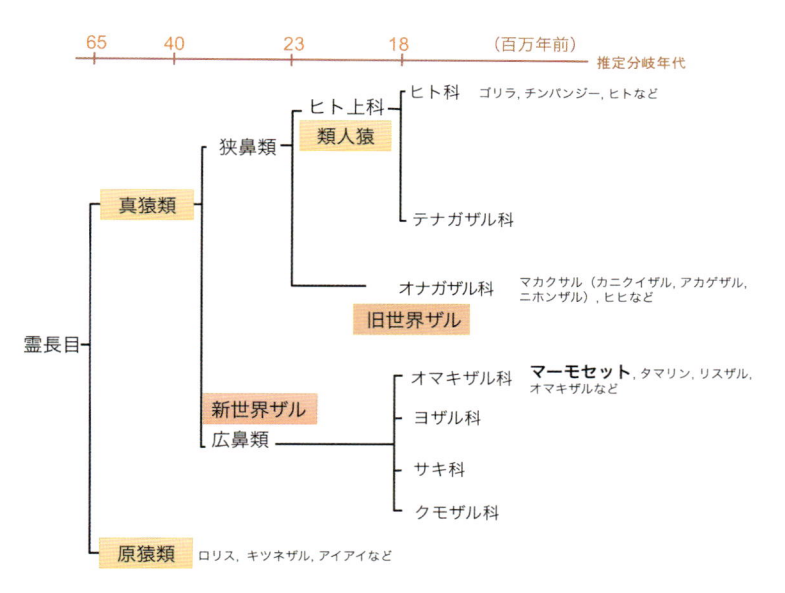

図 1.1.2　霊長類の系統樹

最近の分類では，メガネザル類が真猿類に近い特徴をもつことから，真猿類とメガネザル類をあわせて直鼻猿類，キツネザル類とロリス類を曲鼻猿類，としてグループ分けされている[3]。ここでは旧来の分類にもとづく系統樹を示した。

図 1.1.4

狭鼻類（旧世界ザル，左）のカニクイザルと広鼻類（新世界ザル，右）のコモンマーモセット

カニクイザルの写真は依馬正次先生提供

の類似性をもちながら，旧世界ザルのマカク属（カニクイザル，アカゲザルなど）とは異なるユニークな特徴を有している。マーモセット類の分類体系には議論があるようであるが，近縁なタマリン類とともにマーモセット科 Callitrichidae あるいはマーモセット亜科 Callitrichinae として分類される。このグループには *Callithrix*（マーモセット），*Cebuella*（ピグミーマーモセット），*Saguinus*（タマリン），*Leontopithecus*（ライオンタマリン）の4属の50以上の種・亜種が記載されており，非常に多様性に富んだ分類群となっている[d,5]。

　コモンマーモセットはブラジル北東部の熱帯の大西洋岸地域が原産であり（図 1.1.3），大西洋岸森林や caatinga と呼ばれる乾生の潅木林に生息している。絶滅は危惧はされておらず，二次林や林縁部など人間の生活環境に近い地域においても生息している。また，人為的な導入により生息域が拡がっており，リオデジャネイロやアルゼンチンのブエノスアイレスの都市近郊においても観察されているとの報告もある[5]。野生のマーモセットは樹上生活性で行動圏は 0.5 ～ 6.5 ha と広く，食性は雑食性で樹液・樹脂や果実，昆虫，小動物などを食べることが報告されている[5,e]。

コモンマーモセットの生息地

図 1.1.3　野生のコモンマーモセット（左）と生息地域（右）
写真はナタル市の海岸近くの公園 "Parque das dunas" にて撮影。

ⓓ 多様な新世界ザルのなかで，マーモセットはオマキザル科 Cebidae に含まれる。オマキザル科には，マーモセットが属するマーモセット亜科 Callitrichinae の他，新世界ザルとしてはマーモセットに次いでバイオメディカル領域で使用される新世界ザルであるコモンリスザルなどのリスザル亜科 Saimiriinae，と道具を巧みに使うことで知られるフサオマキザルなどのオマキザル亜科 Cebinae が含まれる。マーモセット亜科には，かつてウイルス性肝炎モデルや潰瘍性大腸炎のモデルなどにも使用された白い頭の毛が特徴的なワタボウシタマリン，黄金色の美しいライオンタマリン，世界最小の真猿類ピグミーマーモセットなどの希少種を含む40種以上が現在認められている[3]。マーモセット属 *Callithrix* には 20 種以上が認められているが，アマゾン川流域の熱帯雨林に生息する種と大西洋岸地域に生息する種がある。

2 形態と基本的特徴

マーモセットは成体で体重 300 ～ 500 g，体長（頭胴長）20 cm 程度のラットぐらいの体サイズで，体長よりも長い尾をもち，白い耳の房毛や縞模様の被毛が特徴的である（図 1.1.1）。マーモセットの基本的情報を表 1.1.1 に示した。オスとメスで生殖器以外，体格や外貌に明確な差は認められない（図 1.1.5a）。四肢の指は後肢の第一指のみ霊長類の特徴である平爪をもつが，それ以外は鉤爪であり，樹上生活に適応したものと考えられている（図 1.1.5b）。前肢の親指（第一指）とその他の指は離れているが，向きはほぼ同じで拇指対向性は弱く，指と掌の間でものをつかむ。

歯数はヒトと同じ 32 本であるが，小臼歯 3 本，大臼歯 2 本であることがヒトと異なる[f]。マーモセットの切歯はとくに下顎において犬歯と同様に細長く尖っており（図 1.1.5c），舌は長いが，これらは木をかじって穴を開けて浸み出した樹液・樹脂を舐めることに適応していると考えられている。飼育下では配合飼料を主として給餌されるが，木をかじる行動はよく観察される。

表 1.1.1 マーモセットの基本的情報

英名	common marmoset
学名	*Callithrix jacchus*
分類	霊長目 直鼻亜目 真猿下目 広鼻小目 オマキザル科
原産	ブラジル北東部
体重	250 ～ 500 g（成熟個体） 25 ～ 40 g（出生児）
体長	17 ～ 23 cm（頭胴長）
染色体数	$2n = 46$
寿命 *	平均 12 年（20 年以上も）
集団構成	ファミリー（繁殖ペアと子） 父親，兄姉も子育てに参加
生理・生態特徴	昼行性 樹上生活性 多彩な音声コミュニケーション 同腹子は血液キメラとなる 好奇心旺盛

* 日本クレアの繁殖コロニーにおける調査[3] より

a
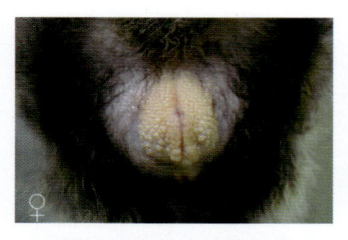
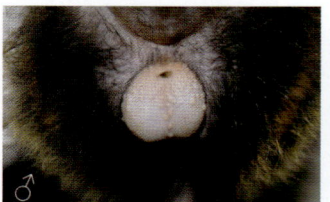

b
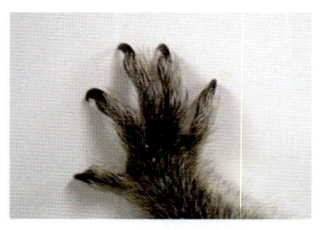

c
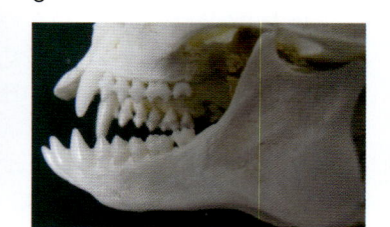

[e] 野生のマーモセットについては 6 章のコラムを参照のこと。また，野生のマーモセットの美しい写真は，" Common marmoset care" http://www.marmosetcare.com というウェブサイトで多数みることができる。当サイトは英国の Sterling 大学の Buchanan-Smith 教授らによって National Centre for the Replacement, Refinement & Reduction of Animals in Research（NC3Rs）と英国霊長類学会の支援を受けてマーモセットの動物福祉啓蒙を目的に作成されたもので，野生マーモセットの写真の他，マーモセットの行動，鳴き声や推奨される飼育方法がわかりやすく紹介されており，たいへん参考になる。

[f] 歯式（I：切歯，C：犬歯，P：小臼歯，M：大臼歯）
　ヒト・マカクサル I 2/2 C 1/1 P2/2 M3/3
　マーモセット I 2/2 C 1/1 P3/3 M2/2

図 1.1.5
コモンマーモセットの a）外部生殖器，b）手（前肢，左）と足（後肢，右），c）頭骨と歯

マーモセットは昼行性であり，日中はケージ網や止まり木をよじ登ったり，跳び移ったり，伝い歩きしたりする行動がよく観察される。動作は機敏で跳躍や宙返りをするが，後肢の筋肉はよく発達しており，高い跳躍力を生み出している。歩行は4足歩行であるが，2足で起立して前肢を自由に使う。消灯後は通常，腹這いになって眠り，ほとんど活動しない。夜間の代謝低下は著しく，体温は日中にくらべ3℃ほど低下する[6], [8]。また，マーモセットの鳴き声にはいろいろなパターンがあり，鳴き交わしによる音声コミュニケーションが発達している。例として，「ピーッ，ピーッ」という長い鳴き声は phee とよばれ，仲間から離れたときに発せられることが多く，遠くの仲間を呼ぶ声であることが示唆されている。また，「ケケケッ，ケケケッ」という短い声は egg または ek と呼ばれ，新しいものを見たときなど少し不安がっている際に発せられる鳴き声として知られている[7], [e]。実験動物として維持されているマーモセットは好奇心旺盛であり，ケージ越しにものを与えると多くの場合に近づいて来てつかもうとする。また，新しいものに対しても，つかんだり，噛んだりと恐れずに興味を示すことが多い。

マーモセットの仲間のユニークな特徴として，双子や三つ子の同腹子が互いに血液（骨髄）キメラとなるという性質がある。これは，それぞれの胎子の胎盤が癒合して胎子期に同腹子の間で血流を交換することに由来する（図1.1.6，コラム1参照）[h]。血液キメラにより同腹子は互いに免疫寛容となることから，この特性が移植研究にも応用されている[8]。

[g] 測定部位や方法による差はあるものの，マーモセットの日中の体温は38〜39℃，夜間は35〜36℃である。点灯直後や消灯前には体温が変動するので，測定の際には注意が必要である。複数飼育の場合には寄り添って眠ることが観察されるが，これは睡眠中の体温維持に役立っているものと考えられる。

[h] 近縁種のウィードマーモセット *Callithrix kuhlii* では血液細胞だけでなく，体細胞や生殖細胞においても同腹子同士がキメラになることが報告されている[9]。

3 繁殖と生活史

マーモセットは霊長類のなかでは高い繁殖能力をもつ動物である。通年繁殖であり，飼育下では通常1回に双子，三ツ子を出産する（表1.1.2）。妊娠期間は約145日で母親は授乳中でも出産後の排卵で間隔を開けずに妊娠するため，155日から160日の間隔で出産可能である。メスの性周期は28日間で月経出血

表1.1.2　マーモセットの繁殖特性 ― カニクイザルとの比較

動物種	マーモセット	カニクイザル
性成熟	1〜1.5年	3〜4年
産子数（1回）	2〜3頭（4頭以上も）	1頭
妊娠期間	145〜148日	175〜180日
分娩間隔	154〜157日	約550日
年間産子数	4〜6頭	＜1頭
生涯分娩回数	20〜30産	10〜12産
生涯産子数（概算）	40〜80頭	10〜12頭

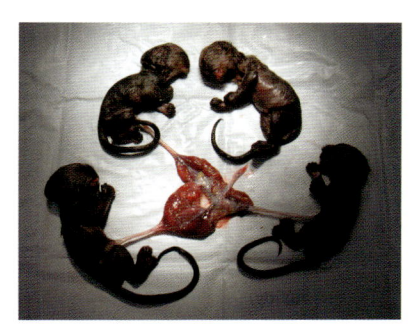

図1.1.6　マーモセットの胎子と胎盤
4子妊娠の死産例．同腹子の胎盤は癒合している。

は認められない。繁殖ペアでは日常的に交尾行動がよく観察される。

　新生子は生後約3ヵ月で離乳して10〜15ヵ月で性成熟し，通常は1〜2年ほどで体重増加が終了する（2章図2.3.3参照）[10],①。性成熟後すぐにペアリングをしても繁殖に成功しないことがあり，繁殖開始は1.5〜2歳齢以降が推奨される[12,13]。野生においてマーモセットは繁殖ペアとその子どもたちからなる3〜15頭程度の「ファミリー」で生活している。例外もあるとの報告もあるが，基本的に一夫一婦制である[5]。これは，複数の血縁関係のない繁殖個体がいる「群れ」で生活するマカクサルなどの他のサル類とは異なる。マーモセットのファミリーにおいて，繁殖メス以外のメス個体（娘）では通常，性成熟に達しても性周期が抑制されることが知られている[10]。マーモセットの育子は母親だけでなく，父親や兄妹が協力して行うことも特徴的である。マーモセットの新生子は成体の10分の1ほどの体重があり，育子中は子どもを背負って活動するため（図1.1.7），母親の授乳や妊娠の負担を軽減するようファミリーで協力して育子をするように適応してきたと考えられている。繁殖ペアでは長いものでは10年以上繁殖することもある[13]。

　寿命としては，日本クレアの繁殖コロニーにおける調査では平均生存期間は雌で9歳，雄で12歳であり，最長では21歳まで生存したことが報告されている[14],①。飼育下では7〜8歳で死亡率の上昇や被毛の白色化などが認められることから，この時期から老化が開始していると考えられている[10]。

▮4 実験動物としてのマーモセットの特性

　マーモセットは前述のとおり，ラット程度の体サイズで，マカクサルのなかで小型のカニクイザルの10分の1程度のサイズである。また，実験動物として繁殖されているマーモセットは温厚でヒトにもよく馴れ，優しく丁寧にハンドリングすれば攻撃的になることはない。マーモセットではマカクサルで問題となるBウイルスなどの危険な人獣共通感染症の病原体の保有の報告はなく，国内において室内繁殖で維持されているためその他の感染症のリスクも比較的低い（4章参照）。そのため，簡単なトレーニングにより研究者や技術者が容易に安全に取り扱うことができる。

① 行動，性ホルモン，体重増加の指標から，離乳までの生後3ヵ月齢までを新生子（infant），性成熟前の4〜9ヵ月齢を幼若（juvenile），性成熟に達する10〜15ヵ月を亜成体（subadult），16ヵ月以降を成体（adult）と認識されている[11]。

① 雄にくらべて雌で生存期間が短いことは妊娠・出産の負担と周産期の健康障害によるものと考察されている[14]。

図1.1.7　マーモセットの親子
育子中は母親だけでなく父親も子どもを背負って活動する。

創薬や細胞移植療法の研究開発の初期段階において，新薬の大量合成や細胞の大量調製が技術的，経済的に困難なことがある。そのような場合，小型であるため，少ない新薬や細胞で実験可能であることはマーモセットの大きな利点である[k]。また，霊長類を実験に使用する際には動物福祉について十分に配慮しなければならないが，マーモセットでは十分な飼育スペースの確保とペアやファミリーでの飼育が比較的容易であり，動物によりよい飼育環境を提供しやすいことも利点の一つとして挙げられる。

前述のとおり，マーモセットは1年に2回出産し，飼育下では1回に1～3子を産むという繁殖特性を有する。一方，マカクサルのなかで繁殖効率がよいカニクイザルは1年1産1子で，性成熟まで3～4年かかる（表1.1.2）。1頭のメスの誕生後10年間の産子数を比較するとカニクイザル約7頭に対してマーモセットは約50頭と繁殖サイクルに大きな差があり，遺伝子改変霊長類の系統作製とその実用においてマーモセットの優位性は高い。繁殖効率がよいマーモセットは国内に複数の繁殖コロニーがあり，実験動物として供給されており，微生物学的・遺伝学的にコントロールされた動物の安定入手が可能である。

かつては，小型であることで血液などのサンプル量が少ないことや外科手術の機材が限られること，またゲノムや抗体などの研究ツールが整備されていないことがマーモセットを用いた実験をする際の障壁であった。しかし，解析や機材の技術の進歩と研究ツールの整備によりこれらのマーモセットの実験動物としての弱点は克服されてきている（5章参照）[k]。

5 実験動物としてのマーモセットの歴史

マーモセットは古くから展示動物，愛玩動物として飼育されていたようであるが，実験動物として使用が本格化するのは1960年半ばから1970年代にかけてである[m]。この時期に，欧州や米国を中心に複数の実験動物用マーモセットの繁殖コロニーの基礎がつくられた。1975年以降，ワシントン条約によりブラジル政府はマーモセットの輸出を規制しており，現在実験に使用されている動

[k] マウスの実験で必要な被験物質や細胞の量を1とすると，マーモセットでは10～20，カニクイザルでは200～1000，ヒトでは2000～10000の量が必要となる。

[l] マーモセットは新世界ザルとして初めて全ゲノム解読がなされ，2014年にワシントン大学を中心とするグループによって報告された[15]。しかし，このゲノム配列は空白の領域が多いドラフト配列であったため，2016年に慶應義塾大学などの共同研究により改良された全ゲノム配列が報告されている[16]（5章参照）。

ESTクローンやES細胞株は実験動物中央研究所から理化学研究所に寄託されて頒布されている。（マーモセットのcDNAライブラリーのEST解析ではヒトと94～95%の配列相同性が認められた[17]）。

マーモセットは抗ヒト抗体の交差反応性が高く，マカクサルほど多くの抗体が交差しないものの分子（抗原）によっては抗ヒト抗体を用いて解析が可能である[18]。マーモセット細胞表面マーカーやサイトカインのモノクローナル抗体も市販されている（付録表1参照）。

[m] 愛くるしい容姿のためか，古くからマーモセットは愛玩動物として飼育されていたようであり，17世紀の絵画にもマーモセットが描かれている（図1.1.8）。

マーモセットを用いた研究としては，PubMed（NCBI）において"marmoset"と検索すると，最も古い文献として1919年の野口英世による黄熱病の病原体と誤認されていたレプトスピラ菌の感染実験の報告[21]が見つかる（使用動物の種名は記載されておらず，コモンマーモセットであるかは不明である）。次いで1930年のDavisの本物の黄熱の病原体である黄熱ウイルスの感染実験の報告[22]が見つかるが，これらは野生捕獲個体の使用と考えられる。

図 1.1.8 コモンマーモセットが描かれた17世紀の絵画（ヘレネの略奪　ルーブル美術館所蔵）。右はマーモセットが描かれた部分の拡大

物の大半はこの時期に確立されたコロニー由来のものと考えられる。その後，動物の生理，繁殖に関する研究がすすみ，飼育・繁殖方法の整備，基礎データの蓄積がなされ，1990 年代には生産供給体制が整い安定して研究に使用されるようになった。

実験動物中央研究所（以下実中研と表記）では，1970 年代から動物を導入し，飼育繁殖を開始した。当初は栄養不良や細菌感染で動物が死亡することもあったが，1980 年代初めに英国の Imperial Chemical Industries 社（当時）より導入した動物をもとに，環境や飼育方法の改良を進めて繁殖を続けてコロニーを確立した [19],[n]。その後，これらの個体をもとに特性や実験利用についての研究が行われ [20]，1990 年代には繁殖コロニーを日本クレアに移管した。実中研コロニー由来の動物はこれまでに国内の多数の研究機関に分与され，繁殖維持されている。

6 研究領域

マーモセットは，マウスとヒトとのギャップを埋める霊長類実験動物として，神経科学，感染症，発生・再生分野，創薬など幅広く研究に利用されている（表 1.1.3）。近年ではレンチウイルスベクターによるトランスジェニックマーモセットの作出方法が確立され（図 1.1.9）[23]，ゲノム編集技術による標的遺伝子ノックアウト動物の作出も成功している [24]（6 章参照）。今後，遺伝子改変マーモセットによる種々の疾患モデルが開発され，これまでに解明されていない難治性疾患の病態メカニズムが明らかとなり，新薬や新規治療法開発に貢献することが期待される。以下に代表的な研究領域での利用について紹介する。

（1）神経科学

マーモセットは霊長類に特異的な中枢神経系とそれに裏付けされた高次中枢神経機能を有しており，神経科学研究におけるモデル動物の一種として定着してきている（6 章参照）。マーモセットの脳は脳溝が少なく不明瞭であるが脳全体の基本構造はヒトと類似しており，脳内の遺伝子発現様式がげっ歯類と明瞭に異なること [25] や視覚や聴覚などの高度な知覚プロセスに対応する大脳皮質領域を有することなどが示されている [26],[o]。

マーモセットを用いた中枢神経疾患モデルとしては，パーキンソン病，多発性硬化症，脊髄損傷などが病態機序解明や創薬，新規治療法の評価に応用さ

表 1.1.3 マーモセットが利用されている研究領域の例

研究領域	内容・キーワード
神経科学	高次脳機能解析，視覚・聴覚，行動・発達
	神経疾患：パーキンソン病（MPTP モデルなど），多発性硬化症（実験的自己免疫性脳脊髄炎（EAE）モデル），脊髄損傷，ハンチントン病，アルツハイマー病，脳梗塞
感染症	ウイルス性肝炎：A 型肝炎，C 型肝炎（近縁の GB ウイルス B による代替モデル），麻疹，Epstein-Bar（EB）ウイルス，エボラ出血熱，マールブルグ病，デング熱・出血熱，MERS，SARS，ジカ熱，インフルエンザ，結核，炭疽，プリオン病
発生・再生	ES 細胞，iPS 細胞，再生医療，遺伝子改変霊長類モデル，ゲノム編集
医薬品評価	薬物動態，薬理試験，毒性試験（とくに生殖発生），バイオ医薬品（抗体医薬，核酸医薬）

[n] 実中研では小型霊長類の実験動物開発プロジェクトとして当初，コモンマーモセットの他，ワタボウシタマリンやクチヒゲタマリン，シルバーマーモセットなど 12 種の小型サル類が導入されて検討が行われた [19]。

[o] マーモセットには多種の鳴き声があり，音声コニュニケーションが発達していることから言語発達のモデルとしても研究されている [27]。マーモセットでは研究室においてヒトと類似した家族（ファミリー）の社会行動の再現が可能であることから，発達障害や社会的行動障害の病態モデルとしての利用も期待される。

図 1.1.9 Nature 誌の表紙となったトランスジェニックマーモセット
"Biomedical Super Model" との見出し。

れている。パーキンソン病（PD）モデルはマーモセットで最も応用されている病態モデルの一つである[28]。マーモセットでは神経毒の 1-methyl-4-phenyl-1,2,3,6-tetrahydropyridine（MPTP）の全身投与あるいは 6-ヒドロキシドパミン（6-OHDA）の定位注入により黒質 - 線条体のドパミン作動性ニューロンの変性・脱落を誘導する方法や，ウイルスベクターの黒質注入などにより α シヌクレインを過剰発現させる方法による PD の病態作出が行われている[29]。とくに MPTP 投与による PD モデルは 1984 年に Jenner らにより報告されて以来，PD の発症機序や治療薬開発の研究に応用されてきた[30]。本モデルでは PD の主要徴候である無動，振戦，筋固縮，姿勢保持障害が明瞭に観察され，さらにドパミン補充療法薬 L- ドパの長期投与の副作用であるディスキネジア（不随意運動）を発現する[31]。他のサル類に比較して小型で運動が活発なマーモセットでは行動評価に好適であり，毒物である MPTP の投与時の安全管理がしやすいことからもその有用性が認められている[ⓟ]。

　多発性硬化症（MS）の病態モデルとして，精製ミエリンやミエリンタンパク（Myelin oligodendrocyte glycoprotein（MOG）など）を抗原として接種して免疫誘導させる実験的自己免疫性脳脊髄炎（EAE）モデルがマーモセットでも応用されており，ヒトの再発寛解型 MS に類似した臨床徴候や神経病理所見が認められている[32]。中枢神経系や免疫系がヒトに近いマーモセットによる EAE は，マウスモデルとヒト MS とのギャップを埋めるモデルとして有用性が高い[ⓠ]。

　マーモセットの脊髄損傷モデルは，基礎研究と臨床をつなぐトランスレーショナルリサーチにおいて重要な動物モデルとして貢献している。頸髄圧挫損傷モデルおよび脊髄半切モデルが運動機能評価や MRI による画像評価とともに確立されており[34,35]，実際に肝増殖因子（HGF）の髄腔内投与[36]や iPS 細胞由来の神経幹細胞／前駆細胞移植[37]による運動機能改善が脊髄損傷マーモセットにおいて検証され，臨床応用に向けて研究が進展している。

ⓟ MPTP 投与による PD モデルでは病態が急性に発現し，PD の神経病理学的特徴であるレビー小体の形成が認められないなど，実際の PD とは異なる点も多い。現在開発中のトランスジェニックの PD モデルでは，神経病理学的な類似性が高く，病態の進行機序や運動障害以外の徴候についての解析が可能となることが期待される。

ⓠ 例えば，原因が解明されていない MS の環境要因の一つとして EB ウイルス感染が知られているが，EB ウイルスの実験感染が可能で EB ウイルスに近縁のリンフォクリプトウイルス（Callithrichine herpesvirus-3）の自然感染が認められるマーモセットではこれらのウイルス感染と MS 発症の関連機序の解析が進められている[33]。

(2) 感染症

　ヒト病原体への高い感受性と病態発現の類似性から，マーモセットは古くからヒト感染症のモデルとして利用されており，A 型肝炎，C 型肝炎（近縁の GB ウイルス B による代替モデル），麻疹，Epstein-Bar（EB）ウイルスなどの感染モデルとしての有用性が示されている [28],[r]。

　近年ではエボラ出血熱，マールブルグ病，インフルエンザ，結核など新興・再興感染症の病態発現機序や予防・治療法の開発の研究にマーモセットが利用されている [39,40,41]。とくにデング熱・出血熱や中東呼吸器症候群（MERS）では他のサル類と比較して臨床症状などの病原発現がヒトに類似していることから治療薬やワクチン開発に好適な感染モデルであることが示されている [42,43]。最近では中南米を中心に流行して問題となっているジカ熱においてもヒトにおける病原性を解明するモデルとなることが期待されている [44]。

(3) 創薬研究

　マーモセットの薬物作用におけるヒトとの類似性は高く，げっ歯類では発現しなかったサリドマイドによる催奇形性が再現された [45] ことでかつて注目された。以後，医薬品の評価試験での有用性が認められており，実際にマーモセットによる試験で承認申請された医薬品はタミフルやディオバンなど少なくない [46],[s]。薬物代謝の第 1 相反応を担う酵素群であるシトクロム P450（CYP）の解析も進められており，主要な CYP 分子種におけるマーモセットとヒトとのアミノ酸相同性は 90% 以上と高く，その薬物代謝作用も類似していることが *in vitro* および *in vivo* 実験から明らかとなっている（6 章参照）[47]。また，薬物の脳移行性を制御する血液脳関門（blood-brain barrier）に関しても，脳毛細血管における各種のトランスポーター，受容体，タイトジャンクションタンパク質の定量発現解析によってマーモセットがヒトと強い相関を示すことが報告されている [48]。

ⓡ EB ウイルスの感染によりトランスフォームされたマーモセットの B リンパ芽球細胞由来の B95a 細胞株は，麻疹ウイルスを効率的に病原性保持したまま分離できることが見出され [38]，麻疹ウイルスをはじめとしてウイルス研究に貢献している。

ⓢ ヒトとの遺伝子相同性の高い霊長類実験動物はバイオ医薬品の評価での有用性が高いが，マーモセットも抗体医薬の評価に利用されている。インターロイキン -1 β（IL-1 β）を標的としたモノクローナル抗体医薬のカナキヌマブ（商品名イラリス）がある。この抗体はマウス，ラット，ウサギはもとより IL-1 β 遺伝子に 96% の配列相同性があるカニクイザル，アカゲザルにも反応性が認められなかった。そのようななか，マーモセットの IL-1 β に対してヒトと同等の高い結合性が認められたために本抗体の開発試験にマーモセットが用いられた [49]。

■ 参考文献 ■

1) Rylands AB, Mittermeier RA: Evol Anthropol, 2014; **23**（1）: 8-10.

2) 岩本光雄: 霊長類研究, 1998; 4:134-44.

3) Willson DE and Reeder DM（Ed.）: "Mammal Species of the World. A Taxonomic and Geographic Reference, 3rd ed.", Johns Hopkins University Press（2005）.

4) Springer MS, et al.: Trans R Soc Lond B Biol Sci, 2011; **366**（1577）: 2478-502.

5) Rylands AB（Ed.）: "Marmosets and Tamarins: Systematics,Behaviour and Ecology", Oxford University Press（1993）.

6) Hetherington CM: Lab Anim, 1978; **12**（2）: 107-8.

7) Bezerra BM and Souto A: Int J Primatol, 2008; **29**:671-701.

8) Yamaguchi M, et al.: Neurosci Res, 2009; **65**（4）: 384-92.

9) Ross CN, et al.: Proc Natl Acad Sci USA, 2007; **104**（15）: 6278-82.

10) Abbott DH: Comp Med, 2003; **53**（4）: 339-50.

11) Schultz-Darken N. et al.: Dev Psychobiol, 2016, **58**（2）: 141-58.

12) Tardif SD, et al.: Comp Med, 2003; **53**（4）: 364-8.

13) 谷岡功邦編: "マーモセットの飼育繁殖・実験手技・解剖組織", アドスリー（1996）.

14) Nishijima K, et al.: Biogerontology, 2012; **13**（4）: 439-43.

15) Marmoset Genome Sequencing and Analysis Consortium: Nat Genet, 2014; **46**（8）: 850-7.

16) Sato K, et al.: Sci Rep, 2015; **20**（5）: 16894.

17) Tatsumoto S, et al.: DNA Res, 2013; **20**（3）: 255–62.

18) Neumann B, et al.: J Med Primatol, 2016; **45**（3）: 139-46.

19) 佐々木えりか他: 実中研レポート 2010; **3**: 2-13.

20) 野村達次, 谷岡功邦編: "コモンマーモセットの特定と実験利用", ソフトサイエンス（1989）.

21) Noguchi H : J Exp Med, 1919; **29**（6）: 586-96.

22) Davis NC: J Exp Med, 1930; **52**（3）: 405-16.

23) Sasaki E, et al.: Nature, 2009; **459**（7246）: 523-7.

24) Sato K, et al.: Cell Stem Cell, 2016; **19**（1）: 127-38.

25) Mashiko H, et al.: J Neurosci, 2012; **32**（15）: 5039-53.

26) Bendor D, et al.: Nature, 2005; **436**: 1161-5.

27) Takahashi D, et al: Science, 2015; **349**（6249）: 734-8.

28) Mansfield K: Comp Med, 2003; **53**（4）: 383-92.

29) Eslamboli A: Brain Res Bull, 2005; **68**（3）: 140-9.

30) Jenner P, et al.: Neurosci Lett, 1984; **50**（1-3）: 85-90.

31) Ando K, et al.: Pharmacol Biochem Behav, 2014; **127**: 62-9.

32) 't Hart BA, et al.: Ann Clin Transl Neurol, 2015; **2**（5）: 581-93.

33) 't Hart BA, et al.: Trends Mol Med, 2016; **22**（12）: 1012-24.

34) Iwanami A, et al.: J Neurosci Res, 2005; **80**（2）: 172-81.

35) Fujiyoshi K, et al.: J Neurosci, 2007; **27**（44）: 11991-8.

36) Kitamura K, et al.: PLoS One, 2011; **6**（11）: e27706.

37) Kobayashi Y, et al.: PLoS One, 2012; **7**（12）: e52787.

38) Kobune F, et al.: J Virol, 1990; **64**（2）: 700-5.

39) Carrion R, et al.: Virology, 2011; **420**（2）: 117-24.

40) Via LE, et al.: Infect Immun, Aug 2013; **81**（8）: 2909-19.

41) Iwatsuki-Horimoto K: Front Microbiol, 2018; 09.

42) Omatsu T, et al.: J Gen Virol, 2011; **92**（10）: 2272-80.

43) Falzarano D, et al.: PLoS Pathog, 2014; **10**（8）: e1004250.

44) Chiu CY, et al.: Sci Rep, 2017; **7**（1）: 17126.

45) Poswillo DE, et al.: Nature, 1972; **239**（5373）: 460-2.

46) Orsi A, et al.: Regul Toxicol Pharmacol, 2011; **59**（1）: 19-27.

47) Uno Y, *et al.*: Biochem Pharmacol, 2016; **121**: 1-7.

48) Hoshi Y, *et al.*: J Pharm Sci, 2013; **102** (9) : 3343-55.

49) Rondeau JM, *et al.*: MAbs, 2015; **7** (6) : 1151-60, 2015.

COLUMN **1**

キメラ

中村 克樹

　コモンマーモセットは通常２頭あるいは３頭出産する。妊娠初期に２頭あるいは３頭の胎子の胎盤が融合し，血管が吻合する。胎盤融合は19日齢から始まり29日齢で完成する。血流を共有するため，ある胎子の細胞が別の胎子との間を行き来することになる。このように他個体の細胞やDNAが混じって存在する現象をマイクロキメリズム（キメラと省略して記載する）と呼ぶ。長年霊長類の研究者は，マーモセットやタマリンでは骨髄（血液細胞や免疫細胞を作る組織）にキメラがあるということを知っていた。実際にコモンマーモセットで調べてみると，双子の95%がこのような血液キメラであった。コモンマーモセットは生涯を通じて他個体の細胞に対して免疫寛容を示し続けることができるのである。免疫の研究者は，この仕組みを解明できれば臓器移植の際の拒絶反応を防ぐ方法が見つかるのではないかと考え，モデル動物として多く使うようになったくらいである。しかし詳細な研究か

ら，実はキメラになっているのは血液細胞だけではないことがわかってきた。血流交換の始まる時期に，胚性幹細胞（ES細胞）も血流に乗り交換が起こっている。その結果，自身のES細胞と同腹子由来のES組織から組織ができることになる。ある研究で調べた12種類の器官すべてでキメラが認められた。その中には，胎盤・血液はもちろん，脾臓・肝臓・心臓・毛・肺・腎臓・性腺・皮膚・脳・筋肉が含まれていた。胎盤と血液では100%，脾臓では50%，内臓では10〜40%程度，皮膚で5.6%，脳で3.2%，筋肉で2.9%の確率でキメラが見つかった。さらに精子で57%，唾液で52%，糞便でも9%の確率でキメラが発見された。36頭のコモンマーモセットを調べ，そのうち実に7割以上の26頭で，少なくとも1つの臓器でキメラが見つかった。ここまで様々な場所でキメラが起こっていると，当該個体のDNAを採取し保存するためには，血液を含まない筋肉など適当な器官（生体では爪が

もっともよい）を選んで保存しなければならない。また，生殖細胞にもキメラがあるため，ある父親と母親から生まれた子が必ずしも同じ遺伝的背景があるとはいえなくなる。非常にややこしいことになる。実際に，あるメスのコモンマーモセットの卵細胞に同腹子のオスのDNAが混ざっていた。そのメスから生まれた赤ちゃんのDNAは，その赤ちゃんからみると「おじさん」にあたる個体と父親から受け継がれていたのである。コモンマーモセットの遺伝子がどのように受け継がれているのかは，詳細に検討する必要がありそうだ。自分の産んだ子であっても，自分のDNAを継いでおらず同腹子のDNAを継いだ子であるかもしれないという状況が，彼らの子育ての協力行動ともし関係しているとすると生物学的には大変面白い。

Ross CN, *et al.*：Proc Natl Acad Sci USA, 2007; **104**: 6278-6282.

Sweeney T, *et al.*：BMC Genomics, 2012; **13**: 98.

同腹子の間で胎盤が融合し血流を共有するので様々な臓器でマイクロキメリズム（キメラ）が認められる。生殖細胞がキメラになっている場合もあり，特定のペアから生まれた子が必ずしも同じ遺伝的背景をもつとはかぎらない。

1.2 コモンマーモセットの行動・習性に配慮した飼育環境とは

中村克樹・三輪美樹・石上暁代

コモンマーモセットは近年様々な医科学・生命科学研究に用いられるようになってきている[1]。ここでは、実験用のコモンマーモセットの行動・習性を基に、どのような環境で飼育することが望ましいかを記述したい。インターネット上にも欧米のガイドライン[2,3,4]があるので、そちらも参考にされることをお薦めする。また、コモンマーモセットに関する情報がいろいろ掲載されているHP（例えば Common Marmoset Care（http://www.marmosetcare.com））があり、様々な行動のビデオも掲載されているのでコモンマーモセットの行動をこれから学ぼうとする人には非常に参考になる。それぞれの研究目的や飼育施設の制限などがあるので、必ずしもここに記載した内容が満たせない場合もあるだろうが、目標としても知っていたい内容である。

1 飼育環境

コモンマーモセットは南米のブラジル北東部原産の小型霊長類である[5]。森林地域や灌木の生えている地域で樹上生活を送っている。そのため、飼育室の環境としては、暖かさと適当な湿度が必要である。室温として 25 〜 30℃ を目安に考えるとよい。寒さに非常に弱い動物であるため、室温を一定に保つことが健康管理でもっとも優先させて考えるべきことである。飼育室が外気温の影響を受けやすい場合には、室温の季節変動や日内変動にも十分な配慮が必要である。また、部屋の中でも出入り口からの距離や床からの高さで温度がかなり変わることがある。いわゆるミクロ環境[a]を確認する意味でも、実際のケージの中に温湿度計を設置するなど複数箇所でモニターすることが必要である。室温が十分に上がらない場所のケージに飼育している個体や体調を崩している個体には、保温ランプを利用したり、温パッドをケージ内に持ち込んだりして、個体の体温保持を講じるべきである（図1.2.1）。

野生でも雨期と乾期があるため、湿度は温度ほど厳しく制御する必要はないが、30 〜 70% を目標とする[2,3]。湿度で体感温度も変わるので、温度と湿度のバランスが肝要である。湿度を高くした場合、日本ではカビが生えやすくなるので注意する必要がある。また、飼育室やケージの洗浄に冬季の冷たい水を用いる場合には、個体が濡れ体温が低下しないよう配慮することはもちろん、ケージ自体の温度が下がったり、室温が下がったりするので配慮が必要である。当然、水洗前後では湿度が大きく変わるのでこの点にも配慮が必要である。

一般に飼育室内の空気の質を保証するために毎時15回程度の換気を行うよう設定することが望ましい[2,3,6]。ただし、飼育動物の大きさや頭数などにより回数は調整すべきである。温度や湿度は換気量とも関連するので、換気量の調整はその観点からも実施するのが望ましい。

コモンマーモセットは昼行性の霊長類であり、飼育下では12時間は明期を

ⓐミクロ環境

ミクロ環境とは飼養している動物を直接取り巻く環境のことで、一次囲い（コモンマーモセットの場合は飼育ケージ）の中の環境のことである。それに対してマクロ環境とは、二次囲い（飼育室など）の中の環境を意味する。ミクロ環境はマクロ環境と関連していて、一般的にミクロ環境はマクロ環境に影響を受けるが、必ずしも一致しない。例えば、温度・湿度・照度あるいは気体濃度（アンモニア濃度）などはミクロ環境とマクロ環境で異なることが多いので、ミクロ環境のモニターが重要である。

図 1.2.1　保温パッド
体調の悪い個体や親から離れ始めた個体の体温を維持するためには市販の動物用温パッドが有用である。水に濡れても問題ないので、ケージ内に直接入れて用いることができる。

設けるように設定する[2]。太陽光を浴びることができる環境を与えることがもっとも望ましい。室内照明としては，通常多くの動物では 300 lux 程度（150 〜 400 lux）に設定し[2,3,6]，full-spectrum の蛍光灯[7] あるいは似た光を出す光源を用いる。適切な波長が出ているかを定期的に確認すべきである。部屋全体が一様に明るく照らされるように照明を設置することが望ましい。ケージの位置によってはどうしてもケージ内が暗くなることがあるが，明るさが行動に影響するという報告があるので配慮が必要である。20 lux 程度の暗い照明下では繁殖率が低下するという報告がある。また，明るい照明によってグルーミングや匂い付け行動などの社会行動が改善するという報告がある[8]。適度な明るさは飼育環境として必須である。しかし，その一方で明期でも巣箱の中のように隠れられる日陰が用意されていることが望ましい。

太陽光を直接浴びることができない場合には，紫外線 B 波によるビタミン D の産生ができない[9]。コモンマーモセットはビタミン D をとくに必要とする[10]ため，二次性副甲状腺機能亢進等になるのを防ぐためにとくにビタミン D_3 を補うようにしなければならない[2,3,6]（図 1.2.2）。また，コモンマーモセットは他の昼行性の霊長類と同様に視覚がよく発達していて，細かなものも見分けることができる。ヒトや旧世界ザルが 3 色性の色覚をもっているのに対して，一般的にコモンマーモセットのオスは 2 色性の色覚[ⓑ]をもち，メスは 3 色性と 2 色性が混在しているという特徴をもつ[11]。同じ 2 色性や 3 色性の個体でもどのような視物質をもっているのかで見え方が異なる。このことから，コモンマーモセットに視覚的な手がかりを与える場合，色だけではなく，形や大きさなど様々な手がかりを与えることが望ましい。

飼育している動物が発する音や作業上発生がやむを得ない音を除き，不必要な騒音（ノイズ）は避けるべきである。85dB を越える騒音に晒されると，聴覚障害だけではなくその他の障害も現れることがあり[3]，アカゲザルでは騒音による血圧上昇が認められている[12]。一般的には 50dB を超えないように配慮するべきである[6]。突然の大きな音，とくに金属がぶつかることにより発生する音に対して，コモンマーモセットは驚愕反応を示しやすいので，飼育作業においてできるだけ騒音が出ないように配慮する。また，超音波もコモンマーモセットには聞こえるので，ヒトの可聴域以外の騒音にも配慮が必要である[2]。具体的には，頻繁に機材がぶつかるような場所には音が出にくくなるように緩衝材を用いたり，機材にバンパーを設けたりしてできるだけ騒音をなくす。また作業者がそうした意識をもち，適切な作業ができるように訓練するなどの対応も必要である。

2 飼育ケージ

コモンマーモセットは樹上生活を送っている。そのため，飼育ケージは十分な高さが求められる。コモンマーモセットは成獣でも体長が 20 〜 25cm と小型で，ラットと似たサイズではあるが，頻繁に上下に動くため，ケージの高さは 1.0m，可能であれば 1.5m を確保することが望ましい。実際に欧州では高さが最低 1.5m あるいは天井が床から 1.8m より高いという基準を設けている[2]。十分な高さがあれば，床からの高さによる室温の差は上下移動で回避・調整で

図 1.2.2　太陽光
太陽光を直接浴びるとコモンマーモセットの顔は黒くなるが，太陽光の当たらない屋内で飼育していると顔が白くなる。屋内だけで飼育する場合にはとくにビタミン D_3 の欠乏に注意が必要である。

ⓑ色覚
コモンマーモセットでは，短波長（423 nm 青）にピークを持つ視物質は Ⅶ 番染色体にコードされている。その一方で，中波長から長波長にピークをもつ 3 種類の視物質（543 nm 緑・556nm 黄・563nm 赤）は X 染色体にコードされている。すべてのオスと一部のメスのコモンマーモセットは，中−長波長の視物質 1 種類と短波長の視物質の 2 つの視物質をもつ 2 色性の色覚（ヒトの赤緑色盲に近い）である。他のメスは中−長波長の視物質 2 種類と短波長の視物質をもつ 3 色性の色覚を持っている。オスでは組み合わせが 3 通り，メスでは 6 通りあることになり，色の見え方は個体によって異なると考えなければならない。

きる。また，飼育者に慣れないうちは非常に警戒心が強く神経質である。そのため，いざという時には高いところに逃げようとする習性もあるので，高さはストレス回避のためにも重要である。ヒトの目の高さよりも高い位置でケージの前面から離れている場所に，ヒトの目から逃げることのできる巣箱などを設けるのが望ましい[2]。巣箱は逃げ場所になるだけではなく，寝床としても有効であるので，是非設置すべきである（図1.2.3，図1.2.4）。

床面積に関しては，米国の基準では1頭当たり$0.2m^2$を必要最低限と定めている[3]。欧州では，2頭で$0.5m^2$を必要最低限と定め，以降1頭増えるごとに$0.2m^2$が必要であると定めている[2]。6頭の家族形態で飼育する場合には，欧州基準だと$1.3m^2$が必要で，米国の基準では$1.2m^2$が必要となる。ただし，半年齢に満たない幼い個体は1頭と数えず親と同居させるのが望ましい。

飼育ケージは，必要に応じて消毒液等を用いたり，オートクレーブにかけたりするため，ケージの素材は金属で薬液等に耐性のある腐食しない素材が望ましい。一般的にはステンレス等を用いる。ただし，周産期の個体や体調不良の個体などには，暖かく柔らかい毛布のようなものを入れてやったり，金属以外の床材などを用いたりすることが望ましい。さらに以下にも記載するが，すべてステンレス製ではコモンマーモセットが本来の行動をとれないので，必ず木製のもの（止まり木や巣箱など）を設置すべきである。

コモンマーモセットは木をかじり，頻繁に匂い付け行動©をとる。コモンマー

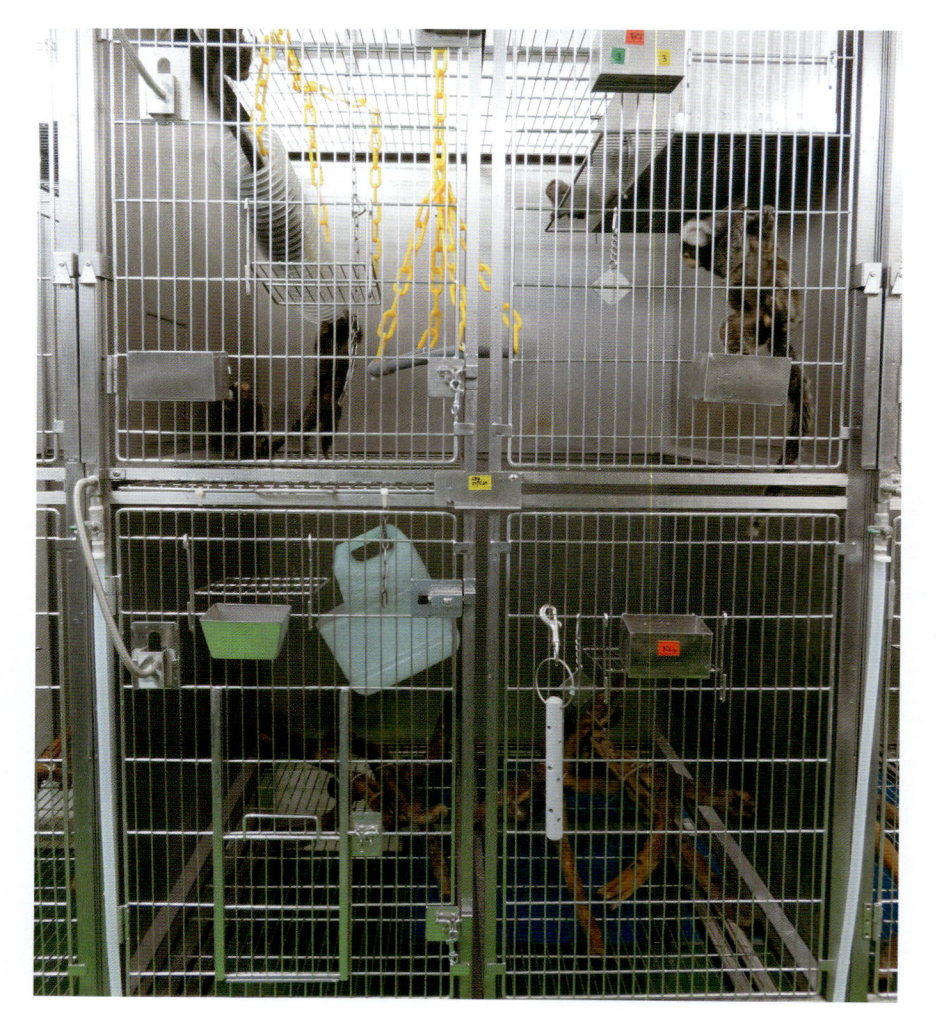

© 匂い付け行動
コモンマーモセットは，木などをかじってそこに匂いをこすりつける行動が観察される。野生ではとくにガムの木で頻繁に匂い付け行動が観察されるという報告もある。この行動の役割は不明な点が多いが，個体識別の手がかりになり繁殖相手への誘引行動であると考えられている。飼育環境下では，テリトリーを示すためとか群れ内の順位を示すためなどの役割が論じられているが，野生ではそれらの明確な証拠がない。いずれにしろ，飼育環境下でも止まり木など木製のものをケージ内にいれてやり，匂い付け行動がとれるようにしてやるのがよい。

図 1.2.3　コモンマーモセットの家族飼育用ケージ
縦1.0ｍ×横1.0ｍ×高さ1.5ｍの大きさのケージ。水の飲み口は4ヵ所あり，中には巣箱・とまり木・ステップなどが設けてある。

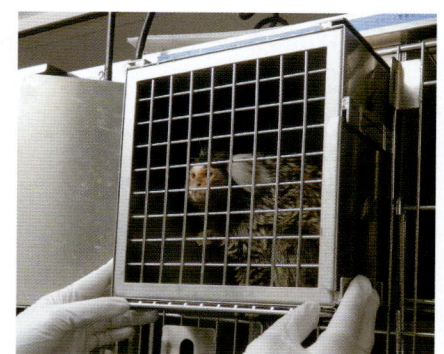

図 1.2.4　巣箱
巣箱はコモンマーモセットの逃げ場所にもなる。それを利用して捕獲用ケージとして活用するとストレス少なく捕獲できる。

モセットは，匂いをコミュニケーションの手段に用いたり，匂いで個体を識別したりすることが知られている[13]。そのため，ケージ内には必ず木製の止まり木などを設置するべきである（図1.2.5）。飼育ケージ内は，コモンマーモセットが自然に示す複雑な行動・移動ができるように，複雑な構造（物）を用意する必要がある。巣箱や止まり木だけではなく，ブランコやロープのような物を設置すると，走ったり・跳んだり・ぶら下がったりとより複雑な行動を示すことができる。コモンマーモセットは退屈な時間を過ごすことでストレスを感じ，異常行動を示すようになることがある。できるだけ興味を引くような物，鏡や新規物などを用意することが望ましい。しかし，コモンマーモセットはすぐに物になれるので，月に1つは新しい物を導入するなど，退屈にさせない努力が必要である。好奇心や嗜好をうまく利用することで体重測定などにも応用できる（図1.2.6）。ただし，常に個体の行動を観察し，導入したものが持続的なストレスとなるなどの悪影響を及ぼし異常行動がみられるようになっていないかを確認する必要がある[14]。

　清潔な環境を保つため，ケージを含む飼育室は毎日清掃して，食べ残しの餌は取り除き，糞尿は洗い流すべきである。その一方で，毎日界面活性剤等を用いて水洗することにより飼育ケージから完全に匂いを取ってしまうのは，かえってその個体にストレスを与えることになる場合がある[2]。日々の水洗をする場合にも，清潔に保ちながらも適度に匂いが残るように配慮して洗浄し，ストレスをかけないようにするべきである。欧州などで，1週間から1ヵ月に一度しか水洗しないことを決めている施設もある。

3 飼　育

　コモンマーモセットの仲間は，テナガザルの仲間とともに，ヒト以外で「家族」を社会の単位として生活する珍しいサル類である。1頭の繁殖オスと1頭の繁殖メスと子どもからなる一夫一婦制の家族を形成する場合もあれば，複数の繁殖メスのいる群れも報告されている[15,16]。飼育環境下では一夫一婦制と考えてもよい。野生で観察された家族のサイズは，小さいもので3頭から大きいものでは15頭が報告されている。家族の中で様々な種特異的な社会行動を経験することにより，社会性に富んだ個体に育つ。他個体との間で，毛づくろいし合ったり，舐め合ったり，匂い合ったり，重なり合ったり，遊んだり，一緒に寝たりすることが重要である。したがって，繁殖する場合には，家族の中で十分な社会性を培えるように育てることが肝要である。1歳未満で家族から離すことはその後の行動が不安定になることもあるため避けた方がよい（図1.2.7）。

　コモンマーモセットは2歳で成獣になる。飼育下でも，当該個体の弟や妹が生まれたときに，成獣になっていない兄や姉個体が，その弟や妹を背負ったり抱いたりして子育てを手伝う行動（alloparental behavior）がみられる。こうした経験を重ねることが，将来よい繁殖ペアになることが知られている。繁殖ペア（すなわちその個体にとっての親）が群れにいることで，たとえメスが繁殖可能な状態に成長しても繁殖メスから抑制がかかり，近親交配を避けている[17,18]。飼育環境下のような狭く限られた空間では，2歳になった個体は十分な繁殖抑制がかからない場合があり，親個体との間で争いになることがある。

図1.2.5　止まり木と匂い付け行動
コモンマーモセットは止まり木などをかじり，匂い付け行動を行う。匂いで個体を識別したり，コミュニケーションをとったりする。

図1.2.6　体重測定
図は天板にコモンマーモセットがつかまり立ちしやすい持ち手を取り付けたキッチンスケール。持ち手にガムなど嗜好性の高い液体を塗ることで自ら台座に乗ってくる。このような工夫で体重がストレスなく計測できる。

図 1.2.7　コモンマーモセットの家族
コモンマーモセットはヒトのような「家族」を社会の単位とする珍しいサルである。飼育環境下では，繁殖オス（父親）と繁殖メス（母親）と子どもからなる家族を形成する。

図 1.2.8　子育て行動
コモンマーモセットは通常双子を産む。通常，新生子は体重が 30g 以上ある。子育ては母親だけでなく，父親や兄姉個体も手伝う。新生子はコモンマーモセットに特徴的な白い耳房が未発達である。

そのため，十分なスペースがない限り，一般的なケージサイズでは 2 歳になると家族から離すのが好ましい。繁殖抑制の影響で，ある家族の子を同じ部屋で繁殖させようとするとうまくいかない場合がある。近くのケージの親個体から繁殖抑制がかかり続けていることが原因となるようである。

　繁殖させない場合にも，複数頭飼育が望ましい。研究の都合上繁殖・妊娠を避けたい場合には，オス同士やメス同士のペアを作ることになる。しかし，オスとメスが同じ部屋で混在している場合には，同性を同じケージで飼育しているとしばしば争いが起こる。部屋ごとにオスの部屋・メスの部屋と分けて飼育していると争いが抑えられる。同性を同じケージで飼育するときでも，2 頭が兄弟姉妹の関係であったり，2 頭に年齢差があったりする場合には飼育が容易になることもある。コモンマーモセットは，視覚・聴覚・触覚・嗅覚等が発達している社会性の高い動物なので，こうした感覚を用いて他個体と交渉がもてる飼育環境を与えてやるべきである。研究の都合上，個別飼育が必要となった場合にも，できるだけ短期間が望ましい。また個別飼育の期間も，周りの個体の姿が見え（視覚），鳴き声が聞こえ（聴覚），匂いが嗅げる（嗅覚）環境を作るよう努めなければならない。ただし，この時にも相性の悪い個体が見えたり鳴き声が聞こえたりするとストレスを感じることがあるので注意して観察しなければならない。

　コモンマーモセットはおよそ 145 日の妊娠期間で，妊娠 6 週目くらいから触診で妊娠が確認可能となり，8 週目になると確実に妊娠がわかる。新生子の体重は通常の双子で生まれると 30g 以上あるのが普通である（図 1.2.8）。25g を下回る体重で生まれた個体は健常に成長する確率が低くなる。新生子の体重は親の体重に大きく影響を受ける傾向がある。そのため，とくに繁殖に用いる個体は，300g を超えている個体，可能なら 350g を超えている個体を選ぶように

するべきである。繁殖ペアを作るときには，事前に別のケージで隣同士にし，視覚・聴覚そしてときには触覚で交渉がもてるようにして，tongue-flicking 等の求愛行動[19] を示すか否かなどを手がかりに相性を見極めるとよい。コモンマーモセットは，1.5 歳くらいから繁殖が可能であるといわれるが，2 歳になってから繁殖することが推奨される[2]。一般的には成獣のオスとメスのペアを作ることはそれほど難しくない。ただし，中にはペアにしたために 2 頭とも体重が減少してしまうような相性の悪いペアもあるので，ペアにした後はしばらくの観察が肝要である。

通常は双子を出産するが，飼育下では 3 頭あるいは 4 頭出産する場合もある。しかし，3 頭以上生まれた場合，親がすべて育て上げることは非常に稀である。また 3 頭以上生まれた場合には，新生子の体重は一般的に少なく未熟な個体が多い。そのままにしておくと，十分な栄養を得られず 3 頭とも育たないことや，母親が衰弱することもある。子育てに慣れている家族の場合には，補助乳を与えながら 3 頭同時に育てることが可能なこともあるが，そうでない場合には 3 頭を育てさせるのは避けるべきである。人工哺育で育てると，過剰な恐怖反応を示したり，種特異的な音声コミュニケーションの学習ができなかったりする行動上の問題がみられることがしばしばあるので，一般的には推奨されない。3 頭以上生まれた場合，新生子を必要とする研究に積極的に活用することが望ましい。

コモンマーモセットは出産後 10 日ほどで次の妊娠が可能となる。授乳しながら胎子を育てることとなり，母体に過剰な負担がかかる。若い個体の場合，何回か耐えられることもあるが，負担が蓄積して体調を崩す原因となるので，出産後は 4 ～ 6 ヵ月ほどは PGF2 α 類縁体[20] や性腺刺激ホルモン放出ホルモン等の投与により妊娠調節⒟をして母体を休ませることが望ましい。

双子で生まれるコモンマーモセットは，5 ヵ月齢から 12 ヵ月齢の間にしばしば同腹子の優劣を決める Twin fight とよばれる争いがみられる[21]（図 1.2.9）。一般的には，噛み合ったりすることで顔に傷を作る程度で重篤な状態になることはなく，優劣が決まれば終息する。人工飼育下では双子のおよそ半数で観察され，同性の同腹子で多くみられる。しかし，あまりに優劣が極端な場合やさらに成長し 1.5 歳から 2 歳に再び Twin fight がみられた場合には，同一ケージで飼育すると劣位の個体がストレスを感じ，体調を崩すこともあるので，離して飼育するなどの配慮が必要である。

コモンマーモセットに特徴的な行動としては，先述したように子育ての協力行動がある[22]。ヒトやチンパンジーやニホンザルと異なり，父親がはっきりしているコモンマーモセットでは，子育ては母親だけではなく父親も分担する。先に生まれている兄姉個体も子育てを手伝う。成獣でも体重 350 ～ 450g 程度のコモンマーモセットの新生子は体重が 30g 以上ある。通常 2 頭生まれるため育子にかかるコストが大きく，子どもを背負っていると自ら餌を自由に探すことが困難である。そのために育子の協力行動が発達したと考えられる。コモンマーモセットの特徴は白い耳房であるが，新生子にはない。親の身体にしがみついたときにカムフラージュで見つかりにくくなっている。しかし，ちょうど離乳する時期から耳の白い毛が現れる。一般的には体が小さく耳の毛がまだ生

⒟妊娠調節

コモンマーモセットは平均 145 日の妊娠期間で出産し，授乳中の排卵抑制がないために出産後 10 日ほどでの妊娠が可能である（これを「追いかけ妊娠」と呼んだりする）。繁殖能力が高いので多くの産子を得ようとして追いかけ妊娠を繰り返すと，母体に過剰な負担がかかり母親個体が疲弊して体調を崩す原因となる。母体に過剰な負荷をかけないためには，個体の体調にもよるが，出産後 4 ～ 6 ヵ月は妊娠をさせない方がよい。コモンマーモセットの繁殖経験の多い欧州などでは，繁殖メス 1 頭につき年 1 回の出産に制限していることもある。プロスタグランジン F2 α 類縁体（クロプロステノールなど）の投与が個体への影響も少ないと考えられ，繁殖の再開も容易であるため推奨される。

図 1.2.9　Twin fight
コモンマーモセットは 10 カ月あたりにしばしば同腹子が優劣を決めるためにけんかをする。一般的には写真のように顔に傷を作る程度で優劣が決まれば終息する。写真の例では，左の個体の顔がより傷が多くみられることから右の個体が優位であることがわかる。

えそろっていない時期には，周りの個体もその乳幼子には寛容に接する。

また，コモンマーモセットは音声コミュニケーションも豊富である[22]。これは，葉の生い茂った森の中でも仲間を呼ぶなどコミュニケーションがとれるように進化・発達したと考えられる。視覚的コミュニケーションも豊富である。様々な表情を示し，様々なジェスチャーも示す。サル類としては非常に珍しくアイコンタクトを頻繁に行う。また，嗅覚も発達しており，様々なコミュニケーションや個体識別に用いている。

4 給餌・給水

野生のコモンマーモセットは，起きている時間の半分は採食行動に費やしている。1回にすべての餌を与えず，複数回に分けて与えるべきである。消化器系への負担の軽減にもつながる。また，簡単に餌を手にできない状況を工夫することが望ましい。餌を取り出しにくい容器に入れる，わかりにくいところに隠すなどして，時間をかけて必要量の餌を得られるようにすべきである。一度に簡単に餌を得られることで，採食時間が短くなってしまい退屈な時間をもたせると，異常行動の頻度が高くなることがある。長時間を採食に費やす環境を作ることはウェルビーイングになる。欧米などでは，おがくずの中に埋もれている餌を探させたり，蓋のついている容器の中から餌を取り出させたりなどの工夫をしている。

餌を与えたときに争いが起こりやすくなる。複数頭飼育でそのような争いがみられる場合には，頭数と同じかそれ以上の数の餌箱を用意した方がよい。餌獲得争いのため，ストレスがかかり体重が減少する個体もしばしばいるので注意が必要である。餌獲得争いで，実際に噛まれたりすることでけがをすることもある。あまりに争いが激しい場合には，同居を解消させるなど対処が必要である。また，コモンマーモセットは離乳したばかりの幼い子に餌を分け与える行動（フードシェアリング）を示す（図 1.2.10）。子が食べ始めるころにはその分，餌を増やし，親の摂餌量が少なくならないように配慮する必要がある。また摂餌量は健康チェックの重要な項目である。餌が残っていると食欲がないのか，何らかの原因で食べられないのかなど注意深く観察する必要がある。餌箱に食べ残しがなくても床に多く落としている場合もあるので注意する必要がある。

餌は，こぼすことを考慮しても一般的に市販の飼料を1日に30g程度与えればよい。餌の量は個体数や妊娠の有無などを考慮して増減するのがよい。ビタミンCやビタミンDなどは不足しがちなので，野菜や果物などの捕食で補ったり添加したりして補う必要がある。また，カルシウムも不足しないように配慮するべきである。太陽光を浴びることができないコロニーではビタミンD添加により一層の注意を払うべきである。また，野生のコモンマーモセットは昆虫や果実などを食しているので，ミールワームや果物を与えるとよい。コモンマーモセットは，野生ではとくにガム⊙を好んで食す[7]。米国研究協議会[3]の表によれば，コモンマーモセットはガム（45%）と昆虫（39%）が食物のほとんどを占め，場所や季節によって果実（16%）を食すと記載されている。飼育下のコモンマーモセットでも市販のアラビアガムに対する嗜好性は大変高く，過剰な糖類を含まない嗜好品として有用である（図 1.2.11）。ヨーグルトなども

図 1.2.10　食物分配行動
コモンマーモセットの子は離乳するころになると親に近づき餌を横から奪って食べようとする。マーモセットの仲間は，幼い子が来たときには寛容な態度をとり餌を分け与える食物分配行動をみせる。半年齢を過ぎたあたりから親の態度が厳しくなり拒絶されることが多くなる。

ⓔガム
コモンマーモセットは野生では樹液と昆虫をおもに食す。樹皮をかじりそこから浸出するガムを好んで食べる。マーモセット亜科の属するサルは，あらかじめかじっておき，しばらくしてから，しばしば1日たってからその場所に戻って浸出物を食べるという行動をとる。将来のために労働するという非常に珍しい行動をとる動物である。また，その場所を覚えていて戻って来なければならないことから，優れた空間記憶を有していると考えられる。飼育下でも，アラビアガムを非常に好んで食す。糖類の過剰摂取にならない嗜好品として飼育に有用である。

好んで食べる個体が多い。ガムやヨーグルトなどは薬を与えるときの媒体としても用いることもできる。カステラやマシュマロは甘いので非常に嗜好性が高いが，甘いものになれると固形飼料等の餌を食べなくなったり，糖類の過剰摂取に繋がったりするため，実験時の報酬として与えるにはよいが，日常的には与えないようにすべきである。栄養面からも補食としての役割は果たせない。

近年，グルテンに対してアレルギー反応を示すコモンマーモセットがいることが明らかにされた[23]。アレルギー反応を示す個体の下痢の一因となっていることが示され，グルテンフリーの飼料①を与えることが望ましい。欧米では標準的にグルテンフリー飼料を与えるようになっている一方で，2018年3月現在日本ではグルテンフリーの飼料①は販売されていない。

また，固形飼料をお湯などで柔らかくして甘くして与えることがしばしばある。しかし，甘く柔らかい餌を与えていると歯肉炎など口腔内の問題を引き起こすので注意が必要である。一般的には硬い餌を与えている方が口腔内の健康にはよいとされている[4]。ただし，体調の悪い個体や高齢の個体などが食べやすいように与えるのはよい。また，あまり糖分が多すぎる餌もよくない。最近では，ヒトの食べているバナナなどは糖類が多すぎるためサル類に与えない動物園が増えてきている。コモンマーモセットはヒトなどのような平爪ではなく

① グルテンフリーの飼料

一部のコモンマーモセットは，小麦グルテン等にアレルギー反応を示すことがわかっている。欧米の研究から，グルテンが下痢の一因になっていることが示されている。そのため，欧米では研究機関だけではなく動物園等においても，コモンマーモセットにグルテンフリーの飼料を与えるところが増えている。豪州やフランスなどでは，グルテンだけではなく，広くアレルギー反応を示す物質等を除いた特殊飼料を用いている。現在日本で販売されている飼料にはグルテンフリーのものはない。

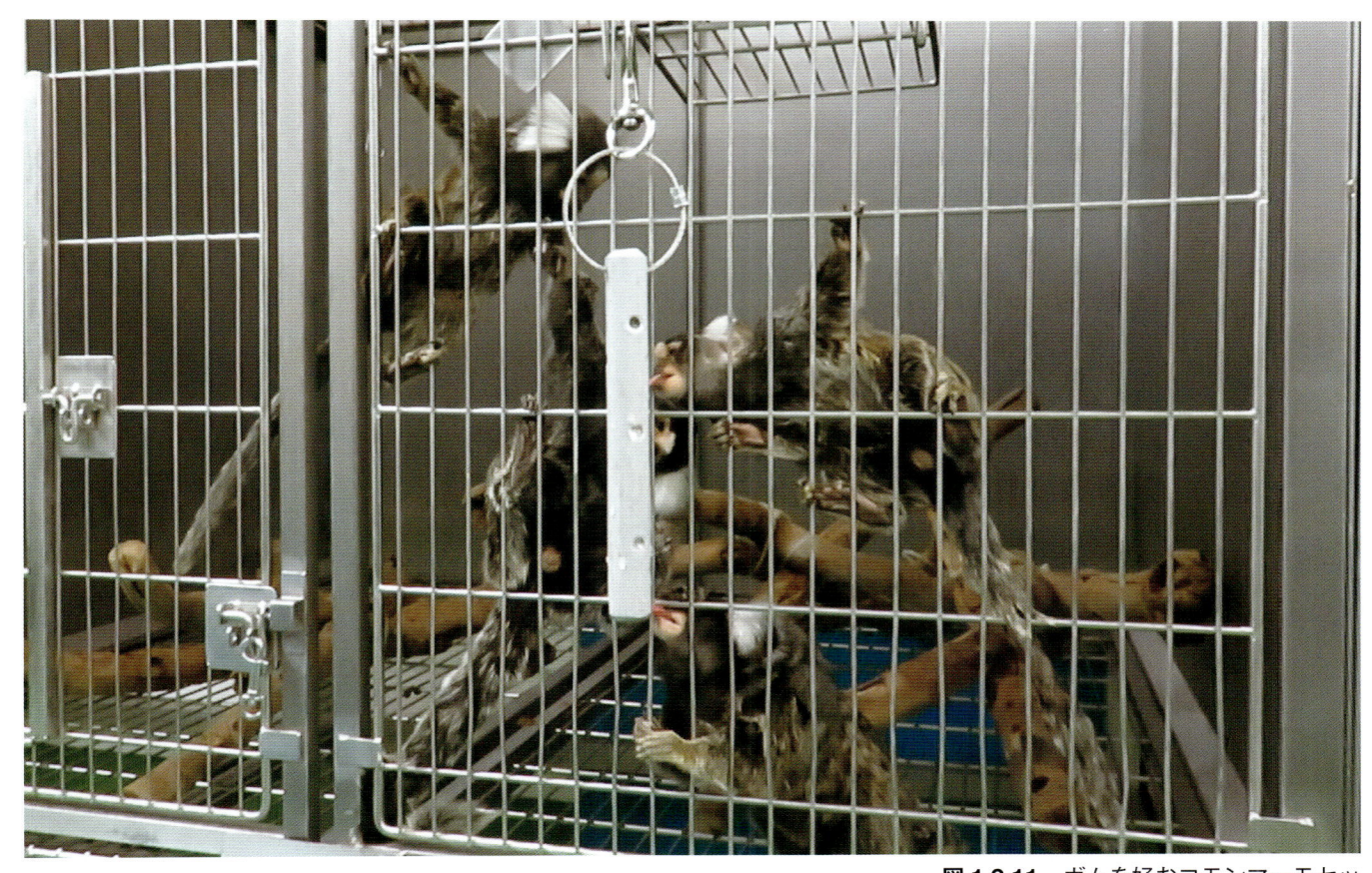

図 1.2.11　ガムを好むコモンマーモセット
野生でもガムを好んで食すが，飼育下でもアラビアガムを好む。エンリッチメントとして，ガムを詰めた「ガムフィーダー」を与えると群がってくる。

鳥のような鉤爪であるので，基本的に不器用である。拇指対向性[g]がないためヒトのようにつまむという行動が取れないので，取りやすい掴みやすい餌を与える方がよい。

　給水に関しては，自動給水か給水ボトル等で与える。コモンマーモセットは1日の飲水量が少ないので，飲み残した水を長期間放置して水が古くならないように配慮する。自動給水のシステムを用いている場合にも，排水管内に長期間とどまる水がないように，定期的にフラッシュすることが必要である。飲み口は，複数用意すると争いを避けられる。とくに，体調の悪い個体や疾患モデル個体等のためには，上まで登らなくても飲めるようにケージ内の低い位置にも飲み口を用意するように配慮するべきである。

5 おわりに

　コモンマーモセットは，マカクザル等に比べると神経質で体調を崩しやすい。しかし，動物の行動や習性をよく理解し，ストレス等を与えないようにすると，繁殖力も高く健常な個体が数多く得られる非常に有用な研究用霊長類である。たとえ十分な物理的環境が整っていなくても，飼育管理に携わる者の工夫で解決できることも多い。本章が少しでも役に立てば幸いである。

ⓖ拇指（母指）対向性
拇指対向性とは，第1指（拇指）が他の4本の指と離れていて，両者の指腹を向かい合わせることができる性状を意味する。ヒト・類人猿・マカクザルなどの霊長類の特徴の一つに挙げられる。これに加えて，指の爪が鉤爪ではなく平爪になったことによって木の枝や果実など様々なものを握ることが可能となり，道具を用いることができるようになったと考えられる。コモンマーモセットは，拇指対向性がなく後肢の第1指を除きすべて鉤爪であるので，前肢による細かな操作（精密把持など）は困難である。

■ 参考文献 ■

1) 't Hart BA, *et al*.: Drug Discov Today, 2012; **17**: 1160-1165.

2) EU commission recommendation of 18 June 2007 on guidelines for the accommodation and care of animals used for experimental and other scientific purposes.

3) National Research Council of the National Academies: Guide for the Care and Use of Laboratory Animals (8th ed). (2010).

4) EAZA Best Practice Gudelines for Callitrichidae (3.1 ed) (2017).
(https://www.eaza.net/assets/Uploads/CCC/Callitrichid-BPG-2017-EAZA.PDF)

5) Rylands AB, *et al*.: In ″Marmosets and Tamarins: Systematics, Behaviour and Ecology″, pp. 11-77, Oxford University Press (1993).

6) Rennie AE, Buchanan-Smith HM: Anim Welf, 2006; **15**: 215-238.

7) Wismann MA: J Exotic Pet Med, 2014; **23**: 347-362.

8) Buchanan-Smith HM, Badihi I: Appl Anim Behav Sci, 2012; **137**: 166-174.

9) Watson MK, Mitchell MA: J Exotic Pet Med, 2014; **23**: 369-379.

10) Chun RF, *et al*.: J Endocrinol, 2008; **198**: 261-269.

11) Moreira LAA, *et al*.: PLoS ONE, 2015; **10**: e0129319.

12) Peterson EA, *et al*.: Science, 1981; **211**: 1450-1452.

13) Epple G, *et al*.: In ″Marmosets and Tamarins: Systematics, Behaviour and Ecology″, pp. 123-151, Oxford University Press (1993).

14) Buchanan-Smith HM: Adv Sci Res, 2010; **5**: 41-56.

15) Digby LJ, Barreto CE: Folia Primatol, 1993; **61**: 123-134.

16) Bezerra BM, *et al*.: Am J Primatol, 2007; **69**: 945-952.

17) Abbott DH, Hearn JP: J Repord Fert, 1978; **53**: 155-166.

18) Abbott DH, *et al*.: In ″Marmosets and Tamarins: Systematics, Behaviour and Ecology″, pp. 152-163, Oxford University Press (1993).

19) Kendrick KM, Dixson AF: Physiol & Behav, 1983; **30**: 735-742.

20) Nievergelt C, Pryce CR: Lab Anim, 1995; **30**: 162-170.

21) Sutcliife AG, Poole TB: Int J Promatol, 1984; **5**: 473-489.

22) Schiel N, Souto A: Dev Neurobiol, 2017; **77**: 244-262.

23) Kuehnel F, *et al*.: J Med Primatol, 2013; **42**: 300-309.

脳の大きさ

中村 克樹

霊長類の特徴の1つとして脳が大きくなったことが挙げられる。どの動物がどの程度の大きさの脳をもっているかを比較した研究がこれまでにいくつもある。どのくらいご存知だろうか。まず、私たちヒト（成人男性）の脳は、およそ1500g程度であるといわれている。それに対して実験動物として広く使われているマウスの脳は0.4 g、ラットの脳は1.7g、モルモットの脳は3.7g、ブタの脳で65gほどである。体が大きいほど大きくなる。霊長類に目を移すと、体重があまりラットと変わらないコモンマーモセットの脳でもおよそ8.0g ある。げっ歯類と霊長類ではこれくらい脳の大きさの差がある。中型以上の霊長類ではもっと脳が大きくなり、カニクイザルで45g、アカゲザルで90g、ヒヒになると150g程度となる。神経細胞の数を比べても、マウス6800万個、ラット1億9000万個、モルモット2億3300万個、ブタ22億2500万個であるのに対して、コモンマーモセット6億3500万個、カニクイザル34億4000万個、

アカゲザル63億7600万個、さらにヒヒでは109億4800万個と桁が違ってくる。ヒトでは860億6000万個というデータがある。こうしたデータを眺めて見ても、霊長類では脳が大きく複雑に進化発達してきたことが伺える。大脳皮質だけを比較すると、マウス0.17g、ラット0.77g程度なのに対して、コモンマーモセット5.6g、カニクイザル36g、アカゲザル70g、ヒヒ120g、そしてヒトが1230g程度である。げっ歯類と霊長類の差がさらに顕著になり、その中でもヒトが突出した値となる。脳全体に占める大脳皮質の割合は、マウスやラットで4割強なのに対して、コモンマーモセットでおよそ6〜7割、マカクザル（カニクイザルやアカゲザル）で7〜8割、ヒトでは8割以上にもなる。様々な霊長類の暮らしや食性などの因子と大脳皮質の割合の関係を調べると、大脳皮質の割合は群れのサイズと強い相関を示すことがわかっている。おそらく大きな群れでより複雑な社会を形成し、その社会でうまく暮らすために

は、大脳皮質を大きく進化させる必要があったのだろう。大脳皮質の中でもヒトをヒトたらしめており、もっとも高度な役割を担っていると考えられているのが前頭前野である。前頭前野は、作業記憶・反応抑制・行動の切り替え・計画・推論・実行機能・情動制御など様々な役割を担い、思考や創造性の源であると考えられる。さらに、多くの精神疾患や発達障害にも関連していることが指摘されている。Brodmann（1912）に基づけば、前頭前野が大脳皮質に占める割合はヒトでは29%、チンパンジーでは17%、マカクザルでは11%である。マーモセットでも9%と霊長類の特徴である前頭前野がはっきりと認められ大きな割合を占めている。一方、ラットでは前頭前野が未発達であり、前頭前野の機能を調べることが霊長類を研究に用いる大きな理由の一つである。

Herculano-Houzel S, *et al.*: Brain Behav Evol 2015, **86**: 145-163.
Donahue CH. *et al.*: bioRxiv, 2017, 233346.

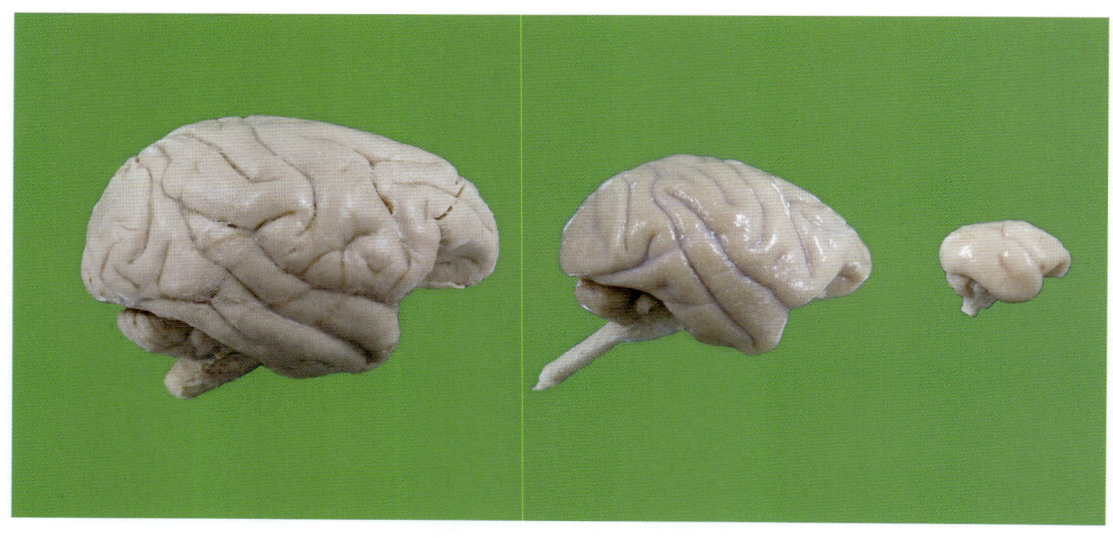

サル類の脳の写真。左から順にマントヒヒ、アカゲザル、コモンマーモセットの脳（右半球）。向かって右側が前頭葉、上が頭頂葉となるように配置してある。

COLUMN **3**

オキシトシンと子育て行動

中村 克樹

コモンマーモセットは「家族」を社会の単位として暮らしている。そこでは，生まれた子どもの面倒を，母親だけではなく，父親や兄姉個体も手伝うという協力行動を示す。成獣の体重が350～450g程度であるのに対して，新生子の体重は成獣のおよそ1割に当たる30～35gもあり，しかも通常は双子を出産するので子育てにかかるコストがかなり大きいと考えられる。野生では，子をおぶったりしている間は採食行動が十分に行えず，家族で交代して世話をしていると考えられる。そのために視界の悪い森林でもよく通るような鳴き声を交わす必要があり，音声コミュニケーションを発達させてきたのだろう。コモンマーモセットの特徴的な子育て行動として，食物分配行動がある（図1.2.10）。一般的に霊長類の中でも，親から子に食物が分け与えられることは稀である。離乳食まで調理して口まで運ぶという，ヒトが行う食物を積極的に子に与える行動は，野生の霊長類ではまずみられな

い。チンパンジーでは，幼いときは大人が食べているところに近づき餌を横から奪うことが許容されるという「受動的な」食物分配行動である。受動的な食物分配行動すら，類人猿など一部の霊長類でしか観察されない。ところがコモンマーモセットは受動的な食物分配行動だけではなく，乾季の餌が少ない時期には親が積極的に子に餌を与える「能動的な」食物分配行動が観察されるという。子育て行動に関しては特別な進化を遂げてきたと考えられる。非常に興味深いことに，コモンマーモセットなど一部の南米の霊長類ではオキシトシンの配列が他の動物と異なっている。ヒトもチンパンジーもアカゲザルも，またマウスやウサギ，ネコもウマもヒツジも，オキシトシンはCYIQNCPLG*という9つのアミノ酸からできている。ところが，南米のリスザルやフサオマキザルやコモンマーモセットでは後ろから2つ目のL（ロイシン）がP（プロリン）に変わっているのである。オキシトシンは，視床

下部の神経分泌細胞で合成され，下垂体後葉から分泌されるホルモンで，マーモセットにおいては，子どもに対する反応性や寛容性などに関連し，子育て行動に関連していることが知られている。またオキシトシンは，オスとメスのペアの間での社会的行動にも重要であることが知られている。コモンマーモセットを含む南米の霊長類は，オキシトシンの脳内システムに関して独特の進化を遂げてきたため，霊長類では珍しい「家族」を社会の単位として長期にわたり特定のオスとメスがペアを形成して生活する様式が維持できたり，特別な子育て行動を行うことができたりするように進化してきたのだろうと想像できる。

（*：アミノ酸はアルファベット1文字で表現されることがある。C：システイン，G：グリシン，I：イソロイシン，L：ロイシン，N：アスパラギン，P：プロリン，Q：グルタミン，Y：チロシン）

Lee AG, *et al*.：Biol Lett 2011, **7**: 584-587.
Finkenwirth C, *et al*.：Horm Behav 2016；**80**: 10-18.

特別な子育て行動が進化してきたのも（左），特定のオスとメスが長期にわたってペアを形成するのも（右），オキシトシンの脳内システムが独特の進化を遂げてきたからと考えられる。

1.3 マーモセットを用いた研究にあたって配慮すべきこと 井上貴史

　霊長類であるマーモセットを用いて実験するにあたっては動物実験に関連する法令やガイドラインを遵守して行うことはもとより，動物福祉や動物実験3Rsに十分に配慮する必要がある。本節では，国内外のガイドライン等をもとにマーモセットの実験利用について考慮すべき基本事項を解説し，次いでマーモセットにおける動物実験の3Rsの実践とその他の遵守すべき関連法規について記す。

1 マーモセットの実験利用において考慮すべき基本事項

(1) 適切な実験動物の飼育と適正な動物実験

　現代において，医学・生物学などの科学の進展と創薬・医療技術の開発のために，動物実験は欠かすことのできない重要な役割を果たしている。このことは広く社会に認知されているが，それと同時に動物愛護の観点からの人道的な動物実験の実施がコンセンサスとなっている[a]。動物実験の実施にあたっては実験の目的や内容について科学的かつ倫理的・人道的な正当性が認められなければならず，実験に供される動物の福祉に配慮しなければならない。動物実験の正当性は，動物の苦痛と動物実験がもたらす意義（成果）の相対評価（harm-benefit analysis）から判断される[1,2]。動物実験にあたっては，研究目的の科学や医学への貢献を十分に検討し，研究目的の範囲において実験による動物の苦痛をできる限り軽減することが重要である。

　倫理的・人道的な動物実験のためには，Replacement: 代替法の利用，Reduction: 使用数の削減，Refinement: 苦痛の軽減，の「3Rの原則」[3]に則って適切な動物の取り扱いと適正な実験計画の立案，実施を心がけなければならない。「3Rの原則」にもとづいた適切な実験動物の飼育と取り扱いや適正な動物実験の実施については，国内外の法令・ガイドライン等が定められている（表1.3.1）。各機関はこれらに準じて機関内規定を設けて動物施設管理や動物実験委員会による動物実験計画の審査などの体制を整備しており，ガイドラインとの適合性について第三者評価制度が適用されている[4]。

　2012年に改訂された国際医科学団体協議会（CIOMS）と国際実験動物会議（ICLAS）による"医学生物学領域における動物実験に関する国際原則"では，動物実験を「研究機関と個々人にとって道徳的義務と倫理的責任をともなう特別な権利」とし，「動物を使用する研究機関と個々人は，動物への敬意を表す責務があり，動物の福祉や，ケアと使用に付随する自らの決定や行動の責任を取り，説明する義務を負う」とされている[5]。動物実験に従事するにあたっては各人がこのことを自覚しなくてはならない。

　このような適切な実験動物の飼育と適正な動物実験のための法令やガイドラインへの対応が不十分の場合には，実験成果を示した論文が受理されないこと，

研究助成金が取得できないこと，共同研究や受託試験が実施できないことなどがある。動物を用いた研究の報告の際に記載すべき情報を示した指針としてARRIVE ガイドラインがある。動物実験の信頼性，再現性の担保のために必要な記載項目がチェックリストとして示されたもので，多くの主要なジャーナルや学会がこのガイドラインの遵守を推奨している。

(2) 非ヒト霊長類の研究利用において考慮すべきこと

マーモセットを用いた実験にあたっては，上記に加えて非ヒト霊長類の実験利用について動物福祉と倫理観，社会的状況について配慮する必要がある。ヒトと同じ霊長類に属する動物は実験結果のヒトへの外挿性が高く，高次脳機能解析，感染症，医薬品の安全性試験など古くから医学・生命科学研究において利用されている。その一方で，ヒトに類似した中枢神経機能をもち，それ

表 1.3.1　適切な実験動物の飼育・取扱いと適正な動物実験の実施についての法規・ガイドライン

分類	法規・ガイドライン	発行機関	発行／最終改定年
国内法	動物の愛護および管理に関する法律（動物愛護管理法）	議員立法	1973 年／2012 年
動物愛護管理法に基づく基準・指針	実験動物の飼養及び保管並びに苦痛の軽減に関する基準 [a]	環境省	2006 年／2013 年
	動物の殺処分方法に関する指針	環境省	1995 年／2007 年
動物実験の実施に関する国内指針・ガイドライン	研究機関等における動物実験等の実施に関する基本指針	文部科学省	2006 年
	厚生労働省の所管する実施機関における動物実験等の実施に関する基本指針	厚生労働省	2006 年／2015 年
	農林水産省の所管する研究機関等における動物実験等の実施に関する基本指針	農林水産省	2006 年
	動物実験の適正な実施に向けたガイドライン	日本学術会議	2006 年
実験動物・動物実験に関する主な国際ガイドライン	International Guiding Principles for Biomedical Research Involving Animals [b]	CIOMS (Council for International Organization of Medical Scienes, 国際医科学団体協議会)・ICLAS (International Council for Laboratory Animal Science, 国際実験動物会議)	1985 年／2012 年
	Guide for the Care and Use of Labortory Animals [c]	National Research Council (米国研究協議会)	1963 年／2011 年
	EUROGUIDE: On the Accommodation and Care of Animals Used for Experimental and Other Scientific Purposes (based on revised Appendix A of the European Convention ETS 123) [d]	FELASA (Federation of European Laboratory Animal Science Associations, 欧州実験動物学会連合)	2007 年
	The ARRIVE Guidelines. Animal Research: Reporting of In Vivo Experiments [e]	NC3Rs (The National Centre for the Replacement, Refinement and Reduction of Animals in Research, 英国 3Rs センター)	2010 年

a. 環境省動物愛護管理室編："実験動物の飼養及び保管並びに苦痛の軽減に関する基準の解説"，アドスリー（2017）.

b. 笠井憲雪・鍵山直子訳："医学生物学領域における動物実験に関する国際原則"[5)].

c. 日本実験動物学会監訳："実験動物の管理と使用に関する指針 第 8 版"，アドスリー（2011）.

d. 池田卓也・黒澤努監訳："実験その他科学的目的に使用される動物の施設と飼育に関するガイドブック 欧州協定 ETS123 の改訂版附属文書 A 縮約版"，アドスリー（2009）.

e. 久原孝俊・久和　茂 訳："ARRIVE（動物実験：*In Vivo* 実験の報告）ガイドライン".
　https://www.nc3rs.org.uk/sites/default/files/documents/Guidelines/ARRIVE%20in%20Japanese.pdf

に裏付けされた洗練された認知能力，高度な社会性，複雑な社会構造を有する霊長類は，ヒトと近い苦痛を認知することが考えられ，動物福祉への特別な配慮が必要となる[6]。また，霊長類種のなかには絶滅危惧種が多く，生物多様性の保全のための野生動物保護の観点から貴重な霊長類種を保護しなければならない。霊長類の実験使用についての倫理観はこの両点から醸成されているⓑ。霊長類の研究利用に関する主なガイドラインとしては，国際霊長類学会（International Primatological Society: IPS）の "霊長類の入手，飼育，繁殖に関する IPS 国際ガイドライン"，日本霊長類学会の "飼育下にある霊長類の管理と実験使用に関する基本原則" や英国 3Rs センターの "Non-human primate accommodation, care and use" がある（表 1.3.2）。これらのガイドラインでは，いずれも 1）野生由来の霊長類は原則として使用しないこと，2）霊長類種を使わざるを得ない合理的理由のある研究を除き侵襲的な実験に使用しないこと，3）実験に使用する霊長類種には動物福祉に配慮して個体ごとに適切なケアを施すこと，が具体的に明示されている。

ⓑ 絶滅危惧種であり，ヒトに匹敵する高度な認知能力を有することが示されているチンパンジーなどの類人猿は，かつては医学実験に使用されていたが，現在では侵襲的実験は行われていない。日本でもかつてはチンパンジーが肝炎ウイルス研究などの実験に用いられていたが，2006 年以降チンパンジーを用いた侵襲的実験は行われていない[7]。

表 1.3.2　霊長類の研究利用に関する主なガイドライン

ガイドライン	発行機関	発行／最終改定年	URL
IPS International Guidelines for the Acquisition, Care, and Breeding of Nonhuman Primates（霊長類の入手，飼育，繁殖に関する IPS 国際ガイドライン，日本霊長類学会保護委員会翻訳）	International Primatological Society（IPS, 国際霊長類学会）	1988 年／ 2007 年	http://www.international primatologicalsociety.org/policy.cfm
飼育下にある霊長類の管理と実験使用に関する基本原則	日本霊長類学会	1986 年／ 2013 年	http://primate-society.com/pdf/20160122.pdf
NC3Rs Guidelines: Non-human primate accommodation, care and use	NC3Rs（英国 3Rs センター）	2006 年／ 2017 年	https://www.nc3rs.org.uk/non-human-primate-accommodation-care-and-use

　近年は動物愛護の高まりから欧米を中心に霊長類を用いた動物実験の法規制や社会的監視は強まっている。2010 年に発令された EU の「実験動物の保護に関する指令」（DIRECTIVE 2010/63/EU）では，霊長類の実験使用は，霊長類以外の種を使用することによっては達成できない正当な理由がある場合に特例として認めることとしている[8]。また，欧米においては，動物に適切なケアや安楽死処置を実施しなかったことによって各国の法令に基づいて動物虐待の罪により当局から告発される事例も少なくない。動物実験反対運動においては，とくに霊長類の実験使用への抗議が多いことは事実である。抗議活動の直接的な影響の例としては，活動家の抗議キャンペーンの影響から研究の中止にいたった事例[9]や施設に潜入した活動家が撮影したサルの実験風景の動画が編集されて報道され，その反響からサルを使用した研究の中止にいたったという事例[10]などが最近においても報告されている。また，抗議活動の影響により多くの航空会社が研究用のサル類の輸送業務を停止している[11]。

　一方で，霊長類を用いた研究の成果や重要性を市民に理解してもらうように研究者側からの取り組みも行われている。欧州においては European Commission（EC, 欧州委員会）の SCHEER（保健衛生，環境及び新興リスクに関する科学委員会）から生物医学研究や医薬品・医療機器開発における霊長類の必要性の意見書が出され，市民を含めて議論されており，2017 年に改訂さ

れた意見書では3Rsの推進による霊長類を用いた研究の継続が明示されている[12]。米国においてはFoundation for Biomedical Research（FBR）が，9つの主要な医学研究学会とともに医学研究における非ヒト霊長類の重要性について白書を発行している[13]。国内での例としては，ナショナルバイオリソースプロジェクト「ニホンザル」において，研究成果についての市民向けシンポジウムが定期的に開催されており，霊長類を用いた医学・生命科学研究の重要性や研究方法についてホームページで解説されている[c]。

　マーモセットを研究に用いるにあたっては，以上のような国内外におけるガイドラインや社会状況を考慮して適正にマーモセットを飼育して実験を行うとともに，研究の成果とマーモセットを用いた研究の必要性について市民への情報発信に努めていくことが重要である。

[c] 日本医療研究開発機構ナショナルバイオリソースプロジェクト「ニホンザル」https://nihonzaru.jp/「事業に関するQ&A」のなかに霊長類を用いた医学・生命科学研究の重要性が一般市民向けにわかりやすく解説されている。

（3）マーモセットを用いた動物実験の3Rs

　上記を鑑みて，適正なマーモセットを用いた実験のために実践すべき動物実験の3Rsを表1.3.3に示した。Replacement（代替法の利用）としては，生体のマーモセットを用いるべき科学的な正当性が認められた場合にのみ実験に使用することが原則である。実験の計画に際しては，動物実験以外の方法を検討したうえで，げっ歯類や系統発生学的に低位な他の動物種の使用により研究目的を達成できる可能性を十分に検討するべきである。マーモセット個体の使用に際しては，実験の目的上可能であれば事前にマーモセットの臓器や細胞での予備検討をすることが推奨される。

　Reduction（使用動物数の削減）においては，マーモセットの使用数を必要最小限にするよう1頭から得られるデータの種類，量および質を向上させるよう実験計画を立案することに加えて，貴重な個体を有効利用することが推奨される。実験計画においては，マーモセットが系統化されたマウス，ラットのような遺伝的に均一な集団でないことに考慮して，個体ごとに実験操作の前後における継時的な変化を解析する，個体ごとに複数回の評価を行い解析するなど，実験結果の個体差をあらかじめ勘案したうえで少ない個体数で仮説検証できる実験デザインにすることが望ましい。また，低侵襲な投薬や採血，行動解析のみの実験や，非侵襲的な生体イメージング実験などの苦痛度の低い実験などの場合，実験終了後に休養期間を経て動物を別の実験に利用することは推奨される。さらに，実験終了後の安楽死の際には当該実験に用いない臓器や組織はできる限り別の研究に有効利用することが望ましい。

　Refinement（苦痛の軽減）においては，第一にマーモセットに適した環境と方法で飼育維持することで動物の心身の健康（well-being）の向上に努めることが重要である。マーモセットの導入から実験終了にわたって個体ごとの状態に注意し，体調不良や行動異常[d]が認められたら治療や飼育環境の改善などの適切にケアしなくてはならない。飼育環境には動物生来の習性や行動を促すよう環境エンリッチメントを施すことが推奨される（1章2節，2章を参照）[e]。また，適切な獣医学的ケアにより疾病の予防・治療を行い，動物のwell-beingを損なうことがないように努めることも必要である（4章を参照）。

　動物実験にあたってはマーモセットにできる限り，痛み，身体の障害，不

[d] マーモセットで問題となる異常行動には，常同行動（同じ行動を過剰に繰り返す），毛抜き，過剰な毛づくろい，過剰なマーキング，過剰な威嚇，自傷などがある。このような行動が観察された場合には，飼育環境の改善対策を行う必要がある。

[e] マーモセットは高度な社会性をもつ動物であるため，相性のよいペアやファミリー（両親と子ども）での飼育によって社会的な住環境を提供すべきである。実験目的のため科学的に正当化される場合，疾病の治療や予防のための処置が必要な場合，動物の相性がよくない場合，など動物を個別飼育することが必要な場合には，できる限り短い期間となるようにすべきであり，視覚的，聴覚的に孤立しないように飼育するべきである。

安，恐怖といった苦痛を与えないように努めなければならない。そのためには，実験による動物の苦痛度をあらかじめ予測してマーモセットに適した手技と器具によって処置を行い，適切な麻酔・鎮痛処置，安楽死処置を施すことが重要である（3章を参照）。予測される苦痛度の高い実験においては動物の苦痛を未然に防ぐための人道的エンドポイントの策定とその適用[14]が必須である。さらに，実験処置の方法をより低侵襲的に洗練させることは動物数の削減（Reduction）にもつながる[f]。

マーモセットは高い認知能力と高度な社会性をもつ動物であることから，心理的なストレスに敏感であり，他のマーモセット個体やヒトとの関係が体調や実験操作への反応に大きく影響することにも注意が必要である。飼育しているマーモセットが心理的に負担のない状態で維持されて安定した実験結果が得られるよう，飼育や実験の際にはマーモセットとヒト，マーモセット同士がよい関係となるよう心がけたい。

（4）その他の関連法規，ガイドライン

マーモセットを用いて研究を行う際に関連するその他の主な国際協定や法規を表 1.3.4 に示した。国内におけるマーモセットの入手や輸送，飼育に際しては特別な法的手続きは必要としない[g]。マーモセットを輸入する場合には感染症法やワシントン条約（CITES, 絶滅のおそれのある野生動植物の種の国際取引に関する条約）による規制がある。サル類の輸入は，ヒトの感染症予防の観点から感染症法において厳しく規制されており，許可された輸入可能地域（アメリカ合衆国，中華人民共和国，インドネシア，フィリピン，ベトナム，スリナム，ガイアナ，カンボジア）から試験，研究または動物園での展示に限り輸入が許可されている。ワシントン条約においてすべての霊長類種は付属書ⅠあるいはⅡにリストアップされている。コモンマーモセットは絶滅の危険はない種であるが，付属書Ⅱにリストされており，マーモセット個体およびマーモセット個体の一部，派生物（組織，核酸など）の輸出入は規制されている[h]。輸入にあたっては輸出国の許可書が必要であり，輸出にあたっては経済産業省への許可申請が必要となる。その他，遺伝子組換え生物の拡散防止，化学物質の規制，感染症予防などについて関連の法令を遵守しなければならない[18]。

[f] 実験動物中央研究所では発生工学実験において，従来は開腹手術において実施していた受精卵採卵や胚移植を開腹しない低侵襲な経皮的，経膣的な方法に改良することで，1頭の動物をより長期間使用することが可能となり，使用動物数の削減に至っている[15〜17]。

[g] ニホンザルは動物愛護管理法により特定動物（人に危害を加える恐れのある危険な動物）に指定されており，飼育にあたっては都道府県知事あるいは政令指定都市市長の許可が必要である。カニクイザルとアカゲザルは特定外来生物による生態系等に係る被害の防止に関する法律（外来生物法）により特定外来生物に指定されており，飼育に際しては主務大臣の許可が必要である。また，輸入サルを飼育する場合には感染症法にもとづき，輸入サルの飼育施設の指定が必要である。

[h] ワシントン条約では個体からの派生物にあたる DNA, RNA も規制対象となる。一方で mRNA から合成された cDNA は個体由来ではないので規制対象とはならない。このことのわかりやすい例として，「歯」は規制対象になるが，歯をもとに作られた「歯型」は規制対象にはならない，と考えるとよい。

表 1.3.3　マーモセットを用いた動物実験の 3Rs

Replacement 代替法の利用	マーモセットを用いることによってのみ，その研究目的が達成されると判断されるときにマーモセットを研究に供する：生きた動物を用いない実験系の利用（絶対的置換），できる限り系統発生学的に下位な動物を用いる（相対的置換）。
Reduction 使用動物数の削減	研究目的を達するうえで貴重な動物を無駄なく有効に使い，1頭から得られるデータの種類，量および質を向上させる：生体イメージングによる経時的評価の活用など。
	苦痛度の低い実験に限り，実験終了後に安楽死させずに休養させ，休養後に別の実験に再利用する。
	安楽死後の解剖の際には，研究目的が達せられる範囲において生体材料を配分して多くの研究に利用する。
Refinement 苦痛の軽減	マーモセットに良好な飼育環境の提供して健康維持管理に努める：適切な飼育方法，環境エンリッチメントの付与，傷病予防・治療。
	実験処置における苦痛軽減に努める：適切な実験手技，トレーニングによる手技の洗練，適切な麻酔，鎮痛処置，無菌的手術，術後管理，人道的エンドポイントの適用。
	マーモセットの生理・生態・習性と個体ごとの性質への配慮して動物を取り扱う。
	ヒトとマーモセット，マーモセット同士が良好な関係を築くように心がけて飼育や実験にあたる。

表 1.3.4 その他のマーモセットを用いた研究に関連する国際協定・法規

国際協定・法規	規制に関連する内容	参考 URL
ワシントン条約 (CITES：絶滅のおそれのある野生動植物の種の国際取引に関する条約)	・マーモセット生体由来サンプルの輸出入 ・マーモセット個体の輸出入	http://www.meti.go.jp/policy/external_economy/trade_control/02_exandim/06_washington/index.html
遺伝子組換え生物等の使用等の規制による生物の多様性の確保に関する法律（カルタヘナ法）	・遺伝子組換え実験：遺伝子組換えマーモセットの作製，遺伝子組換えマーモセットの授受，遺伝子組換えウイルス投与実験，遺伝子組換え細胞移植実験など	http://www.biodic.go.jp/bch/cartagena/index.html
感染症の予防及び感染症の患者に対する医療に関する法律（感染症法）	・マーモセット個体の輸入 ・輸入マーモセット飼育 ・マーモセットでの重要な人獣共通感染症発生 ・規制対象の病原体を用いた感染実験	http://www.mhlw.go.jp/
麻薬及び向精神薬取締法	・ケタミン（麻薬）・ペントバルビタール（向精神薬）などの使用実験	http://elaws.e-gov.go.jp/
覚せい剤取締法	・メタンフェタミン（覚せい剤）などの使用実験	http://elaws.e-gov.go.jp/

■ 参考文献 ■

1) 鍵山直子：動物実験．シリーズ生命倫理学編集委員会編"シリーズ生命倫理学 第15巻 医学研究"，p.235-252，丸善出版（2012）．

2) Brønstad A, et al.: Lab Anim, 2016; **50**: 1-20.

3) Russell WMS, Burch RL: "The Principles of Humane Experimental Technique", Methuen（1959），笠井憲雪訳："人道的な実験技術の原理 -実験動物技術の基本原理3Rの原点-"，アドスリー（2012）．

4) 鍵山直子，水島友子：日薬理誌，2013; **141**: 141-149.

5) 笠井憲雪，鍵山直子：LABIO 21, 2013; **54**: 10–14.

6) Wolfensohn S, Honess P: "Handbook of Primate Husbandry and Welfare", Blackwell Publishing（2005），吉田浩子訳："サルの福祉 飼育ハンドブック"，昭和堂（2007）．

7) 平田聡他：科学 2012; **82**: 866-867.

8) European Commission: "Directive 2010/63/EU of the European Parliament and of the Council of 22 September 2010 on the protection of animals used for scientific purposes" （2010），植月献二：外国の立法 2012; **254**: 91-125.

9) Grimm D: Science, 2015, doi: 10.1126/science.aad7568.

10) Vogel G: Science, 2015, doi: 10.1126/science.aac4548.

11) Wadman M: Nature, 2012; **483**（7390）: 381-2.

12) Vermeire T, et al.: Final opinion on the need for non-human primates in biomedical research, production and testing of products and devices, update 2017. Scientific Committee on Health, Environmental and Emerging Risks（SCHEER），European Commission（2017），https://ec.europa.eu/health/sites/health/files/scientific_committees/scheer/docs/scheer_o_004.pdf.

13) Friedman H, et al., white paper / The Critical Role of Nonhuman Primates in Medical Research（2016），https://fbresearch.org/wp-content/uploads/2016/08/NHP-White-Paper-Print-08-22-16.pdf.

14) The Institute for Labotrtory Animal Research（ILAR）: ILAR J 2000; **41**（2）: 59-126, 中井伸子訳："動物実験における人道的エンドポイント"，アドスリー（2006）．

15) Hanazawa K, et al.: Theriogenology, 2012; **78**（4）:811-6.

16) Takahashi T, et al.: PLoS One, 2014, **9**（4）: e95560.

17) Kurotaki Y, et al.: J Mamm Ova Res, 2017, **34**（1）: 3-12.

18) 環境省自然環境局総務課動物愛護管理室（編），実験動物飼養保管基準解説書研究会："実験動物の飼養及び保管並びに苦痛の軽減に関する基準の解説"，アドスリー（2017）．

2.1 施設と飼育環境

黒滝陽子・石淵智子・冨樫充良

　動物実験施設は実験動物の健康や福祉が維持され，信頼性のある *in vivo* 実験を行うために，適切に運営・管理する必要がある。また，毎日使用する実験動物の飼養者や実験実施者が機能的で安全に過ごすことのできる設備とする必要もある。本項では，実中研を中心にマーモセット飼育施設や環境について，実務的に工夫された点なども盛り込んだ話題を提供する。

1 飼育施設の規格

　一般的に非ヒト霊長類（サル類）の飼育施設の衛生基準は，ヒトと近縁なことから人獣共通感染症についての制御を念頭におかなければならない。人獣共通感染症にはマカク属サルを宿主とするBウイルスや感染経路が未だ明らかになっていないエボラ出血熱など，ヒトにとって致死的なものがあるため，施設から感染を持ち出さない，施設へ感染を持ち込まない，両方向の微生物学的封じ込めが必要である。マーモセットの場合，多くの施設はマウスのようにSpecific Pathogen Free（SPF）のレベルではなく施設外と施設内の微生物が行き来可能なコンベンショナル[a]な環境で飼育されることが多い[1]。マーモセットは野生を含めて他のサル類のように人にとって致死的な症状を示す病原体に自然感染しているという報告はないが，一方で麻疹や結核のように人からマーモセットに感染し，マーモセットが重篤な症状を示す病原体があるため，日常的には外からの病原体の侵入を阻止する方式で飼育することが望ましい。実中研でも，コンベンショナルエリアでマーモセットを飼育しており，前述のような感染症やエリア内の一定の衛

ⓐ **コンベンショナルエリア**
近年，マウスにおいては特定の病原体を含まない環境（SPF: Specific Pathogen Free）やアイソレーターでの無菌環境下で飼育・提供されている。それら以外の微生物コントロールがなされていない実験動物に関しては一般的にコンベンショナル（月並みな，ありきたりな）という表現を使用している場合が多いが，なんらかの定義が設けられているわけではないことに留意する。マーモセットにおいて現時点（2018年）でSPFは確立しておらず，ほとんどの飼育施設はコンベンショナルエリアである。

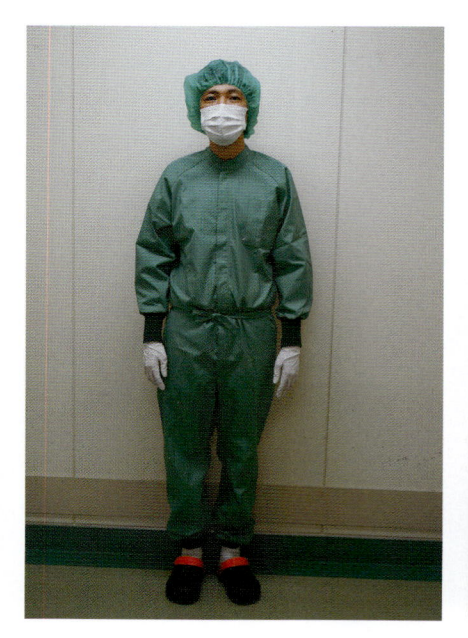
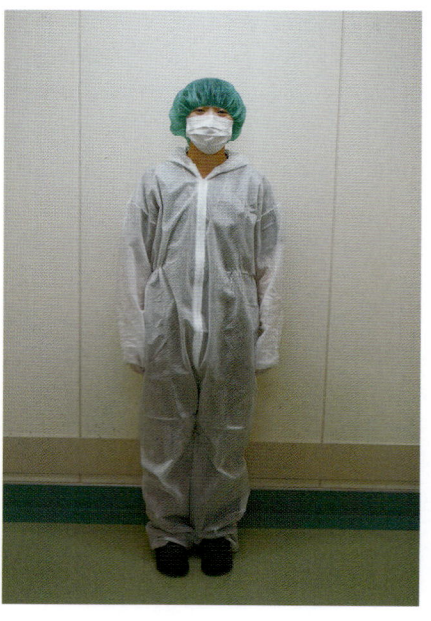

図 2.1.1　入室する際の服装
左の写真，専用つなぎ。右の写真，オーバーオール。入室する際は，手洗いを行い，つなぎ（左）もしくはオーバーオール（右，簡易防護服），マスク，帽子，手袋を着用，靴も専用サンダルに履き替えエアシャワーを通過する。これらの防護は病原体を持ち込ませない，持ち帰らせないようにする役割を担う。

(a)

(b)

図 2.1.2　一般飼育室とクリーン飼育室（バイオバブル）
実中研の新施設立ち上げ（2011 年）の際に一般飼育室（a）とクリーンルーム（b）を作成し、その中にバイオバブル（日本クレア製）を設置して免疫不全動物を飼育している。

生を保つため、次のような施設利用の規定を用いている。マーモセット飼育室への入室に当たっては、麻疹の抗体が陽性かつ結核に罹患していない登録者に限定しており、入室の際には手洗い、着替え、もしくはオーバーオールの着用およびマスク、帽子、手袋、施設内専用靴下およびサンダルの着用を義務づけることで、外からの病原体の持ち込みを防ぐ措置をとっている（図 2.1.1）。実中研では 2011 年の新施設への移転を機に一般飼育エリア（図 2.1.2 a）の他に、クリーン飼育室を構築し、新たな飼育方法の検討を行っている（図 2.1.2 b）。クリーン飼育室内は清浄な空気によって陽圧が維持されるビニールテント（バイオバブル）[b] が設置されており、病原体の侵入をほぼ防ぐ形での飼育が可能である。

　飼育施設の利用方法やマーモセットの飼育、実験方法等の基本的な作業については実験動物委員会で規定した作業手順書（Standard operating protocol: SOP）[c] をもとに運用していくことが望ましい。飼育管理者、実験作業者、研究者、外部からの施設利用者には、それぞれ SOP に則した導入研修等を行い、飼育室の使用法をはじめとして飼育作業や実験・研究が共通の認識で取り組まれるような体制に整備する必要がある。ヒヤリハットやトラブルが生じた際には、施設に準じた対応策を練り SOP にアップデートすることで施設内トラブルの防止となり、動物実験施設環境が向上する。SOP については各施設で管理体制が異なるので無理なく順守できるようなものがよい。

2 飼育室の規格

　新たにマーモセット飼育室を作る場合には、飼育の規模やケージの大きさ、部屋の大きさが異なるため、一概にどのような大きさが適切かはその飼育施設の規模や計画に依存する。実中研のマーモセット飼育室は廊下側から 1 つの前室、1 つの処置室から 3 つの飼育室に続くスイート方式をとっている（図 2.1.3）。動物室 3 部屋のうち大きい部屋は約 23m²、小さい部屋は 15m² の広さである。処置室と廊下の間に前室を設けることで二重扉構造になっているため、万が一マーモセットが飼育室から逸走した場合も前室にとどめておくことが可能であることから、複数枚の扉を設置することは逸走防止に高い効果があるといえる。

[b] バイオバブル
bioBUBBLE 社によって開発されたクリーンルーム。部屋の大きさや環境に応じて最適なクリーンルームをフレキシブルに設置することができ、動物飼育室においても免疫不全動物や遺伝子操作動物などを微生物統御された空間で飼育可能である。実中研で開発された免疫不全マーモセット飼育には CLEA Japan から販売されているバイオバブルを利用している（http://www.clea-japan.com /catalog1 / catalog_5/ catalog5-13.html）。

[c] 作業手順書
　（Standard operating protocol: SOP）
SOP はその施設で実験動物を飼養および施設管理を行う際の作業基準等を定めるものであり、様々な動物種を管理している施設においては動物飼育が難しくならないよう留意する必要がある。実中研は実務者が作成した作業手順書を元に動物実験委員会の承認を経て改訂を重ねている。

また，動物室と直接つながる扉に開閉可能な覗き窓をつけることで，飼育室入室前に室内の様子を確認することも逃亡措置の一環として必要である。飼育室内のマーモセットは常に飼育者の行動を観察していることから，前室と動物室の間に処置室を設けることで，採血や動物のケアなどを行う際に飼育室内の他の動物への刺激を抑え，対象の動物のみを限定して処置することができるため非常に有効なスペースとなっている。飼育室（大）は縦 7.5 m，横 3 m となっていて（図 2.1.3），対面同士にケージを置く場合のスペースはマーモセットがストレスを感じにくく，さらに飼育者が動きやすいように 1.4m 程度が確保されている。この規格の部屋には W820 × D610 × H1820 のサイズのケージが 8 ～ 13 個入るため，1 室で 30 ～ 50 頭ほどが飼育可能である（ケージのサイズについては 2 章 2 節参照）。隣り合うケージの間隔は最低 10cm を設け，横に設置した仕切り板と併せて動物同士のけんかを防止する。部屋を複数設けることができる施設では実験や繁殖，育成などの目的ごとに飼育室を分けることが可能なため，飼育員が動物をより管理しやすくなる。その他，動物室以外に手術室，回復室，準備室等の専用部屋を設けてある。また，遺伝子組換え生物を飼育するためには遺伝子組換え生物等の規制による生物の多様性の確保に関する法律を遵守する必要がある[d]。実中研では，レンチウイルスを用いた遺伝子組換え動物を作成しているため，「遺伝子組換え動物飼育室」であること，「遺伝子組換え動物を飼育中」であること，そのレベル（P2A）を明記すること[e]が義務づけられている（図 2.1.4）。遺伝子改変マーモセットの逃亡防止措置には二重扉が必要であるため，前述の飼育室の前室や処置スペースの扉が逃亡防止措置扉を兼ねている。さらに，当研究所では万が一の脱走も想定して，ケージ洗浄室なども含めた飼育室外の全エリアも P2A 区域として登録し，飼育外への扉も二重にして厳重な遺伝子改変動物の逃亡措置をとっている。

③ ケージ洗浄

　マーモセットのケージ洗浄法は大きく分けてウェット方式とドライ方式の 2 つがある。ウェット方式は大型のサル類と同様に動物室全体を水洗可能な構造にすることで，ケージ下に落下した汚物を水で洗い流すことができる方法であ

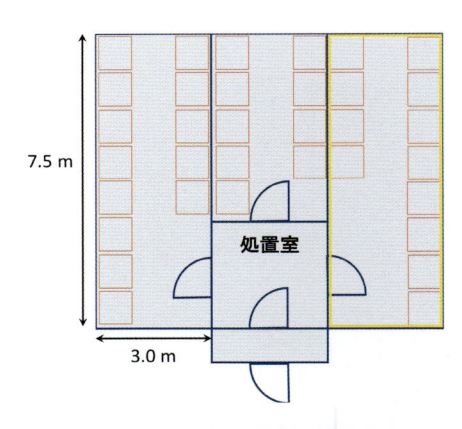

図 2.1.3　実中研の飼育室と見取り図
飼育室は 1 つの処置室と 3 つの飼育室からなるスイート方式をとっている。動物室 3 部屋のうち大きい部屋は約 23m^2，小さい部屋は 15m^2 の広さである。処置室と廊下の間に前室を設けることで二重扉構造になっているため，処置室では動物の処置や採血等が行うことが可能である。向かい合ったケージの間隔は 1.4m ある。

[d] 遺伝子組換え生物等の使用等の規制による生物の多様性の確保に関する法律
遺伝子組換え動植物が野生環境に影響しないように措置するために，生物多様性条約特別締約国会議再会合において「生物の多様性に関する条約のバイオセーフティに関するカルタヘナ議定書」が採択，締結された。日本国内でこれらの議定書を遵守するために作成された国内法が，平成十五年法律第九十七号「遺伝子組換え生物等の使用等の規制による生物の多様性の確保に関する法律」通称カルタヘナ法であり，2004 年 2 月に施行された。これにより遺伝子組換え生物の保管の際の拡散防止措置および譲渡や運搬，輸出に関しても措置が定められた。詳細は文部科学省，ライフサイエンスの広場，遺伝子組換え実験（http://www.lifescience.mext.go.jp/bioethics/anzen.html）等を参照。

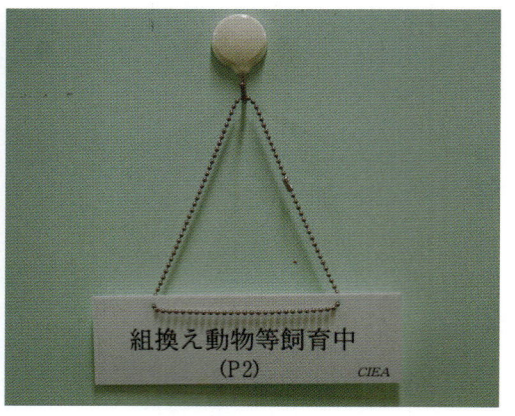

図 2.1.4　遺伝子組換え動物飼育室の表示
遺伝子組換え動物を飼育する際には飼育室に「遺伝子組換え動物飼育室（特定飼育区画）」の表示と「組換え動物等飼育中（特定飼育区画）」の札が必要である。

図 2.1.5　飼育室内でのケージ洗浄
飼育室に備え付けられた棚（ラック）を水洗している写真。ラック式で下に水洗板，奥に排水溝があるため汚物はそこから流せる。

る。また，水洗構造をとらない飼育室にケージを設置する場合はドライ方式をとり，動物の手が届かない距離（ケージ底面より 15cm 以上下方）にオガクズやペットシート（もしくはこれらを敷いたトレイ）を置いて汚物を受け，汚れたトレイやケージは飼育室から洗浄室に運んで洗浄する方法である。どちらもメリットデメリットがあるため，各施設の規模や広さを考慮ながらどちらの方式にするかを設計段階で決める必要がある。

　ウェット方式によるケージ洗浄（図 2.1.5）は，飼育室内で水を大量に流すことができる床構造に加えて飼育室内に排水溝がある施設に限られる。飼育管理者の立場からすると汚物を水で流せることで管理が容易というメリットがあり，毎日の洗浄が可能である一方，水洗により室内の温度や湿度を一定に保つことが難しいため，動物の立場からすると，毛が濡れることで体温低下やそれに伴う下痢を発症しやすいなどのデメリットがある。

［ウェット方式の特徴］

・毎日水洗掃除をすることができる。

・ケージを設置するための棚が飼育室に取り付けられている。

・耐久性の優れているステンレス製のケージを用いる。

・1 つの棚に 3 〜 5 列 × 2 段 (6 〜 10 ケージ / 1 棚) が使いやすい。

・ケージは移動することがあるのでキャスターが付いているものもある。

・水洗板はケージから出た汚物を受けそのまま排水溝に流すために設けてある。

・排水溝を後ろ側に設け排泄物を 1 カ所から管で落下させて流すことができる。

・動物をケージに入れたまま掃除するため，水濡れによる体温低下が生じやすい。

・飼育室内に排水溝があるため，害虫などが侵入する恐れがある。

ドライ方式による飼育は，温度や湿度を一定にすることが容易で，ウェット

ⓔ レンチウイルスを用いた遺伝子組換え
　動物の作製

カルタヘナ法において動物使用実験を行う場合はどのような拡散防止措置を行うかを決定する必要がある。まず「実験の種類」を決定し，宿主と核酸供与体の生物等をその病原性や伝播性によりクラス 1-4 に「実験分類」する。それらの組み合わせにより拡散防止措置を決定し，具体的に実施することが求められる。例えばレンチウイルスを用いた遺伝子組換え動物を作製，飼育するには，物理的封じ込め（Physical containment）の頭文字（P），「実験の種類」として第三世代のレンチウイルスベクターのクラス（2）と実験動物（Aninal）を使用することからその頭文字（A）をつけて「P2A」の拡散防止措置をとる必要がある。文部科学省，ライフサイエンスの広場に拡散防止措置チェックリストがあるので，それぞれのクラスにおける施設について満たすべき事項，遺伝子組換え実験の実施にあたり遵守すべき事項を確認，実行する。

方式のように動物が濡れるというデメリットを回避できる一方，ケージ交換や洗浄，排泄物を受けているペットシーツが汚れたらその都度交換をするなど，飼育者の負担が大きい。

[ドライ方式の特徴]
- 排泄物で床敷が汚れたら交換し，ケージは週に1回程度洗浄室で洗浄する。
- 耐久性が優れているステンレス製の可動式ケージで運搬可能である。
- 動物を捕獲して新しいケージと交換するため動物が濡れることはない。
- ケージやケージ付属品を洗浄室に運搬して洗浄，消毒する。
- 動物室内において排水がなく排水溝からの害虫等の侵入を防ぐことができる。
- 床面は衛生を保つために消毒液で拭きあげることが必要である。
- 温湿度の変動が小さい。
- 動物の移動が発生するため，専門的な動物取扱い技術が必要である。

実中研では2011年に飼育施設を新たに施工した際にウェット方式からドライ方式に変更した。実際の作業としては，動物室内で動物を洗浄済みケージに移動させ，汚れたケージは洗浄室まで運び，汚物や食べ残しの餌などのこびりついた汚れをお湯や洗浄液などで浮かした後，特注品（日本クレア製）の自動洗浄機で洗浄を行っている（図2.1.6）。現在は既製品として，テクニプラスト社の自動洗浄機を導入する施設もみられる。ケージ交換の際は床面や壁面を次亜塩素酸ナトリウム（200ppm〜600ppm）で拭きあげているが，人体への影響があることから使用には注意が必要である。近年，次亜塩素酸ナトリウムのpHを弱酸性に調整した除菌水が開発されており，人体への影響も低いことから，それらを用いて飼育機材の消毒を行っている施設もある。ケージ交換のタイミングなどは2章4節飼育作業（3）の詳細を参照。

④ 温度と湿度

マーモセットは元々南米の動物であることから比較的高温の環境に適応がある。動物室の温度は23〜28℃が適温とされており[2]，動物の体温低下を避けるため，実中研では27℃，湿度40％の設定で飼育している。空調は陽圧空調として動物室に持ち込まれた病原体を留めないようにしている。一部，感染実験室においては陰圧空調を用いて感染を拡散させない措置をとっている。一般的な動物室には自動でコントロールするための空調が備え付けられているが，エアコンの温湿度センサーが飼育動物の近くに配置されている場合は，動物の尿や清掃時の水分などがかかり故障してしまう確率が高い。入室時に飼育員が空調の異変を感知した場合は，別の温湿度計を確認して設備の故障等に素早く対応することが必要となる。湿度に関しては，30％〜60％ほどが適当で70％〜80％になるとマーモセットの体表が湿ってきて動きが鈍くなり，90％を超える環境下は病気を誘発する恐れがある。マーモセットは夜間に体温が低下するため，密閉された動物室における換気口の風の影響も考慮しなくてはならないが，換気口の位置は天井や壁に近い方に向けることでケージや動物に当たらな

図2.1.6　ケージ自動洗浄機
汚れたケージを飼育室から運び込み，洗場室に設置された自動洗浄機にかける。洗浄機に入れる前には事前に洗剤をかけ，自動洗浄機内で60℃，高圧で吹き付け洗い，仕上げすすぎを行う。10台のケージを30分ほどで洗浄することが可能である。時間や噴射角度，などは設定で変えられる。

い配慮が可能である。

5 その他の飼育環境：明暗サイクル，換気，音

マーモセットは昼行性の動物であるため，照明が点灯したら活動し，消灯したら就寝する。実験動物室の明暗サイクルは，7〜9時に点灯，19〜21時に消灯が一般的であり，実中研の一般飼育室は8時に点灯，20時に消灯となっている。また，部屋ごとに明暗サイクルが設定可能であることから，コラム5の出産部屋では点灯・消灯時刻を変更して出産監視作業を行っている。明暗サイクルをそれぞれ12時間ずつに設定するのが一般的であるが，施設によっては10時間点灯，14時間消灯の場合もみられる。

換気は，新鮮な空気を1時間当たり10〜20回入れ替えるのがよい。マーモセットは独特な匂いをもつ動物であるので，あまり換気回数を下げると臭気がこもることがある。

マーモセットは音に敏感であるため，できるだけ静かな環境での飼育が望ましい。騒音は繁殖障害や実験成績に影響を及ぼす懸念があるので目標基準値である60dBを越えないよう気を付ける。とくに消灯後は動物飼育室付近での作業は控え，動物が落ち着いて休めるよう配慮する。飼育室内の環境条件は施設の設備により異なるが，表2.1.1に当施設の飼育室内環境条件を示した。

表 2.1.1　実中研の飼育室内環境条件

環境要因	目標基準値	許容範囲
温度（℃）	25 ± 2	23 〜 28
湿度（%）	50 ± 10	30 〜 60
気流速度	0.2m/ 秒 以下	目標基準値と同じ
室圧	通常飼育室：陽圧　＋20 ± 5 Pa 検疫室・感染実験室： 　　　　陰圧　−30 ± 5 Pa BB 飼育室：陽圧　＋40 ± 5 Pa	目標基準値と同じ
換気回数	10 〜 15 回 / 時	9 〜 15 回 / 時
照度	150 〜 300 ルクス （床上 40 〜 85cm）	150 〜 600 ルクス （床上 40 〜 85cm）
照明	12 時間点灯	目標基準値と同じ
騒音	60dB を超えない	目標基準値と同じ
臭気	アンモニア濃度 20ppm 以下とする	目標基準値と同じ

災害対策

黒滝 陽子

地震・火災あるいは台風等の非常災害が発生した際は，それぞれの動物実験施設で迅速な対応が迫られる。とりわけ日本ではどこにいても大規模な震災に見舞われる可能性があることから，マーモセットの飼育施設という特殊な状況を考慮すると施設運営の一環として日常的に危機管理に取り組む必要がある。

動物実験施設の母体となる組織には，必ず防火・防災管理者による災害時の緊急対応マニュアルが作成されているのでそれに従うことが基本である。動物飼育エリア内で実験している場合は，動物をケージに戻し，ケージの扉を閉めたことを確認した後，動物が脱走しないように飼育室扉の戸締りを確実に行い，速やかに建物から避難することが理想とされるが，災害の程度によっては自身の身を守るために適宜判断する必要がある。災害の規模にもよるが，第一に優先すべきことが落ち着いた後，中に取り残されている実験動物について迅速な救済措置が必要となる。

災害時関連資料の整備

実中研では災害時等緊急対応細則にて，災害発生時の初期対応（避難・被害拡大の防止）と安全確保確認後の対応（実験動物への対応，施設設備の復旧等），別途災害時等の実験動物の取扱いに関する標準操作手順書が定められている。災害発生後，施設外への避難・出勤者の点呼を行い，被害情報を集約し，緊急災害対策事務局の指揮の下，機関長および実験動物管理者が連携を取りながら実験動物の救済対策を決定し，作業にあたる仕組みになっている。また，夜間・休日に災害が発生した場合に備えて，緊急連絡網は随時更新を行い，災害時には迅速に連絡が行き渡るようにする必要がある。有事の際の混乱の中で対応が迫られるため，年に1回の防災訓練の際には災害時のフローや関連資料の見直しを行い，施設利用者全員に周知する。

実験動物飼育エリア内の防災

実験動物飼育区域の防災としては施設設備（スプリンクラー，報知器，消火器，防火ドア，避難経路など）とは別に，転倒を防ぐための棚の固定（図2.1.7 a, b），避難の際に身を守るヘルメットの設置（図2.1.7 c）等，低予算でも取り組みが可能なものもあるので，積極的に整備するべきである。ヘルメットは余震の不安がある中で復旧作業する際に必須であるため，施設利用人数分は装備しておく必要がある。また，飼育作業中に被災する可能性もあることから，可動式のケージの場合は転倒防止対策を行うことを推奨する（図2.1.7 d）。動物の体温低下対策として常用する保温ライトは，転倒して火災にならないように電球を保護する（図2.2.4 a）。その他，火元の管理や顕微鏡光源などの熱源となりうるもののON/OFF等は一般的な防災のルールに準ずるが，実験後は使用した範囲の整理整頓を行い，可燃物を熱源の近くに置かないなど，基本的なルールを遵守することが防災に通ずることを心がける。

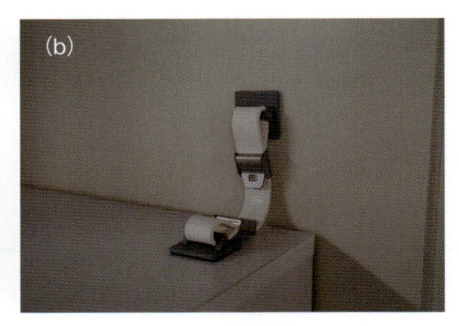
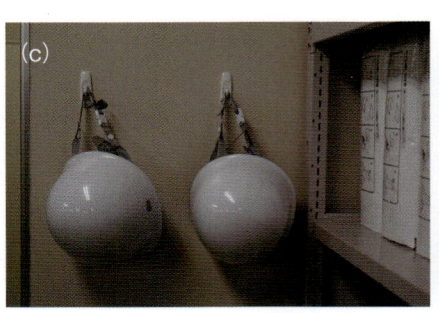
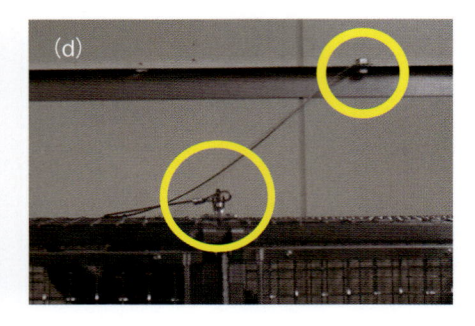

図2.1.7　飼育エリアの防災
(a) 洗浄室の飼育用品乾燥エリアの棚の転倒防止策，(b) 小さな棚と壁との固定による転倒防止策，(c) 飼育エリア内の各作業ポイントにヘルメットを常備，(d) 可動ケージはストッパーを止め，ケージ上部と壁はワイヤーで繋げて転倒防止策をとる。

備　蓄

　災害が発生すると，一時災害としてライフラインの断絶により水・電気・ガスの供給が止まり，動物の生命線となる給水や室温維持が難しくなる。実中研では物流の断絶がある場合も想定して，1カ月分の餌を備蓄している（図2.1.8 a）がマーモセットは比較的ヒトの食物（コメ・パスタ・クッキー・野菜・果物）を食す動物のため，物流の断絶がなく，そのような食物の余剰がある場合には専用餌以外のものを与えることが可能である。断水については貯水タンクの設備など，施設規模の対策が必要である。水についてもヒトへの使用・救助活動を優先し，余剰が見込める場合は動物への飲水に使用する。実中研では1日平均50m³の水を消費することから，図2.1.8 bのタイプの貯水槽（受水槽）を2基設置して，約2日分を貯水している。有事の際は停電によりビルへの給水が停止するため，電気と水を使用する施設設備（オートブレーブや飼育室加湿器）が使用できなくなり，通常の水の消費量には及ばないと想定しており，余剰分は動物に回すことが可能である。

災害後に想定すべきこと

　災害によっては季節的な影響により実験動物への被害が甚大になる可能性がある。例えば，東日本大災害では，げっ歯類において衛生面が維持できないとして，施設によっては30%〜86%の安楽殺を行ったという報告があり，夏場ではさらにアンモニア濃度などの上昇が考えられるため非常に厳しい選択を余儀なくされることが考えられる。また，サル類などを含む中型動物の災害対応においては，同一機関の別施設に移動させた，というわずかな報告があるのみである。そのため，災害の発生時期や長期にわたるライフラインの切断がある場合は実験動物への対策に迅速な選択ができるように各施設で予め協議する必要がある。甚大な災害により，ライフラインの回復が見込めない場合は，餌の供給停止による餓死や病気の蔓延などの可能性があることから，動物の苦痛軽減を目的に安楽殺を選択する可能性が生ずる。その際には，使用する薬剤などの備蓄もそれ相応に必要である。

その他

　2011年に発生した東日本大震災や2016年に発生した熊本地震により，動物実験施設もまた大きな被害が生じたことは記憶に新しい。熊本地震の被害状況や経験，防災対策の詳細がHP[a), b)]に公開されていることから，今後起こりうる有事の対策をより充実させることも有効な手段である。

　実験動物施設では，災害の他にも様々なトラブルに見舞われる。どのような混乱にあっても自己判断せず，諸関係者に迅速に連絡して対応を共有・協議するために，トラブル発生時の対応フローを実験動物施設の利用者全員が実践できるように日常から連携することが大切である。

a）熊本大学生命資源研究・支援センター動物資源開発研究施設の地震報告書等
http://card.medic.kumamoto-u.ac.jp/news/earthquake20160415.html
b）熊本大学発生医学研究所の災害対策マニュアル等
http://www.imeg.kumamoto-u.ac.jp/kumamoto_jishin2016/

図 2.1.8　餌の備蓄と施設の貯水槽
(a) 餌を備蓄する際は，入荷順に消費し，期限切れを防ぐ，(b) 実中研の貯水槽。電気が止まると施設内に水をあげることができないため，水を運ぶための大容量ポリタンクを準備する必要がある。

2.2 飼育器具と
エンリッチメント

1 飼育ケージ

　マーモセットを健全に飼育するためには，生理，生態，習性をなるべく妨げず，動物へのストレスをできるだけ軽減するための飼育器具が必要である。ケージの大きさは個体の体重に影響するため[3]，その規格を決める際も十分な検討が必要である。わが国では，動物の愛護及び管理に関する法律が5年を目処に見直される方針となり，近年では動物の適正な取扱いに関する項目に関して，より具体的な飼育法が示されるようになった。そのため動物実験の3Rに配慮した実験計画の立案の重要性が高まっている。動物福祉の観点から，すでにEUや欧米では，小型の霊長類の（マーモセットおよびタマリン）のケージの推奨サイズ（床面積）が定まっている[4,5]（表2.2.1）。どちらの基準も動物の尾が床に触れることや頭が天井に届くことは好ましくなく，いずれも高さや広さや空間を十分に確保した基準となっている。実中研では2011年よりEUの規格に準じて以下のケージを使用している（図2.2.1 a）。

- ・ケージ素材：ステンレス製（一部アルミ製）
- ・ケージサイズ：W820 × D610 × H1820
- ・飼育面積：0.5m²，高さ：1.57 m，飼育容積：0.785m³
- ・分離型仕様：仕切り板，すのこ，トレイ等を外すことによりレイアウトの変更が1から4室に分けられる（図2.2.1 a 2分割—中央に仕切り板，4分割—上下に仕切り網・トレイ）
- ・給水配管，両側手前位置，カプラ接続式（排水バルブ付き）
- ・キャスター付きで洗浄室に運搬可能。

表2.2.1　欧米のケージサイズ推奨基準
EU，ILAR が推奨するケージサイズ基準

	床面積	高さ
EU 指針[a] (2010)	0.5m² 以上	150cm 以上 （ケージ天井まで 180cm 以上）
ILAR Guide[b,c] (2012)	0.2m² 以上	76.2cm 以上

Directive 63/2010 / EU of the European Parliament and of the Council of 22 September 2010 on the protection of animals used for scientific purposes（Official Journal of the European Union L 276 of 20/10/2010）より引用.

"Guide for the Care and Use of Laboratory Animals", 8th edition, National Research Council（US）Committee for the Update of the Guide for the Care and Use of Laboratory Animals（2011）より引用.

a. 2頭+子（5カ月齢以下）を収容，5ヵ月齢超個体1頭追加ごとに容積0.3m³追加.
b. 体重1.5kg以下，1頭当たり.
c. 単体の霊長類には，群飼の霊長類にくらべて，表に示されている1頭当たりの数値より広い飼育スペースが必要になる場合がある.

(a)

4分割

分割なし　　　　　　　　　2分割

(b)

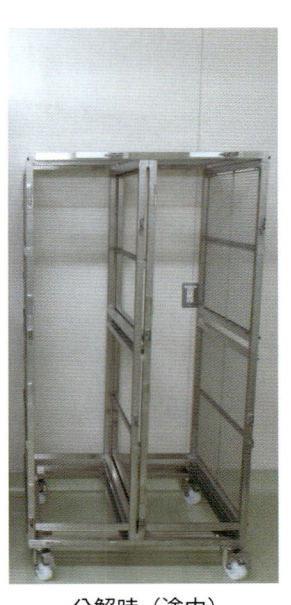

組み立て時　　　　　　分解時（途中）　　　　　　分解時

図 2.2.1　飼育ケージ
a) 一般エリアで飼育を行っているケージ。一般エリアのケージは扉が交換可能であり，その他，間仕切り板，スノコを外すことにより色々な仕様で飼育可能。
b) クリーンルームのバイオバブル内で使用しているケージ。クリーンエリア内にて洗浄，消毒，滅菌を行うためすべて分解できる（右端）ようになっている。ケージはいずれも車輪がついており可動式になっている。

　ケージの素材は耐久性の点からステンレス製が用いられ，ついで軽量性を重視する場合はアルミ製がよい。鉄やその他の差材でも構わないが，長年使用し続けると尿による腐食や錆が進み耐久性に欠ける。飼育ケージの天井・床・全面は網状もしくは格子状にしておくと観察がしやすい。ピッチは2 cm 程度（新生子の頭が通らない大きさ）であれば，床面は排泄物等が下に落ちるため衛生的である。横はスライド式の仕切り板をはめ込めるようにして隣接する動物のファイティングを防止する。飼育ケージの扉は大きな止まり木や寝床などを出し入れする際に全開可能な扉と，動物が入った状態で動物や小物を出し入れできる小扉を前面に設置すると便利である。小扉は捕獲網を出し入れする場合があるためやや大きめにしたほうがよい。クリーンルームでの大型ケージの使用は，滅菌機器の制限があるため分解式のケージを用いている（図 2.2.1 b）。

2 ケージ付属品

（1）餌　箱

　餌箱は洗浄，消毒，滅菌に耐えられる材質で，一定の大きさや重さがあり，動物がかじることのできないもの，かじっても問題ないものならどんなものでもかまわない。洗浄や保管の際に重ね積みできるものが望ましい。耐久性としては丈夫なステンレス製がもっとも適していると思われるが，金属音は動物にとって不快である場合が多いことから，実中研ではW 80 × D 160 × H 43mm，材質はポリプロピレン製（図 2.2.2 a）の餌箱を使用している。ケージから取り外しができると別の場所で調理・配給・洗浄・滅菌や消毒が可能になり衛生的である。餌箱の大きさとしては2〜3頭の2日間分の餌が入る大きさがよく，洗い替え用にケージ数の倍の数を準備しておく。餌箱を床などに置くとひっくり返されてしまう可能性があるので餌箱を入れるホルダー[a]があるとよい。樹上生活を行うマーモセットの習性に配慮するために，通常，餌箱は上部に置く。また，上部に置くことにより糞便が入りにくいため汚れが少なくなり，清潔に保つことが可能である。

[a] 餌箱ホルダー
餌箱ホルダーにひっくり返し防止バーが取り付けられている（矢印）

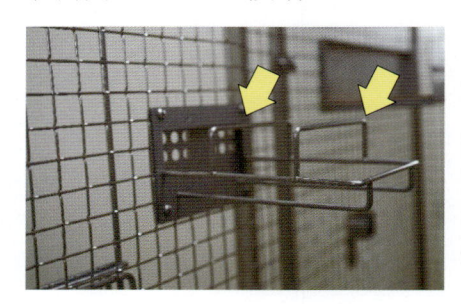

(a)

(b)

(c)
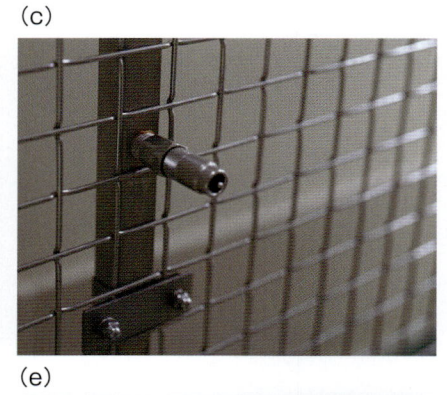

(d)

拡大写真

(e)

(f)

(g)

図 2.2.2　ケージ付属品
a) ポリプロピレン製の餌箱，b) 給水瓶と給水瓶ホルダー，c) 自動給水のノズル，d) 止まり木，e) ケージラベル，f) 止まり台，g) 巣箱（木製トンネル）

（2）給水瓶

小動物用の給水瓶（200〜500mL）および口金（金属製ノズル）を用いて，動物が飲める位置に給水瓶ホルダーを設置する（図2.2.2 b）。後述する自動給水装置を採用する場合でも，実験において飲水の制限や薬等を投与するにあたり使用する場合があることから常備しておく。

（3）自動給水装置と注意点

少数の動物飼育は給水瓶方式で十分である。しかし，動物数が多い場合には給水のために要する時間や手間があるので自動給水装置を備えるとよい（図2.2.2 c）。自動給水装置はラットなどで使われているもので十分である。マーモセットは舌で舐めるように水を飲むのでノズルはラットなどより少し大きくてもかまわないがマカク用のノズルでは大きすぎる。実中研でも自動給水装置を使用して動物がいつでも新鮮な水（塩素濃度2ppm）を飲めるようにしている。注意点として，給水ノズルが破損してしまった場合に動物が飲水できず脱水による衰弱が生じ，場合によっては死に至る場合もある。そのような事故を防ぐためには，ケージ交換をした直後や次のケージ交換までの期間にノズルチェックを行うことを推奨する。また，動物の異常な行動（ノズル周辺をうろうろする等）がある場合には飲水が出ていないことを動物観察時に疑う。そのほかにも，自動給水装置[b]のメンテナンス，ろ過フィルターの交換などを定期的に行う必要がある。脱水になった場合は，水切れに気が付いた時点で急に水をあげると水中毒などになるため，ICU管理にして少量ずつ水を与えながら回復させることに注意する。

（4）止まり木と止まり木ホルダー

主に樹上で生活する動物なので止まり木が必要である（図2.2.2 d）。ケージの中段や上部に設置するか，もしくはケージに斜め掛けできる長さの棒を入れて上部まで移動ができるように設置する。ケージによって止まり木の位置が変えられ，どこでも設置できるような止まり木ホルダーを設置するとなおよい（図2.2.2 d拡大）。

材質は木材がもっとも適している。入れられるのであれば自然の枝（樫，栖，リンゴやナシなど果物の木）がよい。エンリッチメントとしても木をかじることもできるので色々試してみるとよい。かじる行為は，歯が伸びることを防ぐことと，ストレス解消の効果がある。

交換頻度は2〜3カ月程度が望ましい。下記は実中研で使用している止まり木である。

・止まり木：直径30 mm × 600 mm，直径30 mm × 1820 mmの2種類を使用。
・ナシの木などの自然木等も使用することもある。

（5）ケージラベル

ケージの前面にあらかじめケージラベルホルダー板を付けておくとケージ単位での個体識別が可能になる。図2.2.2 eは実中研で使用しているケージラベルおよびケージホルダーである。

ⓑ 自動給水装置

自動給水装置は1日1回給水圧のチェックと給水配管のフラッシングを行う。長期的な使用により配管のつまりなどで圧が低下する場合があるので，定期的なろ過フィルターの交替，年に1回の水圧メーターのチェック，減圧弁などの異常個所は交換するなどのメンテナンスを行う。

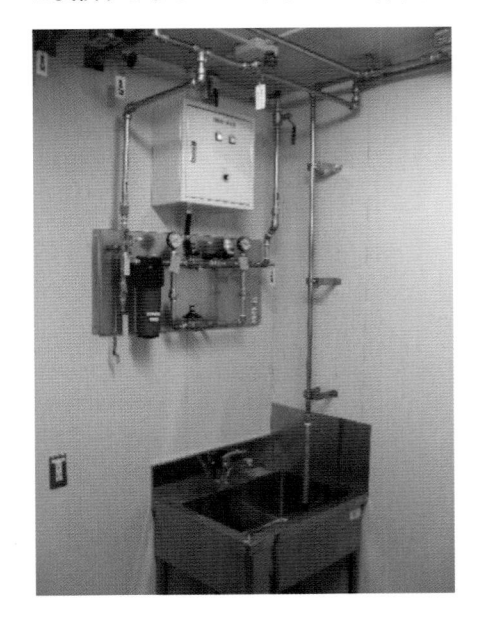

ネームプレートの大きさは W100 mm × H45 mm のステンレス製で，ケージに付属しているケージホルダーにネームプレートをスライドして差し込むことで落下を防ぐ。ネームプレートには個体，ケージごとの注意書を記入することで多くの人と情報を共有することが可能である。

(6) 止まり台，巣箱

　止まり台や巣箱はケージ形状やその環境によって様々なものを用いる。止まり台はマーモセットの習性から，ケージの上部に取り付けられるものが望ましい（図 2.2.2 f）。実中研では，耐久性の高いステンレス製の止まり台に木材を敷き，休息時に動物の体温低下を防ぐ工夫をしている。巣箱やトンネルは主に動物の隠れ場所として重要であり，設置することでストレス等が軽減される効果があるとされていることから，とくに傷病による衰弱または出産後の動物の休息場所，保温場所として活用することが多い（図 2.2.2 g）。飼育作業においては動物が中に入ってしまうと観察がしにくい，捕まえにくいなどの欠点があるが，とりわけ弱った動物は人目につくことを嫌がり隠れたがる習性をもつため，動物福祉の観点から巣箱やトンネルを積極的に導入することを推奨する。

(7) ケージ間仕切り板

　両側が網もしくは格子のケージを使用する場合にはファイティング（隣同士の動物がつかみ合い手や尾などのケガ）を防止するため仕切り板をケージの間や左右に取り付ける必要がある（図 2.2.1 a 2 分割）。仕切り板はアルミや薄いステンレス板などが軽量で扱いやすい。実中研で使用している仕切り板は D640 × H688 mm サイズであり，アルミ製，中央仕切りは落とし込みロックの加工と間仕切り板中央にさらにボルトロック©を加工し仕切り板のずれを防ぐことで，動物の逸走等を防止している。

③ 飼育・動物取扱いに必要なその他の道具

　ケージ付属品以外に，飼育・動物取扱いに使用する道具を本項で紹介する。

(1) 動物用 ICU チャンバー

　温湿度，酸素濃度の調整が可能。体調が悪い動物を一時的に収容する，麻酔使用後に覚醒までそのままにしておくと体温が下がってしまうため収容する，など使用頻度は高い（図 2.2.3 a, b）。

Ⓒ ボルトロック

落とし込みロックがない仕切り板では，マーモセットが仕切り板をずらして喧嘩してしまうことからすべての仕切り板にボルトロックを採用している。

(a)
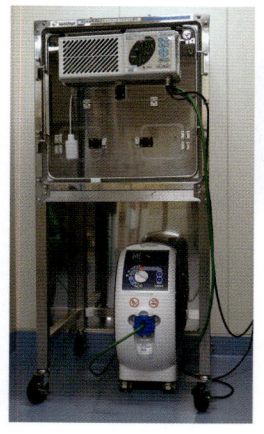

(b)
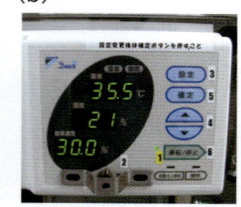

(c)
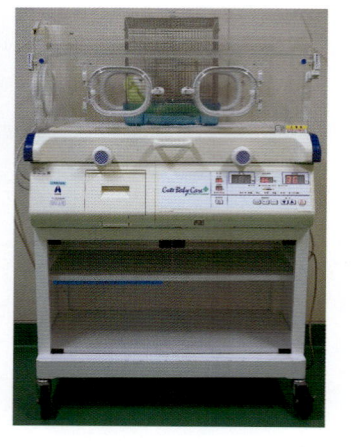

図 2.2.3　飼育・動物取扱いに必要な道具 I

a）動物が衰弱した際や，麻酔覚醒時などに使用する ICU。　b）ICU の設定。動脈血酸素飽和度が低い場合は酸素濃度を上げる。　c）出生後，帝王切開や育子放棄などがあった場合は新生子を保育器に一時的に収容する。

(2) 保育器（ヒト用）

保温温度・湿度の調整が可能。出生後，帝王切開や育子放棄などがあった場合は新生子を保育器に一時的に収容する，または人工保育等に利用する（図 2.2.3 c）。ICU より湿度が安定して保たれるため，未熟子で酸素濃度を上げる必要がない場合は保育器を利用する。

(3) 動物用保温ライト

動物の体温が下がった際に使用する。動物が当たりやすいようにケージの前面や中に設置できるようにクリップ式や三脚などを使用する（図 2.2.4 a）。使用する保温ライトは赤外線やセラミックヒーターなど熱すぎないものを用いる。また，取扱者の安全をはかるために，保温ライトには保護ワイヤーを装着して電球破損などを防ぐ必要がある。

(4) 動物輸送箱

おかもち（体重測定，動物の移動等に使用するアルミニウム製容器）と体重計（図 2.2.4 b）。動物の体重測定や導入麻酔後の手術室への移動に使用する。

(5) 捕獲網（川魚用のタモ，日本クレア製専用の捕獲網など，内径 25 〜 30 cm 尻尾のないマーモセットを捕獲する際に使用（図 2.2.4 c）。

(6) 皮手袋

捕獲の際に取扱者の安全の確保のために使用。マーモセットは樹液を得るために木に穴をあけることが可能な鋭利な歯があるため，それらの貫通を防ぐために皮革製の手袋が多用される。つかみやすく，丈夫であればサル類専用以外の市販の物でもかまわない（図 2.2.4 c）。

(a)

(b)

(c)

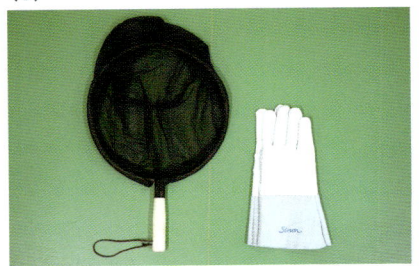

(d)

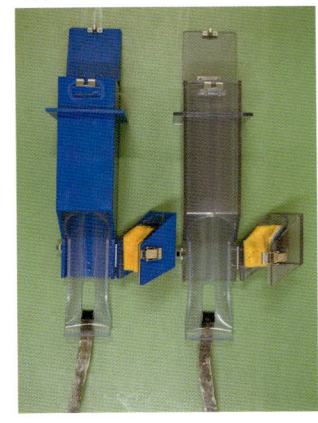

図 2.2.4　飼育・動物取扱いに使用する道具 II

(a) 保温ライト。体温が低い場合は保温ライトで温まるためのホットスポットを作る。(b) 動物輸送箱と体重計。動物の体重を計るために使用頻度が高い。体重を計ることは動物の健康状態のパラメーターであり，短期間で体重が 15 g 以上下がった場合は体温が下がる場合があるので，治療と併せて保温ライトを用いる。(c) 捕獲網と革手袋 (d) 採血用保定器

（7）採血用保定器

採血用保定器を用いることで，一人での採血，止血が可能。実中研では特注のマーモセット専用の保定器（株式会社ジック製）を使用している（図 2.2.4 d）。写真の青色の保定器は中の動物の様子（保定期の中で苦しんで死亡する等）が見えず事故につながるため，現在は透明な保定器を使用している。なお，採血は動物の健康管理から繁殖（性周期ホルモンの確認）まで多用する技術であり，採血・投与器具に使用する注射針の取扱いには細心の注意が必要である。針刺し事故を起こさないためには，マーモセットの保定を確実に習得したうえで採血・投与などのトレーニングを行うこと，注射針使用後はリキャップせずに針捨てや医療廃棄物 BOX に確実に捨てられるようなシステムにすることが必要である。注意を促すために，目立つ医療廃棄物用 BOX[d]を使用し，通常のゴミ箱と分別できるようにすると誤破棄防止になる。

4 環境エンリッチメント

エンリッチメントとは動物の幸福の実現を目指し福祉の向上を図るものであり，環境エンリッチメントはそれぞれの動物種に固有の行動を発現しやすくなるような刺激，構造物，および資源を提供することによって達成することができる。具体的には飼育施設の環境やケージの広さ，遊具の設置などに相当する。他にも採食・空間・感覚・社会的・認知などのエンリッチメントが存在し，様々なエンリッチメントから動物の能力を引き出し，ウェルビーイングを増進することが動物福祉の面からも重要である。

下記に実中研で実施している環境エンリッチメントを示す（図 2.2.5）。

（a）ハンモック

マーモセットはハンモックが大好きであり，ケージ内の喧嘩においても，ハンモックをつけることで皆が集まり，押し合いをしている間に喧嘩が収まっていることもあるため，ファミリーケージに多用する道具である。

（b）木製トンネル（市販の小動物用）

前述した通り，弱っている動物の隠れ家，ファミリーケージ内での居場所作りなどに有効である。

（c）木製巣箱（市販の小動物用）

無機質な ICU などにもこのような巣箱を入れて動物を安心させることが可能となる。

（d）ハシゴのブランコ

ゆらゆら揺れる遊具は活発な行動をとるマーモセットが好んで遊ぶ。市販のものに頼るだけでなく，ロープにフックなどを取り付けてオリジナルの遊具を作ることが可能である。また廃材を利用した遊具作りも可能である。

ⓓ 目立つ医療廃棄物 BOX

実中研のマーモセット飼育エリアでは，通常のゴミ箱への針の誤破棄を防止するために，写真のような目立つ医療廃棄物 BOX を使用している。この BOX には拳2つ分程度の大きさの投入口と蓋がついており，口が狭いため確実に投入口にいれなければ捨てられないようになっている。また，使用後は蓋をするが，万が一使用中に転倒したとしても針が出てしまうことを最小限に抑えることが可能である。注射針の通常のゴミ箱への誤破棄防止のために，医療廃棄 BOX は処置室に，通常のゴミ箱は前室にエリア区分して設置している。

（e）アクリルトンネル・プラスチック製蛇腹トンネル

　ファミリーケージの床面積を広くするために，向かい合う2つのケージを繋げるトンネルを設置する。床面積拡大効果の他に，何にでも興味をもつことが多いマーモセットが好んでトンネルを通り遊んでいる様子が観察される。蛇腹トンネルは上下，左右などフレキシブルに設置可能である。

　環境エンリッチメントに使用する小道具は，導入した際の反応をみて，怖がらないことを確認すること，時々ローテーションする，あるいは興味がなければ交換することも考慮すべきである。しかしながら，あまり頻繁に動物の環境を変えると動物のストレスを引き起こすこともあるため注意を要する。動物自身がその環境を選択し，ストレスに対処する能力を高めることが本来の目的であることを念頭に環境エンリッチメントを行うことが大切である。

図2.2.5　エンリッチメントの小道具
(a) ハンモック，(b) 木製トンネル，(c) 木製巣箱，(d) ハシゴのブランコ，(e) アクリルトンネル（中央）および蛇腹トンネル（右）

(a)

(b)

(c)

(d)

(e)

2.3 飼　料

1 餌の種類と栄養学的考慮

　野生のマーモセットは樹上が生活の中心であることから，昆虫を中心として花や果物，樹液などを食する雑食性である。食餌の比率として同じオマキザル科のタマリンでは昆虫が45%，果物が35%，樹液が10%であるのに対し，マーモセットでは昆虫が39%，果物が16%，樹液が45%と食餌内容の割合は異なり，食餌の30～70%の時間を長い歯で木に穴をあけて樹液を食することに費やしている[6]。マーモセットを含む新世界ザルは旧世界ザルと比べて多くのタンパク質，脂溶性，水溶性ビタミン類を必要とするため，飼育下の実験動物用の固形飼料の配合も異なる。参考のため，マウスの固形飼料成分も併せて表記した（表2.3.1）。マウスの固形飼料と比べても脂肪，ビタミン類，が多く含まれることがわかる。固形飼料は数社から新世界ザル用として発売されており，配合は

表2.3.1　旧世界ザルと新世界ザル，マウスの飼料成分の違い

項目	旧世界ザル（CMK-2）[7]	新世界ザル（CMS-1M）[8]	マウス（CA1）[9]
栄養成分およびカロリー（飼料100g中の含有量）			
Moisture（%）	8.06	7.97	8.48
Crude protein（%）	20.84	27.52	27.42
Crude fat（%）	4.19	**8.74**	4.88
Crude fiber（%）	4.76	3.26	4.19
Crude ash（%）	6.53	6.58	8.23
NFE（%）	55.63	45.93	46.8
Energy（kcal）	343.59	372.46	340.79
ビタミン（飼料100g中の含有量）			
Retinol（IU）	1135	**4980**	4415
Vitamin B_1（mg）	1.6	**3.6**	1.7
Vitamin B_2（mg）	1.4	**4.7**	1.3
Vitamin B_6（mg）	1.1	**2.3**	1.2
Vitamin B_{12}（μg）	2.8	**10.6**	7.8
Total Vitamin C（mg）	58	**144**	21
Vitamin D3（IU）	215	**3185**	225
Vitamin E（mg）	11.3	**34.6**	7.9
Pantothenic acid（mg）	4.5	**12.2**	3
Niachin（mg）	13.4	24	17.5
Folic acid（mg）	0.2	0.2	0.2
Choline（mg）	170	285	205
Biotin（μg）	34.3	**75.7**	45
Inositol（mg）	523	452	563
形状	発泡状・粉末状（※受注生産）	発泡状・粉末状（※受注生産）	ペレット状・粉末状（※受注生産）

旧世界ザルと比べて新世界ザルの餌にはタンパク質がやや多く，脂質，ビタミンA（レチノール），B，C，Dが多く含まれている。旧世界ザルに比べて2倍以上含有している組成は太字で示した。また，一般的なマウスの餌の成分についても記載した（出典：日本クレアHP）。

微妙に異なるがその傾向は類似している。固形飼料をベースとして，施設毎に独自の給餌体制をとっており，その工夫はそのまま採食におけるエンリッチメントとなることも重要視しなければならない。国内外での給餌の工夫として(1) 炭水化物・野菜・果物・生餌（いきえ）から栄養を与える，(2)日替わりのメニューが準備されている，(3)朝・昼・夜で食餌形態を変える，(4)時間をかけて食餌を楽しむことができるようにする，(5)マーモセットの習性や嗜好性を利用したエンリッチメントを施す等，固形飼料と併せて動物の栄養面とエンリッチメントの両側からアプローチしている。ここに紹介したすべてを行うことが必ずしも最良のマーモセットの給餌ではなく，栄養面では固形飼料で十分であるが，そこにエンリッチメントを加えることで飼育動物の福祉を向上させることに常に意識する必要がある。また，その施設規模や動物数，飼育員数の構成により取り組みは異なるため，できる範囲で継続して行うことが大切である。

(1) マーモセットに与える炭水化物・野菜・果物・生餌・食物繊維

　国内外の多数の施設ではマーモセットに様々な餌を与えており，炭水化物（コメ，パスタ），ビタミン類（野菜 – 人参，葉類等，果物 – バナナ，パイナップル，りんご等），タンパク類（ゆで卵，チーズ，ヨーグルト）など多岐にわたる（図 2.3.1 a）。炭水化物とタンパク質が同時に取れるように，餌や卵，ビタミンなどを練ったペーストを挟んだサンドウィッチなど手の込んだメニューなども考えられている（図 2.3.1 b）。生餌としてはミルワームを取り入れる施設が多く，他にもバッタなどを取り入れている。また，食物繊維は消化管を通過する消化物が増えて糞便も増加し，消化時間を短縮できることから[6] 固形飼料に 2 ～ 8% の繊維が含まれるが，さらに 5 ～ 10% 程度を加え，総量で 16% 程度にすることが推奨されている[6]。

(a)

(b)

図 2.3.1　海外施設での給餌の工夫
(a) 彩りや栄養が大変豊かなマーモセット用の餌（ドイツ，German Primate Center, Prof. Dr. Rüdiger Behr 提供），
(b) 餌，卵，ビタミン類をペーストにして挟んだ洗練されたサンドウィッチ（イギリス，University of Cambridge, Mr. Colin Windle 提供）。

（2）日替わりのメニュー

ヒトにおいて日々の食事を楽しみにするのと同様に，マーモセットも日替わりでメニューを変えて給餌している施設が多くみられる。必ずしもすべてが手作りである必要はなく，飼育員が用意しやすいように市販品を織り交ぜることで負担を減らし，食事の楽しみを与えることが重要である。給餌皿には彩り，食感，栄養素，嗜好性のバランスをよく配備することで，動物のもつ能力（嗅ぐ，嚙む，飲む，消化する，排泄する）を引き出すことが採食エンリッチメントにつながる。

（3）朝・昼・夜，体調により食餌形態を変える

好みにもよるが，ヒトでは朝から重たい食事をあまり取らないように，マーモセットも朝は固形飼料をミルクやジュースなどで柔らかい粥状にして給餌し，その後に野菜・果物類と固形飼料を与える施設もある。マーモセットは野菜・果物・生餌を好み，それらがなくなった際に補助的な役割として固形飼料を食す姿が飼育者により観察されている。また，体調が悪く食欲のない個体に対しては練り餌などを与え消化の負担を減らす。

（4）時間をかけて食餌を楽しむ

野生のマーモセットは活動時間の多くを採食に費やすため，時間をかけて食餌を取ることはヒト以上に重要であるかもしれない。そのため，おやつを補食として与えて食餌の楽しみを増やす，ピーナッツなどを殻付きで与えてかじらせることで餌にたどり着く時間をかける工夫をする，紙に餌を入れて包みを探りながら餌にたどり着く，チップに餌をまいて探しながら食べるなど，探索行動や遊びと食を関連させるようなエンリッチメントを取り入れている施設もみられる。

（5）マーモセットの習性や嗜好性を利用したエンリッチメント

マーモセットはヒト用の甘いお菓子が大好きであり，クッキー，ラスク，ドライフルーツ，マシュマロ，カステラなど[@]も食する。甘い食べ物ではないが，マーモセットの嗜好性が高いものとしてアラビアガムが知られている。アカシアに属するアラビアゴムの木の樹液であるアラビアガムは多糖類からなる。精製または粗精性されたアラビアガムを水にとき流し込み風乾，柔らかいシート状の塊を千切って餌と一緒に出すと，マーモセットはアラビアガムの塊を一番に手に取る。前述した通り，野生のマーモセットは樹液を食するために多くの時間をかけて木をかじるなどの行動を取るが，飼育下のマーモセットにおいても木をかじる行動は日常的にみられる。アラビアガムに少量の水を加えて溶かし，穴をあけた木に入れ固めて，まさに野生のマーモセットの行動と同じように木をかじりながらアラビアガムを食すという試みもなされている。また，アラビアガムの嗜好性を利用して，粉末状のものを餌の上にふりかけて食欲を回復させることにも利用される。

（6）固形飼料の給餌

主に固形飼料をメインとした場合は1匹当たり CMS-1M（そのままの状態で）20 〜 25g を与えるのが一般的である。固形飼料においては，その成分のみで

十分な栄養が考慮されているが，実中研では嗜好性をあげるために純正ハチミツ，さらにビタミンA,C,Dなどを固形飼料のCMS-1M（日本クレア）に添加，撹拌してふやかしCMS-1Mを作成して[10]（表2.3.2，図2.3.2），餌箱に50gずつ分配する。マーモセットは食べ散らかしが多いために餌のほとんどの塊をケージから落としてしまうこともあるため，ふやかした餌を塊のままにせず十分ほぐすことに留意する。目分量で餌を分配する場合はその量が自然に増えていく傾向にあるため，常に計量した見本を作り，正確な分配量を把握することが大切

表2.3.2　ふやかしCMS-1Mのレシピ（参考文献10）を改変）

調合ハチミツ液（4℃ストック）	
ハチミツ（純粋蜂蜜）	1,000g
ビタミンD₃（デュファゾールAD3E）	24mL
ビタミンC（アスコルビン酸）	20g
水・またはお湯	全量1000mLにする
飼料の調合	
CMS-1M	1,000g
調合ハチミツ液	43mL
お湯	400mL

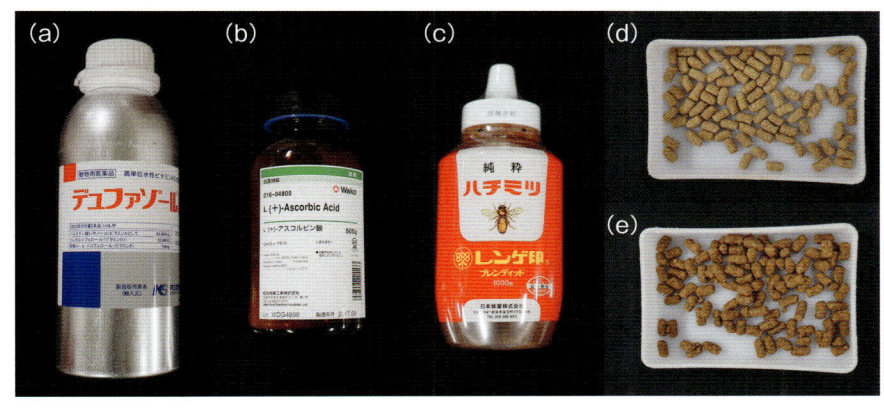

図2.3.2　調合ハチミツ液に使用するものと餌
（a）ビタミンA・D・E，（b）ビタミンC，（c）はちみつ，（d）CMS-1M，（e）ふやかしCMS-1M

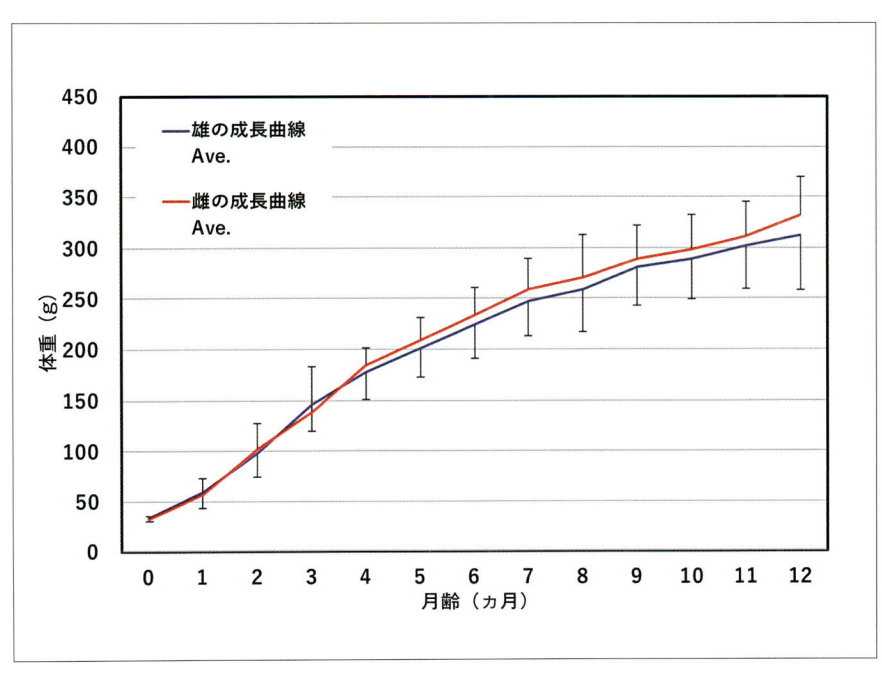

図2.3.3　実中研殿町施設で育成したマーモセットの成長曲線

である。また，嗜好性が高いがためにふやかし餌を大量に食べてしまい，お腹が張る個体などにはふやかしていない餌を与えて少量ずつ摂取させるなどを試みる。体調によりふやかし餌を食べると吐く，食べられない，という個体には練り餌，粉餌など，形態を変えて与える工夫をする。この方法により，実中研では育成子に対して，離乳後に練り餌（図 2.3.4），ふやかし CMS-1M と進めて十分な成長が得られている（図 2.3.3）。成体の維持においては CMS-1M をそのまま 1 年間与えた場合でも体重の著しい減少はみられなかった（図 2.3.5）。

表 2.3.3　練り餌のレシピ

練り餌（当日限り）	
ふやかし CMS-1M	300g
お湯	150mL
てんさいオリゴ糖	60mL
水煮レバー（ミキサーでペースト状）	150g

ふやかしたCMS-1Mにさらにお湯を加えて30分から40分ふやかす。

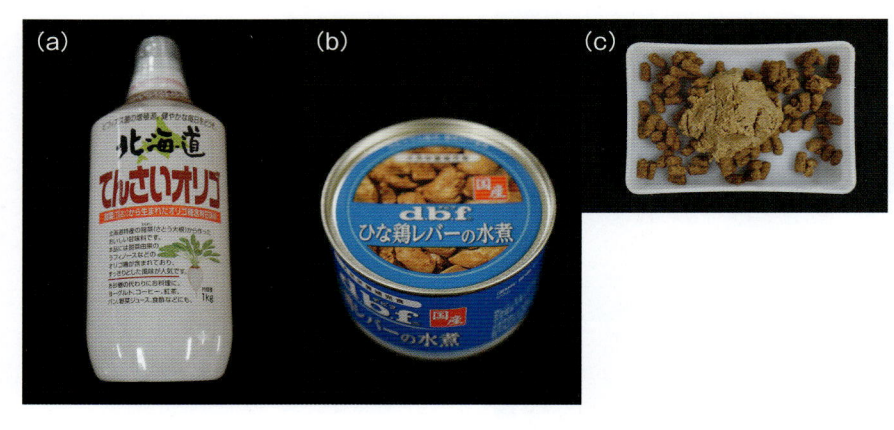

図 2.3.4　練り餌
（a）オリゴ糖，（b）水煮レバーのペーストを加え餌の粒がなくなるまでよく混ぜる。給餌しやすい硬さにお湯を入れて調整して（c）練り餌とする（練り餌とふやかし餌）

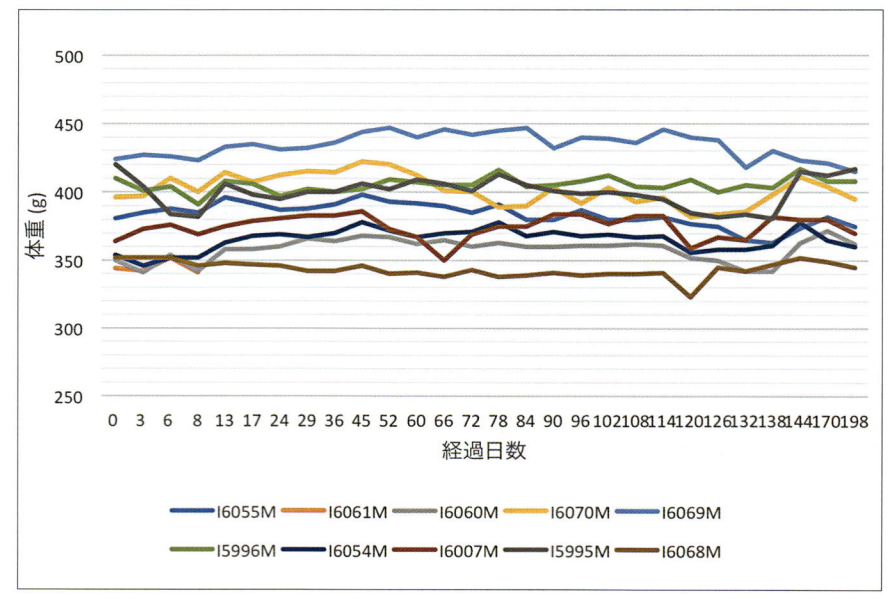

図 2.3.5　CMS-1M のみの餌を用いた成体の 1 年間の体重推移

2 給餌方法

マーモセットにとって餌の摂取量は健康のバロメーターであり，朝一番の動物摂餌量を確認することは重要であるため，実中研では朝の動物観察を終えてから当日作成したふやかし CMS-1M を配布する。月・水・金は餌箱ごとの配布，火・木は足し餌としている。午後は，ふやかし餌が食べられないと判断され，練り餌の指示があった動物に練り餌を配り，食べこぼしなどで餌箱が空になっている場合はふやかし餌を足す。ペア飼育には1つの餌箱（50g），3頭以上のファミリーケージは2カ所に餌箱を設置する。

食べさせ方のポイント

マーモセットの健康管理については4章を参照されたいが，やや餌の食べが悪い，体調が下降気味である，治療を終えたが十分回復傾向にない，と飼育員が判断した場合は，血液検査などと併せて給餌による体調・体重回復に努める。マーモセットは小さい部類の霊長類であるが，その小ささゆえに急激な体重低下，低血糖による体温低下に陥りやすい。飼育員は常に食餌摂取量に留意し，少しでも動物の体調変化が気になった場合は体重測定を実施して健康状態の把握を行う。体重が減少した際には体調に合わせた形態の餌を与えることで体調の回復を促すことが可能である。その際には嗜好性を考慮した食べ物を選び，少しでも多くの栄養を取ってもらうことを目指す。マーモセットは社会性行動がみられることから，体調が悪い際にも一見元気に振舞い，嗜好性の高い食べ物に喜ぶ素ぶりをするが，実際は元気がなく，食べ物を一口食べて終わってしまうケースもみられる。以下，飼育員が工夫している餌の食べさせ方を箇条書きで記す。

- 下痢症状で顔が白いことから，シロップ状の鉄剤（ペットチニック）[b]をカステラにかけて与える。
- 食欲がない場合は個々の好みに併せて嗜好性の弱い順から強い順を意識して試し，なるべく嗜好性の強いものを癖づけないようにする。
- 摂餌が少ない場合は固形，ふやかし，練り餌（表2.3.3，図2.3.4 c），粉餌などの様々な形態の餌を与え，食べられる餌の選択肢を増やす。
- 多頭飼いで複数の子供がいるケージには喧嘩をしないように練り餌を複数箇所に入れる。

3 体重増加を目的とした給餌

マーモセットの体重を増やしたい場合に，沢山餌を与えたとしても思うように体重が増加しないことは飼育者であれば誰しもが経験していることである。外科手術において麻酔を用いる場合は，麻酔前の絶食や麻酔中の体温低下などの影響が大きいため，とくに事前の体調（体重）管理に留意しなければならない。実中研においても，外科手術で体温維持，体調回復が難しくなる体重，300gをラインとして，それ以上の体重の個体を使用することをルール化している。手術前日か当日に実験に使用する動物の体重を測定して300gを下回った場合は，手術をキャンセルして体調（体重）回復に努める。キャンセル率を下げるために，実験使用が頻繁にある個体は飼育担当者における日々の小まめな体調

[b] ペットチニック

ペットチニックは鉄・銅・ビタミンB群をバランスよく補給できる犬猫用の経口サプリメントである。餌にふりかけても使用可能なため，固形餌を食べない個体においても，嗜好性の高いカステラ1〜2個にペットチニックを添加して与えると比較的食いつきが良好である。以前は筋肉注射で鉄分投与をしていたが，長期投与に向かないため経口タイプに変更した。

（体重）管理が重要になる。また，使用前に実験がキャンセルとならないように，入荷した動物は体重増加を意識して育成を行うことが必要である。以下，その対応を箇条書きで記す。

【体重を増やしたいときに常用する補助食・栄養食・投薬】

- メイバランス 3mL（明治，ヒト用栄養食，160Kcal/100mL）
「メイバランス」は少量で日々に欠かせない栄養素を補うことができるため食が細くて痩せてしまった個体に用いる。
- 犬猫用チューブダイエットハイ・カロリー（森乳サンワールド，犬猫用経腸栄養素，495Kcal/100mL）100g に対しオリゴ糖 20g，水 180mL で溶かし，3mL を経口投与する。
- ビオフェルミン R(各種抗菌薬に高度の耐性を有す乳酸菌整腸剤) 8g，ミヤBM 8g ラックビー 16g，カロリーメイトゼリーりんご味 400mL を混ぜ合わせたもの，朝夕各 1mL を経口投与する。下痢をしていない場合でも体重が低い場合に与える。
- ペットチニック（ファイザー，犬猫用　ビタミン・ミネラルトリート）週2～3回
嗜好性の高いカステラ 1～2 個にペットチニックを添加して与えると食いつきが良好である。
- 練り餌
食欲がない際には食べやすいように飼料の形態を変えて与える。
また，これらの工夫を凝らしても改善しない場合は以下の確認を行う。
- 1 カ月～2 カ月ほど上記の補食をあげても変わらない場合は一回補食を切り体重が維持できているかの確認をする。
- 個体により 300g 前後で良好な体調を維持するもの，そうでないものがいるため，数値にとらわれずに個々の平均体重を考慮しながらその個体のベストな状態を把握する。

【育成における体重増加】

　外科手術を目的とする動物は実験使用開始までに 300g 以上の体重を維持すると，術後のケアが容易である。体重が思うように増えない場合は，上記のような補助食も併用して，こまめな体調管理による体重増加を促す（図 2.3.6）。

　個体の状態を良好に保つためには，飼料の与え方や衛生，またそれを管理する飼育員の観察をフィードバックすることが重要である。個体ごとに給餌における効果が異なるために絶対的な方法はないものの，より効果が得られる摂餌方法を共有して動物飼育のレベルを上げていくことが大切であると考えている。また，他施設の見学などを通して，それぞれが工夫している点を共有することで，自己施設の見直しや改善を客観的・定期的に行い，マーモセットの健康維持に努めることが重要である。

ID	入荷後　月齢における体重（g）														
	9	10	11	12	13	14	15	16	17	18	19	20	21	22	23
15988F	275	280	282	283	283	282	288	337	309	318	310	310			
15982F		250	283	288		290	285	290	301	312	325	312	302		
15976F		275	282	271	292	296	297	299	300	318	328	320	307		
15956F			245	273	307	290	318	330	334	342	342	343	339		
15943F				270	290	293	304	308	289	297	303	326	329	343	335

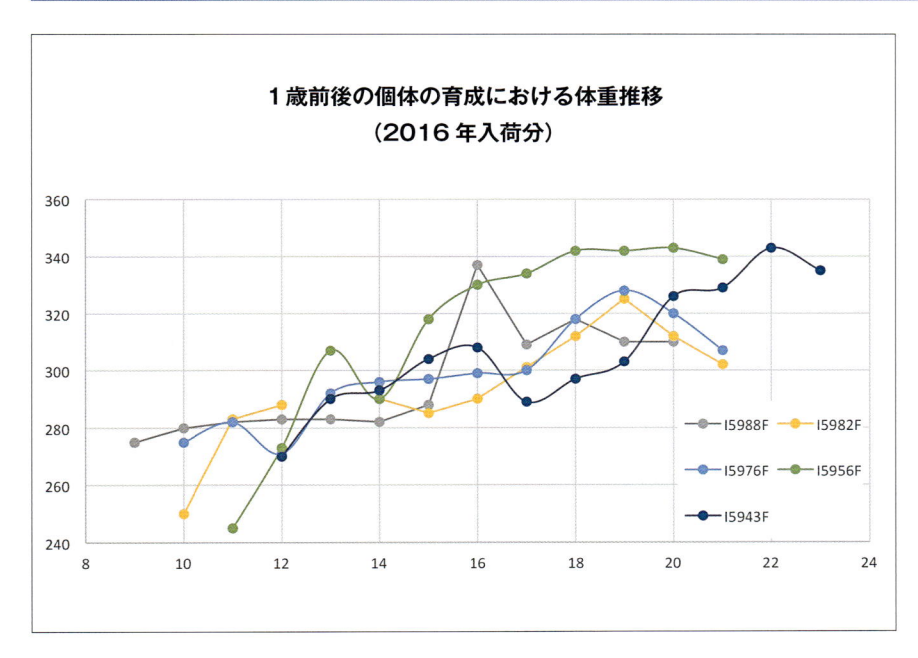

図 2.3.6 マーモセット入荷後の成長曲
　　　　線
未受精卵採卵目的の個体は1歳半で300g
以上を目指して育成する。

2.4 飼育作業

① 動物搬入と検疫，注意事項

　動物を外部より導入する場合は事前に搬入日時，性別，年齢，頭数などの情報の他，可能であれば体重や外観の特徴（尾が短いなど），それまでの育成履歴などの個体情報を入手する。

　入荷の前日までに動物室の床，壁などの洗浄，消毒を終了し，ケージおよび止まり木や寝床といったケージの付属物等を準備しておく。

　マーモセットは，デリケートでストレスに弱い動物のため，輸送および飼育環境の変化が体調を崩す原因になる可能性が高い。したがって，入荷作業ⓐは丁寧かつ迅速に行う。

　搬入は，動物の頭数や性別，怪我等の異常の有無を事前に入手した個体情報を基に確かめ，体重を測定して各ケージへ収容する。ケージへの収容は，輸送箱の動物収容数に準ずる。もともと同居しており同じ輸送箱に収容されてきた動物を，それぞれ分けて単独飼育にすることや，単独飼育されていた個体を導入時にペアリングまたは複数飼育することは，動物にとって大きなストレスやトラブルの原因となるため入荷直後は控えたほうがよい。

　ケージには，系統，性別，識別番号，生年月日，個体の特徴（外見異常や尾の長さなど）を記入したラベルを貼り付ける。実中研では，見やすさと動物の取り違えを防ぐ目的で，雄は白，雌は赤と雌雄でラベルの色を分けている（図 2.4.1）。

　搬入作業終了後は，速やかに水と餌を給与した後，飼育室の出入りを最小限に控え，静かな環境で動物を落ち着かせる。なお，入荷動物の中には慣れない環境に興奮状態にある個体もみられ，数日間にわたりその状態が続くこともある。そのような個体には餌とは別に嗜好性の高い補助食などを与えて落ち着かせてやるとよい。

ⓐ 入荷作業
当研究所での他施設からの入荷手順は以下となっている。
・入荷動物の ID，生年月日，性別等の情報を入荷先から得る
・動物の健康証明を入手する
・輸送手配をかける
・輸送日に荷受けを行う
・検疫室に搬入（以下，検疫室のルールに則る）
・一般飼育室に搬入する

図 2.4.1　ケージラベル
ケージには系統，性別，識別番号，生年月日，特徴などの個体情報を記載したラベルを張り付ける。実中研では雄は白，雌は赤でラベルの色を分けてわかりやすくしている。

検疫のルールと手順

実中研では，どの動物種においても，他施設から動物を搬入する際には，搬入後2週間程度の検疫期間を設け，感染症の持ち込み有無の検査中，動物の状態を観察し，感染症が疑われる場合は原因が解決するまで検疫期間を延長している。以下に検疫手順を記す。

・検疫室への入室者は，当日，一般飼育室への入室を禁ずる。

・検疫室に搬入動物を入荷する際は，専用の作業着，帽子，マスク，手袋，長靴を着用して速やかに動物を検疫室に搬入し，搬入作業後に搬入経路を消毒する。

・日々の動物観察時の検疫室入室時には，使い捨ての防護服，マスク，帽子，手袋を着用し，専用の長靴に履き替え，退室時にはそれらを捨てて履物を替えて退室する。

・検疫期間中は毎日1回以上，動物の状態を観察し，異常の有無を記録する。

・搬入1週目に直腸スワブを採取し，赤痢菌およびサルモネラ菌を検査する。その他，ツベルクリン反応検査，寄生虫検査，血液検査なども必要に応じて行う。

・検疫動物の飼育作業は一般動物と同様に行うが，使用済みケージ，餌箱等の飼育器材および汚物は消毒または滅菌後に検疫室から搬出する。

日常業務もあることから，飼育員数の関係上，検疫室に専門のスタッフを置くわけにはいかないため，実際の運用面として，午前中に一般飼育室の動物観察などを済ませた後に検疫室の作業を行い，その日はそれ以後，一般飼育室の動物室に入室しないこととしている。

❷ 動物室への入室と動物の観察

検疫が終了して感染症の持ち込みがないと診断された場合は，検疫室から一般動物室へ動物を移動させる。搬入後，検疫室内で動物が一旦落ち着くが，この移動により新しい環境に対してストレスが生じるため，引き続き動物の観察が重要である。一般飼育室に搬入したマーモセットは実験開始までの期間，その環境に十分順応させることが必要である。順化期間は最低でも2週間が望ましい。

（1）動物室への入室

動物室に入室する前に，飼育室のドアに付属している小窓から中の様子を確認する。これは，今から動物室に入ることを事前にマーモセットに知らせ，必要以上に驚かせることを防ぐ目的と，動物の逃亡の有無の確認，さらには動物室内側のドア付近に人がいないかを確かめるためである。その後，動物室に入室し，再度動物の逃亡がないかを確認，続いて動物室内の温度・湿度が正常であるかチェックする。動物室の温度・湿度はマーモセットの健康を維持するうえで大切な要因であるため，細心の注意を払うことが重要である。その後，動物の観察を開始する。また，飼育室内の換気は自動制御になっている場合が多いが，入室時にアンモニア臭気が強い場合は自動制御の異常を疑う。

(2) 動物の観察

　平日の動物の観察は朝と夕，1日2回，休日は朝に1回行う。マーモセットはストレスによる下痢などの疾病が多いことを念頭におき，健康状態に十分に注意を払う必要がある。異常を見落とさないようケージの正面に立ち，動物を1頭ずつ丁寧に観察する。その際，動物の体調を如実に表す糞便などの排泄物も，屈むなどして近くでしっかり観察するとよい。ケージの下に白いペットシーツなどを敷くことで観察が容易になり，臭気を抑え，汚れがひどい場合にはシーツの交換も容易である。異常がみられた動物は必要に応じて捕獲して詳細に観察し，適切な処置を施す。詳しい観察項目を以下に記す。なお，観察時に発見した動物の異常や処置の内容などは，観察記録に記入し保存する（図 2.4.2）。

マーモセット観察記録　動物飼育室　C1　動物数　49 頭

記録者・日付

動物ID/ ニックネーム	ケージNo.	前月 体重(g)	05/28	05/29	05/30	05/31	06/01	06/02	06/03
I6127F	C1-01a	342							
I6226F	C1-01b	330							
I6228F	C1-01c	217							
I6370F	C1-01d	191							
I6367F	C1-02a	165							
I6337F	C1-02b	269							
I6459M	C1-02c	365	2+ ◎	2+	1+	→>			
I6339F	C1-02d	289							
I6341F	C1-03a	266							
YI039F	C1-03b	271							
I6418M	C1-03c	273							
I6078F	C1-03d	316							
I5287M	C1-04a	295							
I6345F	C1-04b	238							
I6416M	C1-04d	400							
I6129F	C1-05a	307				V+ 300g			
I6135F	C1-05b	305							
I6131F	C1-05c	407							
I6306F	C1-05d	204							
I6579M	C1-06a	398							
I6147F	C1-06b	268	立毛+						
I6153F	C1-06c	368							
I6133F	C1-06d	336	1+ ◎	1+	→				
TM156M	C1-07a	307				300g			
TM134M	C1-07b	303							
TM182M	C1-07c	360							
I6561M	C1-07d	252							

| レ:空白欄異常所見なし | V | V | V | V | | | |

メモ

異常所見、処置を以下の記号を用いて記載（個体が特定できない場合は　）でくくって示す）　　〈異常所見〉便性状:1軟便, 2泥状便, 3水様便, h血便. 異常便の量:+, ++, +++
その他所見:a:摂餌減, v:嘔吐, d;元気消失, 程度または量:+, ++, +++, 記号なし: 外傷(部位, 出血の有無), 立毛, 顔色の異常, ペアの不仲など気付いた所見を記載.
〈処置〉◎→:補助食、投薬等の処置の開始(内容は処置記録に記載) , ←◎:同終了, Op:手術, その他実験処置等は必要に応じて記載

図 2.4.2　観察記録
動物の観察の際に使用し主に健康状態を記入する。体調が良好な動物はとくに記入せず，主に異常がみられたものだけ記入する。1週間ほどの観察記録が状態をさかのぼって確認できるため利用しやすい。

［観察項目］

- **行動**（活動性・反応性・気性など）

　人が近くにきても寝床でうずくまっている，普段おとなしい個体が興奮してケージの中を走り回っている，ビスケットやカステラなど嗜好性の高いものを見せても反応が薄いなどの行動がみられれば，何かしらの異常があると考えてよい。

- **顔面**（顔色・鼻汁・流涎など）

　貧血の症状がみられるときは顔色が白く，肝障害が疑われるときは黄色い場合が多いが，個体ごとに正常な状態の顔色に個性がみられる。すぐに顔色の変化に気付けるよう，普段の観察時に個体ごとの正常な顔色を把握しておく。

・**被毛**（光沢・立毛・脱毛など）

調子が悪いと光沢がなくなり全身が立毛する。また，Wasting Marmoset Syndrome（WMS）の症状の1つとして尾または肛門付近の脱毛がみられることが多い。

・**食欲**（摂餌量・摂水量など）

摂餌量は動物の体調を顕著に表す。普段の半分以下に摂餌量が低下していれば，何かしらの不調があると考える。また，給水ノズルや給水ボトルの不具合で動物が水を飲めない状態の場合も摂餌量は低下するため，急な摂餌量の低下がみられた場合は体調不良以外にも給水装置に異常がないかを必ず確認すること。

・**出血**（天然孔・外傷など）

動物に外傷などによる出血があると，寝床やケージの網，餌箱，床などに血液が付着している場合が多くみられる。そのため，観察時には動物だけではなくケージや餌箱もチェックすること。施設により対応が異なるが，実中研では，血液の付着をみつけたらまず飼育作業者が速やかに動物を捕獲し，出血部位を確認する。その際，軽度の外傷であれば飼育担当者が処置を施し，獣医師に報告，重度であれば獣医師に治療の指示を仰ぐこととしている。

・**同居動物**（相互の関係・相性・子供の様子など）

昨日まで仲のよかったファミリーやペアでも，急に威嚇しあっている，追いかけられている，お互いに近づこうとしないなどの行動がみられる場合がある。同居動物同士の相性が悪くなったと考えられるため，速やかに分けることが望ましい。相性が悪い動物同士をそのままにしておいても相性がよくなることはほぼなく，動物にストレスを与えるばかりかどちらかが死亡するまで喧嘩をすることもあるため動物の相互関係には十分注意すること。

・**糞便**（色調・量・形状など）

糞便の観察については，軽症から重症化，死に至る症状まで様々な状態が反映されるため糞便性状を数値化（図 2.4.3）して記録し，その経緯がわかるようにする。図 2.4.3 に様々な便性状を示した。

1：軟便　　ある程度は形があるが，非常に柔らかい便。

2：泥状便　形がはっきりせず，少し盛り上がる程度の粘度のある便。

3：水様便　ほぼ水のような便。水分量が多いため，床に落ちた際に広がる。

h：青いペットシーツだと判断し難い場合がある。白いペットシーツに明らかに赤い血便が付いている場合は判断が容易だが，消化管上部からの出血によりやや黒みを帯びた便（図2.4.3 a）は判断し難い場合があるため，通常の便の色を把握しておく。なお，図2.4.3 bのような粘液血便がある場合はクロストリジウム・ディフィシル腸炎（*Clostridium difficile* colitis）の疑いがもたれるため，直ちに検査および獣医師に報告する。上記にさらに異常便の量を＋で記録する。その例を図2.4.3（c）〜（f）に示した。

観察記録は，長期的に飼育する動物の状態を飼育作業者全員に周知でき，記

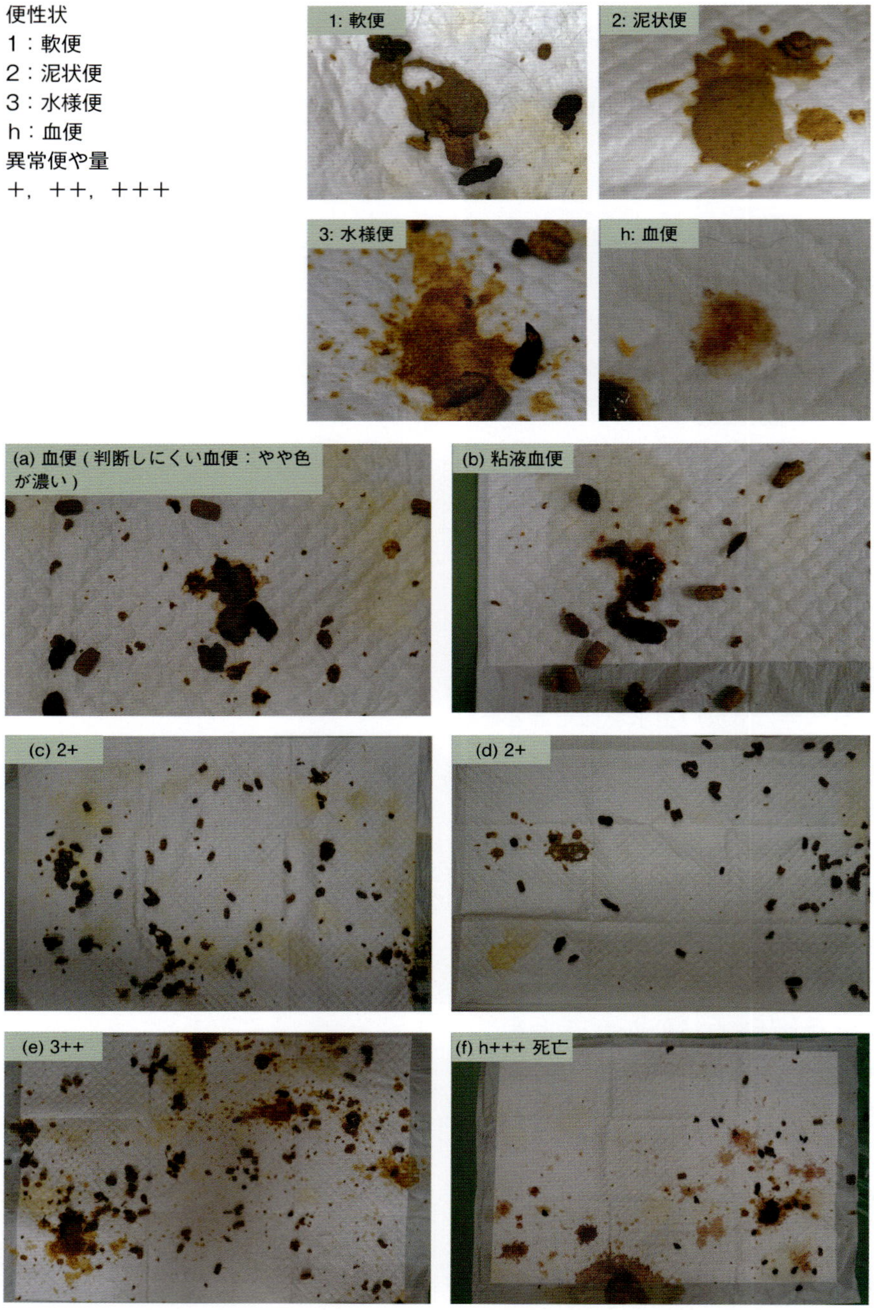

便性状
1：軟便
2：泥状便
3：水様便
h：血便
異常便や量
＋，＋＋，＋＋＋

1: 軟便　　2: 泥状便

3: 水様便　　h: 血便

(a) 血便 (判断しにくい血便：やや色が濃い)　　(b) 粘液血便

(c) 2+　　(d) 2+

(e) 3++　　(f) h+++ 死亡

図 2.4.3　便性状見本

録を遡ることで個体の過去の疾病や投薬歴を知ることができるため動物の管理に大変役立つものである。観察の際には必ず持ち歩き，動物の異常や何か気付いたことがあれば正確に記入すること。現在ではタブレットなどの電子化[b]も進んでおり，長期的な既往の解析結果などから適切な処置法が可能になると考えられる。

❸ 動物室のケージ交換とケージ洗浄

　清掃中に動物が怪我をするなど何らかのトラブルが起こった場合に対処がしやすく，その後の経過観察にも十分な時間をとることができるという理由から，ケージ交換は午前中に行うことが望ましいとされる。2 章 2.1（3）ケージ洗浄の項にあるように，ケージ洗浄には水洗方式とドライ方式があり，現在実中研で

ⓑ タブレットなどの電子化
紙ベースの記録用紙はデータの紛失が少なく，見やすい，記録をつけやすいなどの利点があるが，過去のデータを大量に解析する場合は，一度デジタルにデータを入力し直す必要が生じる。タブレットなどを用いて，動物の観察記録や体重記録，手術履歴をデータベース化することで，10 年以上飼育する可能性のあるマーモセットの過去の情報をすぐに抜き出す

はドライ方式でケージ洗浄を行っているため，以下にその清掃方法を記す。

　ケージ交換の頻度は，飼育ケージの大きさや同居動物数にもよるが，EUの規格（2章2節 飼育器具とエンリッチメントの項参照）に準じたケージと飼育頭数であれば，汚れが激しい場合を除き，1週間に1回程度の頻度でよい。また，ケージ交換後，1週間の間に糞尿，皮脂などでケージがベタつくため，ケージ，寝床，止まり木，おもちゃ等はケージ交換の際にすべてを変えている。ケージ交換後はマーモセットのマーキング行動が観察されることから，一部，匂いの付いている付属物を残してもよい。清掃方法として，洗浄・乾燥済みのケージを動物室内に運搬し，動物を洗浄済みケージへ移す。この際，動物の取り違えに十分注意するために，動物を動かした直後にケージラベルも移動させてから，次の区分の動物を動かす。また，移し替えたケージの扉や餌箱ホルダーなど，動物が逃げる恐れのある部位の施錠を必ず確認する。すべての動物を移し終わったことを確認したら，汚れたケージを動物室から洗浄室へ運ぶ。その後，モップや雑巾を用いて水で希釈した消毒液（次亜塩素酸ナトリウム 200〜600ppm）で動物室の床と壁の汚れを拭き取り，水切りで残った水をよく切る（図2.4.4）。動物の入ったケージを元の位置に配置し，自動給水管の接続，もしくは給水ボトルを設置する。

　自動給水装置による給水を使用する場合は，清掃作業終了後に給水装置のフラッシングを行い，配管に溜まった水の入れ替えおよび配管中のエアーバブルを抜く。配管のフラッシングを行っても，ケージから給水ノズルまでの間にエアーバブルが詰まっている場合は，給水が止まるケースが生じるため，給水ノズルから正常に水が出ることを必ず確認する。ケージ交換後の給水ノズルのチェックは，必ず新しい手袋に変えて感染防止に努める。

　汚れたケージは，排水の可能な部屋で噴霧器などを用いて消毒剤（オスバン0.1%）を振りかけた後，柄付きブラシ等で汚れをこすり落としながら水洗する。また，寝床や止まり木などケージから取り外せるものは，すべて取り出して細部まで念入りに消毒（オスバン0.1%）して水洗を行うことが望ましい。最近は洗浄性の高い洗剤©などが発売されており，泡状で吹き付けて置くだけで便などが溶け落ち，その後の高圧洗浄で簡単に落ちるものも発売されている。どのような洗剤が使いやすいか，施設の洗浄機と併せて洗い上がりを比べながら洗

ことができる，体重推移などがグラフ化できる，病歴，投薬歴が検索できることは飼育員にとって非常に利便性が高い。デメリットとして，キーボードを使用しないので入力しにくい，画面が小さいので1画面での情報量が少ない，最適なデータベースが一般化されていないためファイルメーカーなどを使用して，自施設で開発しなければならない，等がある。外注する場合は，継続的なメンテナンス料やソフトウエアの年間使用料などが生じるためコストがかかる。

© ケージ洗浄性の高い洗剤
現在，マーモセットの糞尿，脂などを除去する洗剤としてトパックス686(ECOLAB)を泡状で吹き付け，20分作用させてから自動洗浄機にかけている。吹き付けから20分後，こびりついた糞が浮き，分解されるため洗浄が容易になる。トパックス686は水酸化カリウム，キレート剤，金属保護剤，界面活性剤，次亜塩素酸ナトリウムを配合したフォーミング用の液体塩素化アルカリ洗剤であり，活性塩素の働きによりタンパク質汚れなどに対する優れた洗浄力とともに殺菌性をもった洗浄剤となっている。金属保護剤が含まれており，アルミ，ソフトメタルにも使用可能である。

図 2.4.4　ドライ方式のケージ交換
飼育室内に洗浄・乾燥済みの新しいケージを用意して，動物を捕獲，新しいケージに移して汚れたケージを洗浄機で洗う。ケージを元の場所に設置する前に希釈した消毒液を用いてモップ等で清掃・消毒をする。最後は水切りで仕上げ，ケージ設置場所が汚れにくいように養生シートを敷いてケージを設置する。

剤を選ぶとよい。

❹ 給餌・給水作業

(1) 給　餌

　給餌作業は毎日行う。実中研では1日1回，午前中，動物観察終了後に行っているが，施設によって回数は異なる。欧州では1日に4回，生餌や補助食も含めた給餌を行っている施設もある（2章3節 飼料の項参照）。本項では実中研が行っている固形飼料の給餌法を紹介する。

　まず，飼育頭数分の餌を作製し，餌箱に分配する。飼育室ごとの餌箱の数をキャスター付きのワゴン等に載せて運び込む（図2.4.5）。前日に使用した餌箱は回収し，準備した新しい餌の入った餌箱をセットする。回収した餌箱については，餌箱内の残餌を捨て，消毒剤（オスバン0.1%）に30分つけ置きし，さらに次亜塩素酸ナトリウム（200ppm）に30分つけ置きしてよく水洗した後，乾燥させ，次の使用に備える。また，餌箱の運搬に使用したワゴンも，給餌作業後に洗浄する。

(2) 給　水

　塩素添加された濾過水道水（2ppm）を自動給水あるいは給水瓶により給水する。自動給水を使用する場合は，1日1回給水圧のチェックと給水配管のフラッシングを行い，定期的にノズルチェックを行う。給水ボトルを使用する場合は，使用前に滅菌あるいは消毒し，上記の新鮮な塩素添加水を入れて使用する。使用の際には毎日水洗し，新しい塩素添加水と交換する。

図 2.4.5　餌の運搬
写真はキャスター付きのワゴンにて餌を運搬するところである。動物室の餌の使用数を把握し朝，餌を作成するにあたり部屋ごとにまとめておくことで時間短縮に繋がる。
餌は2章3節 飼料の項参照

■ 参考文献 ■

1) 日本実験動物協会編："実験動物の技術と応用　実践編"，アドスリー（2014）.
2) 日本実験動物環境研究会："EUROGUIDE　実験その他科学的目的に使用される 動物の施設と飼育に関するガイドブック　FELASA（Federation of European Laboratory Animal Science Associations）"，アドスリー（2009）.
3) Yoshimoto T, Takahashi E, Yamashita S, Ohara K, Niimi K：Exp Anim, 2018; **67**（1）: 31-39.
4) Directive 63/2010 / EU of the European Parliament and of the Council of 22 September 2010 on the protection of animals used for scientific purposes（Official Journal of the European Union L 276 of 20/10/2010）.
5) "Guide for the Care and Use of Laboratory Animals", 8th edition National Research Council (US) Committee for the Update of the Guide for the Care and Use of Laboratory Animals（2011）.
6) Susanne R, Ann-Kathrin O："The Laboratory Primate", CHAPTER 10, p.145-162, Academic Press（2005）.
7) 日本クレアHP　http://www.clea-japan.com/Feed/cmk2.html
8) 日本クレアHP　http://www.clea-japan.com/Feed/cms1m.html
9) 日本クレアHP　http://www.clea-japan.com/Feed/ca1.html
10) 谷岡功邦："マーモセットの飼育繁殖・実験手技・解剖組織"，アドスリー（1996）.

COLUMN 5

出産部屋

石淵 智子

実中研では遺伝子改変マーモセットを作製しているため，通常の飼育室とは別に出産前の仮親ペアがゆったりと過ごすための出産専用部屋を設けている。非ヒト霊長類において出産事故はつきものであり，陣痛，出産，母親が子供を抱くまで，非常に緊迫した状況を見守り，時にはヒトが介入することもある。遺伝子改変マーモセットの個体獲得となると，なおさらそれらのイベントをクリアするための対応が必要となるため，我々は監視カメラを通してその様子を見守っている。マーモセットの出産は外敵から身を守るために夜間に行われ，待機スタッフも夜間の作業は免れない。一般飼育室は8時に点灯，20時に消灯のサイクルを用いており，そのサイクルを利用すると時には日付をまたぐこともあり，出産監視においては非常に労力が必要であった。そこで我々は出産部屋を作り，

その部屋のみ6時点灯，18時消灯の明暗サイクルで運用したところ，マーモセットの陣痛時刻が早まり，20時台には出産に至るようになった。また，陣痛が弱く緊急帝王切開を行っても21時台にはすべての作業が終了する。さらにこの部屋は，妊娠動物を収容し，出産をカメラで監視するためだけではなく，ケージを部屋の片面のみに設置するなど他の動物室とは異なる作りとなっている。これは，妊娠中や出産直後の動物のストレスを軽減し，出産後の育子放棄，子の食殺などを防ぐ目的のほか，この部屋に妊娠動物を集めることで，動物の観察や清掃時にそれ相応の注意を払い，異変にいち早く気付くためである。また，対面にケージがなく広いスペースが確保できるため，妊娠動物のケージ前に監視用のカメラが設置しやすいといった利点がある。

マーモセットの出産時刻を人為的に

早めたことで，出産時に問題が生じた場合には施設内にいる人員で速やかな対応が可能であり，本運用は一定の成果を挙げている。しかしながら，飼育環境の変化は動物に多少なりともストレスを与えるものであり，とりわけ妊娠動物では，ストレスが流産という形で現れることがあるため，移動の際には十分留意する必要がある。また，出産予定日が間近に迫ってから動物を環境の違う部屋に移動することは，出産や育子に影響を及ぼす可能性があるため避けたほうがよい。実中研では，腹部エコー検査によって胎子の頭部が鮮明に確認できるようになる妊娠日数100日前後を目安に妊娠動物を出産部屋に移している。これにより，動物が明暗サイクルと環境の変化に十分慣れてから出産に挑めるようになっている（図2.4.6）。

図2.4.6 出産部屋
実中研では通常飼育室と分けて出産部屋を用意している。写真でわかる通りカメラを付けて動物を監視しやすいようにアクリル板に変更する。初産，経産によっても監視期間は変動するが，出産予定日2〜3日前から出産までを見守っている。監視カメラを置くことで，自宅からも監視できるため，指示スタッフ（自宅），所内待機スタッフ（飼育室前のモニターをみながら待機）の連携で迅速に緊急時対応ができる。

3章 ハンドリングと実験処置

3.1 基本のハンドリング

圦本晃海・李佳穎・峰重隆幸・井上貴史

本章ではマーモセットを用いた実験の基本となる動物の取扱い・投与・採血・麻酔などの基本手技について実験動物中央研究所（実中研）で実施している方法をもとに解説する[§]。マーモセットの取扱いの際には，ヒトと動物の安全を心がけることが第一である。そのうえで，マーモセットに適した手技と器具を用いて，動物にできる限り苦痛を与えないようやさしく，丁寧に処置することが重要である。ここにあげたハンドリングと実験手技の方法を参考として，研究の目的に応じてよりよい方法を検討してもらえれば幸いである。

§ 詳細な説明動画の閲覧には，下記の URL にアクセスして下さい。
https://www.ciea.or.jp/marmo_protocol/

1 動物を扱うに当たって注意すべきこと

取扱いにあたっては，マーモセットにできる限り身体的・心理的ストレスを負わさないことを心がける。動物の反応をみながら丁寧にハンドリングすることで，ヒトと動物が良好な関係を保ち，動物の状態が安定し良好な実験結果が得られることが期待される。小型のマーモセットとヒトとの力関係は明らかであり，力ずくで動物を保定して処置することは可能であるが，そのような取扱いは次の理由から避けるべきである[ⓐ]。

・力任せで扱うことで動物に骨折，外傷を負わせるリスクがある。
・動物に不安や恐怖を与えるため，動物福祉の観点から望ましくない。
・マーモセットは脳機能が発達しており，高度な認知能力を有することからも心理的ストレスに敏感な動物である（動物とヒトとの関係がよくない場合，ヒトが飼育室に入室するだけで動物が異常に興奮することや，ヒトの入室後に動物が下痢などの体調不良を示すことが経験的にある）。

一方で，作業者の安全管理にも十分に留意すべきである。マーモセットの指は鉤爪であるため引っ掻き傷には注意が必要である。興奮した状態のマーモセットはときに噛み付くことがあるので，そのような個体に対しては顔の前に不用意に手を出さないなど注意する。また，動物実験施設における安全管理の基本ルールに従い[1]，使用後の注射針はリキャップせずに専用の廃棄ボックスに捨てる，動物の血液や糞便やそれらが付着したものは速やかに廃棄して周辺を消毒する，など鋭利なものや動物の体液・排泄物の取扱いと処理は適切に行う。

ⓐ マーモセットの取扱いについて同じサル類のカニクイザルなどのマカクサルとは異なると考えた方がよい。体格のしっかりした力の強いマカクサルではヒトの安全管理に重点をおいた取扱いが必要である。一方，小型のマーモセットでは動物からの受傷の危険は少なく，動物の安全に重点を置いた取扱いが重要である。

2 捕獲・保定

（1）捕　獲

① 手を用いた捕獲（図 3.1.1，図 3.1.2）

革製の手袋を捕獲時に用いることでマーモセットによる咬傷などの受傷を防ぐ[ⓑ]。綿手袋をインナー手袋として装着すれば，薄手の柔らかい革手袋を使用しても受傷は防げる。革手袋を使用するデメリットとして，体温，体格などの動物の触感が鈍くなることや動物へ過度の恐怖心を与えることが挙げられる。

図 3.1.1　革手袋の例
革手袋（豚革）（シモン）

動物の取扱いに慣れており，動物からの受傷の危険が少ないと判断される場合には革手袋を使用する必要はない。

【注意点】

　ケージの開き具合に注意し動物の逃走に注意する。

　動物を負傷させないように十分に注意する[c]。

手首ないし腕までの長さの革手袋またはディスポーザブルのゴム手袋を装着し，ケージの扉を少し開け，手を差し入れる。

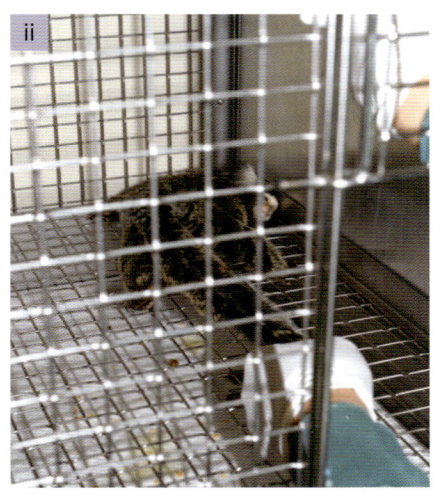

片手で尾を捕まえる。

尾を引っ張りながら，もう一方の手の親指と人差し指を脇の下に入れる。

脇の下に入れた指で動物をつかみ捕獲する。

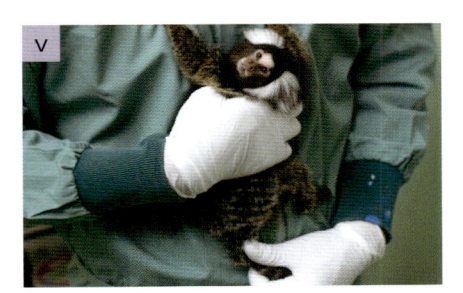

捕獲した動物は頭を上向きにして捕獲者の体をつかませると落ち着く。

図 3.1.2　手を用いた捕獲

[b]

革手袋を使用するケース

・ヒトに対して攻撃的な個体を捕獲する場合。

・作業者が動物の扱いに不慣れな場合。

革手袋のデメリット

・動物の触知している感覚が鈍く，必要以上に力強く動物をつかんでしまうことがある。

・咬傷などの危険がないためにヒトが力任せに動物を取扱ってしまう傾向がある。その結果，動物がヒトに対して攻撃的になったり，逸走したりするようになり，取扱いが難しい個体となることもある。

・洗濯や滅菌が容易ではなく，病原体の感染源になり得る。

[c]　負傷の例として，ケージに爪をひっかけた状態で動物を強く引っ張ることによる爪剥がれ，尾のみをつかんだ状態で動物が暴れることによる尾の脱臼や骨折，四肢の足先をつかむことによる骨折がある。また，捕獲時に動物が異常に興奮してケージ内で暴れてしまい，ケージの網に足が挟まってしまい骨折を負わせることもある。負傷の際の処置については4章を参照のこと。

② 網による捕獲（図3.1.3，図3.1.4）

　動物の尾が短い，またはない場合[d]や，動物が素早く捕獲が困難な場合，捕獲用網[c]を用いて捕獲する。

小扉から網をそっと差し入れる。

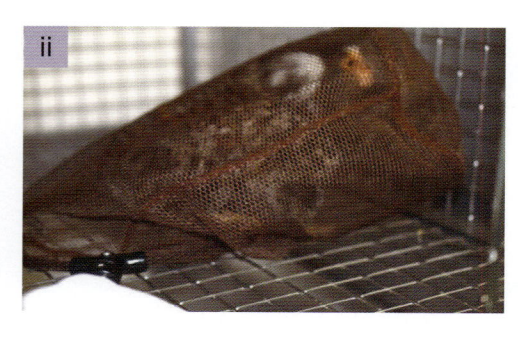

動物を傷つけないように注意深く網をかぶせる。操作しやすいところまで動物を引き寄せる。

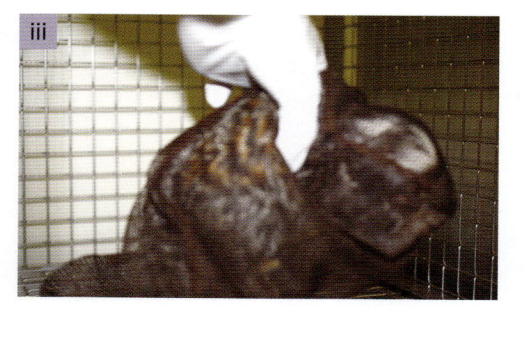

落ち着くまで少し待ち網の上から脇の下に指を入れ動物をつかむ。

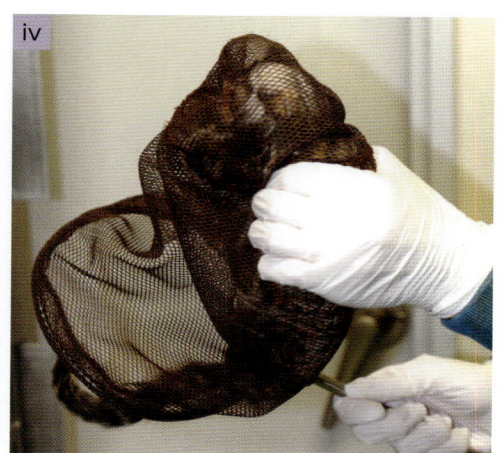

動物を捕獲する。処置をする場合には網が邪魔になるため，手を持ち替え保定する[f]。

図3.1.4　網による捕獲

[d] 新生子期に親に尾をかじられたために（尾喰い），尾が欠損してしまうことがある。尾がない動物は網を用いるか，直接背中や胴体を捕まえる。

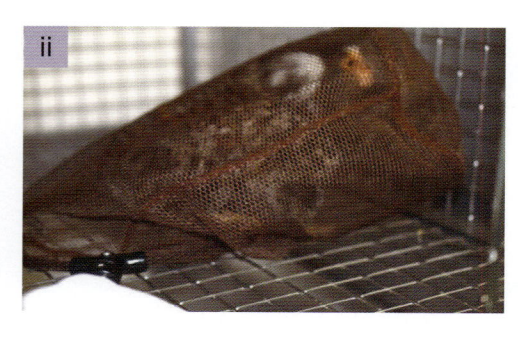

図3.1.3　捕獲用網の例
捕獲網S（日本クレア）

[e]
捕獲用網を使用するケース
・ヒトに対して攻撃的な個体，興奮して暴れる個体，逸走する個体を捕獲する場合。
・尾がない（または短い）個体で直接身体をつかんで捕獲することが難しい場合。

[f] 動物を体に引き寄せ，動物の上体を網から出し，網の下から手を入れて持ち替える。またはケージなどの金網に動物を捕まらせ，網の下から手を入れて持ち替える。

③ 捕獲用箱を用いた捕獲（図 3.1.5，図 3.1.6）

　捕獲用の箱（捕獲用箱®）を用いることで動物を最小限のストレスで捕獲する。この方法は保定の必要のない場合にとくに有用である。行動実験などで動物の状態の変化が実験結果に影響してしまう場合にはこの方法が推奨される。しかし，捕獲後の保定法は確立していない。その他，動物にストレスを与えない捕獲法として，ケージ前面の扉に接続できるキャリングケージに動物を呼びこむ方法や，取り外し可能な巣箱に追い込む方法もある。

ケージの扉を少し開け，手と捕獲箱を差し入れる。

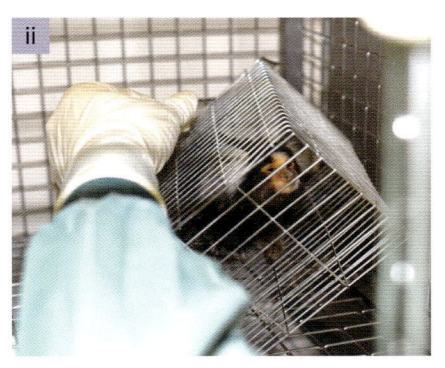

動物が自ら入った後に蓋を閉め，捕獲する。動物が自ら入らない場合には，カステラなどで誘い込む。または捕獲箱の中に動物を追い込む。

図 3.1.5　捕獲用箱を用いた捕獲

ⓖ

捕獲箱の大きさ
・ケージの扉から入り，動物が中に入った状態で持ち運びやすい大きさ。

捕獲箱のメリット
・体重測定，飼育用ケージの移動では有用
・動物への負担が少ない
・捕獲時の負傷，作業者の事故を防止できる

捕獲箱のデメリット
・捕獲に時間がかかる
・捕獲箱から保定する方法が未確立

図 3.1.6　捕獲用箱の例
角型捕獲箱（コンバル）。扉のバネを外して使用している。

（2）保　定

① 基本保定法（図 3.1.7）

　実験処置中や動物の状態の確認時に動物がみだりに動かないよう動物をしっかりと保定する。十分な保定は，処置を正確に行うためのみならず動物の安全を確保するうえでも重要である。

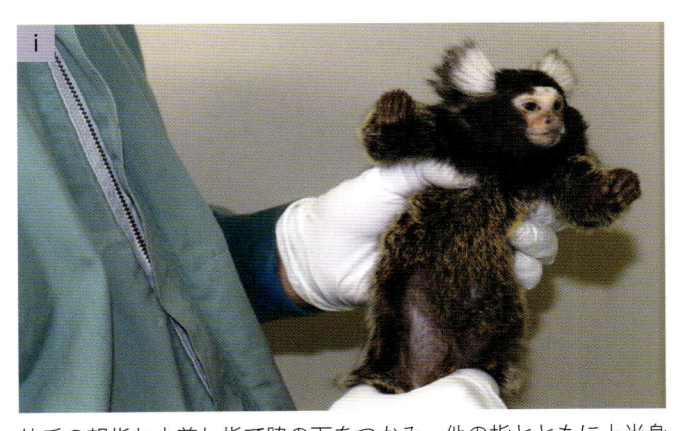

片手の親指と人差し指で脇の下をつかみ，他の指とともに上半身をしっかりと支える。反対の手は，両後肢と尾をつかみ，動物の体を伸ばし気味に保持する。

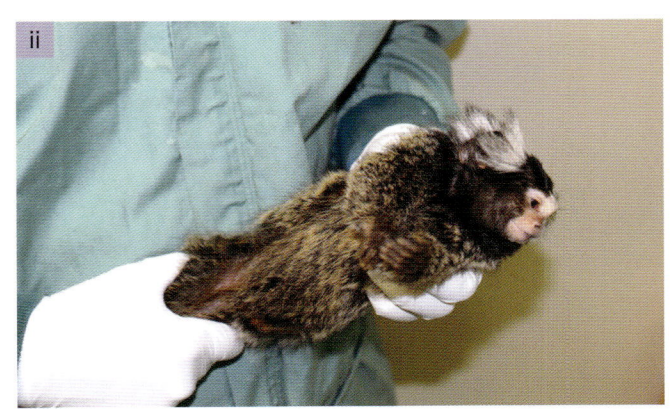

この姿勢のまま体を浮かせた状態で，全身状態の確認や，もう 1 名が実験処置を行う。

図 3.1.7　基本保定法

67

② バンザイ保定（図 3.1.8）
　経口投与や口腔内の確認など動物の頭部に処置をする場合の保定法。

動物を捕獲し，基本の保定法で動物を保定する。

動物の頭に沿わせるように親指と人差し指を滑らせ，動物の両腕を上げた状態で保定する。

反対の手は腰から下をしっかりとつかむ。

図 3.1.8　バンザイ保定

③ その他の保定法（図 3.1.9，図 3.1.10）
　筋肉内投与や皮下投与などの処置の際の保定法

動物の片足を小指と薬指の間に引っ掛け，大腿部を固定する（左手で動物を保定している場合は動物の右足を引っ掛ける）。

図 3.1.9　1 名での筋肉内投与などの際の保定法

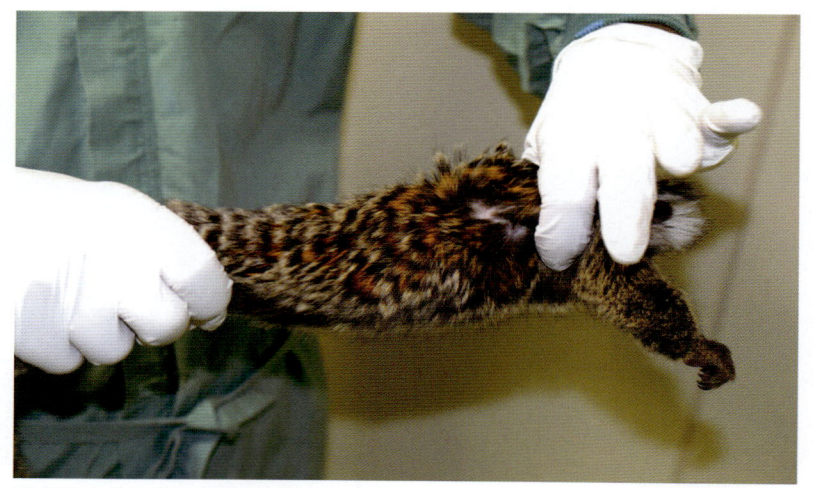

親指と人差し指で背部より脇の下をおさえ、もう一方の手で腰と大腿部を固定する。

図 3.1.10　2 名での皮下投与などの際の保定法

③ 個体識別

個体識別は，首輪，毛刈り，毛染め，耳ピアス，入れ墨，マイクロチップによる識別が用いられる[h]（図3.1.11，表3.1.1）

[h] 毛刈りや毛染めでは効果が持続せず，首輪では脱落により個体が識別できなくなることがある。長期的に識別可能な識別方法と外貌上わかりやすい識別方法を組み合わせるなどの工夫をすることで，個体の取り違いを避けることができる。

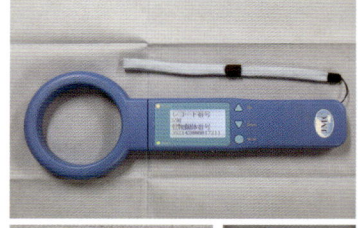
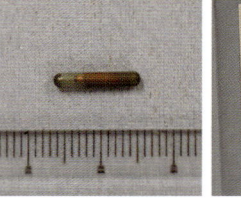
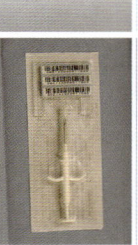
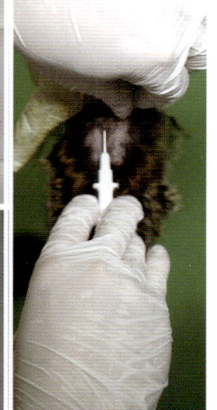

首輪による識別

尾の毛刈りによる同居個体の識別

マイクロチップによる個体識別：マイクロチップリーダー，マイクロチップおよび挿入器（左，日本マイクロチップ技術株式会社），マイクロチップの皮下への埋め込み（右）

図 3.1.11　個体識別

表 3.1.1　マーモセットの個体識別法

	首輪	毛刈り	毛染め	耳ピアス	入れ墨	マイクロチップ
識別可能期間	長期	短期	中期	長期	半永久	半永久
必要な道具	タグ チェーン	バリカン	染料（ヒト用毛染めなど）	ピアス（マウス，ラット用）	入れ墨（マウス，ラット用など）	マイクロチップ，リーダー
識別方法	タグの色，番号	毛刈りのパターン	毛染めの色，パターン	ピアスの色，番号	入れ墨のパターン	マイクロチップ固有番号
使用法	タグを通したチェーンを首に装着	尾や頭の毛を短く毛刈り	白い毛（耳ふさ毛）を染色	耳にピアスを装着	無毛部の皮膚に入れ墨	皮下へのマイクロチップ埋め込み，リーダーによる読み取り
メリット	長期的に識別可能 色や番号で外見から明瞭に識別可能	簡便 外見から識別可能 特別な道具が不要	簡便 外見から識別可能	長期的に識別可能 外見から識別可能	半永久的に識別可能 識別パターンが豊富	半永久的に確実に識別可能
デメリット	首輪の落下 首輪がきつくなる，口に挟まるなど注意が必要	定期的な毛刈りが必要	脱色の識別パターンに制限 定期的な毛染めが必要	落下のリスク	豊富なパターンを覚える必要	外見で識別不可 MRIへの影響

4 体重測定，摂餌量と飲水量の測定

（1）体重測定

体重は動物の状態を知るうえでもっとも簡便な指標であり，試験による効果や副作用の判定や，疾病の発見をするうえで重要である。飼育中は定期的な体重測定を行うとともに，実験処置の際や異常所見が観察された際には体重を測定する。測定の際には摂餌や排泄の影響による体重の変動に留意し，体重評価のためには測定時刻を統一することが望ましい。

① 準　備

・体重計，体重測定箱[i]

② 手　順

無麻酔下での体重測定は体重測定箱を使用する（図 3.1.12）。

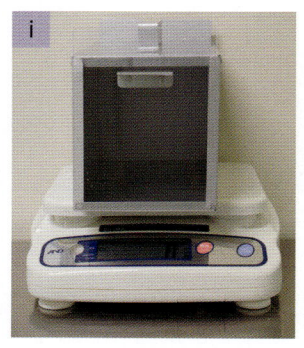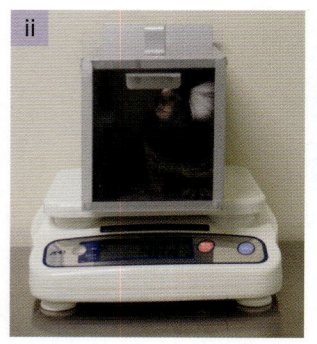

体重測定箱の重さを測定し，体重針のゼロ点を補正する。

捕獲した動物を体重測定箱の中に入れ体重を測定し，記録する。

図 3.1.12　体重測定
体重測定箱（ジック），デジタルはかり（エー・アンド・ディー）

（2）摂餌量，飲水量の測定

正確な摂餌量，飲水量の測定には代謝ケージを用いた方法があるが，ここでは簡便な 1 日摂餌量，飲水量測定の手順を示す。

① 摂餌量の測定[i]

餌箱に餌を入れ重さを記録する。

餌を与えた時間を記録する。

翌日の同時刻に餌箱を回収し，餌箱と残りの餌の重さを記録する。

摂餌は以下のように評価する。

・正確な摂餌量

摂餌量 ＝ 給餌量 －（翌日の餌箱の重さ ＋ こぼれた餌の量）

・大まかな摂餌量

食べこぼしの量を考慮したうえで，餌箱に残した餌の量から摂餌の程度を判断する[k]。

（i）体重測定箱は動物 1 頭が入る大きさの箱であれば，どのようなものでも問題はない。洗浄，消毒が容易に可能な素材が望ましい。実中研では写真に示すアルミ製の体重測定箱（おかもち型）を用いている。

（j）マーモセットは食べこぼしが多く，摂餌量は注意深く観察する必要がある。また，ケージ外に食べこぼしが飛散してしまうと正確な摂餌量がわからなくなる。そのためケージの外に餌が飛散しない工夫が必要である。

（k）評価方法は食べた餌の割合を記入する方法や，食欲の程度に合わせ＋，＋＋，＋＋＋のように 3 段階で評価する方法がある。

② 飲水量の測定

　i

給水瓶①に水を満たし，その重さを記録する。

　ii

ケージに給水瓶をつるした時間を記録する。

　iii

翌日の同時刻に給水瓶の重さを再度測定する⑩。

5 動物の移動

(1) 準　備
- ・網，革手袋等
- ・搬送用の箱（捕獲箱，体重測定箱）
- ・輸送箱

(2) 手　順

　動物の移動手順は同一室内，同一施設内，他施設への輸送⑪で異なった準備，方法で行う必要がある（表3.1.2）。

表 3.1.2　動物の移動法

移動の範囲	手　順
同一室内	捕獲する→動物を移動先のケージに移す
同一施設内	捕獲する→搬送用の箱に入れる→移動先の部屋に移送する
	飼育ケージごと移動先の部屋に移送する
施設間	捕獲する→専用の輸送箱に入れる→搬出する→移送先の施設に輸送する

① 給水瓶を普段から使用している場合はそのまま使用できるが，自動給水装置を使用している場合には給水瓶による給水方式に切り替える必要がある。

⑩ マーモセットの中には飲水目的以外で給水器をいじる個体もいるため，飲水量が異常に多い場合などは動物によるいたずらの可能性を考慮する必要がある。

⑪ 動物の輸送の際には，動物の疲労・苦痛の軽減と安全管理に十分に配慮して，輸送スケジュール，輸送手段，輸送容器（輸送箱）などについて綿密な輸送計画を立てる[4]。輸送時間はなるべく短時間になるようにし，輸送時間が4時間を超える場合には輸送容器内に給水瓶を設置する，水分補給用ゲル，飼料，嗜好性の高い補助食を入れるなど，給水・給餌のための処置を施す。輸送容器は，換気が十分に確保され，排泄物などにより動物が汚れることがなく，逸走防止に十分に配慮され，動物やヒトに安全なものを選択する（図3.1.13, 図3.1.14）。輸送に用いる車両などでは，換気と温度の維持が必要である。

図 3.1.13　マーモセット用輸送箱の例
ダンボール製（日本クレア）

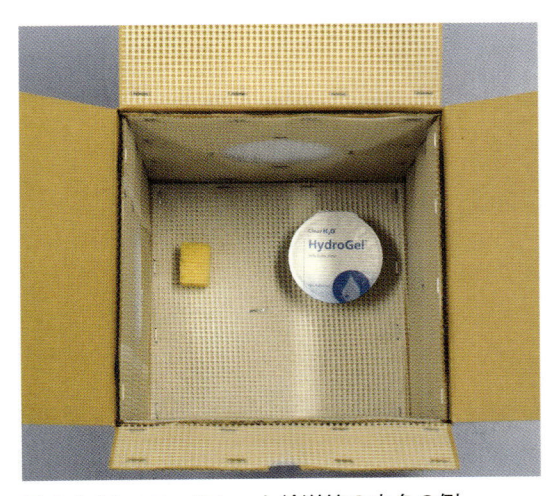

図 3.1.14　マーモセット輸送箱の中身の例
水分補給用の水ゲル（HydroGel®, Clear H_2O）とカステラ

71

3.2 基本の実験処置

⬛1 投　与

いずれの投与においても以下の準備を事前に行う。

投与薬液をシリンジで必要量吸い，シリンジの中の空気を抜く。

手の届く範囲にシリンジと準備物品を置く。

動物の個体 ID と投与量を確認する。

（1）筋肉内投与

① 準　備

・注射針（27 ～ 29G），シリンジ（もしくは針付シリンジ）
・アルコール綿

② 手　順

筋肉内投与には大腿四頭筋もしくは臀筋を用いる。

投与量は原則 0.5mL／kg までとする。それ以上の投与が必要な場合は数カ所に分けて投与する（図3.2.1）[a],[b]。

ⓐ アルコール綿での消毒は被毛をかき分けるように行うことで，刺入部がみやすくなる。

ⓑ 刺入する深さは筋肉に到達していれば十分であり，目安は 2 mm 程度である。

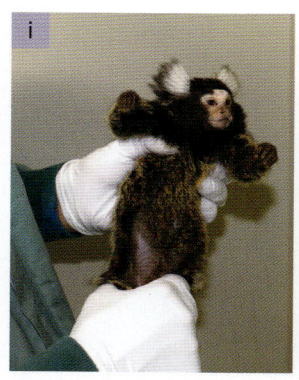  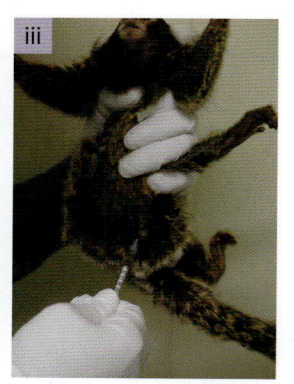

ⅰ 動物を捕獲し，基本の保定法で動物を保定する。	ⅱ 動物の片足を小指と薬指の間に引っ掛け，大腿部を固定する。	ⅲ 注射部位をアルコール綿で消毒する[a]。皮膚を通して筋肉に垂直に注射針を刺入する[b]。

ⅳ
ピストンを引いて血管に刺し込んでいないことを確認する。血液が入ってくるようであれば血管を刺しているので直ちに針を抜いて別の部位に刺し直す。血液が入ってこなければ，ゆっくりピストンを押して注入する。

図 3.2.1　筋肉内投与の手順

（2）皮下投与

皮下投与を行う部位は皮下であればどの位置でも問題ないが，大量の薬剤を投与する場合など，背側頚部の皮下に行う。

投与量は原則として5mL/kgまでとするが，動物の脱水改善・予防のための補液の際は必要量を投与する。

保定者と投与者の2名[c]で実施する場合の手順を以下に示す（図3.2.2）。

① 準　備

筋肉内投与に準ずる。

[c]皮下投与は1人で行うことも可能である。1人で投与する場合は筋肉内投与と同様の保定法を行う。

② 手　順

i

動物を捕獲し，基本の保定法で動物を保定する。

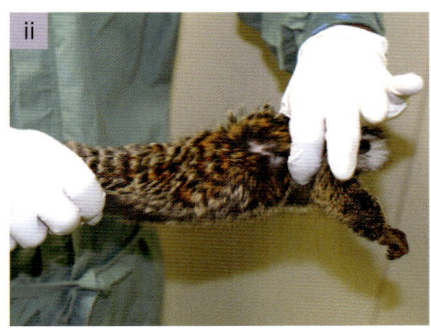

ii

投与者に動物の背中を差し出すように保定する。

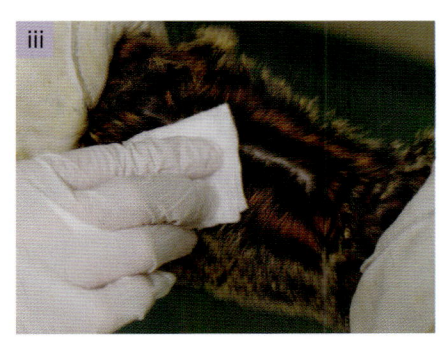

iii

投与部位をアルコール綿で消毒（毛を分けて投与部位の皮膚を露出させる）する。

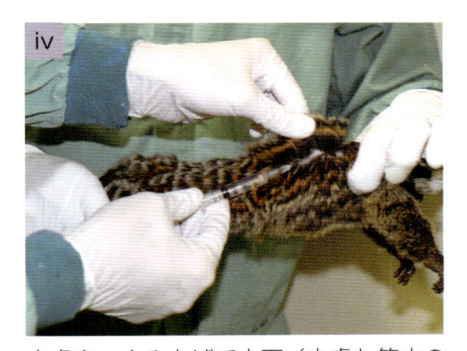

iv

皮膚をつまみ上げて皮下（皮膚と筋肉の間）に注射針を刺入する。

v

針先が左右に動くかどうかで皮下に入っているかどうかを確認する。

vi

ピストンを引いて血管などに入っていないことを確認し，ゆっくりと投与を行う。ピストンを引いた際に圧がなく引けてしまう場合には皮膚を貫通しているので再度別部位に刺入する。皮下に投与液が注入されると投与部位が盛り上がる。

図3.2.2　皮下投与

【注意点】

針先が保定者の手元に向けて刺入されるため，周囲の安全を確認し投与を行う。

（3）経口（胃内）投与

① 準　備

・革手袋

・カテーテル（3～5 Fr）

・シリンジ

・割り箸：5 cm程度の長さに切断しておいたものを開口器として使用する。綿棒やプラスチック棒も使用できる。

② 手　順

原則として 2 名で投与を行う（図 3.2.3）。

動物を捕獲し，基本の保定法で動物を保定する。

動物の頭に沿わせるように親指と人差し指を滑らせ，バンザイ保定する。

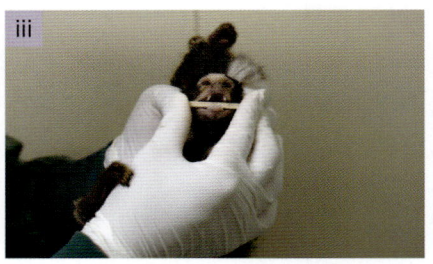
反対の手で動物に割り箸などの開口器を噛ませ，動物の口を開けたままの状態を保ち，割り箸の両端を保持する。

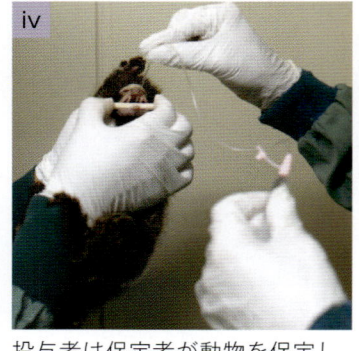

v　シリンジを一度引き，陰圧になっていることを確認する[d]。

vi　投与後，少量の滅菌蒸留水あるいは空気を注入し，筒内あるいはカテーテル内に残っている投与物を洗い流すように再度注入する。

vii　シリンジのピストンを静かに押し下げて投与液を注入する。その際，カテーテルがシリンジから外れないように根元を押さえておく。

投与者は保定者が動物を保定し，口に割り箸を噛ませたことを確認し，動物の口の中にカテーテルを挿入する

図 3.2.3　経口投与の手順

【注意点】

　保定者は動物の後肢を抑えることができないため，後肢による掻き傷や，後肢が投与者の邪魔にならないように注意する。

　カテーテルを挿入する長さは通常の成体では 8 〜 13 cm 程度だが，体外で大まかな長さを確認し挿入を始める。

　誤って気管にカテーテルが挿入される可能性があるが，気管内にカテーテルを入れた場合，動物が激しく暴れ，内筒を引いた時に陰圧にならない[d]。このような場合，速やかにカテーテルを抜去し，もう一度カテーテルを挿入する。

（4）静脈内投与

① 準　備（図 3.2.4）
・注射針（26，27G），シリンジ（もしくは針付シリンジ）
・アルコール綿
・乾綿
・保定器
・バリカン

[d] カテーテルの先端が胃内に入ると，シリンジ内部が陰圧または胃液の逆流が確認できる。

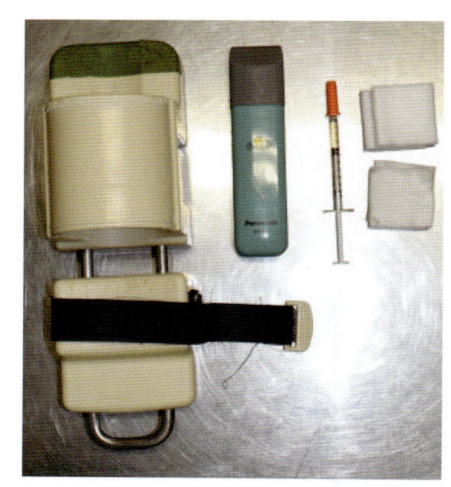

図 3.2.4　静脈内投与の準備
左からマーモセット保定器（日本クレア），動物用のバリカン（パナソニック），針付シリンジ（マイジェクター，テルモ），アルコール綿，乾綿。

② 手　順

静脈投与は大腿静脈，伏在静脈，橈側皮静脈，尾静脈から実施可能である。しかし，大腿静脈からの投与は動脈に誤って刺さる恐れがあるので避けた方がよい。一般的には尾静脈からの投与が用いられるので，尾静脈投与の手順を以下に示す（図 3.2.5）。

無麻酔下で投与する際は 2 名で行い，保定者による保定，または保定器を用いる。

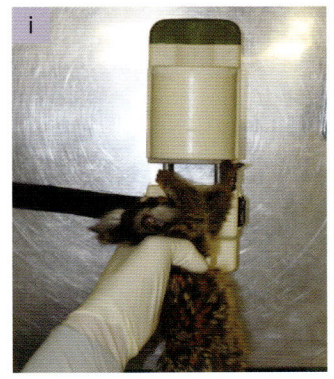
動物を捕獲し，保定器に頭から押し込む。

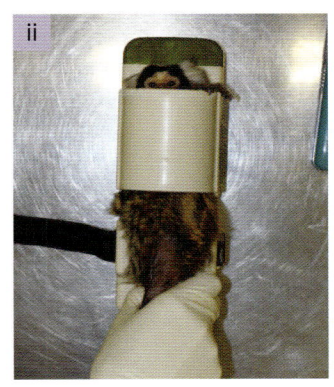
上半身を保定器に入れ，動物を横向きに寝かせる。

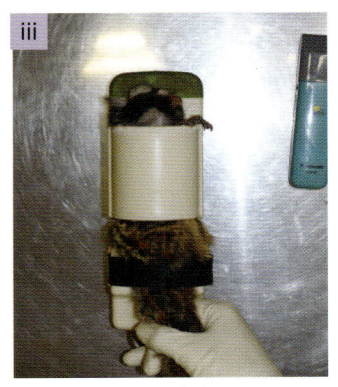
バンドで腰を固定する。

保定者は指で足と尾の根元をロックし，動物の下半身を固定する。投与者（もしくは保定者）は投与部位よりも心臓側を駆血する。

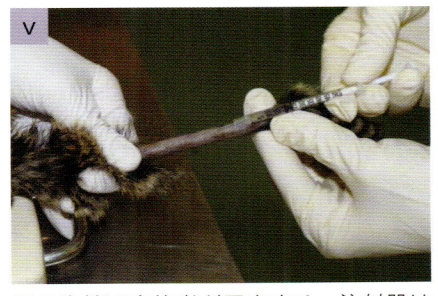
尾の先端は実施者が固定する。注射器は静脈と水平（やや角度かける）で刺入し，逆血を確認する。

vi 針先およびシリンジを一方の手でしっかりと固定し，駆血をしていた手をゆるめてピストンをゆっくり押して静脈内に注入する。

vii 針を抜いてから出血させないように乾綿などで針を刺した部分をしっかりと押さえて止血する。止血時間の目安は 2 分以上である。

viii 投与部位周辺の関節を 2，3 回屈伸させて止血を確かめる。

図 3.2.5　静脈内投与の手順

【注意点】

・1 回当たりの投与量は 2.5 mL／kg までとする。
・血管外に漏らすと周辺組織の壊死または炎症等を引き起こす薬剤もあるため，血管外に漏らさないように注意する。

（5）各投与法の許容投与量

EFPIA（欧州製薬団体連合会）と ECVAM（欧州代替法バリデーションセンター）による「被験物質の投与（投与経路，投与容量）及び採血に関する手引き」（A good practice guide to the administration of substances and removal of blood, including routes and volumes"）[2] において投与量の推奨量および許容量が動物ごとに明記されており，マーモセットにおいての推奨投与量と許容投与量を抜粋したものを表 3.2.1 に記す。

表 3.2.1　マーモセットにおける各投与法の推奨投与量 [2)]

投与経路	推奨投与量 [mL/kg]	許容最大量 [mL/kg]
経口投与	10	15
皮下投与	2	5
腹腔内投与	—	20
筋肉内投与	0.25	0.5
静脈内投与（急速）	2.5	—
静脈内投与（低速）	—	10

（6）留置針を用いた静脈内投与

① 準　備（図 3.2.6）【（4）静脈内投与に加えて下記を準備する】

・留置針（24G）

・ヘパリン加生食（10 単位 /mL）

・静脈用カテーテルアダプター（ピーアールエヌアダプター，BD など）：注射針を繰り返し刺入できるものであり，投与の際はこのアダプターを介して注射や翼状針を刺入して投与液を注入する。

・固定用のテープ（粘着テープなど）

② 手　順

　留置針の設置は尾静脈，大腿静脈，伏在静脈など体表面に近い静脈を用いることができる。一般的に尾静脈を用いたやり方が最も簡便であるため，本項では尾静脈への留置針の設置を紹介する（図 3.2.7）。

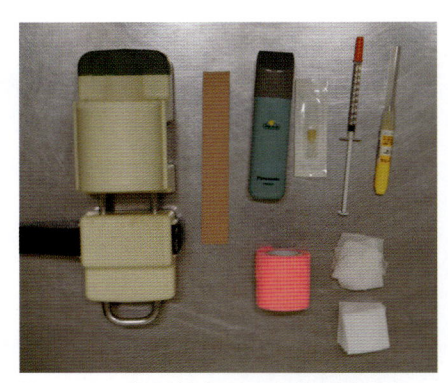

図 3.2.6　留置針を用いた静脈内投与の準備例

左からマーモセット保定器（日本クレア），粘着テープ（ニトリート，日本メディック），動物用バリカン（パナソニック），ピーアールエヌアダプター（BD），針付シリンジ（マイジェクター，テルモ），留置針（静脈留置針ベニューラ S，トップ），自着性包帯（Vetrap，3M），アルコール綿，乾綿。

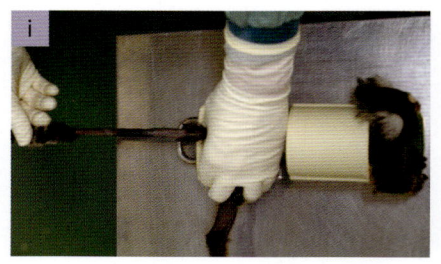

動物を保定器で保定し，尾静脈を露出させるところまでは静脈投与のやり方に準ずる。

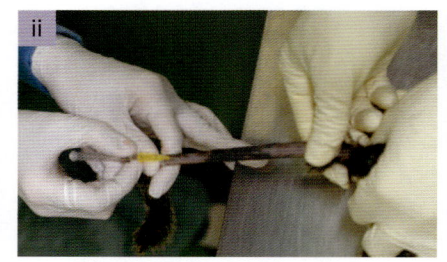

尾の根元を保定者が，尾の先端を実施者が固定する。アルコール綿で穿刺部位を消毒し，静脈に沿って留置針を穿刺する。

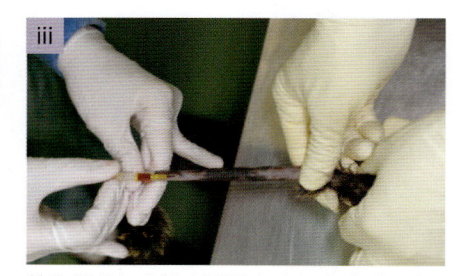

針先端部に血液が逆流したことを確認し，留置針の外筒のみをさらに押し進める。内筒を抜き去り，血液またはヘパリン加生食で外筒内部を満たし，カテーテルアダプターを装着する。

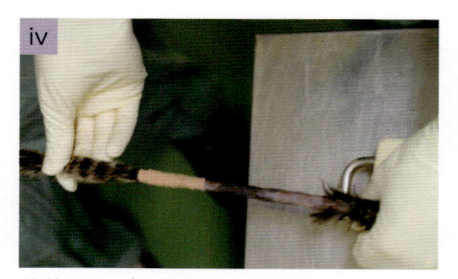

粘着テープを留置針とアダプター，尾に巻きつけ，留置針を尾に固定する。

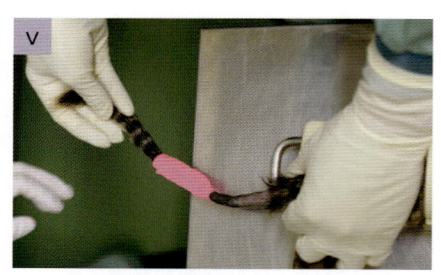

自着性包帯を処置部位全体に軽く巻きつけ，カテーテルを保護する。

図 3.2.7　留置針を用いた静脈内投与の手順

2 採 血

（1）採血量の目安と推奨休養期間

　前述の「被験物質の投与（投与経路，投与容量）および採血に関する手引き」にもとづいた全身循環血量に対する採血量の目安と推奨される休養期間（表3.2.2）および採血部位ごとの採血量の目安（表3.2.3）を示した。成体（体重350g）において24時間内の採血量が2mLを超えるような場合，十分な休養期間を設け，動物の状態を回復させる[e]。短時間で多量に採血する場合には実験結果への影響が問題ないようであれば，失血による衰弱を予防するため採血後に皮下輸液（生理食塩水や乳酸リンゲル液など3～5mL）や鉄分サプリメント（ペットチニック，ゾエティス，など）を投与することも推奨される。

表3.2.2　採血量の目安と推奨休養期間[2)]

1週間当たりの採血量	2～2.5 mL	2.5～3 mL
休養期間	2週間以上	4週間以上

（体重350gの場合）

表3.2.3　採血量の目安と採血部位

		採血量／総血液量（25 mL）					
		0.75%	7.5%	10%	12%	15%	20%
採血量（mL）		0.2	2	2.5	3	3.5	5
採血部位	尾静脈	○	×	×	×	×	×
	伏在静脈 橈側皮静脈	○	×	×	×	×	×
	大腿静脈	○	○	○	○	×	×

（体重350gの場合）

（2）採血手順

　採血は橈側皮静脈，伏在静脈，大腿静脈，尾静脈などの静脈からの採血が可能である[f]。ここでは実中研で通常行っている大腿静脈からの採血手順を示す。

① 準　備（図3.2.8）
・注射針（26，27G），注射筒
・アルコール綿
・乾綿
・革手袋
・保定器
・採血用容器（チューブ，採血管など）
・必要によりヘパリン，EDTAなどの抗凝固剤

[e] 実中研で行った検討では，成体において24時間に7ポイントの各0.3mL（合計2.1mL）の採血において，個体の体重減少や衰弱などの一般状態に悪化は観察されなかった。血液検査では白血球の増多や1週間後に網赤血球の増多が認められたものの赤血球数やヘマトクリット値の低下は認められなかった。また，別の検討で2週間の7ポイントで各0.4 mL（合計2.8 mL）の採血において，一般状態の悪化や赤血球数やヘマトクリット値の低下は認められなかった。

[f] 採血量が0.2 mL以上になる場合には橈側皮静脈や伏在静脈は採血部位として適さない（表3.2.3）。

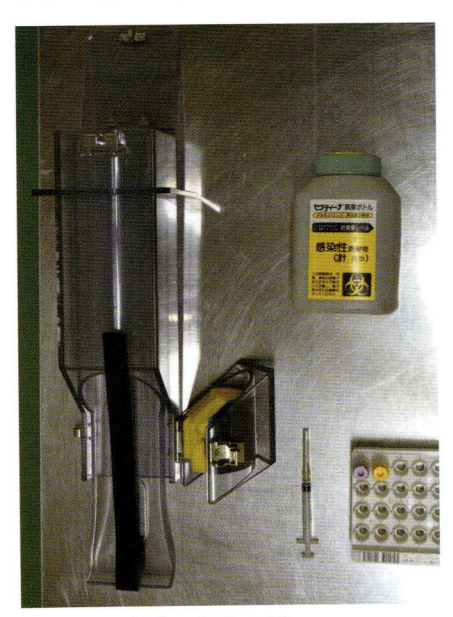

図3.2.8　採血の準備の例
左からマーモセット採血用保定器（ジック），針捨て容器（セフティーナ，テルモ），注射器（テルモ），微量採血管（BD）。

② 手　順

ア. 保定器を用いた採血（図 3.2.9）

　保定器を用いることで１名での採血が可能である。

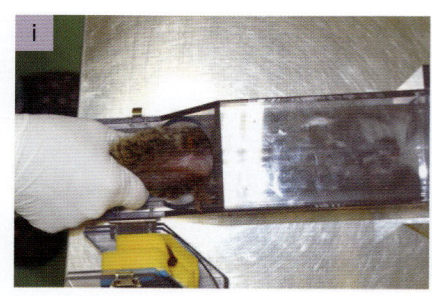

動物を捕獲し，保定器により保定する[g]。

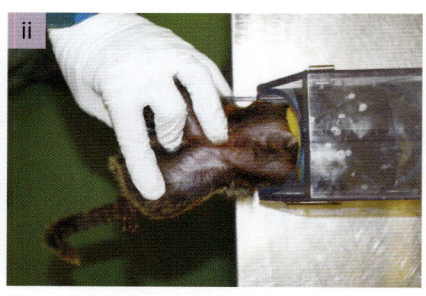

動物の足を交差し，あぐらのような体勢で保定する。この時，採血を行う方の足が上になる様に足を組むと採血を行いやすい。

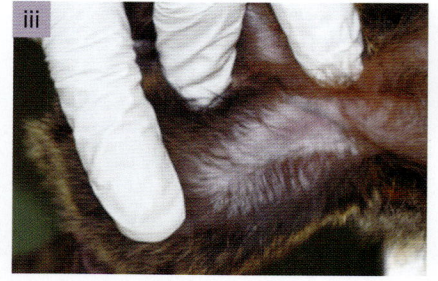

保定後，鼡径部に三角形のくぼみができる。この三角形の内側に大腿静脈が，外側に大腿動脈が存在する。

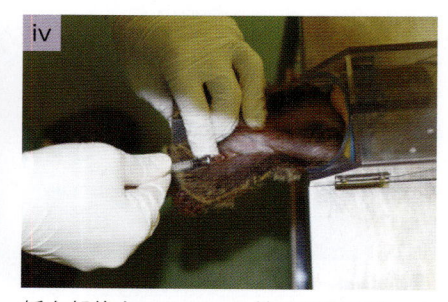

採血部位をアルコール綿で消毒する。大腿動脈に注射針を刺す（三角形の頂点から内側の辺に沿って注射針を刺す）[h]。

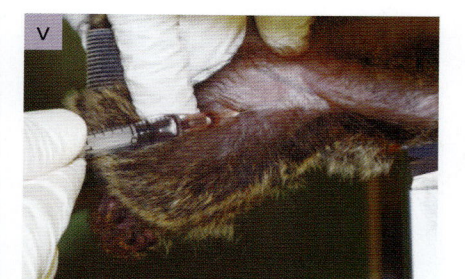

針先が血管内に入ると，血液がシリンジ内に入ってくる。そのため，血管内に正しく刺さっていることが確認できる。シリンジの内筒を引き，必要量の採血を行う。

vi

乾綿などで針の刺入部位を抑え，針を抜く。

viii

採取した血液を試験用チューブに移す際には，溶血を防ぐために注射針を外してチューブの壁をそらすようにゆっくりと血液を入れる。

vii

そのまま針を刺した部分をしばらく抑え止血を行う。目安は３分以上である。十分な時間圧迫止血を行ったら，２から３回下肢を屈伸させて止血を確かめる[i]。

図 3.2.9　保定器による採血

[g] 保定器のサイズに対して動物の体格が合っているかどうかを確かめておく必要がある。保定具に対して動物が大きすぎると保定により動物の胸腹部を必要以上に圧迫してしまう危険があり，小さすぎると動物が脱出してしまい作業者が噛まれる危険があるので注意が必要である。

[h] 大腿静脈は大腿の中心を走行している。並走している大腿動脈に針を誤って刺さないよう注意し，採血を行う。大腿動脈を刺した場合には血液の色が鮮明で血液のシリンジへの流入が早い。また，保定が不十分であると動物が動いて血管を裂いてしまう危険もあるので採血に集中するあまり保定がおろそかにならないよう注意する。

[i] 採血後止血が不十分であると，血腫や炎症，内出血等が起きる場合がある。採血後の動物の動きに注意し，十分な止血を行う。とくに動脈を穿刺した場合には血腫や動脈瘤を生じさせてしまう。止血には十分な時間をかけ，ケージに戻した後にも再度，穿刺部位を確認した方がよい。

イ．保定者と採血者のペアで行う採血

| i |

保定者は動物の上体および腰を保定する。とくに下半身は動かないように腰をしっかりとつかむ。

| ii |

採血者は動物の足を交差させ片手で保定する。

| iii |

以下前項の保定器を用いた採血に準じて大腿静脈より採血を行う。

❸ 採尿と採便

（1）採　尿

採尿は自然排尿，圧迫排尿，膀胱穿刺，尿道カテーテルの挿入による膀胱からの採尿などの方法がある。

マーモセットの場合，自然排尿や圧迫排尿による採尿は無麻酔下で容易に行うことができるため，動物に対する負荷が少ない。一方で，排泄物や皮脂，毛などによりサンプルが汚染されやすいなどのデメリットもあるため，用途により最適な方法を検討する必要がある。

① 準　備

【自然排尿，圧迫排尿】

・尿受け（アルミホイル，ペットシーツの裏面等）

・シリンジ

【尿道カテーテルを用いた採尿】

・先の丸いピンセット

・カテーテル（1Fr）

・シリンジ（1 mL）

② 手　順

ア．自然排尿

ケージ下に撥水性の高いシートや尿受けなどを設置し，動物が自然に排出した尿を受ける。代謝ケージを使用する方法もある。

【注意点】

便などの混入がしやすいために注意する。

多頭飼育の時は，目的以外の個体の尿の混入の可能性がある。

排尿から時間がたつと尿が蒸発するため，尿中の物質が濃縮される。

イ．圧迫排尿

動物の起床直後（点灯直後）であればほぼ確実に採尿可能である（図3.2.10）。

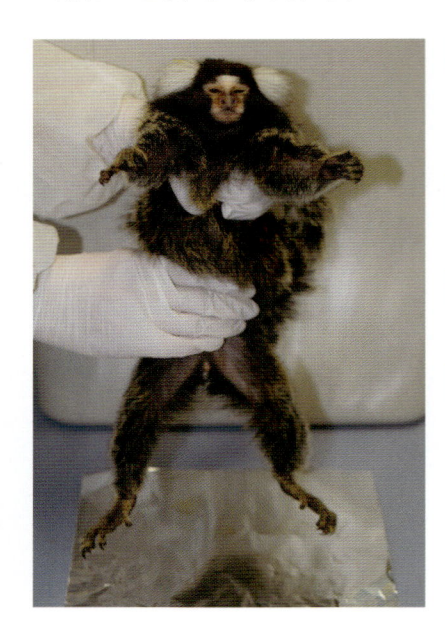

| i |
| 処置室に撥水性の高いシートや尿受けを設置する。 |

| ii |
| 動物を捕獲し，基本の姿勢で保定する。 |

| iii |
| 動物の下腹部を触り膀胱を触知する。 |

| iv |
| 膀胱を骨盤側に向かい圧迫しシートの上に尿を排泄させる。
シートの上の尿を集めシリンジで採取する。 |

図3.2.10　圧迫排尿

【注意点】

過度な腹部圧迫により排便が促され，サンプルの汚染が引き起こされやすい。膀胱炎を引き起こす可能性もあるので必要以上に強く圧迫しない。

ウ．カテーテルによる採尿

オスではカテーテルによる導尿も可能である（図3.2.11）。

（2）採　便

採便は新鮮便の採取，直腸便の採取，強制排便による採便がある。

新鮮便の採取は，ケージの下に落ちている便のうち，できるだけ新鮮だと思われるものを採取する。

新鮮便がないまたは多頭飼いのため対象となる個体の便が不明の場合には，直腸便の採取や，強制排便による方法をとり，便を採取する。いずれの方法も動物を捕獲し行う。直腸便の採取は動物の肛門に綿棒などを差し込み，綿棒に付着した便を採取する。また，動物のお腹を時計回りに圧迫することで，強制的に排便を促すことでも採便が行える。

4 体温測定

保定下でのデジタル体温計による直腸温の測定が簡便である。前述の3章2節1項の筋肉内投与と同様に保定し，肛門を確認して体温計を挿入して測定する（4章2節を参照）。

5 血圧測定

血圧の測定は観血的な測定と非観血的な測定方法がとられる。覚醒下での測

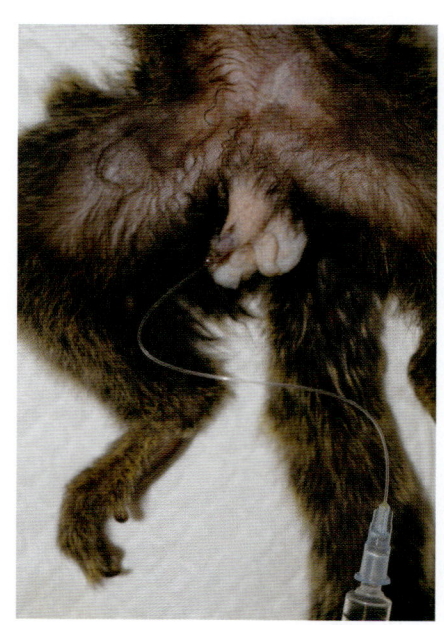

図3.2.11　カテーテルによるオスマーモセットからの導尿

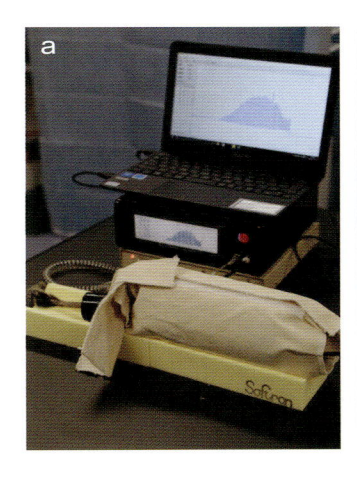

図 3.2.12　尾を用いた非観血血圧測定

a）ソフトロン BP-98A-L を利用した血圧測定の様子
小動物用非観血血圧測定器の保定器に動物を入れ，尾部にカフを設置しする。
動物が安静になると自動で測定開始する。
b）マーモセットの尾と血圧測定プローブ

定の場合には非観血法が適用されるが，小動物用の血圧測定機器が必要となる。実中研ではバルーンカフを用いた非観血的な血圧測定方法に血圧を測定している。ラット用の尾を用いた血圧測定機器（ソフトロン BP-98A-L〔ソフトロン〕）は，マーモセットにも十分に適用することができる（図 3.2.12）。この機器ではマーモセットの尾部にカフを設置して測定するが，専用の保温可能なホルダー内でマーモセットはおとなしくさせることで安定した測定値を得ることが可能である。

6 血糖値測定

血糖値は血液生化学検査の 1 項目としても測定可能であるが，過度の血液量が必要になる。そのため，毎日の検査，計測が必要な場合や衰弱した動物などではハンディタイプの血糖値測定器を用いると少ない血液量で血糖値測定が可能になる。

① 準　備
　　・バリカン
　　・アルコール綿
　　・乾綿
　　・注射針（27G）
　　・血糖値測定器

② 手　順（図 3.2.13）
　尾部，または後肢を用いて測定するが，アプローチのより容易な尾部での手順を記載する。

　　i
　2 名以上で実施する場合には保定者が保定を，1 名で行う場合には網などにつかまらせ動物が動かないように工夫する。

　　ii
　尾の毛刈りを行い，尾動脈，尾静脈を視認可能にする。

　　iii
　尾をアルコール綿でよく拭き，皮脂や汚れを除去する。

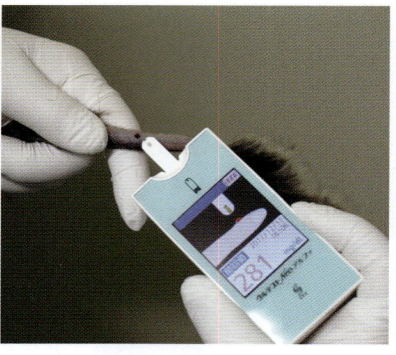

図 3.2.13　血糖値測定
ハンディタイプの血糖値測定器を用いた
血糖値測定の様子。血糖値測定器はグル
テスト Neo アルファ（三和化学）を使用。

iv

アルコール綿で拭いた部分を乾綿で拭き取り，水分を除去する。

v

血糖値測定器にセンサー（チップ）を取り付ける。

vi

尾動脈と尾静脈を避け，注射針を垂直に 1 ～ 2 mm 刺し，針を抜く。

vii

注射跡から血液が出てこないようなら指で尾をこすり血液を絞り出す。

viii

血液が直径 1mm 程度の球状になったらセンサーの先端を血液に当て，血液を吸
引させる*。

ix

測定が開始されたのを確認し，乾綿で止血する。

* 毛細管現象で血液がセンサー内へ吸い上げられる。血液量が少ない場合にはエラーになっ
　てしまうため，十分量の血液を出血させる。

表 3.2.4　実中研で主に使用している麻酔薬

薬剤一般名	製品名	薬用量	投与容量
ケタミン	ケタミン注 5%「フジタ」（フジタ製薬）	10 ～ 50mg/kg, IM	0.2 ～ 1.0 mL/kg, IM
ケタミン＋ キシラジン [3)]	ケタミン注 5%「フジタ」（フジタ製薬） セラクタール 2% 注射液（バイエル）	10 ～ 50mg/kg, IM 0.8 ～ 4.0mg/kg, IM	0.2 ～ 1.0 mL/kg, IM（混合） 0.04 ～ 0.2 mL/kg, IM（混合）
アルファキサロン	アルファキサン (Meiji Seika ファルマ)	5 ～ 12mg/kg, IM	0.5 ～ 1.2 mL/kg, IM
MMB 混合麻酔 （メデトミジン＋ ミダゾラム＋ ブドルファノール）	ドミトール（Meiji Seika ファルマ） ドルミカム注射液 10mg（アステラ ス製薬） ベトルファール 5mg (Meiji Seika ファルマ)	塩酸メデトミジン 0.05mg/kg, IM ミダゾラム 0.5mg/kg, IM ブトルファノール 0.5mg/kg, IM	MMB 溶液として調整；ドミトー ル＋ドルミカム注射液 10mg＋ベ トルファール 5mg ＋生理食塩水， 1:2:2:5 0.4mL/kg, IM（混合）
イソフルラン	イソフルラン吸入麻酔液「ファイ ザー」（ファイザー）	（導入）4 ～ 5%，（維持）1 ～ 3%	―

筋肉内投与：IM

7 麻　酔

麻酔は，動物の苦痛除去，実験実施の容易化，さらに実験中の生体管理を目的とする[4]。麻酔の実施に際しては，麻酔の目的と動物の状態に応じて科学的に認められた薬剤・用量・用法を選択する[5,6]。また，循環抑制，呼吸抑制，嘔吐など麻酔薬の副作用に十分に注意する必要がある。マーモセットの麻酔方法の例として，実中研にて使用している全身麻酔の薬剤とその用量・用法，特徴，注意点を表3.2.4に示した。

(1) 注射麻酔

筋肉内投与による注射麻酔は20〜30分以内の軽度な処置には有用な麻酔法であり，作業が簡便であるメリットがある[j]。しかし，単回投与による注射麻酔では後述する吸入麻酔に比べ調節性に劣り，十分な麻酔状態を得るために用量を増加させると循環抑制や呼吸抑制が著しく生じる危険があるため，長時間の処置や外科手術には吸入麻酔が推奨される。

(2) 吸入麻酔

吸入麻酔[k]は麻酔深度を簡便に調節できる点で非常に優れた麻酔法である。また，麻酔の大部分が，呼気を通して排泄されるため，肝臓や腎臓に対する障害性も少ない。麻酔の導入，覚醒が迅速な点も吸入麻酔の利点である。

麻酔導入はマスク，または麻酔ボックスを用いて行う（図3.2.14）。動物の取扱いに不慣れな場合や，動物の移動を伴う場合には麻酔ボックスが有用である。麻酔ボックスを使用する代わりに，ポリ袋などを用いて動物を捕獲箱や捕獲網に入れた状態で覆って麻酔導入する方法もある。

【注意点】

麻酔の深度管理が簡便な反面，適切な麻酔深度から外れてしまうと，体温の低下や呼吸の消失などが起きる危険性もあるため，動物の状態には常に気を配る。

[j] 経験としてケタミンを投与した場合には唾液の分泌過剰が顕著であり，その抑制とのためにアトロピンを併用することが推奨される。

[k] 一般的に用いられる吸入麻酔薬にはイソフルランとセボフルランがある。セボフルランの方が気道刺激性が少なく，麻酔導入に優れるとされる。吸入麻酔薬の不要な曝露を避けるために局所排気装置や換気装置を用いることが推奨される。

実中研ではイソフルランを使用しており，キャリアーガスには純酸素を使用するか，純酸素と空気を混合して使用している。

メリット	デメリット	用途
迅速な睡眠作用 血圧低下作用が少ない	麻酔および向精神薬取締法による規制（ケタミンが麻薬指定） 唾液過剰（アトロピンの併用を推奨） 覚醒に時間がかかる（3〜120min） 呼吸抑制作用あり	導入麻酔 短時間の処置
迅速な睡眠作用	麻酔および向精神薬取締法による規制（ケタミンが麻薬指定） 唾液過剰（アトロピンの併用を推奨） 覚醒に時間がかかる（3〜120min） 呼吸抑制作用あり，胎子，乳子への影響	導入麻酔 安楽死の前投与 短時間の処置
静脈内投与，筋肉内投与どちらでも使用可能 呼吸器，循環器への影響が少ない 他の鎮痛薬や鎮静薬と組み合わせて使用可能	鎮痛作用が認められていない 国内で入手可能な製剤の場合，有効投与容量が多い 導入時や覚醒時に四肢の不随意運動がみられる	導入麻酔 短時間の処置
筋肉内投与で十分な鎮静効果が得られる 拮抗薬（アチパメゾール）*の存在 嘔吐の抑制（ブトルファノールの作用）	麻酔および向精神薬取締法による規制（ミダゾラムが向精神薬指定） 呼吸抑制作用 多尿 胎子，乳子への影響	短時間の処置 導入麻酔
麻酔深度を簡便に調節できる 肝臓や腎臓に対する障害性が少ない 麻酔の導入，覚醒が迅速	特別な道具（気化器やベンチレーターなど）が必要 適切な麻酔深度から外れると，体温の低下や呼吸の消失などが起きやすい	外科手術時の麻酔 短時間の処置

*アチパメゾール 0.2mg/kg, IM; アンチセダン（Meiji Seika ファルマ）10%液（アンチセダン＋生理食塩水，1:9）0.4mL/kg

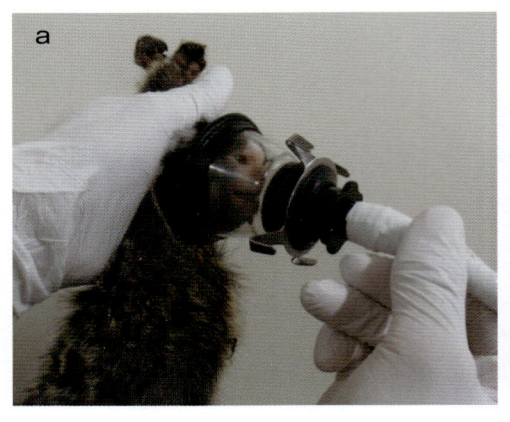
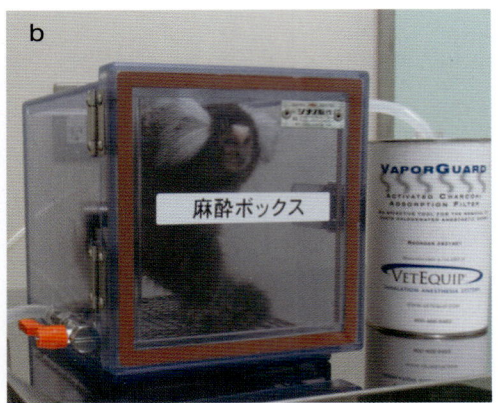

図 3.2.14 呼気麻酔による麻酔の導入
a) ラット用マスクを用いた吸入麻酔の導入
b) 麻酔ボックスを利用した吸入麻酔の導入
麻酔マスク（シナノ製作所），麻酔ボックス（シナノ製作所）

（3）気管挿管による吸入麻酔

　気管挿管による吸入麻酔は麻酔深度が深い，麻酔時間が長いなどの理由で呼吸の消失が予測される場合や誤嚥の防止などの理由により選択する。以下にその手順を示す。

① 準　備（図 3.2.15）
　・6 〜 8Fr のカテーテル
　・開口器（ワイヤー開瞼器）
　・ピンセット（先端形状丸，曲がり）2 本
　・リドカインスプレー（またはリドカインゼリー）
　・スポンジ（枕）
　・2.5mL シリンジ
　・吸入麻酔器，人工呼吸器（ベンチレーター）

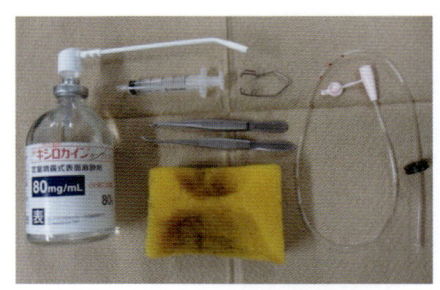

図 3.2.15 気管挿管で準備する道具の例
左上からキシロカインスプレー（アスペン），シリンジ，開口器，ピンセット，スポンジ（枕），栄養カテーテル（アトム）の先端部 5cm のところにシリンジのゴム栓をつけたもの

② 手　順（図 3.2.16）

【注意点】
　カテーテルの挿入は 4 〜 5cm 程度とし，あらかじめ印をつけておくとよい。挿入距離が長すぎる場合，片肺換気になり換気量が十分に取れない。
　動物の呼吸状態には常に注意を払い，必要に応じてパルスオキシメーターで酸素飽和度を測定する。

i
前投与薬を投与後，仰臥位の姿勢で動物を固定する。

ii
動物が不動化し，麻酔が十分に効いていることを確認し，開口器を用いて口を開く。

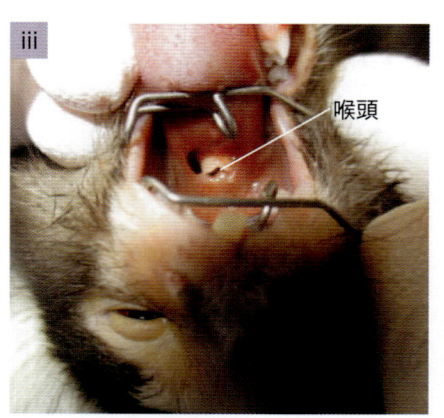

iii

喉頭

舌を引き出すと喉頭が目視できる。

図 3.2.16 気管挿管の手順（続く）

iv

局所麻酔として，キシロカインスプレー（リドカイン）を喉頭に噴霧または綿棒に少量振りかけ塗布する。

v

先の曲がったピンセットを用いて，栄養カテーテルを動物の喉頭から気管内へ4〜5cm程度挿入する。

vi

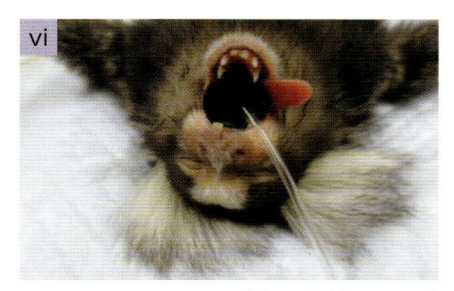

カテーテルにシリンジをつなぎシリンジの内筒を引く。シリンジが容易に吸引できることで，カテーテルの先端が気管内に入っていることを確認できる。

図 3.2.16　気管挿管の手順

vii

カテーテルを人工呼吸器（ベンチレーター）に接続する。実中研ではラット用の従量式人工呼吸器（SN-480-7，シナノ製作所）を使用しており，通常，成体において1回換気量は4〜6 mL，換気回数は35回/分としている。

8 外科処置と周術期のケア

（1）麻酔モニタリング

麻酔中は動物の代謝や生理機能が著しく低下し，心拍や呼吸など，生命維持に不可欠な機能も減退する恐れがある。動物のモニタリングを適切に行うことで，不測の事態をいちはやく察知し，対応することができる。以下に実中研にて実施している麻酔モニタリング方法を示す。

麻酔中はパルスオキシメーター，心電図計，直腸温などをモニタリングする（図3.2.17）。手術の際には，心拍数や酸素飽和度を測定するためにパルスオキシメーターを使用し，呼吸に関しては目視にて確認する。侵襲度の高い手術や長時間の麻酔下での処置を行う場合にはパルスオキシメーターと目視による呼吸の確認に加え，心電図や直腸温のモニターを行う。

術中の心拍数（脈拍数）は，前投与薬や動物の一般状態により異なるが目安は120〜250回/分である。心電図で心拍数をカウントする場合はダブルカウント（1拍を2拍としてカウント）であることがあるので，心電図の波形を必ず確認する必要がある。頻脈（250回/分以上）の場合は，原因として麻酔深度が浅いことが第一に疑われ，吸入麻酔の濃度を上げる必要があることが多い。ただしアトロピンの使用や低酸素血症においても頻脈が認められることがあるため，その他動物の反射の有無（眼瞼反射など）やその他モニターを併せて総合的に判断する必要がある。徐脈（120回/分以下）の場合は麻酔深度が浅い，前投与薬の影響（メデトミジンなどの使用），体温低下などが原因として考慮させる。徐脈の原因によって，吸入麻酔の濃度を下げる，アトロピンやアチパメゾールの投与，などの対応を行う。その他の場合の麻酔中の緊急時の投薬を表3.2.5に示した。体温（直腸温）が著しく低下（33℃以下）する場合には注意して，麻酔濃度を下げ，ドライヤーなどで加温する。

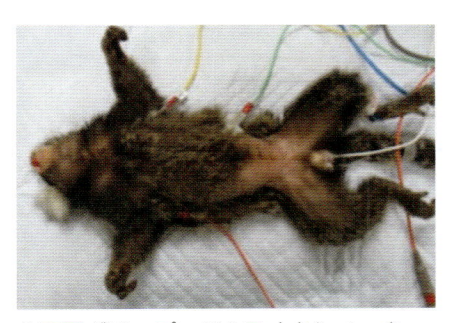

心電図グリップ，パルスオキシメーター，直腸温センサーのマーモセットへの装着

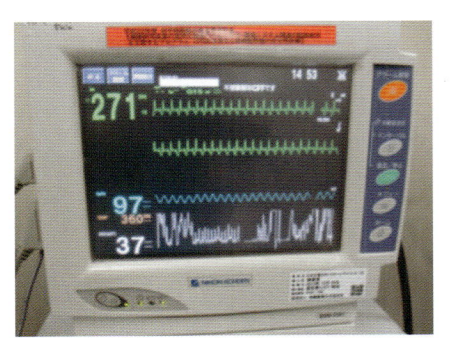

ベッドサイドモニターによる心電図，動脈血酸素飽和度，直腸温のモニター

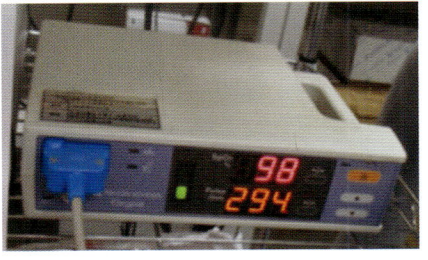

パルスオキシメーターによる動脈血酸素飽和度，脈拍数のモニター

図 3.2.17　麻酔管理中のモニター機器の例
ベッドサイドモニター BSM-2301（日本光電），パルスオキシメーター OLV-2700（日本光電）

表 3.2.5　緊急時に使用する薬剤

薬品名	商品名	薬用量	投与容量	投与経路	適応症
エピネフリン	ボスミン注 1mg（第一三共）	0.01 ～ 0.1mg/kg	10 倍希釈液 0.1 ～ 1.0mL/kg	IM, IV	心停止
アトロピン	アトロピン硫酸塩注 0.5mg（田辺三菱製薬）1mL	0.05 ～ 0.1mg/kg	0.1 ～ 0.2mL/kg	IM	徐脈
リドカイン	キシロカイン注射液 0.5%（アスペン）	0.3mg/kg	10 倍希釈液 0.6mL/kg	IV	心室細動
ジモルホラミン	テラプチク皮下・筋注 30mg（エーザイ）	0.5 ～ 1.0mg/kg	0.03 ～ 0.06mL/kg	SC, IM	呼吸停止

皮下投与：SC，筋肉内投与：IM，静脈内投与：IV

（2）周術期管理

【術　前】

マーモセットは嘔吐しやすい動物であり，気道も狭く誤嚥が起こりやすい。少量の嘔吐でも致死的な誤嚥が起こり得るため，麻酔処置前には絶食し，誤嚥を防ぐことも必要である。絶食時間は 3 時間以上が目安である[①]。

① 実中研では午前中の手術開始の場合には前日の消灯前，午後の手術開始の場合には当日朝から絶食処置を施している。

【術　中】

マーモセットの周術期管理は他の動物の周術期管理と同様に疼痛，体温，呼吸，心拍数などを適切な麻酔深度によって管理することが重要である。マーモセットの特徴として，血液循環量が少なく代謝が非常に早いため，麻酔深度の管理が難しいことが挙げられる。とくに体が小さいため，麻酔深度によっては急激な低体温や呼吸，循環抑制が起こりやすい。体温（直腸温など）をモニターし，保温マットなどによる保温により過度な低体温を防ぐことが必要である。保温の際には低温やけどの危険もあるので保温マットは 40℃ 程度までのものがよい。また，体温，心拍数，酸素飽和度などもモニターし，麻酔深度を適切に逐次管理する。

【術後管理】

麻酔からの覚醒は保温や酸素濃度の調節が可能な動物用 ICU 内で行うことが望ましい。実中研では術後の体温や呼吸状態を考慮して，ICU の室温は 30 ～ 34℃，酸素は 25 ～ 40% に設定して，高温・高酸素下で動物を覚醒まで維持している[ⓜ]。外科的処置を行った場合には，動物が術部をいじらないよう，人用リストバンドや，靴下などで腹巻やポンチョを作り，動物に着せ，創部を保護する（図 3.2.18）。

ⓜ 術後低酸素症の予防のため，高酸素下で覚醒させる。
麻酔や筋弛緩剤の残存による上気道の閉塞や，手術侵襲による呼吸機能低下に伴い術後に低酸素状態になることがある。

術後感染や，処置の痛みを和らげるため，抗菌薬（抗生物質）や，鎮痛薬を投与する。実中研では抗菌薬として術後 2 日間以上 1 日 1 回，アンピシリンと鎮痛薬には非ステロイド性抗炎症薬（NSAIDs）のケトプロフェン，オピオイド系鎮痛薬のブトルファノールあるいはブプレノルフィンを投薬している（4 章医薬品リスト参照）。

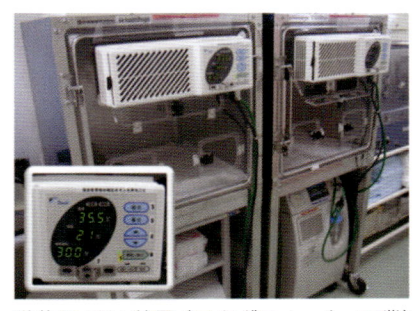
動物用 ICU 装置（フクダエム・イー工業）

創部の保護のため靴下で作製したポンチョ

図 3.2.18　術後管理

9 安楽死

　動物にできる限り苦痛を与えない安楽死方法として，麻酔薬の過剰投与または深麻酔下での放血殺が国際的に容認されている[7]。いかなる方法で安楽殺を行うも苦痛をできる限り与えず，死亡までの時間をできるだけ短くするように努める。

（1）麻酔薬の過剰投与

　バルビツール系の麻酔薬を静脈内に過剰投与[n]することで安楽殺を行う。

（2）麻酔下における放血

　動物に十分に麻酔をかけた状態[o]で，大血管（腹大動脈または腹大静脈，大腿動脈，大腿静脈）からの放血により安楽死を行う。灌流固定時には，深麻酔下において右心耳を切開して，左心室あるいは大動脈から生理食塩水や PBS を注入して全身灌流させながら放血致死させる方法が一般的である。

　腹大動脈からの安楽死法の手順は，以下の通りである。

> **i**
>
> 麻酔処置による疼痛反射の消失を確認後，正中切開により開腹する。腸管を寄せて腹大動脈を露出させる。

> **ii**
>
> 大血管に注射針や留置針を穿刺し，放血させる。この際，10 ～ 20mL の採血が可能である。

[n] 実中研ではペントバルビタールナトリウム100mg/kg の静脈内投与により安楽死を行っている。

[o] 実中研では放血致死の麻酔として，ケタミン 50mg/kg ＋ キシラジン 4.0mg/kg の混合液の筋肉内投与とイソフルラン吸入により深麻酔を施している。

■ 参考文献 ■

1) 米国実験動物資源協会（著），日本実験動物環境研究会（編集）黒澤努，佐藤浩（監訳）：“実験動物の管理と使用に関する労働安全衛生指針”，アドスリー（2002）.

2) Diehl KH, *et al.*: J Appl Toxicol, 2001, **21**:15–23.

3) 谷岡功邦編：“マーモセットの飼育繁殖・実験手技・解剖組織”，アドスリー（1996）.

4) 環境省自然環境局総務課動物愛護管理室（編），実験動物飼養保管基準解説書研究会：“実験動物の飼養及び保管並びに苦痛の軽減に関する基準の解説”，アドスリー（2017）.

5) Flecknell P: “Laboratory animal anaesthesia, fourth edition”, Elsevier Academic Press（2016）.

6) Fish RE, *et al.*, eds.: “Anesthesia and analgesia in laboratory animals, 2nd edition”, Elsevier Academic Press（2008）.

7) American Veterinary Medical Association: AVMA guidelines for the euthanasia of animals: 2013 edition（2013）.

ハンドリングと基本手技

Q. マーモセットの血液検査・血液生化学検査の標準値がありましたら教えてください。

A. マーモセットの血液検査は過去にいくつかの施設により実施され，その標準値は検討されています。日本クレアのホームページ（http://www.clea-japan.com/index.html）に公開されていますので参照ください。

Q. マーモセットを麻酔する際の注意点がありましたら教えてください。

A. マーモセットは体が小さいため，体温が変動しやすい動物です。とくに麻酔中は代謝が著しく低体温になりやすいので，保温マットや保温球等で保温を行いながら実験処置を行うことが重要です。また，呼吸状態や，術中，術後の嘔吐にも注意を払う必要があります。

Q. 継時的採血について採血ポイントと採血量など実施している方法を教えてください。

A. 実中研においては大腿静脈からの継時的採血が行われています。0.3mL の採血を 24 時間で 7 回行った際には明らかな一般状態や赤血球数の異常はみられませんでした。しかし，血管の損傷や，循環血液量の不足による脱水がみられる恐れがあるため，採血後の動物にはとくに注意を払う必要があります。また，場合によっては輸液により体液量を補填する必要があります。

Q. マーモセットで体温測定する際の注意点がありましたら教えてください。

A. マーモセットの体温は同日においても時間帯によって大きく変動します。日中の平常時の体温は 38℃前後ですが，夜間には 35℃前後まで低下します。そのため，朝（施設の電気を点灯時）には体温が低めに出ることが多いです。実験処置による変化をみる場合には同時間帯で計測を行うことが必要です。

Q. 実験で投与や採血をされたマーモセットが以前より人に対して攻撃的になった印象がありますが，そのようなことはありますでしょうか？

A. 実験処置を行うことで，以前はおとなしかった動物が，人が近づくと怯えたり，暴れたり，威嚇したりするような行動をみせるようになることが実際にあります。そのような動物の状態の変化は動物がストレスを受けていることが考えられます。動物の状態が安定しないことは実験処置を円滑に行ううえで問題となり，実験結果に影響することも想定されます。そのため，動物にできる限りストレスを与えないように，実験処置の前に動物を実施者や実験処置に徐々に馴らす，処置の際に嗜好性の高い補助食（ご褒美）を与えるなどの対応により動物と人との信頼関係を構築し，動物が実験処置を受け容れられるよう配慮することが重要です。また，手術や長時間の動物の保定が必要な処置などでは，適切な麻酔・鎮痛処置を施すことが必要です。

COLUMN 6

麻酔と酸素濃度

中村 克樹

健康管理や実験の都合でコモンマーモセットを麻酔することがある。現場で簡単な処置をするときには，麻酔薬を筋注することが多い。ケタミンは，低用量帯では呼吸を抑制しない利点があり，安全であるためによく使われてきた薬剤であるが，2007年に麻薬に指定されたため管理がより厳しくなった。そのため，現在では欧州等のようにアルファキサロンがよく使われるようになってきている。また，外科的な処置をするときにも，ガス麻酔の設備が整っていない，あるいは外科的処置との相性がよくないなどの理由から注射で麻酔をすることもある。サル類の外科的麻酔としてケタミン・キシラジン・アトロピンやメデトミジン・ミダゾラム・ブトルファノールなどがよく用いられる。他にも様々な麻酔薬を用いることがある。どの麻酔薬をどの程度使用するかにもよるが，コモンマーモセットはニホンザルなどのマカクザルと異なり，体内の酸素濃度が麻酔の影響を非常に受けやすいことがわかった。私たちは，アルファキサロン（12mg/kg）単剤とケタミン（50mg/kg）・キシラジン（2mg/kg）・アトロピン（0.05mg/kg）の混合麻酔が，コモンマーモセットにおいて体内の酸素濃度にどのような影響を及ぼすかを検討した。経皮的動脈酸素飽和度（SpO_2）はパルスオキシメーターを用いてモニターすることができる。私たちは，ColinやNellcor社のパルスオキシメーターとヒト新生児用センサーを用いてSpO_2をモニターした。それぞれ6頭ずつで調べた。その結果，アルファキサロン投与でSpO_2が90％以下に下がり，ケタミン・キシラジン・アトロピン投与でSpO_2が80％まで下がった。実はこれまでかなりの研究者や獣医師が，コモンマーモセットの指が黒いから正確な値が出せないと思っていた。しかしSpO_2が下がった麻酔状態で酸素を与えると値が95％程度まで回復するので正確に計測はできている。測定の問題ではなく，実際に酸素濃度が下がっていたのである。より詳しく調べるため5頭で血液を採取して動脈血酸素分圧（PaO_2）や動脈血二酸化炭素分圧（$PaCO_2$）を調べた。ケタミン・キシラジン・アトロピン投与では，PaO_2が50mmHg程度まで低下する個体もいた。明らかに呼吸不全と診断できる状態であった。アルファキサロン単剤の投与ではそれほど低い値まで下がらないが，やはり70mmHg程度まで低下した。酸素を与えるとPaO_2の値はいずれも上昇した。一般的にマカクザルで同様の麻酔をしてもこのような低下は認められないので，コモンマーモセットに特徴的な現象であると考えられる。コモンマーモセットを麻酔するときには酸素を与えなければ呼吸不全の状態になり低酸素血症を起こすといえる。ただ，酸素投与後は$PaCO_2$が50から60mmHgとやや高めになっていた。深刻なレベルではないが換気不全の兆候がある。したがって長時間の麻酔は，呼吸状態を十分にモニターして酸素濃度を調節しながら行うべきである。酸素濃度に関するこのような脆弱性を示すコモンマーモセットの麻酔は，可能な限り気管挿管を行うガスを用いた麻酔を第一選択とすべきである。

Konoike N, et al.：J Med Primatol 2017：1-5/

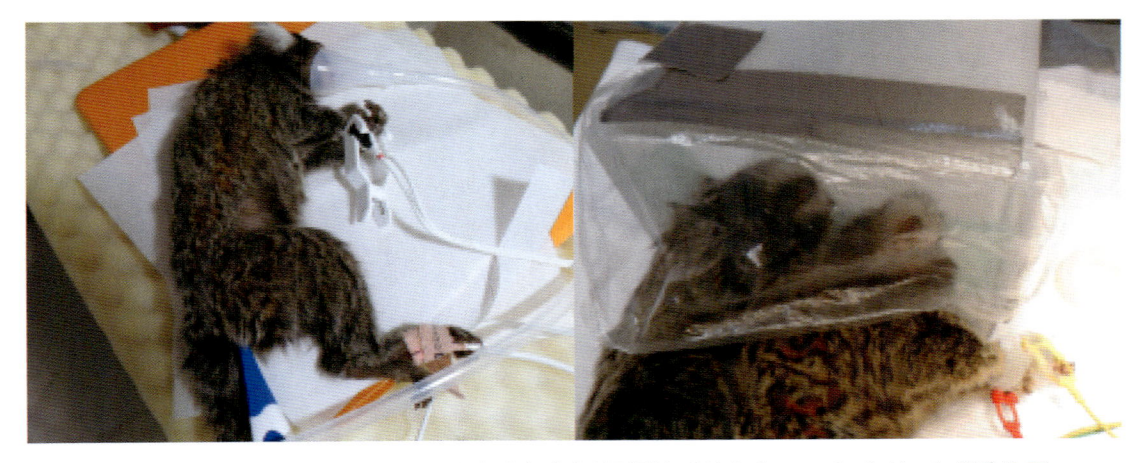

コモンマーモセットは麻酔により体内酸素濃度が影響を受けやすいので，シリコン製駒込用乳頭で作ったマスクを使ったり（左），ボックスを使ったり（右）して，短時間の処置でも酸素を与える工夫が必要である。

4.1 感染症とその対策

峰重隆幸・圦本晃海・井上貴史

マーモセットを用いた研究を成功させるには飼育する動物の健康維持が第一である。そのためには，疾病（病気や外傷）の予防に努め，疾病にかかった際には研究目的に応じて治療などの適切な処置を施す必要がある[a]。本章では，マーモセットの疾病の予防，治療にあたって，注意すべき感染症や知っておくべき疾病について解説するとともに，実験動物中央研究所（実中研）にて実施している疾病の予防対策と検査法，治療法について紹介する。

1 基本的な考え方

マーモセットの疾病管理において，感染症の予防は動物の健康維持のみならず，作業者の安全確保のうえでもとくに重要である。非ヒト霊長類（サル類）はヒトに近縁な動物であることから，サル類とヒトとの共通の感染症（人獣共通感染症）について十分に注意する必要がある。サル類からヒトへの感染の可能性がある注意すべき病原体には，結核菌や赤痢菌などがあるが，これらがサル類から検出された場合には「感染症の予防および感染症の患者に対する医療に関する法律」（感染症法）において獣医師の届出が義務付けられている[b]。

マーモセットを実験動物として使用する利点の一つとして，重篤な人獣共通感染症のヒトへの感染リスクが低いことがある。その理由としては，マーモセットはマカク属のサル類で問題となるBウイルスを保有しないこと[1, 2],[c]や結核菌に対する感受性が低いこと[3]，また，日本で利用されている実験動物のマーモセットの多くが国内で室内繁殖されていることが挙げられる。

一方で，ヒトを宿主とする病原体がサル類に感染することにも注意が必要である。そのため，マーモセットへの感染症対策としては第一にヒトが病原体を持ち込まないことである。実際に麻疹（はしか）ウイルスや単純ヘルペスウイルス1型のマーモセットでの致死的な感染症の発生が過去に報告されており[4, 5]，ヒトの感染症モデルとしてマーモセットが種々のヒト病原体に対して感受性があることが示されていることからも（1章1節参照），飼育や取扱いの際にはヒトの病原体がマーモセットに伝播する可能性があることに留意する必要がある。

また，他の動物種からマーモセットへの感染にも注意する必要がある。近縁種からの感染を注意すべき例として，リスザルが保有するヘルペスタマリヌスがある。ヘルペスタマリヌスは前述したヒトの単純ヘルペスウイルス1型と近縁なウイルスであり，同様にマーモセット類に致死的な全身感染を引き起こすことが報告されている[1]。その他の動物種からの感染の例としては，センダイウイルス[6]やリンパ球性脈絡髄膜炎ウイルス[7]といったげっ歯類由来の病原体などによる感染症の発生が過去に報告されている。

[a] 「実験動物の飼養および保管並びに苦痛の軽減に関する基準（環境省告示）」第3-1-（1）-イ：実験動物が傷害を負い，または実験等の目的に係る疾病以外の疾病にかかることを予防する等必要な健康管理を行うこと。また，実験動物が傷害を負い，または疾病にかかった場合にあっては，実験等の目的の達成に支障を及ぼさない範囲で，適切な治療等を行うこと。

[b] マーモセットがこれらに罹患した場合，獣医師は最寄りの保健所長を経由して都道府県知事に届け出を行う義務がある。感染症法において他にサル類から検出された場合に届出が義務付けられているものには一類感染症に分類されているエボラ出血熱とマールブルグ病がある。感染症法では感染症予防の観点からサル類の輸入を規制しており，試験，研究または動物園での展示用に限り指定された輸入可能地域から輸入が許可されている（1章3節参照）。

通常，飼育・繁殖されているマーモセットは微生物学的にはコンベンショナルな動物であり，マウスやラットなどの厳密に微生物統御がなされた SPF 動物ではない[d]。そのため，上記に挙げたような病原性や伝播力が強い病原体は認められていないものの，飼育コロニーにはマーモセットに病原性を示す可能性のある微生物が常在していることがある。例として，実中研の飼育コロニーにおいては下痢症や大腸炎を引き起こすことがある腸管病原性大腸菌（Enteropathogenic *Escherichia coli*（EPEC））やクロストリジウム・ディフィシル *Clostridium difficile* といった腸内細菌が常在していることが認められている[8]。これらへの病原体の対策は現状の課題であるとともに，マーモセットの保有する病原微生物については未だ不明が多いことにも留意しておく必要がある。

[d] 過去に帝王切開由来の無菌マーモセットや SPF 動物の作出があるものの繁殖には至っていない[9, 10]。特定の病原体を保有しない個体をもとにクリーン環境下で繁殖，維持している施設もある[11]。

2 注意すべき感染症

マーモセットにおいて報告のある主な病原体のリストを表 4.1.1，4.1.2，4.1.3 に示した。現在では多くの施設において防疫対策や衛生管理がなされており，リストに挙げたほとんどの病原体はマーモセットへの感染リスクは低いものと考えられる。しかし，これらのリストからマーモセットが種々の病原体に感受性があることを認識しておくことが重要であり，リストに含まれていない病原体

表 4.1.1 コモンマーモセットにおいて報告のある病原性ウイルスと疾患との関連（参考文献 13 を改変）

病原体	自然宿主	疾患
アデノウイルス	不明，種特異的	新生子の腸炎
ヘルペスウイルス		
単純ヘルペスウイルス	ヒト	皮膚および全身性病変
B ウイルス	マカク	皮膚および全身性病変
Herpes tamarinus ヘルペスタマリヌス	リスザル	皮膚および全身性病変
Herpes saimiri ヘルペスサイミリ	リスザル	悪性リンパ腫（実験感染）
エプスタイン・バール・（EB）ウイルス	ヒト	悪性リンパ腫（実験感染）
Callithrichine herpesvirus 3	種特異的	不明，リンパ腫と関連
ポックスウイルス		
Calpox virus	不明	紅斑性の丘疹および小水疱，出血性皮膚炎
オルソミクソウイルス		
A 型インフルエンザウイルス	ヒト，鳥，ブタなど	鼻汁など呼吸器症状，不顕性感染
パラミクソウイルス		
センダイウイルス	げっ歯類	肺炎
麻疹ウイルス	ヒト	胃腸炎，肺炎
ピコルナウイルス		
エンテロウイルス	霊長類	腸炎
A 型肝炎ウイルス	ヒト	肝炎（実験感染）
アレナウイルス		
リンパ球性脈絡髄膜炎ウイルス（LCMV）	げっ歯類	肝壊死
コロナウイルス	タマリン，その他	不明
ラブドウイルス		
狂犬病ウイルス	コウモリ	脳炎
水疱口炎ウイルス	不明	不顕性感染
フラビウイルス		
黄熱ウイルス	霊長類	肝壊死
GB ウイルス	種特異的	不明，不顕性感染

についてもマーモセットに感染症を引き起こす可能性があることを留意しておくべきである。飼育しているマーモセットにおいて感染症が疑われた場合には，施設のルールに従って罹患動物の隔離，検査・治療，安楽死などの適切な対応を行う[12]とともに，獣医師や実験用サル類の微生物検査機関[e]へ相談することを推奨する。下記に重要な感染症について説明する。

[e] 一般社団法人予防衛生協会 http://www.primate.or.j，公益財団法人実験動物中央研究所 ICLAS モニタリングセンター https://www.iclasmonic.jp/

表 4.1.2　コモンマーモセットにおいて報告のある病原性細菌と疾患との関連（参考文献 13 を改変）

病原体	疾患
サルモネラ *Salmonella* spp.	腸炎
腸管病原性大腸炎（EPEC）enteropathogenic *Escherichia coli*	腸炎，出血性下痢
キャンピロバクター *Campylobacter* spp.	大腸炎；水様性下痢
エルシニア *Yersinia* spp.	小腸炎，リンパ節炎
赤痢菌 *Shigella* spp.	大腸炎
肺炎桿菌 *Klebsiella pneumonia*	敗血症，肺炎，腹膜炎
ウエルシュ菌 *Clostridium perfringens*	壊死性腸炎，敗血症
クロストリジウム・ディフィシル *Clostridium difficile*	偽膜性大腸炎，下痢
気管支敗血症菌 *Bordetella bronchiseptica*	肺炎
野兎病菌 *Franciscella tularensis*	リンパ節炎，敗血症
結核菌 *Mycobacterium tuberculosis*	肉芽腫性肺炎およびリンパ節炎
非結核性抗酸菌 *Mycobacterium avium, M. gordonae*	肉芽腫性肺炎およびリンパ節炎
ヘリコバクター *Helicobacter* spp.	不明

（1）麻疹（はしか）

　麻疹とはパラミクソウイルス科モルビリウイルス属に属する麻疹ウイルスを原因とした全身感染症である。麻疹の自然感染はヒトとサル類にのみにみられ，サル類は高い感受性を示す。麻疹ウイルスは伝播力が強く空気感染，飛沫感染，接触感染などにより感染する。

　旧世界ザルでは不顕性感染が多く，死亡例がまれであるのに比較して，新世界ザルでは発病率，死亡率が高く，とくにマーモセット類（タマリンを含む）が感染した際には進行が早く，1日以内に多くが死に至ることが知られている。旧世界ザルでは皮膚の発疹や発熱，鼻汁，咳が主徴候として観察されるが，マーモセット類ではこれらの徴候は認められないことが多く，短い潜伏期間で血便や眼窩周囲の浮腫が観察され，低体温や循環器障害による衰弱が認められ死に至ると報告されている[2, 4, 14], [f]。

　診断は血清抗体の陽転や組織からのウイルス検出による[2, 13]。確立された治療法はなく，感染者を施設に入室させないことが第一である。予防対策としては，発熱，発咳，発疹などの症状がある人の施設入室を制限する，麻疹抗体陽性やワクチン接種歴の確認を行うなどの対策が挙げられる[g]。

（2）単純ヘルペスウイルス

　単純ヘルペスウイルス（herpes simplex virus: HSV）は，ヒトを自然宿主とするヘルペウスイルス科アルファヘルペスウイルス亜科に属するウイルスである。HSV には 1 型（HSV-1）と 2 型（HSV-2）の 2 つの血清型があり，ヒトにおいて主に 1 型は口唇ヘルペスやヘルペス性歯肉口内炎を，2 型は性器ヘルペスを引き起こす。ヒトにおいて HSV は粘膜あるいは皮膚に初感染するが多く

[f] 過去の海外施設でのマーモセットとタマリンの飼育コロニーの集団感染事例では，元気消失，眼窩周囲の浮腫，鼻汁などの異常所見が観察されてから 8 ～ 18 時間以内に死亡したと報告されている[4]。文献からは飼育頭数の情報はないものの，6ヵ月間で 326 頭が死亡したとのことである。

[g] 日本国内における麻疹の流行状況としては，2008 年以前は年間 1 万人以上の患者数の報告されることもあったが，ワクチン接種対策などの強化により 2010 年以降は 500 人以下の患者数の報告となっている。2015 年には国内に土着している麻疹ウイルスの伝播が 3 年間以上認められないことから，WHO から日本は「麻疹排除状態」にあると認定されている[15]。このような状況から，麻疹感染者の施設入室のリスクは低いものと考えられるが，輸入症例に由来する麻疹の流行は依然として発生していることから注意が必要である。

は不顕性であり，その後，神経行性に伝播して神経細胞に終生潜伏感染するとされ，多くのヒトが HSV を保有していることが知られている。ヒトでは潜伏感染しているウイルスが免疫低下などにより再活性化（回帰感染）して症状が引き起こされる。

新世界ザルは HSV-1 に感受性が高く，致死的な感染が引き起こされることが知られている。マーモセットでの HSV-1 の感染事例は海外施設や国内外のペットなどで認められており，いずれも急性で致死的であることが報告されている[5,16,17]。HSV-1 に感染したマーモセットでの徴候は元気消失，食欲不振，流涎，口腔内・口周囲の炎症・潰瘍が認められており，徴候が観察されてから1〜2日間で死亡が認められている。同居しているファミリー内の個体で連続的に発症が認められたことから動物間で感染が伝播することも示唆されている[5]。HSV-2 についてはマーモセットにおける自然感染の報告はないが，同様に感染，発症すると考えられている[1]。診断は血清抗体検査や組織からのウイルス検出による。

対策はヒトからの感染を予防することが第一である。ウイルス増殖しているヒトの唾液やそれを含む飛沫などを介してマーモセットに感染すると考えられる。そのため，感染予防として，作業者のマスクや手袋の着用，動物がヒトの唾液に触れるような濃厚な接触の回避，口唇ヘルペスなど単純ヘルペスウイルスによる症状が疑われる作業者の入室制限が推奨される。また，アルコールなど種々の消毒薬も有効である[h]。

ⓗ 飼育しているマーモセットにおいて単純ヘルペスウイルス感染が疑われた場合には，感染の拡大を防ぐよう隔離対策と状況に応じた安楽死や抗ヘルペス薬（アシクロビル，ガンシクロビル）の投薬が推奨される。

（3）ヘルペスタマリヌス

ヘルペルタマリヌス（Herpesvirus tamarinus）は，リスザルを自然宿主とするヘルペスウイルス科アルファヘルペスウイルス亜科に属するウイルスである[i]。同じアルファヘルペスウイルスである上述したヒトの HSV-1 と同様に，リスザルでは無徴候から軽度の徴候しか示さないが，マーモセット類においては HSV-1 と同様の急性の致死的な感染が認められることが報告されている[3,13]。マーモセットとリスザルを同施設で飼育する際には，本ウイルスに注意する必要があり，飼育室や動線分け，リスザルの血清抗体検査陰性の確認が推奨される。また，マカクサルを自然宿主とする B ウイルスも近縁なアルファヘルペスウイルスであり，マーモセットでの B ウイルスの自然感染は報告されていないが，致死的感染を起こす恐れがあるため同様の注意が必要である。

ⓘ 他にリスザルが保有するヘルペスウイルスでマーモセットに感染して病原性を示すウイルスとしてはヘルペスサイミリ（Herpesvirus saimiri）がある。こちらは，ガンマヘルペスウイルス亜科に属し，非ヒト霊長類で最初にみつかった腫瘍ウイルスとして知られる。ヘルペスサイミリは，マーモセット類における実験感染で悪性リンパ腫を引き起こすことが報告されている[3]。

（4）結　核

結核菌群（Mycobacterium tuberculosis complex，ただし Mycobacterium bovis BCG を除く）により引き起こされる感染症である。マーモセットとヒトの間で伝播しうる注意すべき感染症の一つである。

通常，サル類は感染が進行した状態で結核を発症し，食欲や元気の消沈，発咳，呼吸困難，下痢等の様々な臨床徴候を示す。突然死を起こすことがあるが，不顕性感染の場合も多い。感染経路は経気道感染が最も一般的である[2]。新世界ザルであるマーモセットは旧世界ザルと比較して感受性が低いとされており，マーモセットでの自然感染例の報告は少ないが[3]，感染実験において顕著な徴

候と病変を示すことが報告されている [18, 19]。

　一般的な実験動物施設であればマーモセットの結核感染のリスクは低いものと考えられる。予防のためにはヒトからの感染を予防することが第一であり，動物に接する可能性のある作業従事者について定期的な健康診断をすることが望ましい。動物の検査はツベルクリン反応試験[j]，胸部レントゲン検査，病原体検出（咽頭・喉頭ぬぐい液，糞便，組織など）などにより行う [2]。結核が検出された場合には感染症法の届け出基準に従って担当の獣医師が都道府県の保健所に届け出なければならない[k]。結核の感染が認められた場合には罹患個体の安楽死が推奨される [2]。

(5) 細菌性赤痢

　細菌性赤痢とは赤痢菌（*Shigella*）を原因とする急性感染性大腸炎であり，麻疹と同様にヒトとにのみ認められる人獣共通感染症である。サル類における大半の赤痢菌感染の報告は類人猿や旧世界ザルに関するもので，マーモセットを含む新世界ザルの報告は少ない [3]。

　サル類における臨床徴候は，ヒトに類似し，水様性，粘液性，粘血性または膿粘血性の下痢および元気，食欲の消失を呈し，ときに嘔吐を呈する場合もある。病巣は大腸に限局しており，粘膜の肥厚，浮腫，充血，出血およびフィブリン様物質の付着または糜爛が認められる。また，無症状で赤痢菌を保有するサル類も存在する [3]。実験動物施設におけるマーモセットおよびタマリンにおける細菌性赤痢の集団発生が報告されており，血便や脱水などが臨床的主徴として認められている [22]。

　診断は糞便からの菌の分離による。赤痢菌が検出された場合，結核と同様に感染症法の届け出基準に従って担当の獣医師が都道府県の保健所に届け出なければならない。赤痢菌の感染が疑われた場合には，厚生労働省の「サルの細菌性赤痢対策ガイドライン」[k] に従って，罹患個体の隔離飼育や抗菌剤（ホスホマイシンなど）による治療などを行う。

[j] ツベルクリン反応試験は，オールドツベルクリン（動物用ツベルクリン（化学及血清療法研究所）など）を眼瞼皮内に投与する方法が一般的である [13, 20]。ツベルクリン反応試験の偽陽性例として，マーモセットでの結核菌に近縁な非結核性抗酸菌の一種の *Mycobacterium gordonae* の感染が報告されており [21]，陽性反応の際には留意する必要がある。

[k] 厚生労働省ウェブサイト「感染症法に基づく獣医師が届出を行う感染症と動物について」http://www.mhlw.go.jp/stf/seisakunitsuite/bunya/kenkou_iryou/kenkou/kekkaku-kansenshou/kekkaku-kansenshou11/02.html

表 4.1.3　コモンマーモセットで報告のある真菌・寄生虫と疾患との関連（参考文献 13 を改変）

分類	病原体	疾患
真菌	ニューモシスチス *Pneumocystis* spp.	不顕性，肺炎
	エンセファリトゾーン *Encephalitozoon cuniculi*	脳炎，流産・死産
原虫	クリプトスポリジウム *Cryptosporidium* spp.	不顕性，下痢
	ジアルジア *Giardia* spp.	不顕性，下痢
	腸トリコモナス *Pentatrichomonas hominis*	不顕性，下痢
	クルーズトリパノソーマ *Trypanosoma cruzi*	心筋炎
	赤痢アメーバ *Entamoeba histolytica*	腸炎
	トキソプラズマ *Toxoplasma gondii*	肺炎，全身性病変
	肉胞子虫 *Sarcocytis* spp.	筋炎
線虫	糞線虫 *Strongyloides stercoralis*	不顕性，下痢
	Trichospirura leptostoma	不顕性，慢性膵炎

3 飼育コロニーに常在する微生物 ─ 実中研の例 ─

通常，マーモセットは微生物学的にコンベンショナルな環境において飼育されており，病原性を示す可能性のある微生物が常在していることに留意する必要がある。これらの微生物のなかにはヒトに病原性を示す可能性があるものもあるため，作業者の安全を第一に，マーモセットの糞便や血液，組織などの生体材料には病原体が存在している可能性があることと認識して適切に取扱わなければならない。表 4.1.4 にこれまでに実中研においてマーモセットから検出されている微生物を示した。そのうち，クロストリジウム・ディフィシル（*Clostridium difficile*）と腸管病原性大腸菌（EPEC）は腸炎の原因となることが明らかとなっている。また，腸トリコモナスは糞便塗抹の鏡検において高頻度で検出され，下痢症との関連が疑われる。これらを下記に解説する。

表 4.1.4　実中研においてマーモセットから検出されている微生物とその疾患との関連

分類	微生物種	疾患との関連
ウイルス	Callitrichine herpesvirus 3 (CalHV-3; marmoset lymphocryptovirus)	リンパ腫との関連？
細菌	腸管病原性大腸菌 enteropathogenic *Escherichia coli*（EPEC）	血便，出血性大腸炎[8]
	クロストリジウム・ディフィシル *Clostridium difficile*	偽膜性大腸炎，下痢
	ウェルシュ菌 *Clostridium perfringens*	敗血症，ガス壊直[27]
	肺炎桿菌 *Klebsiealla pneumoniae*	敗血症（実中研コロニー立ち上げ時に若齢個体で流行）[2]
	ヘリコバクター *Helicobacter* spp.	不明
原虫	腸トリコモナス *Pentatrichomonas hominis*	下痢症または非病原性（正常便と下痢便で同程度に検出）[28]

（1）クロストリジウム・ディフィシル腸炎（ディフィシル腸炎）
①病　因

クロストリジウム・ディフィシル（*Clostridium difficile*，以下ディフィシル菌）はヒトなどの多種の哺乳動物の腸管内や土壌などの環境中に棲息している偏性嫌気性の芽胞形成能をもつグラム陽性桿菌である。ディフィシル菌は抗菌薬（抗生物質）投与による腸内細菌叢の撹乱などにより異常増殖，毒素産生し，宿主に下痢症や偽膜性大腸炎を引き起こすことが知られている。ヒトにおいて抗菌薬関連下痢症の主原因となっており，汎用される抗菌薬に耐性を示すことからも院内感染症病原体として問題となっている。

最近，マーモセットにおいてディフィシル菌がヒト同様に下痢症の原因菌であることが明らかになってきている[23]。実中研における調査では，毒素（トキシン）を保有するディフィシル菌が分離されており，本細菌が下痢症や衰弱の要因となり，致死的な偽膜性大腸炎を引き起こすことを認めている。同調査では健常マーモセットにおいても糞便中に菌体抗原が検出されており，常在菌の一種であることが示唆されている。一方で，罹患個体と同一ケージや隣ケージで飼育している個体がしばしばディフィシル腸炎を発症することから，ディフィシル菌の水平感染の存在も示唆されている。

ヒトにおける最大のリスク因子は，抗菌薬の投与である。すなわち抗菌薬の投与により，正常腸内細菌叢が乱れ，ディフィシル菌が異常増殖することで腸

炎が発症すると考えられている。実中研のマーモセットにおいても，抗菌薬投与後のディフィシル腸炎発症が認められている。

②臨床徴候と診断

ディフィシル腸炎を疑う臨床徴候として，急激な体重減少（短期間で50g以上の減少がしばしば認められる），元気消失，粘液や白色の粘性物を含んだ下痢便（図4.1.1）食欲不振，腹囲膨満，無便がある。剖検においては大腸粘膜における偽膜病変が特徴的である。

診断においては，便を用いたディフィシル菌抗原・毒素検出キット（イムノクロマト法：C.Diff Quik Chek コンプリート（Alere）など）によるクロストリジウム・ディフィシル抗原および毒素（トキシンAおよびB）の検出が有用であり（図4.1.2），上記の特徴的な臨床徴候等と併せて診断する。

③治　療（表4.4.1 参照）

原則として，使用している抗菌薬を休薬し，バンコマイシンもしくはメトロニダゾールの経口投与を実施する。経口投与が難しい場合は，メトロニダゾール注射薬（アネメトロ，ファイザー）を用いて皮下投与を実施する。これらの抗菌薬の投与により，多くのディフィシル腸炎罹患個体の下痢症状は消失するが，休薬によりしばしば再燃するので注意が必要である。

(2) 腸管病原性大腸菌 Enteropathogenic *Escherichia coli* 腸炎

①病　因

大腸菌 *Escherichia coli* はヒトや動物の腸管内の常在菌であり多くは病原性を示さないが，なかには病原性遺伝子を保有し，疾患を引き起こす大腸菌がある。このような大腸菌は病原性大腸菌と呼ばれ，腸管病原性大腸菌（enteropathogenic *E. coli*, EPEC）はその1種類である[①]。EPEC は毒素を産生しないが，腸管粘膜上皮細胞に接着して微絨毛や細胞骨格を障害することで病変を引き起こす。この細胞接着に関与する病原因子であるインチミンの構造遺伝子 *eae* の有無などにより EPEC は鑑別される。EPEC はヒトではとくに小児において下痢症の原因となることが知られている。

②マーモセットの EPEC 腸炎

マーモセットの EPEC 保有は野生由来の個体[25]や海外の飼育コロニー[26]においても報告されている。EPEC はマーモセットにおいて急性の血性下痢症を引き起こすことが示唆されており，慢性の進行性下痢症への可能性も指摘されている[13]。実中研の飼育コロニーでの調査では，健常個体の糞便からも EPEC が検出されているが，下痢便，とくに血便において高頻度に検出されている。また，感染実験からも粘血便を呈する出血性大腸炎を引き起こすことが実証されているが，一方で，発症後に不顕性に保有することも確認されている（図4.1.3）[8, 26]。

③治　療（表4.4.1 参照）

実中研では EPEC の薬剤感受性試験の結果[8]に則って，血便を呈したマー

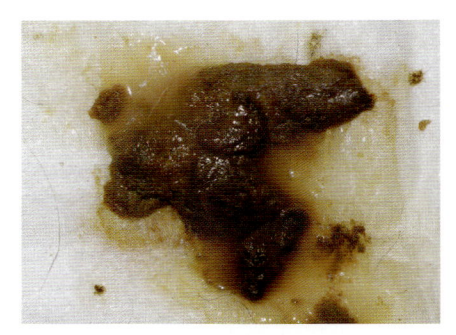

図 4.1.1　粘液性下痢便
クロストリジウム・ディフィシルが検出されたマーモセットの粘液を含む糞便。

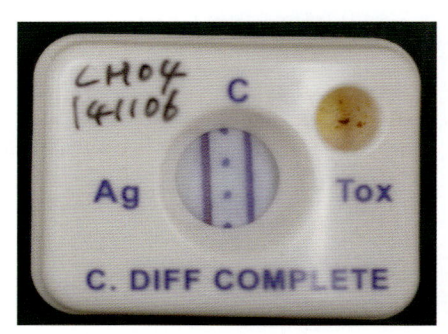

図 4.1.2　クロストリジウム・ディフィシル検査キット
特別な器材を必要とせず30分ほどで簡便に糞便中のクロストリジウム・ディフィシル抗原（グルタメートデヒドロゲナーゼ）および毒素（トキシンA及びB）を検出できる。写真の例では菌体抗原 (Ag) と毒素 (Tox) の両方が陽性（青ライン）であった。

① 病原性大腸菌（下痢原性大腸菌）は他に O157 を代表とする腸管出血性大腸菌（EHEC）や腸管毒素原性大腸菌（ETEC），腸管侵入性大腸菌（EIEC）などがある。これらの病原性大腸菌の検査では大腸菌の O 抗原や H 抗原による血清型別によるスクリーニング検査が実施されているが，血清型が既報の病原性大腸菌のものと一致しても実際には病原因子を保有していないことも少なくないので注意が必要である[24]。実際に，実中研における調査ではマーモセットから血清型別で既報告の病原性大腸菌と一致する O26, O167, O6, O8 の大腸菌が検出されたが，いずれも病原因子は検出されなかった。

モセットにニューキノロン系抗菌薬であるエンロフロキサシン（バイトリル，バイエル）の投与３〜５日間を行っているが良好な治療反応を得ている。ヒトにおいてニューキノロン系抗菌薬の投与はディフィシル腸炎の最も重要な発症因子と考えられていることから，前述した通りマーモセットにおいても EPEC 治療時にはディフィシル腸炎発症に注意をする必要がある。

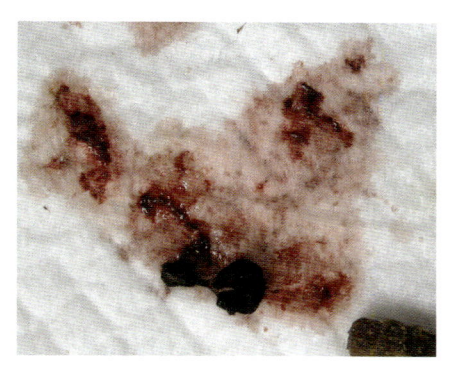

図 4.1.3 EPEC の感染によるマーモセットの粘血便

実中研で分離された EPEC のマーモセットへの感染実験において，高用量（5×10^8 CFU）の EPEC 接種後 1 日後に粘血便が認められた[8]。

（3）腸トリコモナス

① 腸トリコモナスとは

トリコモナス類は鞭毛虫類の原虫（原生動物）であり，ヒトや種々の動物の消化管や生殖器などに寄生する。マーモセットの消化管にもトリコモナスの寄生が認められ，糞便塗抹の鏡検にてしばしば検出される。実中研における調査では，検出されるトリコモナスが腸トリコモナス *Pentatrichomonas hominis* であることを同定している[28]（図 4.1.4）。腸トリコモナスはヒトを含む多種の哺乳類の腸管に寄生し，ヒトでは非病原性と考えられている。

② マーモセットにおける腸トリコモナスと下痢症との関連

マーモセットの下痢便中に多数のトリコモナスが検出されることがあり，また投薬（駆虫）により下痢症が改善されることがあることから，腸トリコモナスが下痢症の一因として疑われている。実中研における調査では，下痢便と正常便でトリコモナスの陽性率に差が認められておらず，腸トリコモナスには強い病原性はないことが示唆されている[28]。

③ 検査と治療（表 4.4.1 参照）

検査は新鮮便の直接塗抹の鏡検により行う。倍率 200 倍以上であれば，木の葉のような形態で活発に動くトリコモナスが観察できる。腸トリコモナスの駆虫にはメトロニダゾールの 7 日間以上の投与が有効である。

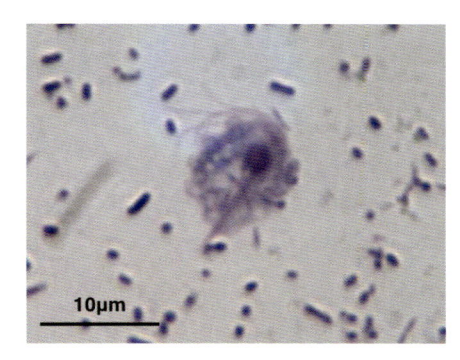

図 4.1.4 マーモセットの糞便から検出された腸トリコモナス（ギムザ染色標本）

▮4 感染症の予防対策 ― 実中研の例 ―

以上を踏まえて，飼育するマーモセット集団内と，ヒトや他の動物種とマーモセットの間での感染症の伝播を予防するため，ヒトの入室制限や動線管理，適切な個人防護具（PPE）の着用，動物飼育区域内における消毒などの衛生管理など防疫対策を施す必要がある。

マーモセットの感染症の対策として，例として実中研で実施している内容を表 4.1.5 に示した。

表 4.1.5　実中研におけるマーモセットの感染症対策

施設入室者制限	麻疹抗体陽性で結核の疑いのない（胸部 X 線検査等）証明の提出 発熱，発咳など感染症の疑われる症状が認められる者の入室を禁止
検疫	2 週間以上，検疫中に糞便細菌検査（赤痢菌，サルモネラ菌，仮性結核菌）・寄生虫検査
入室者更衣	専用衣（全身つなぎと靴下）に更衣 帽子・マスク・手袋（ディスポーザブル）着用，履物交換
定期検査	糞便細菌検査（赤痢菌，サルモネラ菌，仮性結核菌，年 1 回ケージ単位）

入退室，検疫，洗浄・消毒などの衛生管理の手順は 2 章を参照。

4.2 観察・検査

1 疾患治療に関する原則

(1) 状態の把握：観察，視診，触診，体重測定

　マーモセットの疾患管理に関しては日々の観察がとくに大切である。可能な限り健康状態の異常把握に努めて疾患の早期発見に努める（2章4節参照）。日常の観察で異常を発見した場合には，詳細に観察し，必要に応じて捕獲して視診，触診，体重測定，体温測定等により動物の状態を確認する。正確な疾患診断のためにも，体調不良を呈した個体の研究使用歴および疾患罹患歴は常に確認する。異常の内容は記録して関係者と情報共有する。

　触診では，以下についてとくに評価する。
- ・体重
- ・体温（直腸温測定による）
- ・動物の力具合
- ・栄養状態（脂肪，筋肉の沈着）
- ・口腔粘膜の状態（貧血色か，チアノーゼを呈していないか）
- ・被毛（衰弱個体は，グルーミングの頻度が減り被毛がボサボサになる）
- ・脱水状態
- ・体表の外傷，皮疹や腫瘤の有無，体表リンパ節（下顎，腋窩，鼡径，膝窩）
- ・痛み[a]

図 4.2.1　衰弱したマーモット
高度な削痩，脱毛（前腕部，内股部，尾部）が認められる。このような衰弱個体は，しばしば被毛が脱毛し，ボサボサになる。なお，事前の腹部超音波検査のため，腹部は剃毛されている。

　健常な恒温動物は熱産生と喪失を調整することで体温を一定に調整しているが，身体の小さなマーモセットは衰弱により容易に体温低下を起こし，疾患を認識するうえで非常に有用な指標となる。一方でマーモセットは高体温となるのは比較的稀であるが，肺炎等の急性感染症では40℃を超す高熱を呈することがある。健常マーモセットの体温は38.4 〜 39.1℃程度[13]であり，朝は体温が低めである。保定に伴う興奮により，体温は容易に0.5 〜 1℃程度上昇する。できるだけ動物を落ち着かせた状態で，場合によっては間隔をあけて複数回体温測定することが重要である。

　体温は直腸温の測定により評価する。一人で検温する際には，片手で動物を保定し，逆の手で尾根部を持ち上げて肛門を目視する。体温計の先端部にグリセリン等の潤滑剤を塗布して，肛門5mm程度にやさしく挿入する（図4.2.2）。

2 血液検査

(1) 血液検査とは

　血液検査は，採血法によって得られた血液を用いて病状などを調べる臨床検査である。検査項目は，血球計数（Complete Blood Count: CBC），生化学検査，

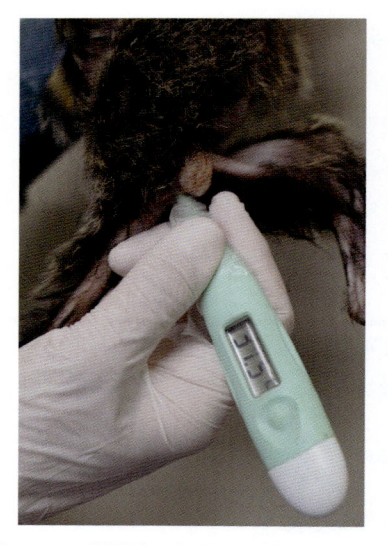

図 4.2.2　体温計の肛門への挿入
体温測定には先端がフレキシブルに曲がる動物用体温計（サーモフレックス）が便利である。体温計を介した感染を防ぐためにプローブカバーを必ず装着する。

凝固線溶系検査などに大別される。

（2）血液検査の方法

採血法に関しては本書3章2節を参照のこと。

採取した血液は検査項目により処理が異なるので注意が必要である。無処理で採血された血液は通常30分程度で完全に凝固するため，CBCを実施する際には採血後速やかにEDTA-2K（EDTA二カリウム塩）を含有する採血管に血液を移しかえる必要がある。

（3）血液検査項目と検査結果の解釈

多くの血液検査項目はヒトの血液検査データを外挿可能である。マーモセットの基本的な血液検査項目の正常範囲は日本クレア株式会社のホームページを参考にしてほしい[b]。健常マーモセットのBUN（尿素窒素），Glu（血糖値），ALB（アルブミン）などの値はヒトやイヌ・ネコの健常値に近く，腎機能低下などの疾患診断に有用である[c]。血中総白血球値，Cre（クレアチニン），GPT（グルタミン酸ピルビン酸トランスアミナーゼ）などはヒトと正常範囲値が大きく異なるので注意が必要である。

❸ 糞便検査

糞便検査は消化器系疾患を診断するうえで，重要な検査法の1つである。糞便検査は肉眼観察，微生物検査（細菌培養検査），寄生虫および虫卵検査，便潜血反応などを含むが，マーモセットの糞便検査においてとくに重要なのは消化管内微生物の検出である。

実中研ではマーモセットの定期検査の1つとして飼育コロニーの健康維持管理および動物取扱い者の安全確保のため，定期的な微生物検査（モニタリング）を実施している。対象となる細菌は赤痢菌，サルモネラ菌，仮性結核菌とし，年1回全ケージを対象としたケージ単位の抜き取り検査を行っている。糞便採取法としては，綿棒部を滅菌水で湿らせた輸送培地シードスワブ1号（栄研化学株式会社）を用いて新鮮な落下便の拭取を行っている。採取したサンプルはICLASモニタリングセンター[d]に微生物検査を依頼している。

❹ 尿検査

（1）尿検査とは

尿を用いた検査であり，マーモセットの健康管理のうえでも一般的な方法の1つである。尿は腎臓が血液中の不要物をろ過することで作られるが，腎臓やその他全身に異常があった際には様々な異常が検出可能である。検査項目として，肉眼検査，鏡検（直接，沈査），尿試験紙法，比重測定等がある。

（2）採尿方法

採尿法に関しては本書3章2節を参照のこと。採尿方法として，主に自然尿，圧迫排尿，カテーテル尿，膀胱穿刺尿があげられる。

マーモセットにおいて最も汎用性が高いのは圧迫排尿である。朝の点灯直後

[a] マーモセットが痛みを呈したとき，痛い部位を触れると鳴くもしくは力を入れる，震える，攻撃的になる，痛い部位を守ろうとする，表情が変わる，などの徴候を示す。またさらに激しい痛みの場合には，刺激されなくても鳴く，うずくまる，食欲がなくなる，呼吸が荒くなる，などの徴候が認められる。

[b] 日本クレア株式会社 コモンマーモセット 背景データ 血液性状・血清生化学データ http://www.clea-japan.com/animalpege/pdf/C.Marmoset_hemato,biochem.pdf

[c] 一般的にマーモセットのCBCや生化学検査はヒトもしくは小動物用医療検査機器を使用して測定されていることと思われる。我々はCBCには多項目自動血球分析装置 XT-2000i（シスメックス），生化学検査には富士ドライケム7000V（富士フイルム）を使用している。

[d] ICLASモニタリングセンター https://www.iclasmonic.jp/index.html

（可能であれば点灯後5分以内）の時間帯は，膀胱蓄尿量が多いためほとんどの個体で下腹部に膀胱を触知することができる。指で軽く膀胱を圧迫し，採尿する。微生物のコンタミネーションをできるだけ避ける必要がある場合には，カテーテル採尿を実施する。

（3）尿検査項目と検査結果の解釈

尿検査は原則として採尿直後に実施するが，不可能な場合は尿を冷暗所もしくは冷蔵保存して，4時間以内に検査を行う。

尿検査時には第一に尿外観（色調，混濁）を評価する。健常マーモセットの尿色は透明淡黄色であり，採尿直後の臭気はあまり強くない。肉眼的血尿や混濁尿では下部尿路疾患，褐色尿が認められた場合には黄疸を疑い，その他の検査で確認する。

疾患管理におけるスクリーニング的には，尿試験紙法，比重測定，尿沈渣検査を行う。

① 尿試験紙法

尿試験紙法は，尿に試験紙を浸して色調変化をみるだけで簡易かつ多項目的に検査が可能であることから有用性が高い。とくに尿タンパクや尿糖を評価することで，糸球体腎疾患や糖尿病の早期のスクリーニング検査が可能である[e]。

② 比重測定

尿比重は様々な疾患診断において重要な検査項目である（図 4.2.3）。低比重尿は腎機能低下などの疾患の診断に重要である。脱水の際には尿比重は高値になることから，動物の水和状態の評価を同時に行う。

③ 尿沈渣検査

尿沈渣検査は，尿を遠心分離器にかけたときに沈殿してくる赤血球や白血球，尿路上皮細胞などの細胞成分や細菌などの病原体を鏡検することである。通常，膀胱炎などの尿路疾患や腎疾患を診断するために実施される。

⑤ レントゲン検査

（1）レントゲン検査について

X 線を目的の物質に照射し，透過した X 線を可視化することで疾患診断を行う。

（2）撮影方法

マーモセットのレントゲン検査は通常無麻酔で実施可能であるが，状況に応じて鎮静や麻酔処置を実施する。検査には，医療用のレントゲン撮影装置が必要となる[f]。

胸腹部の撮影であれば，腹背像と横臥像で撮影を行う。この際の撮影方向は，X 線が動物に入り出ていく方向に表記される。すなわち腹背像（VD 像：Ventral-Dorsal 像）とは，照射装置から出た X 線が動物の腹部から入り，背側

[e] マーモセットの尿検査にウロペーパーⅢ ' 栄研 'U,H,A,G,K,B,pH（大塚製薬）を用いている。同試験紙は迅速に尿中のウロビリノーゲン，潜血，ビリルビン，ケトン体，ブドウ糖，タンパク質，pH が測定可能である。

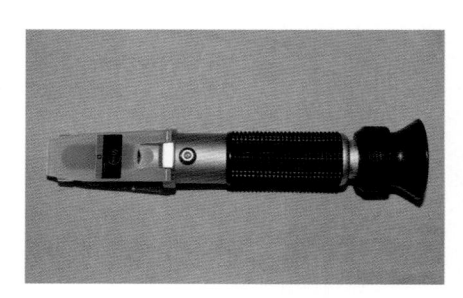

図 4.2.3　手持屈折計（比重計）
マーモセットの尿比重測定に手持屈折計 D 型（エルマ販売株式会社）を使用している。マーモセットの尿比重平均値はオスで 1.027 ± 14，メスで 1.026 ± 14 と報告されている[29]。

[f] コンピューター X 線撮影（CR）機器であるケアストリームヘルス Vita CR システム（ケアストリーム社）をマーモセットの疾患診断に使用している。成体マーモセットの腹部レントゲン撮影では 55kV，1.2mAs の条件で照射を行っているが，体格等を考慮し照射条件を調整する必要がある。

にでていく体位での撮影法を示す。通常マーモセットのレントゲン撮影の場合，X線は天井側に設置した照射装置から床側の動物に照射されるため，腹背像は仰臥位となる。胸腹部の撮影時はマーモセットの手足を伸展した状態で保定し，肩甲骨や四肢などが胸腹部に被さらないようにする。

図 4.2.1 マーモセットのレントゲン写真撮影法（胸腹部 横臥位 左 - 右像）
手足をしっかりと牽引することが撮影のコツである。

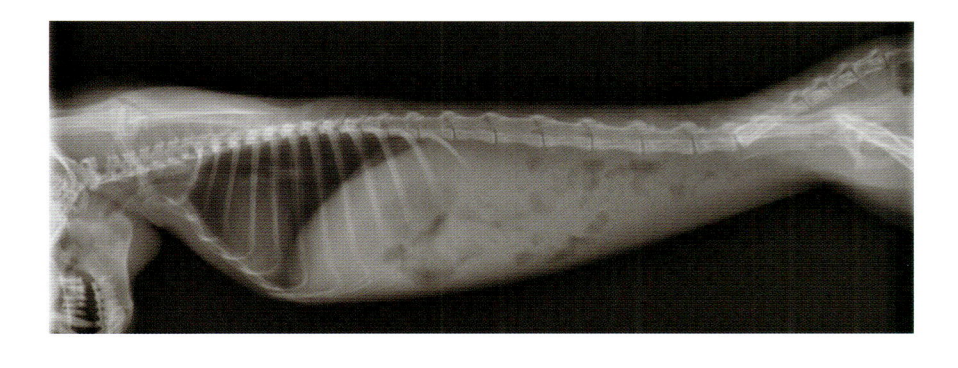

図 4.2.2 マーモセットのレントゲン写真（横臥位 左 - 右像）

(3) 実際の診断

　胸部レントゲン撮影で，肺炎，肺水腫などの呼吸器疾患や心陰影の拡大等の循環器疾患を診断可能である。また腹部においては腹水症，消化管通過障害（イレウス），便秘症などの診断が可能となる。

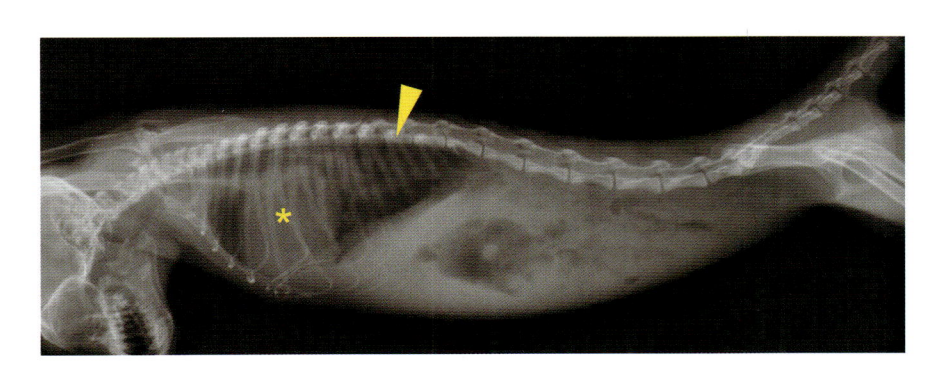

図 4.2.3 心原性肺水腫を呈したマーモセットのレントゲン写真（横臥位 左 - 右像）
肺領域のレントゲン透過性低下（矢頭）と心陰影の著しい拡大（＊）が認められる。

6 超音波検査

(1) 超音波検査について

　超音波（エコー）検査とは，超音波を動物にあて，その反響を画像化することで臓器の大きさ，形，血流などを評価する画像検査法の１つである[g]。

　以下に超音波検査の長所を示す。
・リアルタイムの観察が可能である。
・放射線被曝がない。
・通常，胸腹部の超音波検査は無麻酔で実施可能である。

　一方，超音波検査の短所としては以下があげられる。
・検査者の技量により結果の解釈が異なる可能性がある。
・骨組織は骨表面を除き評価できない。
・装置が高価である。
・様々なアーティファクトにより検査結果の解釈を誤る恐れがある。

(2) 検査方法

　覚醒状態では，原則検査者と保定者の２名で検査を行う。検査用ゼリーを動物の検査領域に塗り，プローブ（探触子）を当てて観察する。被毛はアーティファクトとなるので，検査領域はバリカン等で剃毛する方が望ましい。

(3) 実際の診断

　超音波検査では，消化管，肝臓，腎臓，胆嚢，脾臓などの描出が可能である[30]。とくにマーモセットの腹部エコーにおいては，胃腸リンパ腫などの腫瘍性疾患や肝胆管系の異常の検出に有用である。腫瘍性病変が疑われた場合は，エコーガイド下の穿刺による細胞診断も実施可能である。

[g] 超音波診断装置であるプロサウンド α7（日立製作所）をマーモセットの疾患や妊娠の診断に使用している。検査者は超音波検査法（臓器の描出法，アーティファクトの解釈など）を熟知する必要がある。初心者は成書を参考にしたうえで，熟練者に指導を受けることが望ましい。

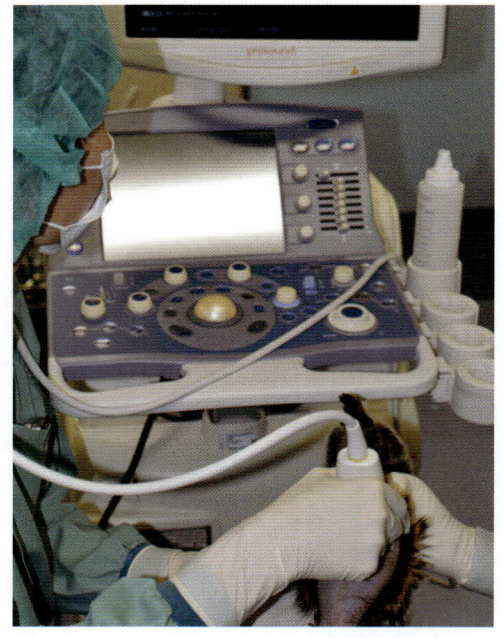

図 4.2.4　マーモセットの腹部超音波検査法

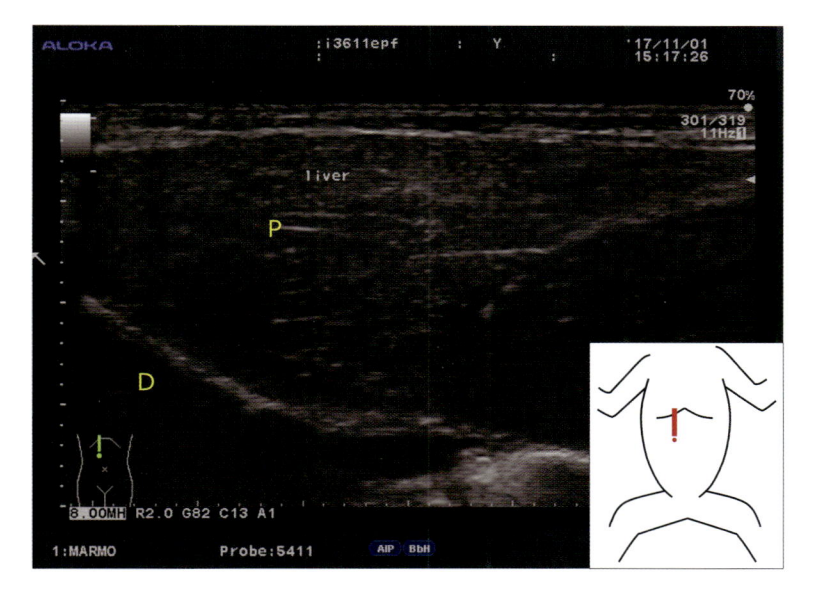

図 4.2.5　超音波検査でのマーモセットの肝臓：10 歳齢，メス（図 4.2.6，4.2.7 と同一個体）

肝臓は粗く顆粒状のエコーパターンとして認められる。肝臓内には明瞭な壁構造をもつ門脈（P）が認められる。頭側（写真左側）では高エコーの横隔膜（D）と接している。挿入図の赤マークはプローブの身体との接着面（エコー描出面）を示す。

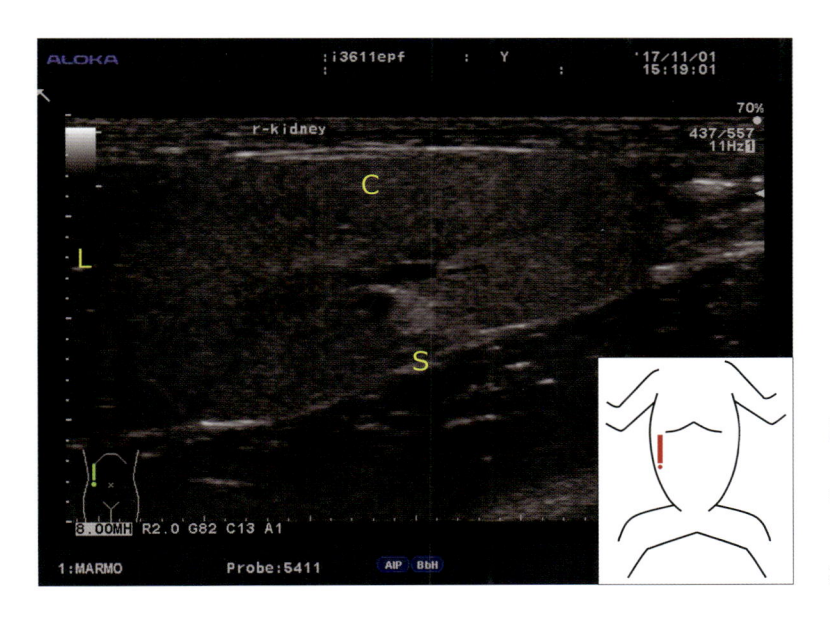

図 4.2.6　超音波検査でのマーモセットの右腎臓（長軸像）

腎臓の外層である腎皮質（C），高エコーである腎門部（S）が観察される。頭側（写真左側）で肝臓（L）と接している。腎門部には腎動静脈や腎盂が含まれる。

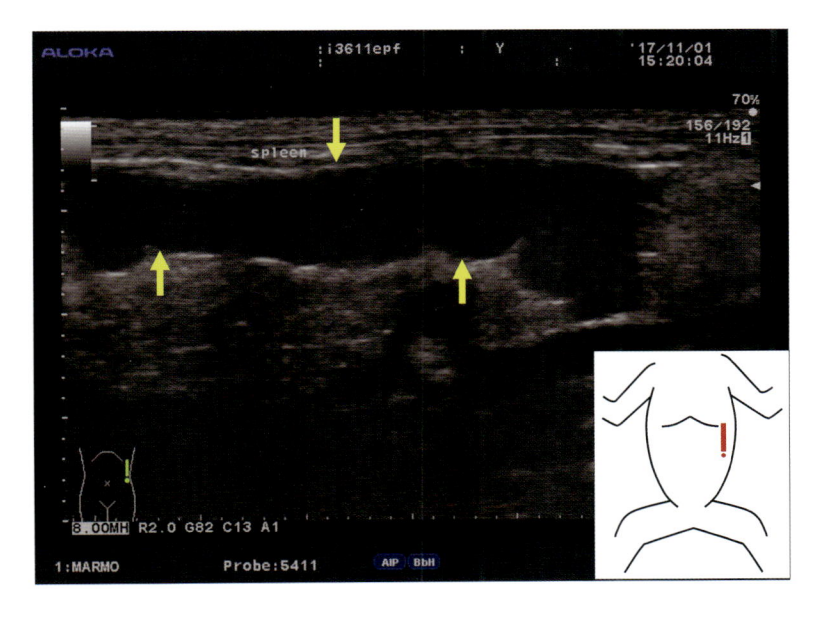

図 4.2.7　超音波検査でのマーモセットの脾臓

脾臓は緻密でほぼ均質な臓器として確認される（矢印）。

4.3 疾患とその治療法

1 マーモセットでよく認められる疾患とその対策

以下，実中研での経験をもとに解説する。

（1）衰弱個体への初期対応：保温，補液，補助食，投薬

軽症〜中等度衰弱個体への初期対応としては，対症療法（疾患の原因に対してではなく，主徴候を軽減するための療法）が基本となる。軽症個体への初期対応についてプロトコールを獣医師助言のもと策定しておくことが望ましい。

以下に我々がマーモセットに対して実施している対症療法について示す。

- 脱水：乳酸リンゲル液とビタミン剤の皮下輸液。重症個体に対しては尾静脈からの経静脈輸液。
- 食欲不振：嗜好性の高い，高栄養な食餌（流動食等）の給餌。明治メイバランス 2.0（明治）や犬猫用チューブダイエットハイ・カロリー（森乳サンワールド）を使用しているが，比較的マーモセットの嗜好性は高いようである。いずれも 1 回量 3mL/ 頭程度で給餌している。
- 低体温：赤色の赤外線ランプ，ペットヒーターを用いた保温。目安として体温が 37.5℃ 以下の場合は保温を実施することが多い。
- ストレス：原因となりうる要因の除去。ペア分け，ケージ移動，（場合によっては）実験中止。
- 軽症の下痢症：生菌剤（プロバイオティクス）などの投与（詳細 4 章 3 節 2 (1)）

回復が困難な場合，研究担当者・飼育担当者・獣医師で協議して，担当研究者の判断により実験休止あるいは中止する。ケアの内容は記録し，関係者と情報共有する。

（2）緊急時対応：一時処置，連絡

緊急時は一人で対応せずに周囲に声かけし一時処置を行い，直ちに担当研究者・獣医師に連絡する。低体温，意識混濁がみられる場合にはショック（急性循環不全）の改善のため保温・補液・酸素吸入（ICU 収容ⓐ）を行う。

2 下痢症および消耗性疾患

（1）下痢症の分類・原因と治療方針

①下痢症の分類と原因

とくに飼育環境下のマーモセットはしばしば下痢症を発症し，ときに衰弱し死亡することがある。

マーモセットの下痢症の病因としては，感染性（主に感染性腸炎）とその他疾患に大別される。実中研で認められるマーモセットにおける感染性腸炎の主

ⓐ マーモセットの小動物用 ICU 装置（Dear M11，フクダエム・イー工業，3 章図 3.2.17）を疾患治療や麻酔後の覚醒に使用している。ICU 装置内の酸素濃度や室温が調整可能であり，低体温や呼吸困難個体等の治療や麻酔後の覚醒に使用している。

な原因菌は *Clostridium difficile* と EPEC である。その他の下痢症の原因は後述する Wasting Marmoset Syndrome（WMS）などに加えて，ストレス等と関連していると考えられる下痢症を呈することが多い。例えば新人飼育員が初めてマーモセットに給餌をすると，翌日コロニー全体の下痢率が上昇するといったことをしばしば経験している。しかしながら，実際には下痢症の原因については不明であることが多い。

②下痢症の基本的な治療方針

　前述したように飼育環境下のマーモセットは下痢症を呈することが多い。重要な点は，下痢症の原因と考えられる因子（ストレスなど）をできるだけ取り除くことと，治療介入が必要な下痢症かどうかを見極めることである。以下にその詳細を示す。

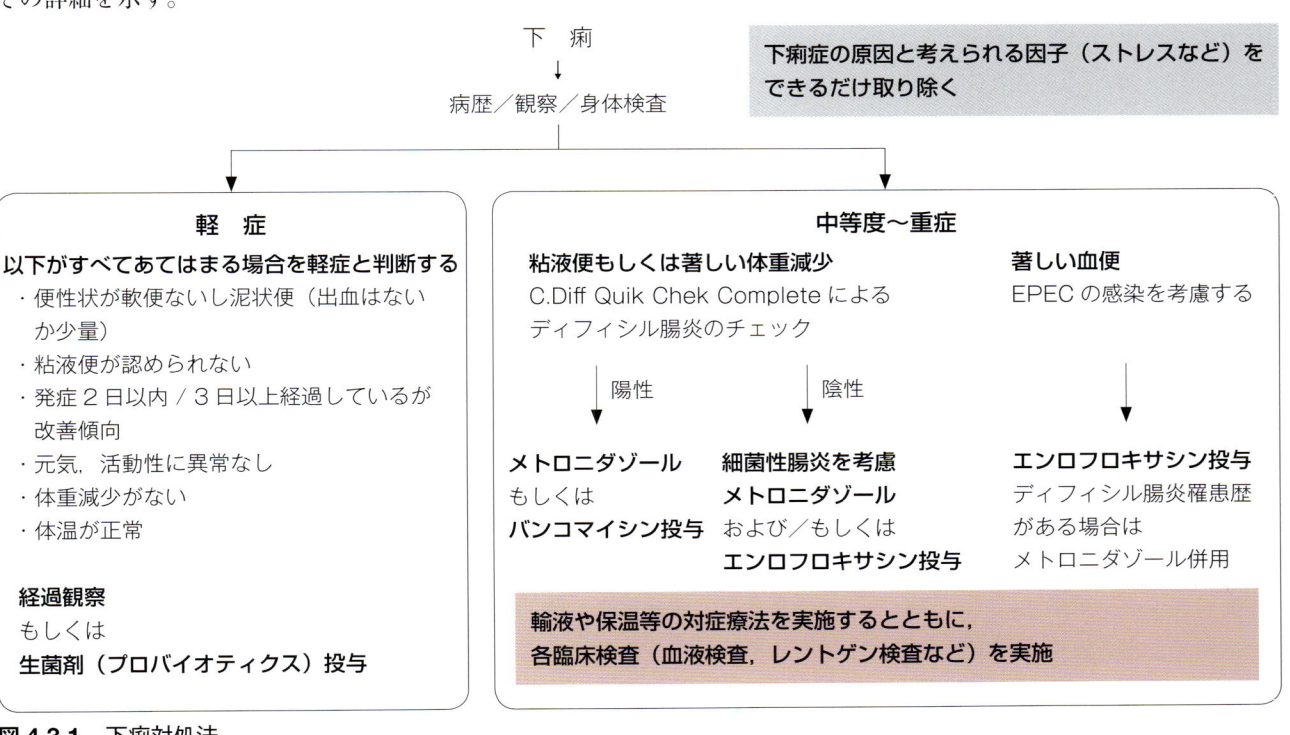

図 4.3.1　下痢対処法
実中研におけるマーモセットが下痢した際の対処法フローチャート

i. 軽症の下痢症の場合

　以下の項目にすべてあてはまる場合は軽症の下痢症と判断している。

・便性状が軟便ないし泥状便であり，出血はないか少量である。

・粘液便が認められない。

・下痢便を呈して2日以内である。もしくは3日以上経過しているが改善傾向である。

・元気，活動性に異常がない。

・体重減少が認められない。

・体温が正常である。

　これらの軽症の下痢症の場合には，無治療で様子をみるか，生菌剤（プロバイオティクス）等の投与を行う。またストレスなど，下痢症の原因が明らかで

ある場合は原因を取り除くことを試みる。

　生菌剤として，ビオフェルミンR散（ビオフェルミン製薬），ラックビー微粒N（興和創薬），ミヤBM細粒（ミヤリサン製薬）を使用している。ビオフェルミンR散 2g，ミヤBM細粒 2g，ラックビー微粒N 4gをカロリーメイトゼリー（大塚製薬）もしくは Medidrop® Sucralose（Clear H_2O）100mL で溶解し，1回 1mL sid-bid（1日1～2日）で経口投与する。

ii. 中等度～重症の下痢症の場合

　より重症の下痢症の場合は，検査やその結果に基づいた治療を行う。

・原則としては，4章1節，1にある皮下輸液や保温等の対症療法を行う。併せて抗菌薬（エンロフロキサシンもしくはメトロニダゾール）の全身投与を行うことが多い。抗菌薬は以下の通り，便性状（粘液便など）や一般状態を考慮して選択，決定する。実中研のコロニーにおいては，中等度～重症の下痢症の約40%は抗菌薬投与により良化する。

・粘液便であった場合や体重減少が著しい場合は，C. Diff Quik Chek Complete を用いたディフィシル腸炎の診断を行う。ディフィシル腸炎と診断された場合は，2週間のメトロニダゾールもしくはバンコマイシンの投薬を行う（4章1節，2参照）。ディフィシル腸炎は再発率の高い個体であり，ディフィシル歴を記録することはディフィシル腸炎再燃時の早期診断に重要である。

・血便が認められた場合は，EPEC腸炎ないしその他の細菌性腸炎を考慮してエンロフロキサシンの投与を行う。ディフィシル腸炎罹患歴がある個体は，ニューキノロン系抗菌薬の投与により再燃リスクが高まるため，エンロフロキサシンとメトロニダゾールの併用を行う。

・対症療法により下痢症の改善が認められない場合は，血液検査，腹部レントゲン検査や超音波検査を実施する。リンパ腫や胆管炎は難治性下痢症の原因となりうるが，これらの検査で診断可能であることが多い。

(2) Wasting Marmoset Syndrome（WMS）

① 病　因

　マーモセットは高率で Wasting Marmoset Syndrome（WMS）という原因不明の慢性衰弱疾患を発症し，これが動物実験実施の障害となっている。WMS は若～高齢のマーモセットに発症し，長期にわたる進行性の削痩（さくそう）を主症状とし，ときに致死的である（発症率28～80%）[31]。ワタボウシタマリンなどの他の小型霊長類も WMS に罹患することが知られている。WMS はいまだ定義や診断基準も定まっておらず，いくつかの疾患を包含している可能性がある[2, 13, 31]。しかしながら多くの先行研究においては WMS の基礎疾患として慢性リンパ球性小腸炎が有力視されている[13, 31]。すなわち慢性リンパ球性小腸炎が WMS の主病態であり，これに準じた治療法が検討・報告されている。

　1993年の調査研究[32]において，北米の動物園の獣医師および管理者が考える WMS の病因は順に，栄養欠乏，感染性腸炎，食餌アレルギーであった。ま

た多くの施設において，食餌メニューや飼育環境の改善，カンピロバクター感染の制御，ストレスの除去などで WMS 発生率が低下すると考えられた。本研究は動物園飼育の多種の小型霊長類を調査対象にしたものであるが，我々も高栄養かつ高嗜好性食の給餌やエンリッチメントの充実がマーモセットの WMS 予防に重要と考えている。

②診　断

前述したように，未だ定義や統一された診断基準は定まっていない。多くのマーモセット飼育施設で，原因不明に進行性の削痩が認められる個体が WMS と診断されている。貧血，低アルブミン血症，低体重，尾部を中心とした脱毛症が主徴と考えられている。多くの施設で提唱されている診断基準で下痢症の有無は必ずしも重要視されていない。

③治療予防

治療法は確立されていないが，様々な治療検討を行った先行研究がある。これら先行研究はヒトの腸疾患に準じたもので，糖質コルチコイド（ブデソニド，プレドニゾン）の経口投与[33]，低グルテン餌への変更[34]，トラネキサム酸の投与[35] などを用いた治療検討が行われている。

上述した通り，我々は給餌メニューやエンリッチメントの充実が WMS 予防に重要であると考えている。

③ 嘔　吐

（1）嘔吐とは

胃もしくは上部小腸内容物を吐き出す行為または徴候。

（2）嘔吐に続発ないし関連する徴候

脱水，誤嚥性肺炎，元気消失，食欲不振，低体温，体重減少，貧血および黒色便（潰瘍に続発），便量の減少。

（3）マーモセットで認められる嘔吐の原因

・胃腸管閉塞
　　マーモセットの十二指腸拡張症
　　胃からの流出障害，鼓腸症
　　異物，毛球症
　　腫瘍（稀）
・胃腸炎（胃潰瘍含む）
・消化管以外の原因
　　麻酔，鎮静処置（α2作動薬［メデトミジン，キシラジン］，ケタミン）
　　薬物（NSAIDs［ケトプロフェンなど］，ステロイド剤［プレドニゾロンなど］）
　　腎不全（稀），肝不全（稀），膵炎（頻度不明）

(4) マーモセットの十二指腸拡張症

　マーモセットの十二指腸拡張症は嘔吐や体重減少を主徴とする原因不明の疾患である。ヒトを含めた他動物で高頻度に十二指腸が特徴的に拡張する病態の報告は見出されず，マーモセットに特徴的な病態と考えられる。

4 外傷（怪我）

(1) 外　傷

　体の外部から受けた傷。打撲による損傷など。広くは放射線・熱・寒冷などによる皮膚の傷害や骨折・内臓破裂なども含む。小型であるマーモセットにおいてはしばしば外傷に伴う出血が問題となるため，本項ではとくに詳細を記載する。

(2) 外傷と出血

　止血は最も重要な外傷処置の一つである。なぜならばマーモセットは小型で体重が少ないため，一見は少量の出血でも出血多量により衰弱や斃死に至ることがあるからである[b]。

(3) マーモセットによく認められる外傷
　・爪剥がれ，および指先の裂傷
　・尾の切断および古い切断部の裂傷
　・その他の部位の裂傷（多くはケンカ傷）
　・歯抜／折，歯肉からの出血
　・骨折
　・打撲

(4) 外傷の主な要因
　・闘争や咬傷（同居個体，ケージ越し）
　・捕獲，保定や処置等に関連する人為的な事故
　・その他ケージ内での外傷（ケージ金網に四肢を挟む等）

(5) 主な外傷に対する処置

　怪我をした個体の一般状態を確認し，必要に応じて保温，麻酔処置や鎮痛剤の投与を実施する（図4.3.2）。また軽傷個体の場合でも可能な限り早く処置を行うことが，感染のリスクを下げるうえで重要である。

　以下の処置を実施する。
　・一般状態および傷口を確認する。出血が乏しい外傷は見逃しやすく，とくに手や足，耳，尾等は注意を払って観察する必要がある。必要であればバリカンを用いた剃毛を実施する。また剃毛は被毛が創部に付着することによる感染を防ぐうえでも有効である。
　・出血が激しい場合は止血を実施する（詳細は（6）止血法を参考）
　・洗浄，消毒を行う。我々は創の洗浄に生理食塩水，0.05%クロルヘキシジン水

[b]　一般的に動物の出血による致死量は体重の約2.4〜4.0%とされており，350gのマーモセットの場合は7.2〜12mLの出血で死亡する可能性がある（急激な出血の場合はより少量の出血で死亡するリスクが高い）。

外　傷
↓
重症度は？

軽度〜中等度　　　　　　　　　　　　　　　　　　　　重度

軽　度	中等度
・小さな外傷	・出血が止まらない
・出血はないか少量	・動く，立つ，歩くのが不自由である
	・触れると痛みを呈する

【想定される外傷】
軽い擦り傷
爪からの出血
指先の裂傷
口腔出血
尾からの出血

【想定される外傷】
爪からの出血
指先の裂傷
口腔出血
尾からの出血
骨折

治療原則
軽度〜中等度の外傷の治療に関する治療原則

・出血を止める。
・細菌感染（化膿）を防ぐ。傷の手当てをする際には必ずきれいなゴム手袋を装着する。傷口が便等で汚れている場合には生理食塩水もしくは水道水で洗い流す。患部周辺を毛刈りし，消毒する。抗菌薬の投与を行う。
・痛みを緩和する。
・無麻酔での処置が困難であるならば，積極的に麻酔や沈静処置を実施する。
・必要に応じて止血剤や造血剤の投与を行う。

重　度
・生命に関わる状態
・激しい出血がある
・動けない，立てない
・非常に強い痛みを呈する（持続的な痛み）

【想定される外傷】
全身状態の低下を伴う外傷
骨折（解放骨折等）
術創の出血が止まらない

重度の外傷の治療に関する治療原則

・外傷部位の処置（左記）と併せて，同時に全身状態へのケアを徹底する。必要に応じて保温や輸液等の支持療法を実施する。
・一人で処置をしない。獣医師や他の飼育技術者の協力を仰ぐ。処置を実施するまでは傷口を乾綿やガーゼなどで出血部を押さえておく。血液を吸収しきった乾綿は速やかに交換する。取り換え済みの乾綿は廃棄せずに，獣医師に渡す（出血量をはかる目安となるため）

図 4.3.2　外傷対処法
実中研におけるマーモセットが外傷した際の対処法フローチャート

を用いている。　また広範な汚染創の場合は，水道水での流水洗浄が有効である。

・必要に応じて自着性包帯（Vetrap，3M）などの創部の包帯処置を行う。
・必要に応じた投薬（輸液，抗菌薬，消炎鎮痛剤，止血剤など）

（6）止血法

①自然止血

　動物の体には，軽い出血であれば凝固／線溶系と呼ばれる機能があり，その出血を血液凝固作用などによって止め，また血管が損傷個所で収縮することでその流出を抑えようとする機能が備わっている。自然に止血がされないようならば，以下②〜⑤のそれぞれの止血法を試みる。

②直接圧迫止血法

　最も容易で重要な止血法である。減菌ガーゼや乾綿等を直接傷口に当て，強く圧迫する方法である。必要に応じて圧迫を加えたまま包帯などで巻く（術創でとくに多用）。しばしば局所止血薬を併用する（表4.4.1）。

③高位保持

　心臓より高い位置に傷口をもっていくことで，出血部への血流を減少させる。通常，他の止血法と併用する。

④焼灼止血法
_{しょうしゃく}

　傷口を焼いて止血する方法。マーモセットにおいては，麻酔下で電気メスを用いた焼灼処置を行う。とくに口腔内の出血で多用する。

⑤止血剤（表 4.4.1）

　止血剤は大きく全身止血剤と局所止血剤に大別される。

　全身止血剤として，トラネキサム酸やカルバゾクロムが代表的である。我々は両剤を周術期や外傷治療時の出血予防や止血に用いているが，これまで明らかな副作用を経験していない。

　局所止血剤として，我々はマーモセットによく認められる爪割れ等による出血の際に，犬猫用止血剤であるクイックストップ（ギンボーン）を多用している。出血部位に微量の本剤を乾綿に付し，出血患部を適当な力で圧することで止血を行う。本剤はその性状から術創や粘膜部位への使用は不可である。

　また術創（皮膚や皮下組織）からの出血や口腔内出血の際の局所止血剤として，ボスミン®外用液 0.1%（アドレナリン，第一三共）が有効である。本剤は交感神経に作用し，局所適用では末梢血管を収縮し止血作用を示す。口腔，鼻腔などの局所の止血に用いられる。

5 腫　瘍

（1）小腸腺癌 [13, 36]

①病　因

　小腸腺癌は小腸の粘膜上皮細胞に由来する悪性上皮性腫瘍である。New England Primate Research Center（NEPRC）のマーモセットで診断された最も頻繁な悪性腫瘍である。その多くは老齢個体に発症するが，Miller らは小腸腺癌を 3 歳で発症したマーモセットを報告している。臨床徴候は，しばしば非特異的であり，体重減少を伴い，下痢，嗜眠および不活動を呈することが多い。罹患個体は消化管閉塞（イレウス）や消化管穿孔に伴う腹膜炎（敗血症）を呈することがある。小腸腺癌は十二指腸もしくは空腸の近位部に好発し，局所リンパ節や肺に転移が認められることもある。病理組織学的には多くは粘液性またはびまん性の増殖形態を有する腺癌として認められる。

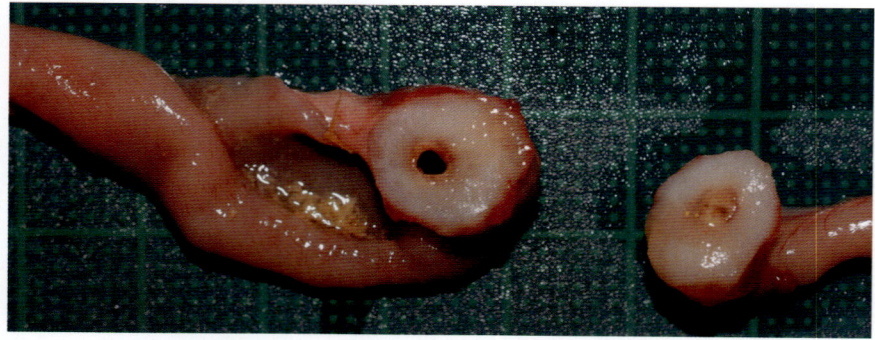

図 4.3.1　小腸腺癌の割面（剖検所見），6 歳齢，メス

②診　断

　腹部レントゲンやエコー検査で消化管腫瘍として確認できることがある。エコーガイド下での穿刺吸引細胞診（FNA：fine-needle aspiration）により，リンパ腫などの他の腫瘍性病変との鑑別が可能なことがある。

③治　療

　罹患した動物の一般状態は徐々に低下し，通常安楽死が選択される。我々の知る限り治療は試みられていない。

（2）胃腸リンパ腫

①病　因

　胃腸リンパ腫はマーモセットにおいてよく認められる腫瘍性疾患である。その発生率はコロニー間で様々であるが，2%以下と考えられている[37]。近年知られてきた固有のガンマヘルペスウィルスである Callitrichine herpesvirus 3 感染との関連が示唆されている[13]。臨床徴候は，しばしば非特異的であり，下痢，食欲低下，不活動，体重減少，胸腹水の貯留などである。

②診　断

　小腸壁の肥厚や腸間膜リンパ節の腫大が触診されることがある（図4.3.2）。多くの場合には超音波検査で消化管や腸間膜リンパ節が腫瘍として確認され，エコーガイド下でのFNAで胃腸リンパ腫を診断可能な場合もある。病態が進行した場合には腫瘍化したリンパ球は血液，体表リンパ節や胸腹水中にも出現することがあり，これを血液塗抹などで確認することでより非侵襲的に診断することができることもある（図4.3.3 細胞診）。

　鑑別疾患としては，その他の進行性の体重減少や吸収不良症を呈する疾患（例えば Wasting Marmoset Syndrome）が挙げられる。

③治　療

　我々の知る限り治療は試みられていない。

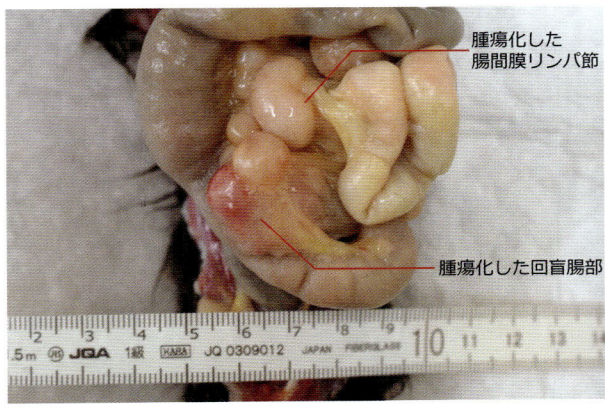

図4.3.2　リンパ腫（剖検時開腹写真），9歳齢，メス，4%PFAによる灌流固定（図4.3.3と同一個体）
腫瘍化した腸間膜リンパ節と消化管（回盲腸部）が認められる。

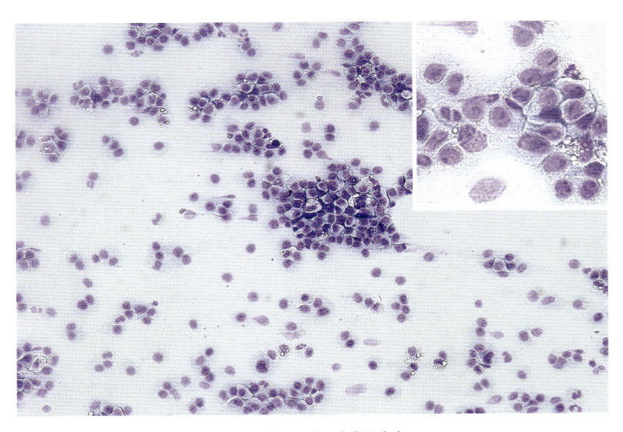

図4.3.3　リンパ腫（腹水細胞診標本）
腫瘍化した大型のリンパ球が多数認められる。この細胞診標本でリンパ腫の確定診断が可能である。

6 その他の疾患

（1）直腸脱

①病　因

　肛門から直腸粘膜が脱出している状態のこと。原因は単一でなく，肛門括約筋の弛緩，慢性下痢症や便秘に関連した"しぶり"などに関連して発症する。マーモセットにおいては，慢性下痢症や興奮による腹圧の上昇を原因とすることが多い。

②診　断

　直腸脱の診断は視診で容易に可能である。マーモセットは脱出した直腸を自ら爪で傷つけてしまうため，観察時にケージ内の多量の出血で気が付くことも多い。また，下痢と関連した直腸脱が疑われるのならば，原因として感染性腸炎を除外するために糞便検査（直接鏡検，細菌培養等）を適時実施する。

③治　療

　粘膜面に出血や損傷が認められる場合には適切に対処する。

　治療としては脱出した直腸の用手整復が基本である。生理食塩水での粘膜部の洗浄の後，必要に応じてグリセリン等の潤滑剤を用いて整復を行う。濡らした綿棒は整復の補助になるが，可能な限り指を用いた方が粘膜への影響が少ない。脱出後の粘膜の浮腫などにより，整復が難しい場合は鎮静や麻酔処置を施すことで処置が容易になることがある。

　必要に応じて腹圧上昇の原因と考えられる原因（腸炎や便秘症等）の治療を行う。

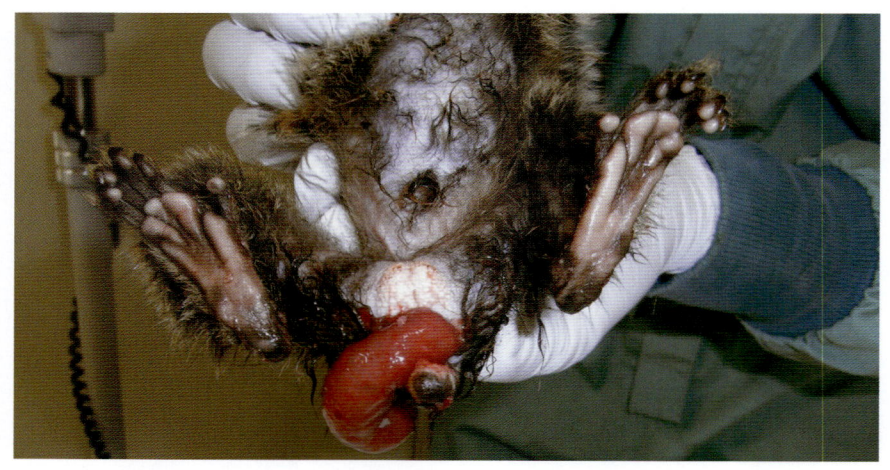

図 4.3.4　脱腸したマーモセット，3 歳齢，メス

（2）歯根膿瘍 [13,38]

①病　因

　歯根膿瘍とは，歯根部（歯の歯肉に埋まった部分）の膿瘍形成であり，マーモセットでは比較的高頻度に認められる。歯根部の膿瘍の発生としては，歯折や口内炎による細菌感染が原因である。発生部位としてはとくに上顎犬歯に多い。歯根部に隣接する歯槽骨や顔面皮膚まで炎症が波及することで眼球腹側の皮膚が腫脹し，しばしば皮膚の自壊を伴う（口腔皮膚瘻，図 4.3.8）。また上顎犬歯の歯根膿瘍はしばしば鼻腔に至り，膿性鼻汁を起こすことがある（口腔鼻腔瘻）。

膿瘍からは嫌気性細菌や *Staphylococcus aureus*（黄色ブドウ球菌）が高頻度に検出される。

②診　断

　レントゲン撮影が診断に有効とされているが，しばしば観察のみで診断可能である（図 4.3.5，4.3.6）。また，抜歯痕より少量の生理食塩水を注入し流通を確認することで，口腔皮膚瘻や口腔鼻腔瘻の診断が可能なことがある。

　診断が困難な場合には CT 検査は極めて有用である（図 4.3.7）。

③治　療

　内科的治療として，抗菌薬の全身投与は一時的に効果的であるが休薬でしばしば再燃する。Baskerville らは抗菌薬の単独投与で歯根膿瘍のマーモセットを治療したところ，完治したのは 11 匹中わずか 1 匹であったと述べている。

　根治的な治療としては，侵された歯（多くは上顎犬歯）の抜歯が有効である。また，皮下まで膿瘍が及ぶならば切開し膿瘍物の排出を行う。ついで，膿瘍内の洗浄を生理食塩水等で実施する。同時にエンロフロキサシンやクリンダマイシンなどの抗菌薬を全身投与する。

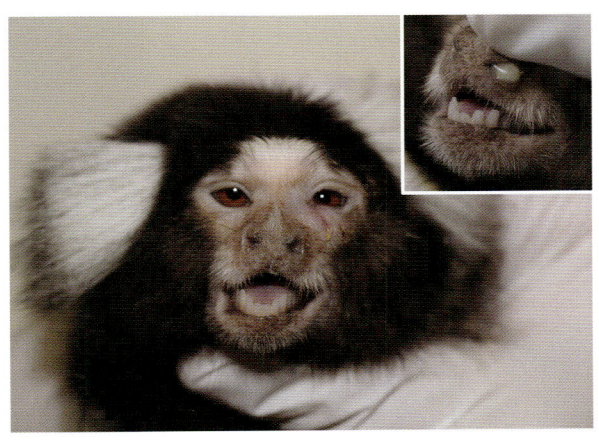

図 4.3.5　肉眼写真：歯根膿瘍，2 歳齢，メス（図 4.3.6，4.3.7 と同一個体）
左顔面の腫脹が認められる。また左鼻からは膿性鼻汁の排出が認められた。

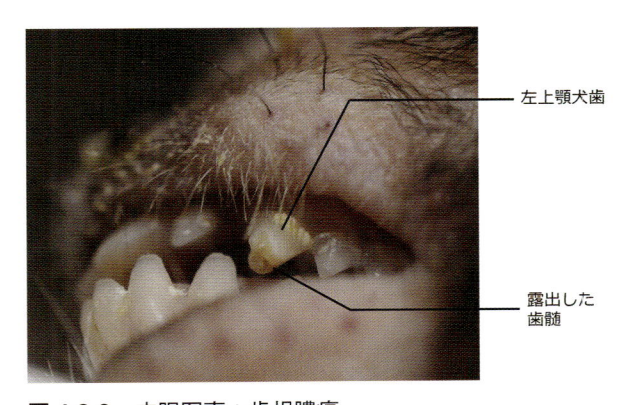

図 4.3.6　肉眼写真：歯根膿瘍
本個体において明らかな歯周病は認められず，左上顎犬歯の歯折により露出した歯髄から歯根部の細菌感染を起こしたと考えられた。

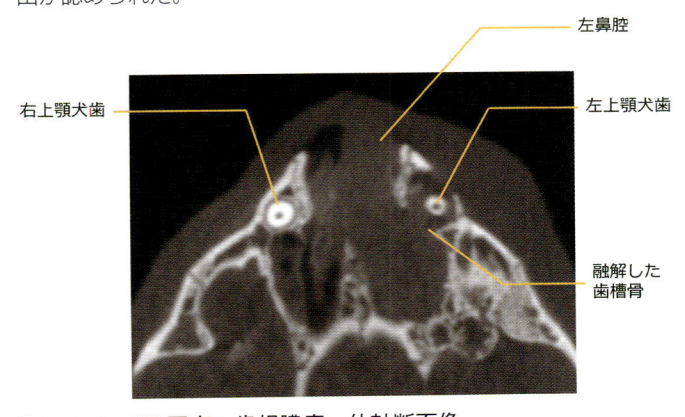

図 4.3.7　CT 写真：歯根膿瘍，体軸断面像
左上顎犬歯周囲に膿が貯留し，歯槽骨の融解が認められる。また左鼻腔においても膿が貯留していることがわかる。

図 4.3.8　歯根膿瘍から口腔皮膚瘻を呈したマーモセット

4.4 医薬品の種類と使用方法

表 4.4.1　マーモセット医薬品リスト

分類	薬剤商品名／メーカー	薬剤一般名	適用症・用途	薬用量
抗菌薬 グリコペプチド系薬	塩酸バンコマイシン散 0.5g 塩野義製薬	バンコマイシン	ディフィシル腸炎が疑われた場合 （抗菌薬投与後の激しい下痢,粘 液便,食欲不振,体重減少）	25 mg/kg, PO, bid
抗菌薬 動物用ニューキノロン系薬	バイトリル 犬猫用 2.5%注射液 バイエル	エンロフロキサシン	小動物,大動物診療で多用されて いるニューキノロン系薬。 外傷や血便症に使用。	5mg/kg, SC, sid
抗菌薬 動物用ニューキノロン系薬	バイトリル10%液（鶏用） バイエル	エンロフロキサシン	小動物,大動物診療で多用されて いるニューキノロン系薬。 外傷や血便症に使用。	5mg/kg, PO, sid
抗菌薬 ペニシリン系薬	ビクシリン注射用 0.25g 明治製菓	アンピシリン	感染症に広く用いられている広域 ペニシリン系薬	15-20mg/kg, IM, sid-qid
抗菌薬 抗嫌気性菌薬・抗原虫薬	アネメトロ 点滴静注液 500mg ファイザー製薬	メトロニダゾール	下痢症（感染性腸炎,とくにディ フィシル腸炎や嫌気性菌感染症 が疑われる場合）	20mg/kg, sid or 10mg/kg, bid, SC
鎮痛薬 （非ステロイド抗炎症薬） 解熱・鎮痛・抗炎症剤	カピステン筋注 50mg キッセイ薬品	ケトプロフェン	炎症,疼痛（急性痛,慢性痛の管 理）	1.0-1.5mg/kg, IM, sid
鎮痛薬 （非ステロイド抗炎症薬） 解熱・鎮痛・抗炎症剤	メタカム 0.05% 経口懸濁液 ベーリンガー	メロキシカム	炎症,疼痛（急性痛,慢性痛の管 理）	0.1-0.2mg/kg, PO, sid
止血薬 抗プラスミン剤	トラネキサム酸シロップ 5%「テバ」 武田テバファーマ	トラネキサム酸	出血,出血傾向	8.3-16.7mg/kg, PO, sid-bid
止血薬 抗プラスミン剤	トランサミン注5% 第一三共製薬	トラネキサム酸	出血,出血傾向	8.3-16.7mg/kg, SC, sid-bid
止血薬 動物用局所止血剤	クイックストップ ギンボーン	塩基性硫酸第二鉄, 塩化アルミニウム, 塩化アンモニウム, 硫酸銅	世界で最も売れている動物用局 所止血剤。	適量
胃腸機能調整薬 ドパミン受容体拮抗薬	プリンペラン注射液 10mg 2mL アステラス製薬	メトクロプラミド	嘔吐などの消化機能異常	0.5-1mg/kg, SC/IM/IV, bid-tid

経口投与：PO, 皮下投与：SC, 筋肉内投与：IM, 静脈内投与：IV, 1日1回：sid, 1日2回：bid, 1日3回：tid, 1日4回：qid

マーモセットの疾患治療や麻酔には，専らヒト用や動物用（伴侶動物用）医薬品を使用している。効果，薬用量，副作用などについては不明である点が多いが，実中研での使用経験を中心に紹介する（表4.4.1 マーモセット医薬品リスト）[29, 35, 39, 40, 41]。

実中研におけるマーモセットへの薬剤使用例 調）調整法，投）投与法，保）保存法	参考文献	注意事項等
調）バンコマイシン糖液をバンコマイシン散0.5g 3本＋20％ブドウ糖200mLで調整する。 投）バンコマイシン糖液を1mL/head, bidもしくは2mL/head, sidで経口投与する。 保）調整後は冷蔵保存し，早めに使用する。	サル類： 20mg/kg, IV/IM, bid	カロリーメイトゼリー（大塚製薬）やMediDrop® Sucralose（ClearH$_2$O）では融解しない。 添付文書には"用時溶解"とあるが，溶解後の安定性は比較的高いようである。 注射薬のバンコマイシンも存在するが，ディフィシル腸炎の治療に使用不適である（腸管への組織移行性が低いため）
投）0.06mL/head, SC, sid	サル類： 5mg/kg, IM/PO, sid-bid	成長期の個体には原則として使用しないこと（大量投与で関節障害）。10日を超える投与を避ける。 アネメトロと混ぜると結晶成分が析出するため，原則混合しない。
調）MediDrop® Sucralose 100mLとバイトリル10％液 1.5mLの割合で，0.15％バイトリル希釈液を作製する。 投）0.15％バイトリル希釈液として，1mL/head, PO, sid 保）調整後は冷蔵保存し，早めに使用する。	サル類： 5mg/kg, IM/PO, sid-bid	経口投与，カステラ等に含ませてもかまわない。成長期の個体には原則として使用しないこと（大量投与で関節障害）。10日を超える投与を避ける。
調）ビクシリン注射用 0.25gを注射用水5mLで融解する。 投）0.1mL/head, IM, sid-qid	サル類：（一般的な使用量）25-50mg/kg/day, IV/IM, tid-qid, （髄膜炎/敗血症）150-200mg/kg/day, q3-4hrs	授乳中の個体には投与しないことが望ましい（乳汁中へも移行する）。
投）1.2mL/head, sid もしくは 0.6mL/head, bid いずれもSC	サル類： 50mg/kg, PO, sid	バイトリルと混合すると結晶成分が析出するため，原則混合しない。 メトロニダゾール経口薬（フラジール錠内服，塩野義製薬など）は非常に苦味なためほとんど使用していない。
投）0.02mL, IM, sid	サル類： 2mg/kg, IV/IM, sid	劇薬。 消化性潰瘍のある個体には禁忌。妊娠後期・授乳中の個体には原則として使用しない。
投）0.06mL/head, PO, sid	サル類： 0.1-0.2mg/kg, PO, sid	劇薬。 必要に応じて4～5日間投与される。 メタカム0.5％注射液も皮下投与により使用可能である。
投）0.05-0.1mL/head, PO, sid-bid	マーモセット：（WMS治療）5mg/head SC, sid	経口投与，カステラ等に含ませてもかまわない。使いやすい止血剤と思われるが，DICの場合は慎重投与である。
投）0.05-0.1mL/head, SC/IV, sid-bid	マーモセット：（WMS治療）5mg/head SC, sid	他動物において急速静脈内投与することで高率で嘔吐を引き起こすことが知られている。
投）本剤の微量を綿に付し，出血患部を適当な力で圧する。	―	マーモセットでは主に爪剥がれや指先の出血に使用している。その他の出血にも広く使用可能だが，口腔等の粘膜からの出血には使用しない。またその性状から，術創からの出血等への使用は不適と考えられる。 止血時に疼痛がみられる。
投）0.03mL/head, IM, bid-tid	サル類： 0.2-0.5mg/kg, SC/IM, sid-tid	プリンベランシロップ0.1％も経口投与により使用可能である。

/headは一般的な体格（BW350g程度）への投与量を想定しているが，動物の体格や状態によって薬量の増減を行う。

分類	薬剤商品名／メーカー	薬剤一般名	適用症·用途	薬用量
抗不安·睡眠薬 ベンゾジアゼピン系 抗不安薬	セルシン注射液 5mg 武田薬品	ジアゼパム	てんかん様重積状態における痙攣の抑制, 麻酔前投与薬	0.5-1mg/kg, IV/IM
抗不安·睡眠薬 ベンゾジアゼピン系 抗不安薬	ドルミカム注射液10mg アステラス製薬	ミダゾラム	麻酔前投与薬 てんかん様重積状態における痙攣の抑制 麻酔前投与薬として用いる場合は,他の薬剤（メデトミジン,ブトルファノールなど）と併用することが多い。	ケタミンを併用: 0.05-0.09mg/kg, IV MMB（3種混合麻酔）として: 0.4-0.5mg/kg, IM
麻薬および類似薬 モルフィナン系オピオイド （非麻薬）	レペタン注0.2mg 大塚製薬	ブプレノルフィン	鎮静,鎮痛	0.006-0.013mg/ kg, SC/IM/IV
麻薬および類似薬 動物用モルフィナン系 オピオイド （非麻薬）	ベトルファール5mg Meiji Seika ファルマ	ブトルファノール	非麻薬性の鎮痛薬 疼痛管理,麻酔時の前投与薬として使用。鎮静効果,制吐効果や鎮咳効果も有する。	MMB（3種混合麻酔）として: 0.4-0.5mg/kg, IM 術後鎮痛として: 0.03-0.3mg/kg, IM
麻酔薬 全身麻酔薬 （ハロゲン化麻酔薬）	イソフルラン吸入麻酔液 「ファイザー」 ファイザー	イソフルラン	ハロゲン麻酔薬であり,吸入麻酔薬として使用。	導入4-5%, 維持1-3%
麻酔薬 全身麻酔薬 （フェンサイクリジン系）	ケタミン注5%「フジタ」 フジタ製薬	ケタミン	麻酔,安楽死の前投与	安楽死時の鎮静薬として:33-50mg/kg, IM（キシラジンと混合する） 簡単な処置:10-25mg/kg, IM ＭＲＩ撮像：１５-３０mg/kg, IM（アトロピンを併用する）
麻酔薬 動物用麻酔薬	アルファキサン Meiji Seika ファルマ	アルファキサロン	吸入麻酔薬による全身麻酔時の麻酔導入	簡単な処置: 5-12mg/kg, IM MRI:12mg/kg, IM
麻酔薬 動物用α2-アドレナリン 作動薬	セラクタール 2% 注射液 バイエル	キシラジン	鎮静, 安楽死の前投与	ケタミンを併用: 3-5mg/kg, IM
麻酔薬 動物用α2-アドレナリン 作動薬	ドミトール Meiji Seika ファルマ	塩酸メデトミジン	動物用鎮静薬として使用されているα2作動薬	MMB（3種混合麻酔）として:0.04-0.05mg/kg, IM
麻酔拮抗薬 動物用α2-アドレナリン 拮抗薬	アンチセダン Meiji Seika ファルマ	塩酸アチパメゾール	ドミトールの拮抗作用	0.2mg/kg, IM
抗コリン作用薬	アトロピン硫酸塩注 0.5mg 「タナベ」1mL 田辺三菱製薬	アトロピン	徐脈,心停止	0.05-0.1mg/kg, IM/IV

経口投与：PO, 皮下投与：SC, 筋肉内投与：IM, 静脈内投与：IV, 1日1回：sid, 1日2回：bid, 1日3回：tid, 1日4回：qid

実中研におけるマーモセットへの薬剤使用例 調)調整法, 投)投与法, 保)保存法	参考文献	注意事項等
投)0.5-1mg/kg, IV/IM	サル類：（発作時） 0.5-1mg/kg, IV/IM	向精神薬 てんかん発作の治療時には投与経路は原則静脈内注射で行う。追加投与するときはとくに, 呼吸器・循環器系の抑制に注意すること。
調)MMB液を（ドミトール＋ドルミカム＋ベトルファール＋生理食塩水, 1:2:2:5）の割合で調整。 投)0.15mL/head, IM 保)常温保存, 作製後は早めに使用する。	サル類： 0.05-0.1mg/kg, slow IV/IM	向精神薬 ベンゾジアゼピン類（ミダゾラム, ジアゼパムなど）の薬効は種差があることが知られている。左記用量でのミダゾラム単剤投与では, 健常なマーモセットへの鎮静作用は弱い。
投)0.01-0.02mL/head, IV/IM/SC, 適宜使用	マーモセット：0.005mg/kg サル類： 0.01-0.03mg/kg, IM, bid	劇薬, 向精神薬 鎮痛効果発現までに投与後30分以上かかることが多い。効果は12～18時間持続する。サル類に対する高用量の使用の場合, 強い呼吸抑制が認められることがあるようである。
調)MMB液を（ドミトール＋ドルミカム＋ベトルファール＋生理食塩水, 1:2:2:5）の割合で調整。 投)MMB液として0.15mL/head, IM 保)常温保存, 作製後は早めに使用する。	新世界ザル: 0.02mg/kg, SC, qid	劇薬。中等度の鎮痛効果 投与後5分程度で効果がみられ, 4時間程度持続する。呼吸停止や徐脈などは生じにくい。
導入4-5%, 維持1-3%	マーモセット： （麻酔維持）1-3%	劇薬
投)安楽死時の鎮静薬として:0.2-0.3mL/head, IM（キシラジンと混合する）	マーモセット： （単剤）15-20mg/kg （キシラジン併用）15-22mg/kg サル類： （単剤）5-25 mg/kg, IM （ミダゾラム併用）15 mg/kg, IM 新世界ザル:10-15mg/kg, IM	劇薬, 麻薬 バルビツール酸系薬（ペントバルビタールなど）との混合を避け, シリンジは別にする。唾液過剰に注意する（アトロピンとの併用を推奨）。 単剤の場合は血圧低下作用が弱い。 イソフルランと併用することで強い呼吸抑制が認められることがある。
投)0.15-0.42mL/head, IM	マーモセット：10mg/kg, IM	劇薬 鎮痛作用を有さない。
投)安楽死時の鎮静薬として:0.04-0.06mL/head, IM（ケタミンと混合する）	マーモセット： （ケタミン併用）1.0-1.5mg/kg	劇薬 ドミトールで代用可能。
調)MMB液を（ドミトール＋ドルミカム＋ベトルファール＋生理食塩水, 1:2:2:5）の割合で調整。 投)MMB液として0.15mL/head, IM 保)常温保存, 作製後は早めに使用する	サル類： 10-35μg/kg, IM	劇薬 ベトルファール等の制吐剤を併用しないと高率で嘔吐する。
調)アンチセダン10%液を（アンチセダン＋生理食塩水, 1:9）の割合で調整。 投)アンチセダン10%液として0.15mL/head, IM 保)常温保存, 作製後は早めに使用する。	サル類： 0.15mg/kg, IV/IM	注射シリンジ内で凝固しやすいため, 使用直前にシリンジに吸う。
投)0.03mL/head, IM	マーモセット：0.04mg/kg, SC/IM サル類： 0.02-0.04mg/kg, IV/IM/SC	劇薬

/headは一般的な体格（体重350g程度）への投与量を想定しているが, 動物の体格や状態によって薬量の増減を行う。

4.5 解剖法

1 解剖の目的・意義

　マーモセットの研究目的や死亡理由により，解剖目的や方法が異なる。

　死亡理由は以下の4つに大別される。

① 実験終了による安楽殺

② 実験中の衰弱による安楽殺（人道的エンドポイントの適用）

③ 実験処置中／直後の死亡

④ 実験とは無関係な疾患による衰弱のための死亡（安楽死含む）

　死亡理由①②③の場合は，研究目的に則した解剖・採材法により，必要な採材を行う。例えば眼疾患モデルとした実験系の場合は，眼球や視神経の採材が重要となるであろう。

　死亡理由④の場合は，衰弱や死因の解明や偶発疾患の確認などを目的に病理解剖を実施する必要がある。ときには臨床経過や肉眼所見のみで診断可能な場合もあるが，多くの場合は病理組織検査やその他の検査と併せての診断が重要である。

　病理解剖の執刀者はマーモセットの正常解剖を熟知している必要がある[a]。実中研では，原則としてマーモセットの病理解剖は獣医師が執刀を実施している。また，本項では実中研でのマーモセットの剖検手法とともに実際の剖検写真を掲載する。これらの写真が，初めて解剖をする読者にとって動物実験3RsのReduction（使用動物数の削減）につながる情報となることを望む。

[a] 谷岡功邦先生編著のマーモセットの飼育繁殖・実験手技・解剖組織（アドスリー）[29]がマーモセット解剖学の良著であるので，ぜひ一読してほしい。

2 病理解剖の手法

　安楽殺は，多くの場合3章2節の腹部大動脈採血法に準じて実施することが多い。剖検は，原則死亡後すぐに実施するが，とくに自然死の場合は剖検まで4℃の冷蔵庫で死体を保存する。冷凍庫で保存すると，組織検査が不可能となるので注意する。また剖検を実施する前に，あり得る病変とサンプリングの想定，そのための各種検査の準備（細菌培養，凍結材料）を行う。

　我々は病理解剖の際に，外貌検査，腹部，胸部，頚部，頭部，脊柱（状況により実施）の順で実施している。異常所見は記録用紙に記載し，写真を撮影する。実験個体の解剖方法は，目的に応じて方法／順序を変更する。

以下に，我々の実施している病理解剖方法の概要について記す。

（1）病理解剖に使用する器具

・白衣もしくは非吸収性エプロン（必要に応じて保護メガネ）

・使い捨て手袋

・剪刀（はさみ）

・ピンセット（無鉤が使用しやすい）

・メスホルダーとメス刃

・鉗子

・骨剪刀，金冠剪刀

・10% ホルマリンの入った容器

以下が，我々がマーモセットの解剖に使用している器具一式である。

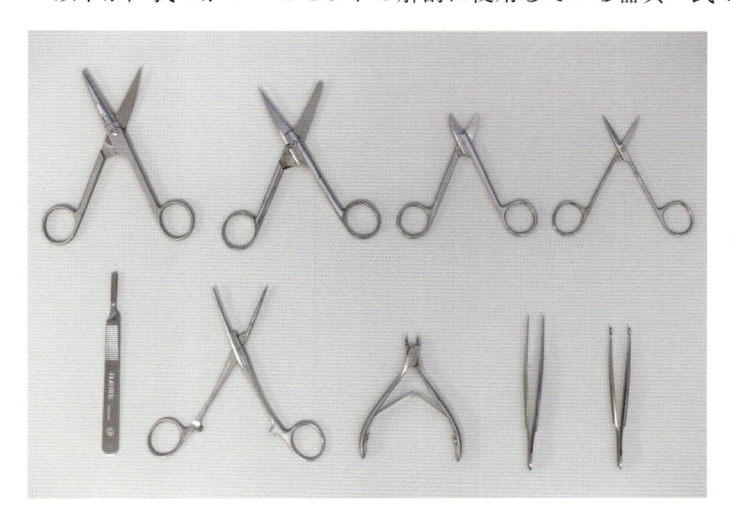

図 4.5.1　剖検器具
上段：（左から）替刃剪刀，直剪刀（片鋭片鈍），金冠直剪刀，眼科剪刀
下段：（左から）メスホルダー，ペアン直鉗子，骨剪刀，無鉤ピンセット直型，リングピンセット

（2）病理解剖前の要確認事項

・臨床的事項：個体情報，臨床経過

・斃死状態：死亡からの経過時間，死亡時の体位（左右横臥位，仰臥位）など

・ありうる病変とサンプリングの準備：細菌培養，細胞培養，凍結材料など

ⅰ　病理解剖（解剖手技）[§]

外貌観察

死体の外貌をよく観察する。以下が主な確認項目となる。

　　○体重測定

　　○筋肉や皮下脂肪の沈着の程度

　　○可視粘膜および天然孔

　　　角膜：透明，半透明，乾燥など

　　　鼻汁：左右，漿液性，粘液性，出血など

　　　口部の開閉：死後変化と関連

　　　肛門：脱肛，排泄物の付着と性状（色，量，性状）など

　　　眼結膜や口腔粘膜：貧血，黄疸，乾燥度など，眼脂や歯石の沈着

　　○被毛，栄養状態，外傷の有無など

§詳細な説明動画の閲覧には，下記の URL にアクセスして下さい。
https://www.ciea.or.jp/marmo_protocol/

ii 開腹準備

死体を仰向けに固定する。70% エタノールで胸腹部の被毛を十分に濡らす。これは消毒のみでなく，被毛の飛散を防ぐことも目的としている。

iii 開腹

下腹部の皮膚をピンセットでつまみ上げてはさみで小さく切開する。腹壁と腹腔臓器が接着していないことを確認し，剣状突起から恥骨前縁まで開腹する（図 4.5.2）。腹水貯留，内臓の変位の有無について観察する。腹水貯留が認められた場合には無菌的に採取を行う[b]。次いで，最後肋骨後縁に沿って腹壁を切開して腹腔を拡げる。この際に肝臓や横隔膜を傷つけないことを注意する。腎臓などのいわゆる後腹膜臓器は消化管（空回腸および結腸）の背側に存在するため，消化管を避けて確認する必要がある（図 4.5.3, 4.5.4）[c]。

[b] 胸水や心嚢水貯留が認められた場合も，同様に無菌的な採取を行う。必要に応じて性状（比重，細胞診など）の検査や細菌培養検査を実施する。

[c] できるだけ臓器に直接触れずに，周囲の脂肪組織や間膜などをピンセットなどでつかむようにする。これはピンセット等の挫滅による，臓器の損傷を防ぐためである。

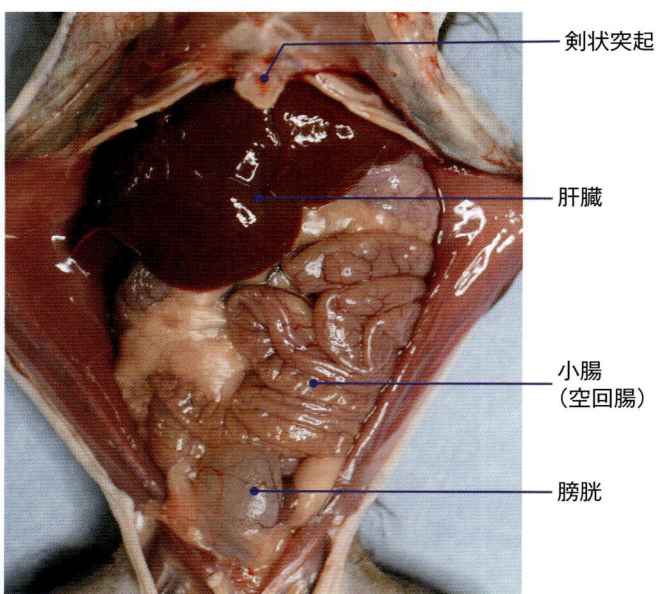

剣状突起
肝臓
小腸
（空回腸）
膀胱

図 4.5.2　開腹写真：5 歳齢，メス
実験終了個体，ケタミンおよびキシラジン混合注射の麻酔下でペントバルビタール過剰投与により安楽死，図 4.5.3 - 4.5.10 と同一個体。

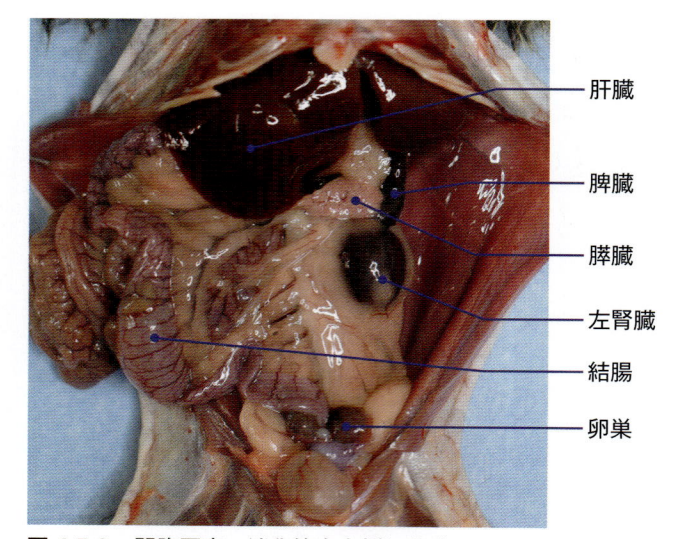

肝臓
脾臓
膵臓
左腎臓
結腸
卵巣

図 4.5.3　開腹写真：消化管を右側に移動

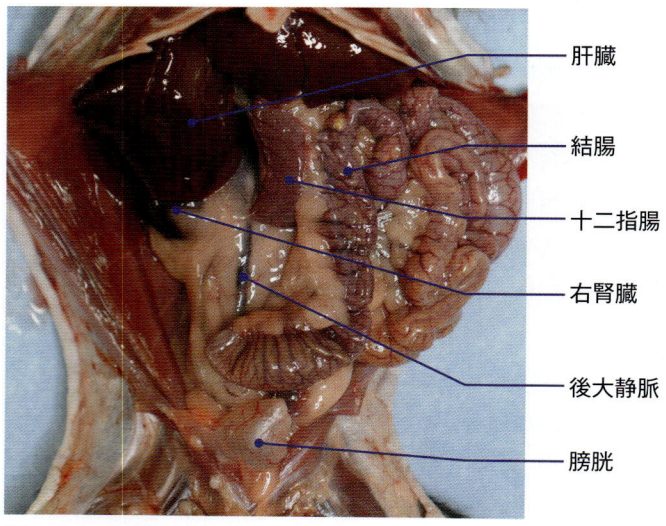

肝臓
結腸
十二指腸
右腎臓
後大静脈
膀胱

図 4.5.4　開腹写真：消化管を左側に移動

iv 脾臓および胃～大腸の摘出

脾臓を摘出する[d]。脾臓は膵臓（尾部）と接着しており，脾臓摘出時には膵臓を傷つけないように注意する（図4.5.5）。胆嚢を圧迫することで，総胆管の胆汁通過を確認する（胆汁通過試験）。胃噴門部と直腸の2カ所の結紮などにより消化管内容物が漏れないようにした後，胃から直腸を一括で膵臓とともに摘出する[e]。胆汁が臓器にかかると，その後の組織検索等の支障になるため，必要に応じて総胆管を結紮する。直腸や肛門に病変が疑われる場合は，金冠剪刀などを用いて骨盤の恥骨結合部を割り肛門をメス等でくり抜くことで，胃（ないし食道）から肛門を一括で採取することが可能である（図4.5.6）。

[d] 臓器の摘出順は実験や採材目的による臓器の優先度により変更する。例えば膵臓や消化管は自己融解しやすいので，組織学的な検索を行う場合にはできるだけ早くホルマリン等の固定液に浸漬する必要がある。同様にRNA抽出を行う場合には，内在性RNaseを多く含む脾臓や膵臓は可能な限り早く採材し，処理する必要がある。

[e] 原則として摘出した消化管は切開し，粘膜の状態や内容物を確認する。

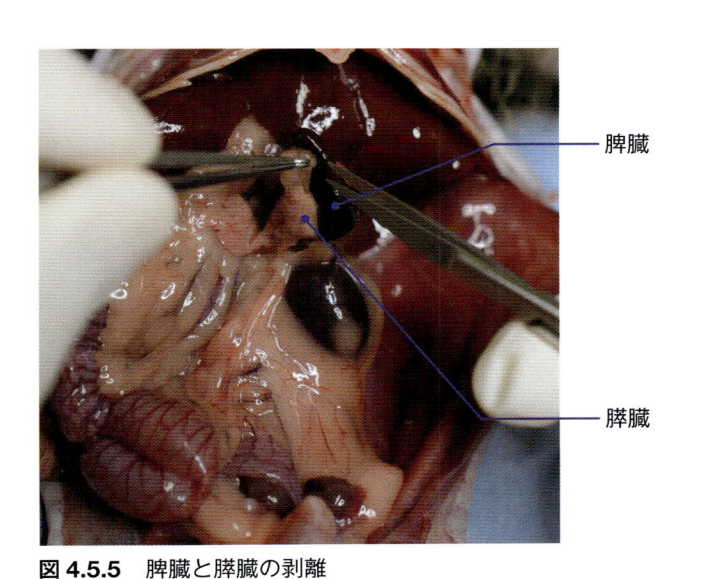

図4.5.5 脾臓と膵臓の剥離

脾臓

膵臓

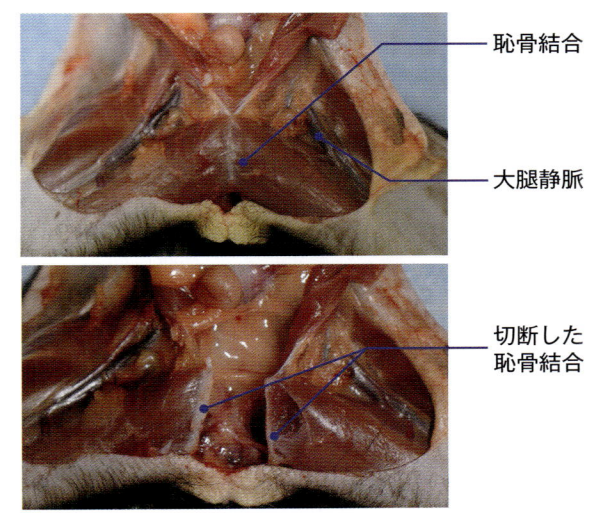

恥骨結合

大腿静脈

切断した恥骨結合

図4.5.6 恥骨結合の切断

v 肝臓および胆嚢の摘出

肝臓を周囲の結合組織から剥離して摘出する。その後の胸腔の観察が困難となるため，肝臓摘出時には横隔膜を傷つけないように注意する[f]。マーモセットの肝臓は，左葉，中心葉，右葉および尾状葉の4葉からなる（図4.5.7）[29]。胆嚢を切開し，胆汁の性状を確認する[g]。

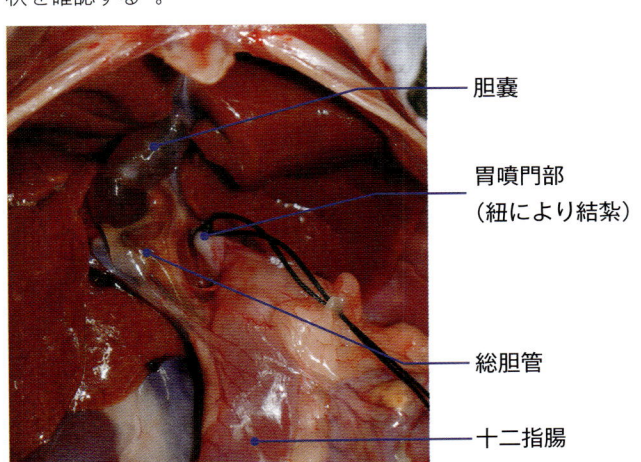

胆嚢

胃噴門部
（紐により結紮）

総胆管

十二指腸

図4.5.7 肝臓および胆嚢

vi 腎臓，副腎，生殖器，膀胱の摘出

腎臓，副腎，生殖器，膀胱を摘出する。腎臓ないし膀胱摘出の際には尿管を確認する。副腎は，左右腎臓の頭内側に接して存在している。外部生殖器を確認することで容易に雌雄の識別は可能である（図1.1.5）。雄性副生殖腺としては精嚢および前立腺を有する[29]。

[f] すべての臓器に共通することであるが，臓器の硬さ（硬い場合は線維化などを示唆する），大きさ（腫大や萎縮の有無），形状（正常と異なる形をしていないか），腫瘤の有無などを確認する。必要に応じて臓器の写真撮影，大きさおよび重量測定を行う。次いでメスなどにより割面をいれる。これは臓器内の病変の有無を確認するとともに，ホルマリン等の固定液を浸透しやすくするためである。また，膿瘍などの細菌感染が疑われる病変があれば，無菌的に細菌検査用のサンプルを採取する。

[g] 実中研ではマーモセットの胆石症を複数例経験している。

vii 開胸

肋骨に沿って横隔膜を切開して，胸水貯留と胸腔内の状態を観察する。次いで左右の肋軟骨結合部ないし結合部背側をメスや金冠剪刃などで切断し，胸腔を露出する（図4.5.8）。その際に肺を傷つけないように気を付ける。肺の色調は継時的に変化することがあるので，開胸時に確認する必要がある。

viii 頚部の確認

頚部の皮膚を切開し，気管を露出する。頚部気管と接着した甲状腺と上皮小体を確認する（図4.5.9）。マーモセットの甲状腺は，左右に完全に分かれており，褐色の組織として確認される。上皮小体は甲状腺の表面に乳白色の結節として存在し，通常肉眼で確認可能である。

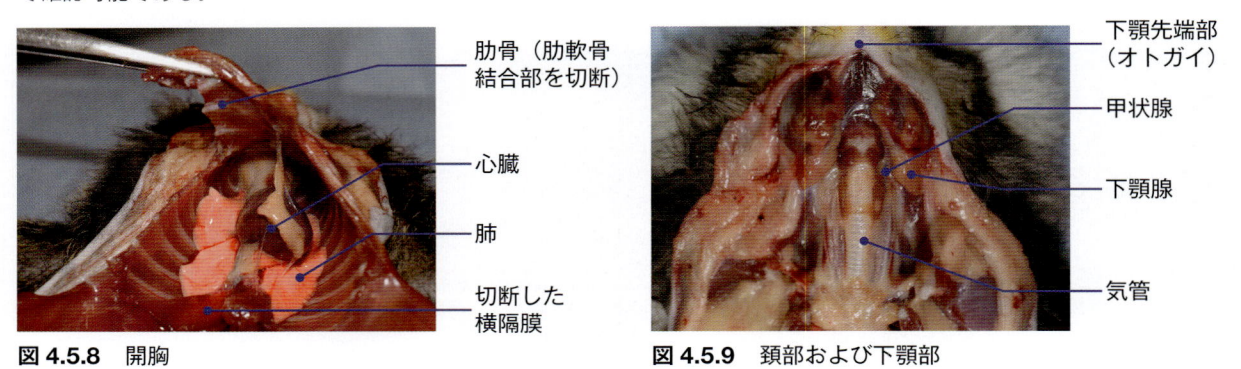

図 4.5.8　開胸

図 4.5.9　頚部および下顎部

ix 舌の牽引

下顎先端部（オトガイ）から両側の下顎骨内縁に沿ってメスを入れて筋肉と口腔粘膜を切断する。次いで舌を反転し，牽引する（図4.5.10）。

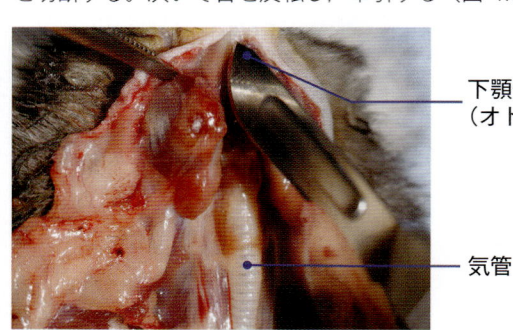

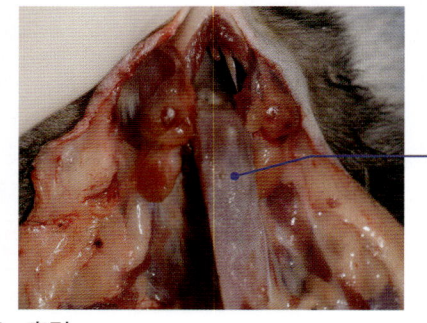

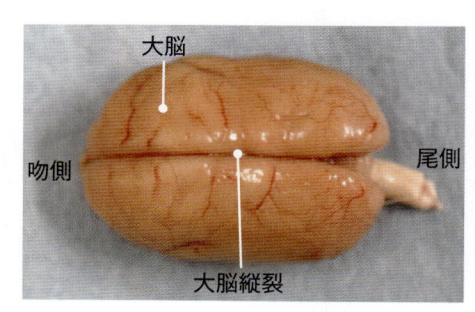

図 4.5.11　骨剪刀
ニッパー状の刃先を頭蓋骨 - 脳間に挿入して頭蓋骨を割る。

図 4.5.10　下顎先端部（オトガイ）の切開および舌の反転・牽引

x 頚部〜胸腔臓器の摘出

硬口蓋と軟口蓋の境界部を切断し，舌，咽喉頭部，気管，食道を牽引しながら背部組織と剥離し，心臓，肺，大動脈とともに一括で摘出可能である。マーモセットの肺は，右肺は前葉，中葉，後葉および副葉，左肺は前葉および後葉から構成される[29]。肺水腫や肺炎では，水腫性となった肺の割面より泡沫液（泡状の液体）の流下が認められることがある。気管や食道は切開して内腔を確認する[ⓗ]。

xi 開頭および脳の摘出

次いで脳の摘出を行う。頭蓋 - 環椎（第一頚椎）間をメスで切断し頭部を分離する。頭部背側の皮膚を剥皮する。大後頭孔より頭蓋骨 - 脳間を小型の骨剪刀を用いて剥離しながら頭蓋骨を割り，脳背面を露出させる（図4.5.11）。硬膜が残っている場合には切開する。次いで脳を下向きにして，脳底部の脳神経を小型の剪刀などにより切断して脳を摘出する（図4.5.12）。

xii 脊髄の摘出

必要に応じて骨剪刀で椎骨を切開し脊髄の採材を行う。

ⓗ 気管内に泡沫液が存在する場合は肺水腫等が，食道内に未消化物が存在する場合には嘔吐（食道拡張を伴うのならば食道拡張症）が疑われる。これらはマーモセットにおいてしばしば確認される病変である。

図 4.5.12　摘出された脳の外観
大脳に脳溝はほとんど認められない。

■ **参考文献** ■

1）Abee CR, *et al*., eds.:"Nonhuman primates in biomedical research. Vol 2: diseases" Elsevier Academic Press（2012）.

2）サル類の疾病のためと病理のための研究会（編）:"サル類の疾病カラーアトラス"，予防衛生協会（2011）.

3）Potkay S: J Med Primatol, 1992; **21**（4）:189-236.

4）Levy BM, *et al*.: Lab Anim Sci, 1971; **21**（1）:33-9.

5）Mätz-Rensing K, *et al*.: Vet Pathol, 2003; **40**（4）:405-11.

6）Flecknell PA, *et al*.: Lab Anim, 1983; **17**（2）:111-3.

7）Montali RJ, *et al*.: Am J Pathol, 1995; **147**（5）:1441-9.

8）Hayashimoto N, *et al*.: PLoS One, 2016; **11**（8）:e0160116.

9）Hobbs KR, *et al*.: Lab Anim, 1977; **11**:29-34.

10）野村達次，谷岡功邦編:"コモンマーモセットの特定と実験利用"，ソフトサイエンス社（1989）.

11）Ross CN, *et al*.: Aging（Albany NY），2017; epub ahead of print.

12）環境省自然環境局総務課動物愛護管理室（編），実験動物飼養保管基準解説書研究会:"実験動物の飼養及び保管並びに苦痛の軽減に関する基準の解説"，アドスリー（2017）.

13）Ludlage E, *et al*.: Comp Med, 2003; **53**（4）:369-82.

14）Albrecht P, *et al*.: Infect Immun, 1980; **27**: 969-78.

15）岡部信彦:小児, 2015; **56**（8）:1079-87.

16）Huemer HP, *et al*.: Emerg Infect Dis, 2002; **8**（6）: 639-41.

17）Imura K, *et al*.: J Vet Med Sci, 2014; **76**（12）: 1667-70.

18）Via LE, *et al*: Infect Immun, 2013; **81**（8）:2909-19.

19）Cadena AM, *et al*: Comp Med, 2016; **66**（5）:412-19.

20）吉田高志，藤本浩二（編）:"医学研究資源としてのカニクイザル"，スプリンガージャパン（2006）.

21）Wachtman LM, *et al*.: Comp Med, 2011; **61**（3）:278-84.

22）Cooper JE, *et al*.: J Hyg Camb, 1976; **76**: 415-24.

23）Yamazaki Y, *et al*.: BMC Vet Res, 2017;**13**（1）:150.

24）西川禎一ら:モダンメディア, 2012; **58**（4）:103-12.

25）Carvalho VM, *et al*.: J Clin Microbiol, 2003; **41**（3）:1225-34.

26）Thomson JA, *et al*.: Lab Anim Sci, 1996; **46**（3）:275-9.

27）Yasuda J, *et al*.: Vet Med Sci, 2016; **77**（12）:1673-6.

28）Inoue T, *et al*.: Exp Anim, 2015; **64**（4）:363-8.

29）谷岡功邦（編），"マーモセットの飼育繁殖・実験手技・解剖組織"，アドスリー（1999）.

30）Wagner WM, Kirberger RM: Vet Radiol Ultrasound, 2005; **46**（3）:251-8.

31）Baxter VK, *et al*.: PLoS One, 2013; **8**（12）:e82747.

32）Ialeggio DM, Baker AJ: Results of a preliminary survey into wasting marmoset syndrome in callitrichid collections. In: Proceedings of the first annual conference of the nutrition advisory group of the American Zoo and Aquarium Association, **1995**,148–58.

33）Otovic P, *et al*.: J Med Primatol, 2015; **44**（2）:53-9.

34）Kuehnel F, *et al*.: J Med Primatol, 2013; **42**（6）:300-9.

35）Yoshimoto T, *et al*.: Comp Med, 2016; **66**（6）:468-73.

36）Miller AD, *et al*.: Vet Pathol, 2010; **47**（5）:969-76.

37）Tardif SD, *et al*. ILAR J, 2011; **52**（1）:54-65.

38）Baskerville M: Lab Anim, 1984 Apr; **18**（2）:115-8.

39）Association of Primate Veterinarians: APV Nonhuman Primate Formulary.

40）Bakker J, *et al*.: BMC Vet Res, 2013; **9**: 113.

41）Fish RE, *et al*., eds.:"Anesthesia and analgesia in laboratory animals, 2nd edition"，Elsevier Academic Press（2008）.

獣医学的管理

Q. マーモセットの飼育担当者や実験者には感染症予防のためのワクチン接種は必要ですか？

A. 実中研においてはマーモセットの防疫を目的として，マーモセット取扱い従事者の就業前に麻疹抗体価を検査しています。陰性の場合には麻疹ワクチンの接種後に抗体の陽転を確認した後に，マーモセットの取扱いに就業するようにしています。

Q. マーモセットが下痢してしまいました。どのように対処したらよいですか？

A. 本文中に詳細を記載しましたが，まずは下痢症の原因と考えられる因子（ストレスなど）をできるだけ取り除くことと，治療介入が必要な下痢症かどうかを見極める必要があります。体重減少，一般状態の低下（低体温，食欲低下など）が認められる場合は早期の治療が必要です。軽症例への対応は生菌製剤の投与や保温等の対症療法が基本になります。感染性腸炎の場合には，抗菌薬（抗生物質）が効果的であれば良好な治療反応が認められます。

Q. 昨日まで元気でケージ越しに寄ってきてくれていたマーモセットが，ケージの奥から動かず元気がなさそうです。どうしたらよいでしょうか？

A. 体調不良のマーモセットはケージ奥でうずくまって動かない傾向があります。異常を発見した場合には，視診，触診，体重測定，体温測定等により動物の状態を確認する必要があります。

Q. 出っ歯や受け口など歯並びが悪かったり，歯が抜けている個体がいるのですが，問題ないのでしょうか？

A. ヒトと同じく歯の形状や歯並びはマーモセットの個性の一つであり，個体識別の標識の一つになり得ます。一方で，歯並びが悪いと歯間に食べかすや歯垢（プラーク）が溜まりやすくなることから，歯周病のリスクが高まる可能性があります。

Q. メスのマーモセットを飼育しているケージに出血のあとがあったのですが，これは月経によるものでしょうか？

A. マーモセットには月経はありません。

　出血がすでに止まっている場合は，出血部位の特定は困難であることが多いです。特定の部位を異常に舐めたり触れる仕草があれば，そこを出血部位として疑います。通常は捕獲や剃毛の後に，出血部位の特定を試みる必要があります。実際には口腔，尾，爪の外傷，血便，流産などに関連した陰部からの出血に遭遇する機会が多いです。

Q. マーモセットのお腹が異常に膨らんでいるようです。どのような原因が考えられますか？また，どのように対処したらよいでしょうか？

A. 急激な腹囲膨満ならば，消化管拡張，腹腔内出血などが考慮されます。慢性の腹囲膨満ならば，同じく消化管拡張，腹水貯留，肝腫大，妊娠などを疑います。触診で腹囲膨満の原因を特定するのは困難と思われますが，打診で消化管内ガス貯留ならば鼓腸音が聴取され，腹水貯留であれば波動感を認めることができます。腹部レントゲン検査と超音波検査が可能であれば，腹囲膨満の原因の特定は比較的容易です。

　腹囲膨満の原因により対処法は異なりますので，一概に対処法をお答えすることはできません。例えば胃拡張の場合には胃内カテーテル挿入による胃ガスないし胃内容物の抜去が一時的な対応になると思います。

応用編

5.1 コモンマーモセットのトランスクリプトーム解析

榊原康文

　細胞内や組織において発現している遺伝子とその発現量を網羅的に計測して解析する手法をトランスクリプトーム解析とよぶ。マーモセットをバイオメディカル研究領域においてマウスに匹敵する実験動物とするために欠かせない分子生命科学分野の技術の一つである。本節では，近年活発に用いられるようになった次世代シークエンサーを用いたトランスクリプトーム解析について説明し，それをマーモセットの臓器の発現解析に適用した事例について紹介する。

1 はじめに：ゲノム情報解析基盤の確立

　次世代シークエンサーの登場により，バクテリアから動植物に至る様々な生物種のゲノム配列解読が加速度的に進んでいる。霊長類においても，ヒトをはじめとして，チンパンジー，アカゲザル，ゴリラ，オランウータンなどのゲノム配列が決定され，UCSC ゲノムブラウザーに登録されている。コモンマーモセットに関しても，米国においてワシントン大学を中心として，ゲノム配列の解読が試みられ，ドラフト配列が公開されている。現在のアセンブリバージョンは Callithrix_jacches-3.2.1 であり，サンガーシークエンサーを用いたショットガン法によるシークエンス量はカバー率が約 6 倍で，まだ約 12 万カ所の未読部分があり，完全な染色体の再構築までは到達していない。その後，著者らは，次世代シークエンスとそのリードデータのアセンブリを行い，ドラフトゲノム配列中に存在する長大なギャップを埋めることにより，マーモセットゲノム配列の改善を行った[1]。マーモセットをバイオメディカル研究領域において実験動物とするには，ゲノム情報解析基盤の確立が急務である。とくに，遺伝子の機能不全に起因する疾患モデル作製のためには，様々な標的遺伝子のノックイン，ノックアウトの遺伝子改変が必要であり，それを可能とするためには高精度なゲノム配列と遺伝子アノテーションを初めとするゲノム情報基盤の確立が不可欠である。現在もっとも汎用な実験動物であるマウスでは，ゲノム情報基盤は非常に充実しており，それゆえに実験動物として世界中の研究者に広く用いられている。マーモセットの情報基盤を整備することにより，マーモセットがマウスと同じように世界中の研究者によって使用されるよう需要拡大に貢献し，また高度な各種改変技術を有効に活用できるようになる。

2 トランスクリプトーム解析

　トランスクリプトームとは転写産物全体のことを指す。遺伝子全体の構造は解析対象である個体が同じであれば，異なる臓器においても不変だが，その転写産物の種類や量はサンプルの状態や組織・臓器によって異なる。トランスクリプトーム解析とは，この遺伝子転写産物から遺伝子発現量を定量して行う網羅的な解析のことをいう。ゲノム情報基盤の確立に欠かせない技術の一つである。従来，多くのトランスクリプトーム解析はマイクロアレイにより行われてきた。マイクロアレイとは，定量したい転写産物のcDNA プローブをガラス基板上に高密度に配置し，そこに蛍光標識した解析対象を流し込むことでハイブリダイズさせ，蛍光強度を測定することで転写産物を定量する手法である[2]。種類の異なる cDNA プローブを高密度に配置することで，非常に多くの転写産物を，同時かつ網羅的に定量することができる。一方で得られた蛍光強度には蛍光方式の違いをはじめとする様々なノイズが含まれており，値を正規化することでこれらの影響をできるだけ少なくする必要がある[3]。正規化以外のマイクロアレイの問題点として，cDNA プローブがある。プローブとのハイブリダイゼーションにより定量を行うことから，cDNA 配列が既知の転写産物しか定量することができず，新規転写産物や融合遺伝子の探索には用いることができない。また，蛍光強度による検出を行うことから，非常に高い発現量，または非常に低い発現量の転写産物を検出することができず，そのダイナミックレンジは小さいといえる[4]。

3 次世代シークエンサーを用いた遺伝子の網羅的発現解析

　近年用いられているトランスクリプトーム解析手法が次世代シークエンサーを用いた RNA-Seq である（図 5.1.1 参

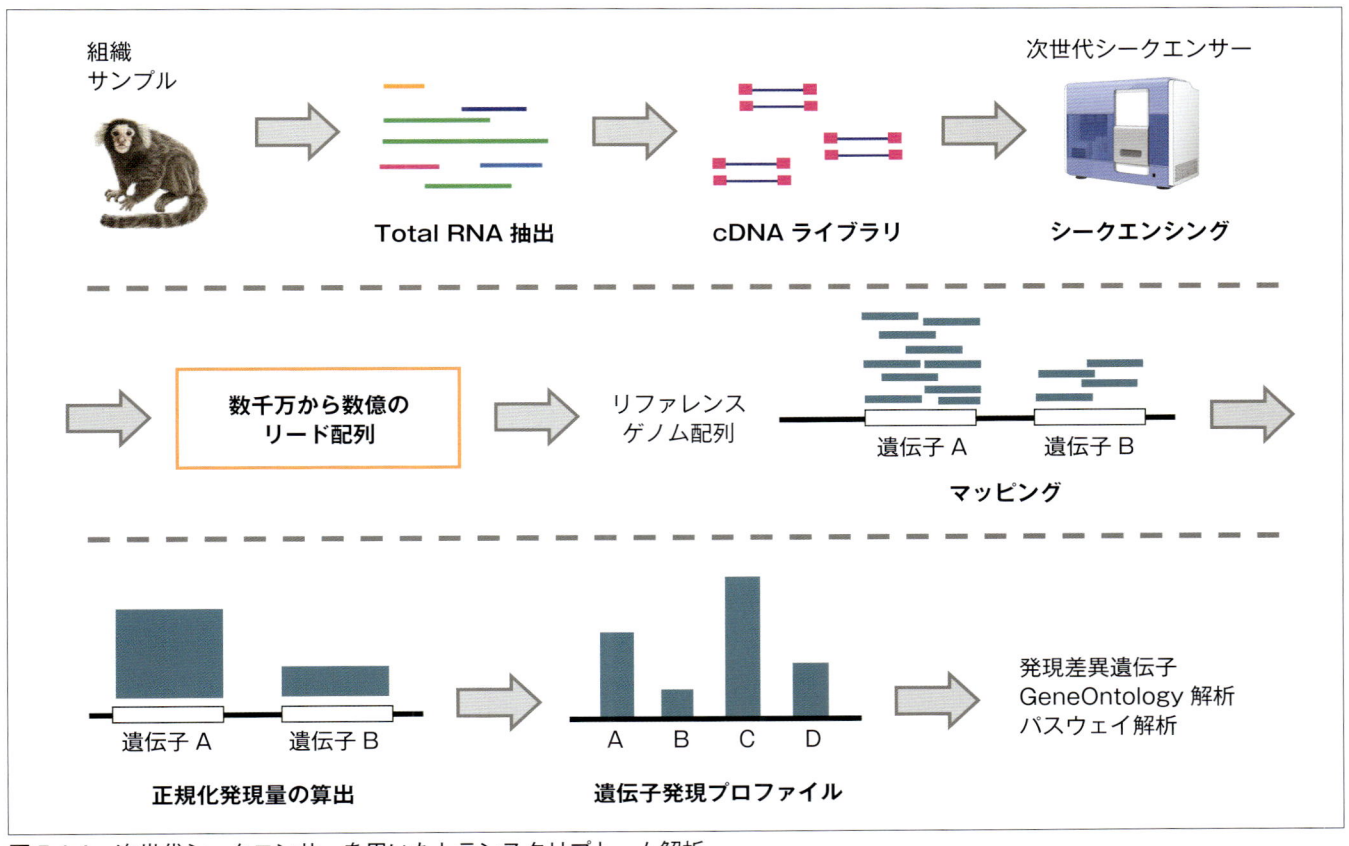

組織
サンプル

Total RNA 抽出

cDNA ライブラリ

次世代シークエンサー

シークエンシング

数千万から数億の
リード配列

リファレンス
ゲノム配列

遺伝子 A　遺伝子 B

マッピング

遺伝子 A　遺伝子 B

正規化発現量の算出

A　B　C　D

遺伝子発現プロファイル

発現差異遺伝子
GeneOntology 解析
パスウェイ解析

図 5.1.1　次世代シークエンサーを用いたトランスクリプトーム解析

照）[5]。次世代シークエンサーは，従来のサンガーシーク
エンシング法による配列決定ではなく，蛍光と画像解析を
基礎とした高速配列決定装置である。次世代シークエン
サーには複数の種類が存在し，各シークエンサーには特有
のサンプル調整方法，シークエンシング方法があるが，蛍
光と撮影による塩基の検出と，得られた画像からベース
コールを行う点において共通である[6]。次世代シークエン
サーは比較的短いリード配列を大量に読むことにより，解
析対象のゲノム配列を網羅的に解析することができる。こ
のシークエンシング技術をトランスクリプトーム解析に
応用したものが RNA-Seq と呼ばれる手法である。RNA-
seq は遺伝子転写産物を逆転写し cDNA を合成し，この
cDNA 配列を網羅的に配列決定することで転写産物の定量
を行う。cDNA の配列決定の際には，比較的短いリード配
列を大量に決定することができ，得られたリード配列をリ
ファレンスゲノム配列に対してマッピングすることで，各
遺伝子に貼り付いたリード数を定量できる。実際に得られ
たリード配列を用いてトランスクリプトーム解析を行うう
えでは，データ量の多さや，発現量の正規化手法等が他手
法と比較して難しいが，非常にハイスループットであり，
ダイナミックレンジも大きく，網羅的なトランスクリプ

トーム解析が可能である。また，リファレンスゲノム配列
に対するマッピングの過程を踏むことにより，新規遺伝子
や新規スプライシングバリアントの探索など，転写産物の
全体的な構造把握に有用である。RNA-Seq により得られ
たカウントデータの正規化手法や発現差異検定手法は数多
く提案されている。

4 トランスクリプトームデータの バイオインフォマティクス解析

次世代シークエンサーを用いた RNA-Seq により生成さ
れたリードデータを解析するための標準的な情報解析手法
について具体的に述べることにより，読者の参考とするこ
とを目的とする。ここでは，Illumina 社製 MiSeq を用い
たペアエンドのシークエンスを対象として説明する。

Illumina MiSeq はシークエンシングと同時に内部アプ
リケーション（MCS 1.0.5）を用いたベースコールを行い，
chastity filter6 を通過したリードについての fastq ファイ
ルを出力する。FastQC[7] を用いて Read1，Read 2 におけ
る各サイクルのクオリティチェックを行う。これにより
リードの各位置におけるクオリティのスコアを確認し，後
にトリミングする領域を決定する。インサート長が短いと

き，本来の cDNA 断片には含まれないアダプター配列がシークエンスされる場合があるため，Cutadapt [8] を用いてアダプター配列にあたる部分を除いてトリミングする。この際，「-p」オプションでペアエンドリードの対応を維持し，また「-n」オプションで2回トリミングを行うよう指定する。また，「-m」オプションでトリミング後のリード長が20 bp 以下となるようなリードを除去する。さらに，Fastx toolkit [9] の「fastx_trimmer」を用いて，クオリティチェックの結果に基づきリードのクオリティの低い部分をトリミングする。なお，Fastx toolkit では入力するリード（fastq ファイル）のファイル形式である Phred+33（Sanger format）形式をオプションとして与える必要があるため，「-Q33」と指定する。トリミングしたリードについて，同じく Fastx toolkit の「fastq_quality_filter」を用いて，クオリティ値 20 以上の塩基が 90% 以上あるリードを通す「Q20P90」のフィルタリングを行う。この際，トリミングと同様にファイル形式をオプションとして与える。最後に，cmpfastq（NIHR BRC for Mental Health）を用いて元のペアエンドリードを対応させ，Read の片方しかフィルターを通過しなかったリードを取り除く。

以上の処理を終えたリード情報は，Bowtie2 [10] でインデクシングしたリファレンス配列に対し，Tophat 2 [11] を用いてマッピングする。Tophat 2 は，エキソン間のスプライシング位置を推定することができる RNA-seq 用のマッピングツールである。リファレンス配列は，UCSC genome browser にて公開されているコモンマーモセット

ドラフトゲノム「Callithrix jacchus-3.2（Caljac3）」を使用する。Tophat2 について，「-r」オプションでインサート長を，「-mate-std-dev」オプションでインサート長のばらつきを指定する。さらに -G オプションで，ゲノム上の遺伝子アノテーションを記述している GTF ファイルを指定する。GTF ファイルは，Ensembl から取得したものを使用する。

マッピングされたリードに関する情報を含む bam ファイルについて，Samtools [12] の「samtools sort」を用いて染色体上のポジション順にソートした後，「samtools view」を用いて bam ファイルを sam ファイルに変換する。この sam ファイルに対し，HTSeq [13] を用いて各遺伝子にマップされたリードの数（タグ）をカウントする。この際，GTF ファイルはマッピングの際に用いたものと同じものを使用する。

タグカウントデータを入力とし，R のパッケージである TCC [14] にある DESeq [15] を使用して各遺伝子の正規化発現量を求める。さらに，DESeq を用いてサンプル間で発現差のある発現差異遺伝子を有意差検定により求めることもできる。

5 正規化発現量と発現差異遺伝子探索

次世代シークエンサーを用いた RNA-Seq は極めて有用な転写産物の定量手法である。その一方，マイクロアレイの蛍光強度データと同様に，様々なノイズが含まれており，マッピング結果の本数だけで発現量を比較することが

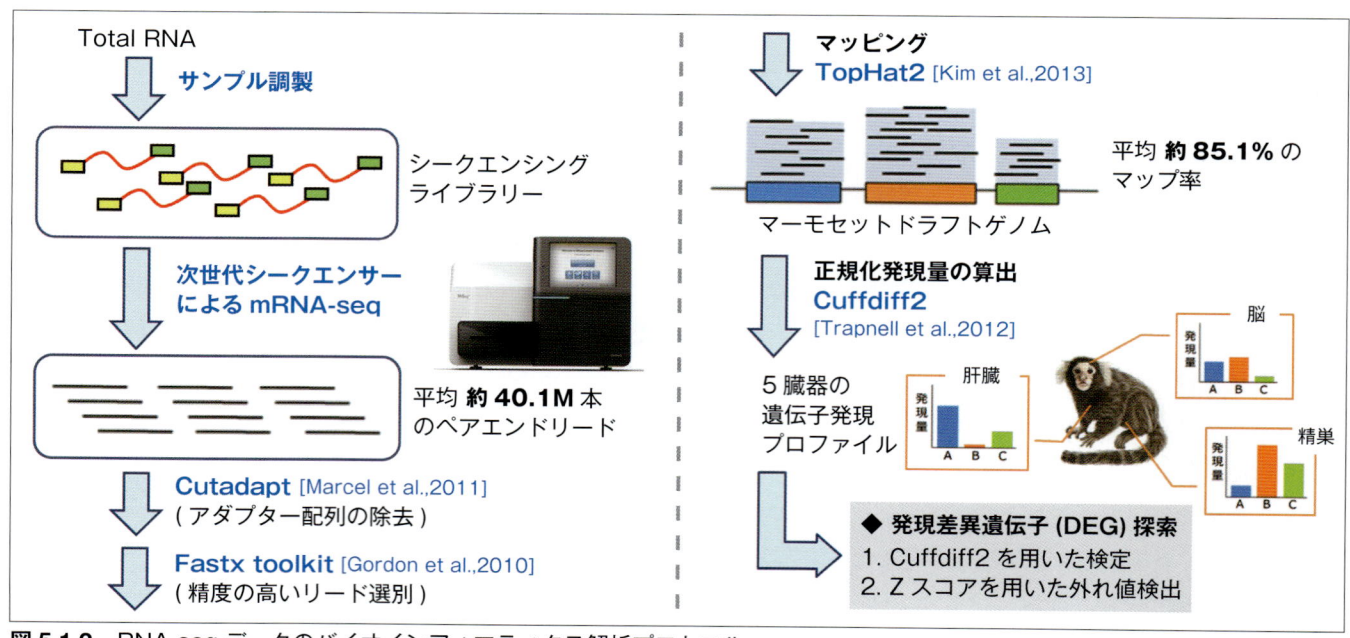

図 5.1.2 RNA-seq データのバイオインフォマティクス解析プロトコル

できない。近年，様々な発現量の正規化手法が提案されている。代表的なものとして，先ほど述べた DESeq の他に，FPKM [16] や RPKM [17] がある。これらの正規化手法は，あるライブラリについてシークエンシングされた総リード数を 1,000,000 本，転写産物の配列長を 1,000 bp に正規化することで，ライブラリ間の発現量比較を可能とする手法である。また，TMM 法 [18] のように RPKM を補正する手法なども提案されている。また多くの研究では，これらにより得られた正規化発現量を用いて，発現差異遺伝子の探索が行われている。この発現差異遺伝子探索手法も数多く提案されており，edgeR [19] や Cuffdiff 2 [20] のように負の二項分布を仮定する手法などが存在する。最近の研究により，RNA-Seq のカウントデータは，ポアソン分布のように平均と分散が比例するモデルでは正確に表現することができず，負の二項分布を仮定することで検定に用いるのが適当であると考えられている。

　生命現象の定量を行う際，より信頼性の高い定量を行うには再現実験が必要である。再現実験には Technical Replicate と Biological Replicate の 2 種類が存在する。生命現象に対する定量実験により得られたデータには様々なノイズが含まれている。このノイズには，実験技術による揺らぎと，生命現象の揺らぎの双方が含まれている。前者の揺らぎによる影響は，同様の実験を同様の環境下で複数回行うことで，最小限に留めることができる。この再現実験のことを Technical Replicate と呼ぶ。この実験技術による揺らぎと比べ，定量データの解析を行ううえでより致命的な影響を与えるのが生命現象による揺らぎである。生命現象は時間とともに常に変化するものであるため，1 回の生物実験では信頼性の高い結果を得ることは難しい。このため，生物からサンプルを採取する時間や場所，環境といった要因を可能な限り等しく設定し，再現性の高いサンプルを複数採取，解析することで，生命現象による揺らぎによる影響を最小限に留める必要がある。現在，この Biological Replicate を考慮して発現量の推定や検定を行う Cuffdiff 2 [20] や DESeq [15] が，定量解析において最もよく用いられている。このように，RNA-Seq により得られたリードの正規化手法や検定手法が数多く提案されている一方，正規化発現量を直接的に用いた解析が広く行われている。しかし，各遺伝子に対して推定された正規化発現量には平均と分散が存在するため，正規化発現量の平均値のみを用いた分類では分散による影響を考慮できないといえる。この結果，ある条件 A における正規化発現量の平均

値が条件 B より高い場合でも，それぞれの分散が大きい場合には，真に条件 A における発現量が高いとは限らず，誤った結果を導く可能性がある。一方，上記のように平均と分散を考慮した検定手法では，各遺伝子に対して推定された発現量の分布をもとに，有意差のある遺伝子を同定することが可能である。よって，正規化発現量を直接的に用いるのではなく，分散を考慮した検定結果に基づく解析が必要であるといえる。

6 Gene Ontology 解析およびパスウェイ解析

　Gene Ontology（GO）解析やパスウェイ解析は多くのトランスクリプトーム解析の研究において用いられる手法である。Gene Ontology とは，各遺伝子に付けられたアノテーション情報のことで，Biological process，Molecular function，Cellular component の 3 つのカテゴリ（GO-Term）が存在する [21]。それぞれ，遺伝子産物が何に関与し，どのような生化学活性をもち，細胞内のどこで活性をもつのかについて記述がされている。これらの情報が各遺伝子に付けられ，統合的に管理されているため，解析対象とする遺伝子の GO-Term を参照することで遺伝子の様々な情報を得ることができる。また，遺伝子セットに含まれる GO-Term を調べることで，遺伝子セット内の傾向を調べることができる。

　パスウェイ解析は，既知のパスウェイに対して遺伝子をマッピングすることで，解析対象とする遺伝子セットにパスウェイにおける偏りがないかを探索する解析手法である。多くの遺伝子はお互いの制御関係のもとで生物としての機能を果たすことから，解析対象とする遺伝子の相互関係を解析することは，生物学的な考察を行ううえで極めて重要であるといえる。

7 マーモセット臓器のトランスクリプトーム解析

　2 歳齢雄健常マーモセットの解剖により採材した，脳，脊髄，肝臓，脾臓，精巣の 5 臓器に対して，次世代シークエンサーを用いて mRNA-seq を行った [22, 23]。その結果，各臓器で発現している遺伝子数は 13,000 ～ 15,000 個，5 臓器間で共通して発現していた遺伝子数は約 10,000 個であり，臓器により発現している遺伝子の 3 割程度が異なる結果となった。さらに 1 つの臓器でのみ有意に発現が上昇している遺伝子を臓器特異的に発現する遺伝子として計 667 個を抽出した。さらに 2 臓器間で有意に発現変動があったものを発現差異遺伝子として取得し，中でも 1 つの臓器で

表 5.1.1	各臓器で特異的に発現していた遺伝子数			
脳	脊髄	肝臓	脾臓	精巣
13	16	168	29	441

のみ有意に発現が上昇している遺伝子を臓器特異的に発現する遺伝子として計 667 個を抽出した（表 5.1.1 参照）。

　各臓器で特異的に発現している遺伝子群のうち，ヒトオーソログが存在している遺伝子について，データベースや論文検索を通してヒトにおいてこれら遺伝子の臓器特異的発現の報告有無を調査した結果，全体の約 8 割の 411 個は既に報告があり，検出できた臓器特異的に発現している遺伝子に関してはヒトと類似した傾向が確認できた。

8 おわりに

　現在は，RNA-seq の受託解析を行う業者も増えてきて，次世代シークエンサーを所有していなくても，トランスクリプトーム解析を容易に行うことができるようになった。その上でポイントとなるのは，本稿でも述べたように網羅的な大量のシークエンスデータを用いて生物学的に優位な結果を得るためのバイオインフォマティクス手法である。これらをうまく活用すれば，ゲノムワイドな解析により，マーモセットの各組織や iPS 細胞における遺伝子発現状態を俯瞰することが可能となり，今まで隠れていた事実がみえてくる可能性がある。注意点として本稿では取り扱わなかったが，RNA-seq のサンプル調整には，RNA の分解を防ぐ，などの実験上の技術が必要となる。また，最新の話題としては，一細胞シークエンスの技術が確立されてきたため，細胞一つ一つのトランスクリプトーム解析が可能となった。とくに各組織はヘテロで異種の細胞から構成されているため，一細胞トランスクリプトームの解像度は，これからのトランスクリプトーム解析において強力な武器になると考えられる。

■ 参考文献 ■

1) Sato K, Kuroki Y, Kumita W, Fujiyama A, Toyoda A, Kawai J, Iriki A, Sasaki E, Okano E, Sakakibara Y; Sci Rep, 2015;5: 16894.

2) Schena M, *et al*. : Science, 1995; **270**(5235): 467-470, 1995.

3) Yang Y, *et al*. : Nucleic Acids Res, **30**(4): e15, 2002.

4) Wang Z, *et al*. : Nat Rev Genet, 2009; **10**(1): 57-63.

5) Mortazavi A, *et al*. : Nat methods, 2008; **5**(7): 621-628.

6) Shendure J and Ji H.: Nat Biotechnol, 2008; **26**(10): 1135-1145.

7) Andrews S.: Fastqc. a quality control tool for high throughput sequence data. URL http://www.bioinformatics.babraham.ac.uk/projects/fastqc, 2010.

8) Martin M.: EMBnet. journal, 17(1), 2011.

9) Gordon A and Hannon GJ.: Fastx-toolkit. FASTQ/A short-reads pre-processing tools (unpublished) http://hannonlab .cshl .edu/ fastx toolkit, 2010.

10) Langmead B and Salzberg, SL.: Nat Methods, 2012; **9**(4): 357-359.

11) Kim D, *et al*. : Genome Biol, 2013; **14**(4): R36.

12) Li H, *et al*. : Bioinformatics, 2009; **25**(16): 2078-2079.

13) Anders S, *et al*. : Bioinformatics, 2015; **31**(2): 166-169.

14) Sun J, *et al*. : BMC bioinformatics, 2013; **14**:219.

15) Anders S and Huber W: Genome Biol, 2010; **11**(10): R106.

16) Trapnell C, *et al*. : Nat Biotechnol, 2010; **28**(5): 511-515.

17) Mortazavi A, *et al*. : Nat Methods, 2008; **5**(7): 621-628.

18) Robinson M and Oshlack A: Genome Biol, 2010; **11**(3): R25.

19) Robinson M, *et al*. : Bioinformatics, 2010; **26**(1): 139-140.

20) Trapnell C, *et al*. : Nat Biotechnol, 2012; **31**(1): 46-53.

21) Ashburner M, *et al*. : Nat Genet, 2000; **25**(1): 25-29.

22) 土谷麻里子, 長谷純崇, 井上貴史, 佐藤健吾, 岡野栄之, 佐々木えりか, 榊原康文 : マーモセットの BodyMap 作成 : 5 臓器トランスクリプトーム解析. 第 4 回マーモセット研究会大会, (ポスター), 2015 年 1 月 22 日, 犬山.

23) 榊原康文 : マーモセットゲノム情報基盤の確立. 第 5 回マーモセット研究会大会 (招待講演), 2016 年 1 月 27 日, 東京.

5.2 マーモセットに対する抗体作製の戦略 垣生園子

　抗体とは，そもそも有害物質あるいは病原体のような生体外から侵入してきた物質に特異的に結合して，それら外来侵入物（抗原）による生体への害を和らげるあるいは排除する物質としてみいだされたものである。続いて，いかにして侵入物の特異的な抗体をあらかじめ生体内で産生誘導するかが，初期における抗体分野の命題であった。従って，抗体産生が成立しているかを検証するための抗体の生化学的解析へと展開していった。一方，抗体がその標的物質（抗原）に特異的に結合する性状を逆手にとって，抗体が反応する細胞や分子の同定に関する研究が免疫学者を軸に展開されていった。その結果，抗体は単に免疫反応のみならず，遺伝子産物の同定や局在あるいは機能を解析する手段として，広く生物医学分野における生理現象の解析に用いられるようになった。この節では，ヒト疾患モデルとして有用視されているマーモセットの生理現象解析に必要な各種抗体作製への試みを，免疫系関連分子を軸として紹介する。

1 抗体作製に向けた抗原の整備

1-1 cDNA の単離，配列決定

　抗原となる遺伝子産物に対する抗体作製の手段を，免疫系細胞に特異的抗原を例にとって解説する。

　マーモセット由来の特定細胞から得た RNA を鋳型にしてナイーブまたは活性化した脾臓細胞の resting and activating cell 由来の RNA を鋳型に RT-PCR により cDNA を得る。その際，既に研究が進んでいるヒトやマウス間での遺伝子相同性の高い部分を選択して同一遺伝子をアライメントし保存性の高い領域を選んで，cDNA をクローニングする。それらは，すでに NCBI に登録されている cDNA も含めて，配列決定をする。ついで，核酸配列に基づいてアミノ酸を解析する。例えば，我々が同定した

　免疫系のマーモセットの遺伝子は，核酸配列に基づいてアミノ酸を解析すると，ヒト，マウスおよびマーモセット間での類似性が高く，3 種類の動物間でのタンパク質の機能が保存されていることが示唆された。詳しくみると，マーモセット対ヒト間でのホモロジーは高く，最高 96% から最低 74% であった。一方，対マウス間では，最高 78% から最低は 40% と低かった。平均すると，対ヒトでは 86%，これに対して対マウスでは平均 61% であった。ちなみに，ヒトとマウス間でも同じように 61% であった（表 5.2.1）。これらの結果は，マーモセットはマウスよりはるかにヒトに類似性があり，マーモセットとヒトはマウスから進化上で同等の距離にあることが示唆している。

（Tohoku J.Exp.Med.215 から引用）

表 5.2.1　マーモセット免疫関連遺伝子の動物間における比較 対ヒトおよびマウス

遺伝子分類	同一アミノ酸残基の割合		
	マーモセット対ヒト	マーモセット対マウス	ヒト対マウス
30 遺伝子		$p<0.001$	
	$p<0.001$		
	86 ± 5.5	60 ± 13	61 ± 13
相同性の比較的低い遺伝子	83 ± 4.3	45 ± 48	46 ± 5.5
		$p<0.001$	$p<0.001$
相同性の比較的高い遺伝子	88 ± 5.1	68 ± 7.1	69 ± 7.5

登録した遺伝子の主たるもの 30 種類に関して，核酸配列に基づいたアミノ酸ヒト，マウスとの比較。これら 30 種類のタンパク質は，3 種類の動物間でよく保存されているが，アミノ酸配列のホモロジーは，マーモセット対ヒト間では高く最高 96 ～最低 74%，一方，対マウスでは最高 78% ～最低 40% と低い。

1-2 単離した cDNA に基づいた発現ベクターとトランスフェクタントの作製

単離・全長配列を決定した cDNA の情報をもとに，免疫細胞表面に発現する分子に対する抗体産生に向けた免疫原となる細胞を作製する。cDNA を発現ベクターに組み込み，それらをマウス由来の安定細胞株に遺伝子導入したトランスフェクタントを作製する。同細胞は抗体作製のための免疫原としてマウスに免疫する。トランスフェクタントは免疫原のみならずさらに産生された抗体の同定／検証に利用する。あるいは後述するように，交差反応する各種ヒト抗体の検討にも有用である。

効率良い抗体産生と同定のためには，cDNA を組み込む発現ベクターに工夫が必要である。例えば，目的とする遺伝子産物が細胞表面に発現するように，共通の細胞膜貫通部と短い細胞内配列を含む構築をもつ発現ベクターが有用である。さらに，発現ベクターに組み込んだ cDNA が導入された細胞株内で発現していることを確実にするために，GFP に代表される蛍光タンパク質をコードする遺伝子をベクターに繋ぎ，目的とした遺伝子発現をした細胞が選択分離できる条件をつくる。一方，発現ベクターを導入する細胞株は，目的としない抗体産生を防止するために，なるべく細胞表面分子あるいは分泌分子が少ないものが望ましい。さらに，トランスフェクタントは産生された抗体の同定／検証のためにも用いるので，遺伝子産物が当該細胞株の表面に発現している形式とすることが，産生された抗体の同定に効率がよい。そのために，cDNA を組込む様々なベクター構築が考案されている。図 5.2.1 にその一例を示す。共通の細胞膜貫通部と短い細胞内配列を含む構築をもつ発現ベクターを作製する。このようなプロセスを経て，単離した cDNA が発現ベクターによって細胞表面にタンパク質として発現されている細胞を，免疫原として使用することができる。

1-3 分泌タンパク質に対する抗体作製

サイトカインのような細胞膜からフリーの状態にある液性タンパク質は，該当する分子配列が細胞膜上に発現するように操作されたトランスフェクタントの場合でも，エピトープ領域には変化があるだろうが，理論的には抗体産生の抗原となりうる。実際，我々の経験では抗体産生率は高くなかった。

一方で，免疫原として細胞形態をとらず，タンパク質を用いる場合，作成した発現ベクターは，大腸菌に遺伝子導入する，あるいはバキュロウイルスに組み込んで昆虫細胞に導入することによって，組み換えタンパク質の量産に資することが常套手段となっている。それらを純化して得られたタンパク質は抗原として，良質の抗体を十分量得るために有用である。しかし，マーモセットのように新しい動物種の生理現象解明に向けた研究レベルでは，組み換えタンパク質発現系を利用して抗原に資するだけの十分量産を得るための経済的およびマンパワーの点から，決して効率がよいとはいえない。とくに，マーモセット特異的な新し

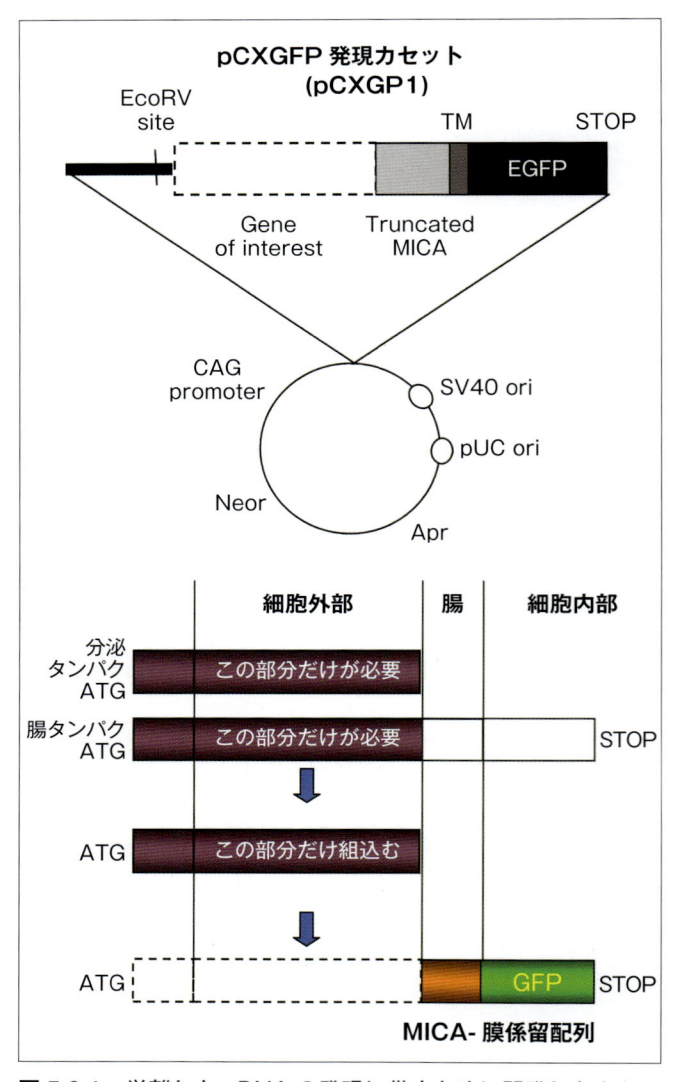

図 5.2.1　単離した cDNA の発現に供すために開発したカセット発現ベクター　DNA 免疫用あるいはトランスフェクタント作製に当たって，pCXGFP1 ベクターのクローニングサイトを工夫してカセットベクターを作製した。すなわち，膜貫通部を EGFP に繋げたベクターとし，各種単離した目的とする cDNA を点線の部分に組み込み，挿入できるようにした。細胞膜分子の場合は細胞外部のみとしたうえで挿入した。目的とする遺伝子が導入された細胞は GFP との融合タンパク質として発現されるので，GFP を指標として FACS で分離された細胞がトランスフェクタントとなる。

い機能をもつと期待されるタンパク質／遺伝子でない限り，マーモセットの疾患モデル開発と疾患経緯を追跡する抗体作製には，いまだ大きな支援や協力は得られていないのが現状である。

それに替わる方法として，上記トランスフェクタントの細胞免疫以外に，cDNA 発現ベクター自身を免疫する "DNA 免疫" といわれる方法がある。cDNA 発現ベクターをジーンガンを用い注射器でマウス生体内に直接免疫する方法である。当該方法による抗体作製の効率は我々の経験では高くはないが，細胞表面に発現しているのではなく，サイトカインのような液性因子に対する抗体作製には，向いているとの意見もある。実際，分泌タンパク質を 1.3

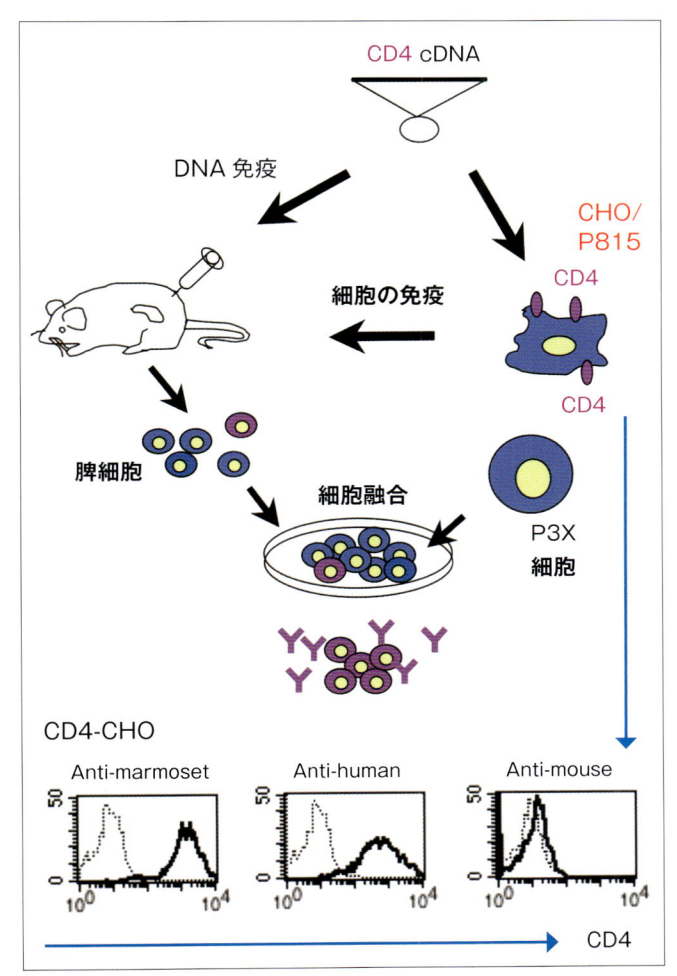

図 5.2.2　抗体産生に向けた免疫ルート　単離・全長配列決定した cDNA を発現ベクター（pCXGFP1）のクローニングサイトに組み込み，それを①マウスに DNA 免疫するか，あるいは②細胞株（CHO あるいは P815 細胞）に導入してトランスフェクタントを作製して細胞免疫を行う。pCXGFP1 の点線の部分に各種単離した cDNA を組み込む。トランスフェクタントは作製した抗体の検証にも用いる。ここでは，CD4 分子を例に図解してある。同細胞株はマウスあるいはヒトに対する抗体と交叉反応するか否かを調べるのにも使える。

で記載したトランスフェクタントとして発現させた場合，発現効率や抗体産生率が低いのが現状のようである。

② 交差反応を利用したマーモセット分子特異抗体の選択

先に述べたように，遺伝子レベルおよびアミノ酸レベルでは，ヒトとマーモセットではホモロジーが高い。従って，ヒト分子に対する抗体はマーモセット分子とも交差反応する頻度は高いことが容易に予測される。実際，造血系や免疫系細胞では，ヒトの分子特異的な抗体がマーモセット細胞と反応することが多々報告されており，マーモセットの病態あるいは免疫反応の解析に使われている。抗体の交叉反応の確認は，主としてマーモセット細胞を各種既存ヒト細胞表面分子やサイトカインに対する抗体を組み合わせて FACS にて決する場合が多い。ヒト抗体に交差反応を示しマーモセット細胞は FACS にて分取し，対応抗体が認識する分子を，RT-PCR で確認する場合もある。1 で解説したマーモセット自身のタンパク質を発現したトランスフェクタントは，交差反応が認識する分子の実態を確認するためのスクリーニングにも有用である。先に触れたように細胞表面分子に比較して細胞内分子に対する抗体作製は，タンパク質の量産なくしては容易ではない。しかも，これまでの動物間での cDNA 全長解読の結果は，リガンドや受容体に比較して，細胞内あるいは核内分子は種間での保存が低いことが知られているので，様々な代謝や生存維持に関するにマーモセット特異的遺伝子産物に対する抗体作製は容易ではない。その意味で，すでにヒト細胞内の重要分子について作製されている抗体の交差反応を利用することによって，マーモセットの生理現象解析を進めることは，有用かつ効率がよい。最近，マーモセットでも遺伝子操作動物の作製が可能であることが証明され，病態を含めたマーモセットの生理現象解析に光をもたらしている。しかし，ヒト疾患モデルとしての地位確立には，当該遺伝子産物の発現の調節が重要で，遺伝子産物の抑制や亢進を制御する治療法開発には，抗体の必要性がまだまだ高い。

■ **参考文献** ■

1) Kohu K, *et al.* : Tohoku J Exp Med, **215**; 167-180, 2008.
2) Tatsumoto S, *et al.* : DNA Res, **20**; 255-262, 2013.
3) Kametani Y, *et al.* : Exp Hematol, **37**; 13-18, 2009.
4) Ito R, *et al.* : Immunol Lett, **121**; 116-122, 2009.
5) Nunomura S, *et al.* : Int Immunol, **24**; 593-603, 2012.
6) Isawa K, *et al.* : Exp Hematol, **32**; 343-851, 2004.
7) Jagessar A, *et al.* : Review Exp Anim, **62**; 159-171, 2013.

喜多善亮・下郡智美

　ハイブリダイゼーション法（ISH）は，様々な神経細胞が混在している脳内で時間的・空間的な遺伝子発現の解析を行ううえで非常に有効な手段である。混在する脳内の神経回路を特異的に活性化または遮断し，その回路機能を明らかにするためには，回路特異的に発現する遺伝子マーカーの存在は強力なツールとなる。現在，世界中で唯一のコモンマーモセットの遺伝子アトラスで用いられている ISH のプロトコールを紹介したうえで，このプロトコールを用いて我々が行っている研究も加えて紹介する。

1 はじめに

　本項目では，マーモセット脳の *in situ* ハイブリダイゼーション法（ISH）のプロトコールを紹介する。このプロトコールはマウス，ニワトリ胚の ISH プロトコールを基本にして [1]~[4]，新生子マーモセット脳の ISH に最適化するように改変されたプロトコールである [5], [6]。

2 準備するもの

2-1 器具・機械

a. ウォーターバスインキュベーター

b. スライドメーラー（Heathrow Scientific, HS15986）

c. 滑走式ミクロトーム（Leica, SM2010 R）

d. スライドガラス（Thermo Fisher Scientific, 12-550-15）

2-2 試　薬

a. RNase フリーの溶液

　ISH で用いる溶液には，RNase を失活させるために，適宜 DEPC 処理を行う。

　DEPC-H_2O：最終濃度が 0.1% となるように DEPC を超純水に加える。溶液をよく混ぜ，一晩室温で放置する。翌日 DEPC を失活させるために，オートクレーブを行う。我々の研究室では超純水を DEPC 処理せずにオートクレーブして用いているが，以下のプロトコール中では，便宜上 DEPC-H_2O と表記する。

　その他の溶液（PBS, SSC, EDTA, LiCl など）：Tris などの第一級アミンを含まない場合は，超純水と同様に DEPC で処理する。

b. RNA プローブ合成用試薬

（1）10 × transcription buffer

（2）10 × DIG NTP mix（DIG RNA Labeling Mix, Roche, 11277073910）

（4）RNase inhibitor（RNase Inhibitor Recombinant type,

TOYOBO, SIN-201）

（5）RNA polymerase（適宜選択）

（6）100mM DTT

（7）1.5 mL エッペンドルフチューブ（RNase-free）

（8）100 % エタノール

（9）70 % エタノール

c. 切片の前処理，ハイブリダイゼーション，洗浄用試薬

（1）Proteinase K（Proteinase K, recombinant, PCR Grade, Roche, 03115887001）

（2）ヘパリンナトリウム塩（Heparin sodium salt from porcine intestinal mucosa, Sigma-Aldrich, H4784）
10 mg/mL の濃度で DEPC-H_2O に溶かし，−30℃で保存する。

（3）酵　母 tRNA（tRNA from brewer's yeast, Roche, 10109517001）

（4）羊血清（Thermo Fisher SCIENTIFIC, 16070096）

（5）ホルムアミド（ナカライテスク，16228-05）

（6）牛血清アルブミン（アセチル化処理済）（ナカライテスク，01278-44）

（6）抗 DIG 抗 体（anti-Digoxigenin-AP, Fab fragments, Roche, 11093274910）

（7）NBT（Nitoro Blue Terazolium, ナカライテスク，24720-14）。100 mg/mL の濃度で 70% DMF に溶解後，−30℃，暗所に保存。

（8）BCIP（5-Bromo-4-chloro-3-indolyl Phosphate *p*-Toluidine Salt, ナカライテスク，05643-66）。50 mg/mL の濃度で 100% DMF に溶解後，−30℃，暗所に保存。

（9）Tween 20（ポリオキシエチレンソルビタンモノラウレート，ナカライテスク，28353-85）

（10）Triton X-100（ナカライテスク，35501-15）

（11）PBS（PBS タブレット，Takara, T900）

（12）パラホルムアルデヒド（ナカライテスク，02890-45）

（13）DiI（1,1'-Dioctadecyl-3,3,3',3'-

tetramethylindocarbocyanine perchlorate）（Thermo Fisher SCIENTIFIC, D282)

2-3 試薬の調製

0.2M リン酸バッファー（2 × PB）[1L]

DEPC-H_2O	800 mL
リン酸水素二ナトリウム（Na_2HPO_4）	22.66 g
リン酸二水素ナトリウム（NaH_2PO_4）	5.04 g

DEPC-H_2O で全量を 1L に調整，オートクレーブで滅菌。

4% パラホルムアルデヒド（4%PFA）[1L]

　ドラフト中で DEPC-H_2O 500 mL を 70 ～ 80℃に温め，44 g の PFA を加える。10N 水酸化ナトリウムを 1 ～ 2 滴加えて，PFA が溶けるまで撹拌。PFA がすべて溶解したら，500 mL の 2 × PB を加える。pH を確認する（pH 7.4 ～ 7.6）。

30% スクロース /4%PFA [500 mL]

　スクロース 150 g を 4%PFA 300 mL に溶かす。スクロースがすべて溶解したら，PFA を加えて全量を 500 mL に調整し，4℃で保存。

DiI 液（0.05%）

　DiI を 100% エタノールに溶かし，0.5% DiI ストック溶液を調製する。切片作成前に，ストック溶液を 0.3M スクロース水溶液で希釈し，0.05 % DiI 液を作成する。

Proteinase K バッファー [1L]

1M Tris-HCl（pH 8.0）	100 mL
0.5M EDTA（pH 8.0）	100 mL

DEPC-H_2O で全量を 1L に調整。

20 × SSC（pH 4.5）[1L]

　NaCl 175.3g とクエン酸ナトリウム 88.2g を DEPC-H_2O 800 mL に溶解し，クエン酸（無水）で pH 4.5 に合わせる（およそ 10g）。DEPC-H_2O で全量を 1L に調整。

ハイブリソリューション（Hybridization solution）[1L]

ホルムアミド	500 mL
20 × SSC（pH 4.5）	250 mL
10% SDS	100 mL
酵母 tRNA	500 mg
牛血清アルブミン	200 mg

10 mg/mL ヘパリンストック	5 mL

DEPC-H_2O で全量を 1L に調整。分注して−20℃保存。

Solution X [1L]

ホルムアミド	500 mL
20 × SSC（pH 4.5）	100 mL
10% SDS	100 mL

DEPC-H_2O で全量を 1L に調整。

10 × TBST [1L]

1M Tris-HCl（pH7.5）	250 mL
NaCl	80.0 g
KCl	2.0 g
Tween 20	100 mL

DEPC-H_2O で全量を 1L に調整。

Chick embryo powder

　胎生 7 日目のニワトリ胚の頭部を，最小量の PBS でホモジナイズする。4 倍量のアセトンを加え，−30℃で一晩インキュベートする。4℃で 10 分，$10,000 \times g$ で遠心し，上清を捨てる。ペレットに再びアセトンを加えて 4℃で 10 分，$10,000 \times g$ で遠心し，上清を捨てる。ペレットをガラスのシャーレに移し，カミソリ刃で細かく切り刻む。出来上がった粉をよく乾かし，分注して 4℃保存。

NTMT [1L]

2M NaCl	50 mL
1M Tris-HCl（pH 9.5）	100 mL
1M $MgCl_2$	50 mL
Tween 20	10 mL

DEPC-H_2O で全量を 1L に調整。

TE Stop バッファー [1L]

1M Tris-HCl（pH 7.5）	5 mL
0.5M EDTA（pH 8.0）	10 mL

DEPC-H_2O で全量を 1L に調整。

❸ プロトコール

3-1 サンプルの回収

　ペントバルビタールナトリウムの過剰投与（100mg/kg）によりマーモセットに麻酔をかけ，灌流固定を行う。まず体重と同量の PBS を灌流し，続いて体重の 2 ～ 3 倍量の

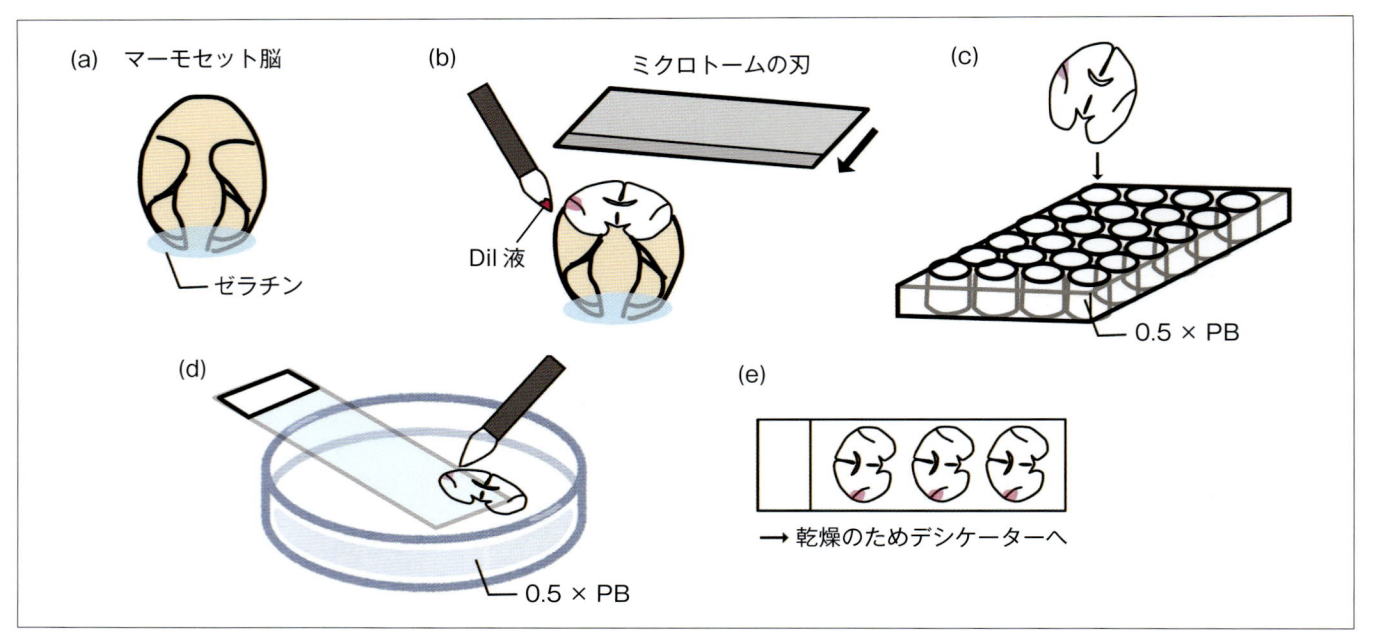

図 5.3.1　切片の作成方法
(a) マーモセット脳を滑走式ミクロトームのステージの上にゼラチンで取り付け，ドライアイスで凍結する。　(b) 切片の左右の判別のために，一枚切るごとに右側半球に DiI 液 (ピンク色) を筆で塗る。　(c) 作成した切片は，0.5× PB を入れた 24 穴プレートに一枚ずつ回収する。　(d) 切片を一枚ずつ 0.5× PB の 入ったシャーレに移し，筆でスライドガラスにのせていく。　(e) 切片をのせたスライドはデシケーターの中で室温で一晩乾燥させる。

4%PFA で灌流した後，脳を取り出す。取り出した脳は 50 mL チューブ中で 4%PFA に浸し，4℃で一晩振とうする。翌日，30% スクロース /4%PFA に液を交換し，脳がチューブの底に沈むまで 4℃で振とうする（新生子の脳でおよそ 3 日間）。mRNA は灌流固定後も徐々に分解が進むため，2 週間以内に切片を作成して ISH を行う。

3-2　切片の作成

　冠状断切片の作成方法として、ステージの上にゼラチンで脳を固定し，Paxinos らのアトラス[7] を参考にして常に同じ角度の冠状断となるようにステージの角度を調整する。滑走式ミクロトームを用いて厚さ 28 μm の凍結切片を作成し，切片の左右の判別のために，切片をとるたびに右側半球に DiI 液を筆で塗布し，0.5 × PB を入れた 24 穴プレートに 1 枚ずつ切片を回収する。スライドへのマウンティングには直径 10 cm のシャーレに 0.5 × PB を入れ，24 穴プレートから 1 枚ずつ切片を取り出し，左右に注意しながら筆を用いてスライドガラスに切片をのせていく。スライドをデシケーターの中に移し，室温で一晩乾燥させる（図 5.3.1）。

3-3　RNA プローブの調製
a. テンプレート配列のクローニング

　生後 0 日目のマーモセットの脳から，RNeasy Mini kit（QIAGEN）を用いてトータル RNA を精製する。次に，トータル RNA から SuperScript III 逆転写酵素（Thermo Fisher SCIENTIFIC）を用いて付属のマニュアルに従い cDNA を合成する。NCBI にあるコモンマーモセットのゲノム情報（https://www.ncbi.nlm.nih.gov/genome/?term=marmoset）を元に，Primer3（ver.0.4.0）を用いて，PCR 用のプライマーを設計する。プローブは経験上 200bp より短いとハイブリダイゼーションの特異性が低くなり，逆に長すぎると転写効率の低下やハイブリダイゼーションの特異性が低下することから 500 ～ 1000bp を目安とする。設計したプライマーを用いて，cDNA ライブラリーから目的の領域を PCR で増幅し，増幅した断片を pGEM-T Easy Vector（Promega）にクローニング，テンプレート作成用のプラスミド DNA を得る。

b. テンプレートの準備

　テンプレート作成用のプラスミド DNA を市販のプラスミド精製キットで準備する。プラスミド DNA 20 μg 程度をアンチセンスプローブ合成するために適切な制限酵素で直鎖化する。このテンプレートは，10%SDS と Proteinase K を 1/20 量加えて 37℃で 15 分反応させた後，市販の PCR 産物精製キットを用いて精製し，最終的に DEPC-

H$_2$O 20 μL に濃度がおよそ 1 μg／μL になるように調整する。1 μL をゲル電気泳動し直鎖化してシングルバンドになっていることとおよその濃度が合っていることを確認し，残りは−30℃で保存する。

c. RNA プローブの合成

（1）精製したテンプレートを用いて，DIG で標識した RNA プローブを合成する。以下の試薬，テンプレートを順にエッペンドルフチューブに入れる。

10 × transcription buffer	2 μL
10 × DIG NTP mix	2 μL
100mM DTT	1 μL
RNase inhibitor	1 μL
RNA polymerase（適宜選択）	2 μL

最後に，テンプレート 1 μg を加え，DEPC-H$_2$O で全量が 20 μL になるように調整。

（2）2 〜 3 時間，37℃でインキュベートする。

（3）エタノール沈殿を行うため，DEPC-H$_2$O 180 μL，100% エタノール 400 μL，5M NaCl 8 μL を加え，15 分氷冷または−30℃（冷凍庫）で沈殿させる。

（4）4℃で 15 分，13,200 rpm で遠心機にかける。

（5）ペレットを確認し，注意深く液のみを廃棄，次に 70% エタノール 200 μL を加えてペレットを撹拌によって洗浄し，室温で 15 分，13,200 rpm で再度沈殿させる。

（6）ペレットが浮遊しやすくなっているため，ピペットで注意深く液を捨て，再度軽く遠心した後，ピペットで余分な液体を取り除き，室温でペレットを乾燥させる。

（7）DEPC-H$_2$O 100 μL にペレットを溶かす。

（8）溶液を 5 μL とり，ゲル電気泳動を行いプローブ合成量を確認する。分子量は一致しないことが多いため合成されたプローブの合成量の確認のために行う。残りのプローブは−30℃で保存する。2 カ月程度は保存可能。

　＊プローブの出来が悪い場合は，直鎖状テンプレートの精製を 10%SDS と Proteinase K で処理するところからもう一度やり直すと改善されることがある。

3-4 *In situ* ハイブリダイゼーション法

　以下の操作は特別に記述がない限り室温で振とう機で振とうしながら行う。

a. 前処理とハイブリダイゼーション

　一晩乾燥させたスライドをスライドメーラーに入れ，RNase の混入に気をつけながら，以下の手順を行う。

（1）4% PFA　　　　15 分

（2）PBS wash　　　　5 分× 3

（3）0.5%Triton X-100/PBS　　　　30 分

（4）PBS wash　　　　5 分× 3

（5）Proteinase K solution（1 μg／mL）37℃　　　30 分

　＊温浴でインキュベーションを行う場合は振とうの必要なし。

（6）4% PFA　　　　15 分

（7）PBS wash　　　　5 分× 3

（8）新しいメーラーを用意し，プローブ 95 μL とあらかじめ温めてあるハイブリソリューション 16mL をドラフト内で加えよく撹拌した後，スライドを移す。

（9）ドラフト内に設置したウォーターバスインキュベーターにメーラーを入れ，72℃で一晩インキュベートする。

　＊温浴でインキュベーションを行う場合は振とうの必要なし。ドライインキュベーターは乾燥によって液面が下がることがあるため，ハイブリソリューションを多めに加える。

b. ハイブリダイゼーション以降の操作：洗浄，抗体反応，発色反応

　ハイブリダイゼーション後の二本鎖 RNA は，RNase A には分解されないため，これ以降の操作は RNase free の必要はない。

（1）ハイブリ用のメーラーから Solution X が入ったメーラーにスライドを移す。

　＊ハイブリ液と DIG プローブの入ったメーラーは 3 回程度再利用できるため，−30℃で保管。

（2）Solution X で 45 分× 3，72℃で洗浄する。

　＊温浴でインキュベーションを行う場合は振とうの必要はなし。

（3）TBST 中で 15 分× 3，室温で振とう機で振とうしながら洗浄。

> **メモ**　**抗体の吸着**：Chick embryo powder 3 〜 5 mg に TBST 500 μL を加え，30 分 72℃でインキュベートする。10 〜 15 分氷上で冷やし，羊血清 5 μL と抗 DIG 抗体 3 μL（1 メーラー分）を加え，60 分 4℃で振とう機で振とうしながらインキュベートする。4℃で 10 分 13,200rpm で遠心して，上清（500 μL）をとり，1% 羊血清／TBST 14.5 mL を加える。

（4）10% 羊血清 /TBST で，ブロッキングを行う（4℃で一晩でも可）。

（5）抗 DIG 抗体［1：5000/1% 羊血清 /TBST］2 時間・室温または一晩・4℃で振とう機でインキュベートする。抗 DIG 抗体は Chick embryo powder に吸着させ，非特異的な吸着を軽減させた処理を行ったものを使う。

（6）TBST 中で 15 分× 3，室温で洗浄し，余剰な抗体を除く。

（7）直前に調製した NTMT で 15 分，室温で平衡化する。

（8）NTMT 10 mL に対して NBT 35 μL と BCIP 35 μL を加え，発色反応を開始する。発色反応は室温，遮光状態で振とうしながら行う。発色を開始した後の数時間は 1 時間ごとに発色状況をモニターし，プローブごとの発色速度を確認する。発色時間はプローブやサンプルによって大きく異なるため，発色が遅い場合は数日かけて発色反応を行う必要がある。この際，長時間放置による反応液からの着色がバックグラウンドの原因となるため，こまめな反応液の交換が必要となる。オーバーナイトで発色を行った場合は，翌朝すぐに新鮮な発色液に交換することによってバックグラウンドの上昇を防ぐ。また，オーバーナイトでの発色では反応が進みすぎてしまう懸念がある場合には低温室での

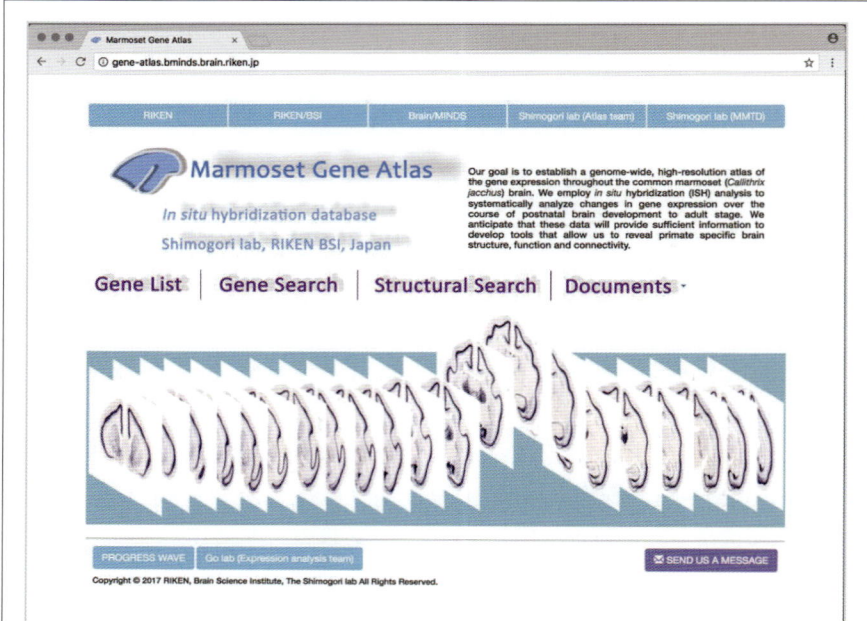

(a) 一般に公開している Marmoset Gene Atlas のウェブサイト (https://gene-atlas.brainminds.riken.jp/)。

(b) 掲載している ISH イメージの一例。

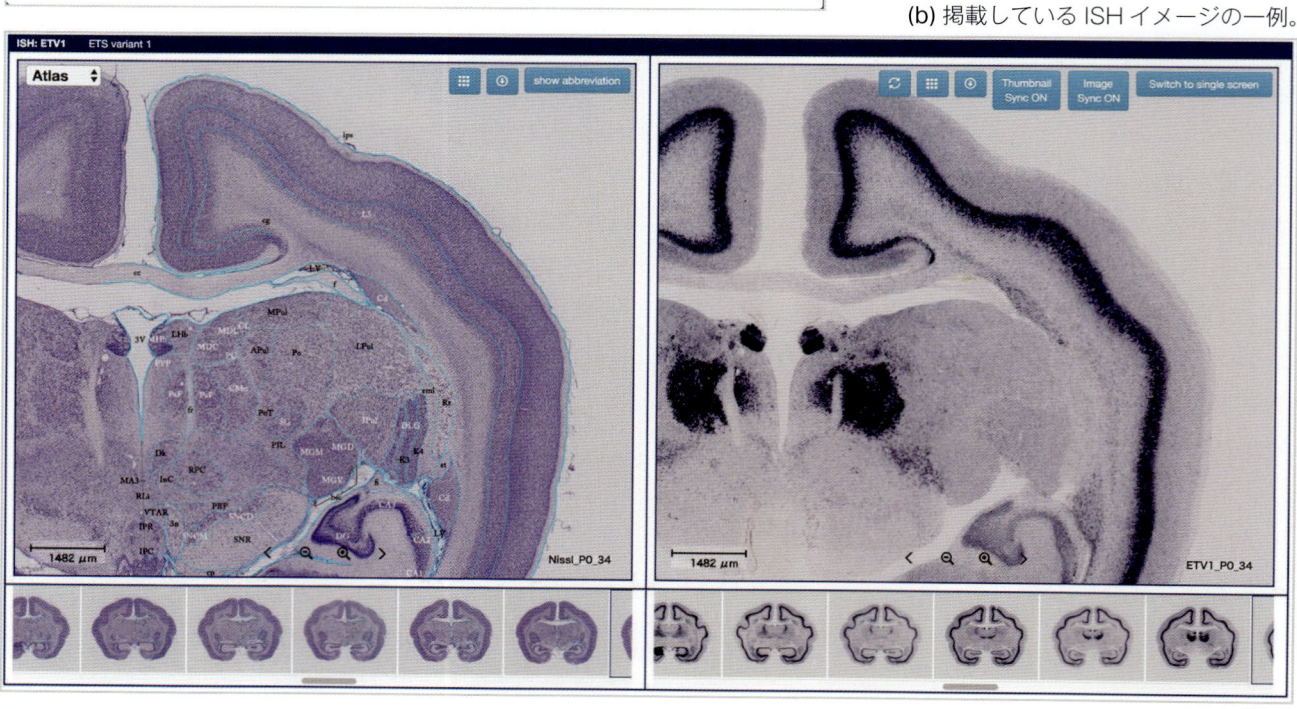

図 5.3.2

発色を行う。

（9）発色が十分に進んだら，遮光状態で NTMT 液で洗浄，発色液に色がつかなくなる程度まで振とうし，次に TBST で数時間洗浄する。

（10）TE バッファーで数回液を変えながら数時間洗浄し，発色反応を完全に停止させる。

c. 封入と画像取得

発色反応の停止後，エタノール系列で水分を除去し，Histo-Clear（National Diagnostic. GA）で透徹した後に，マウント剤 Eukitt（Electron Microscopy Science. PA）を用いてカバーガラスを被せて封入する。Eukitt が十分固まるまで室温で乾燥させる（通常 2 ～ 3 日）。画像取得はスライドスキャナーやカメラ付きの顕微鏡を用いて行う。

4 まとめ

ここで紹介したプロトコールを用いて行ったマーモセット ISH の結果は Marmoset Gene Atlas データベース（図 5.3.2　https://gene-atlas.brainminds.riken.jp/）に掲載を行っている。このプロトコールは新生子のマーモセットに最適化されたものであり，発達が進んだ成体脳ではミエリン化が進んでいることなどから，脱脂のステップを加えるなどプロトコールにさらなる変更を加え，様々なステージに対応したプロトコールの開発を行い，データベースに掲載する予定でいる。

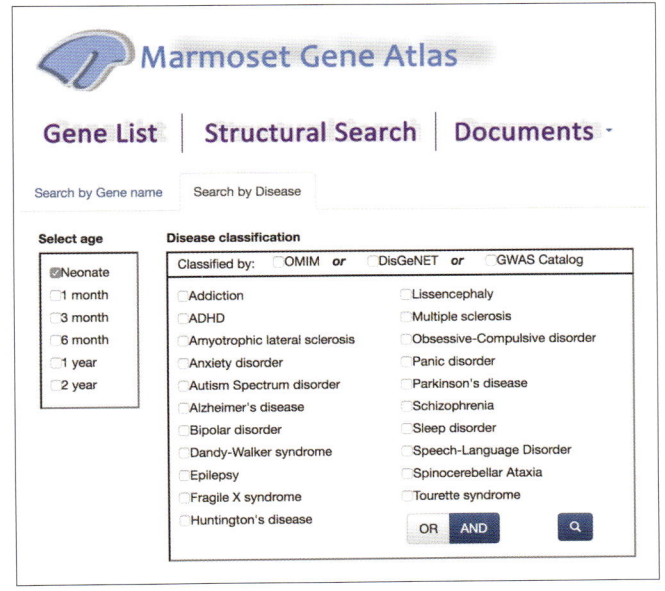

図 5.3.3　「Disease search」機能
興味のある精神・神経疾患をリストから選び，参照するデータベースを指定して検索ボタンをクリックする。

5 研究紹介

日本におけるブレインマッピングプロジェクトである，「革新的技術による脳機能ネットワークの全容解明プロジェクト（革新脳プロジェクト）」が 2014 年度から開始された[8]。このプロジェクトでは，小型の霊長類であるコモンマーモセットをモデル動物として用い，マーモセットの高次機能を担う神経回路の全容をニューロンレベルで解明することにより，ヒトの脳機能の理解と精神・神経疾患の克服を目指している。そのための基盤となる情報として重要となるのは，脳の解剖学的な情報や各脳領域間の神経結合の情報に加え，マーモセットの各遺伝子がいつどこで発現しているのかという包括的な情報である。そこで我々は，時間的・空間的な遺伝子発現の解析に非常に有効な手段である *in situ* ハイブリダイゼーション法（ISH，プロトコール参照）を用いて，マーモセット脳の遺伝子発現データベース「Marmoset Gene Atlas」を開発している[6]（先述，図 5.3.2，https://gene-atlas.brainminds.riken.jp/）。我々はこのデータベースを 2016 年 5 月から公開し，マーモセット脳の ISH データを順次追加している。2017 年 2 月現在，マーモセット新生子で 700 以上の ISH データが登録されている。

「Marmoset Gene Atlas」は，情報の取得が容易になるように，データ閲覧機能とデータ検索機能がデザインされている。個々のデータ閲覧では，Nissl 染色したアトラス（図 5.3.2（b）左側）を参照しながら，各遺伝子の高解像度の ISH 画像（図 5.3.2（b）右側）を確認できるなど，マーモセット脳の解剖に不慣れでも情報の取得が簡単になるように様々な工夫がなされていることはすでに説明した[6]。本項目では，データベース上の大量のデータを活用した現在我々が行っている研究テーマを紹介する。

一つ目の研究テーマは，精神・神経疾患とその関連遺伝子のマーモセット脳内での発現を明らかにし，それらの神経細胞が構成する神経回路を網羅的に解明することである。精神・神経疾患には複数の遺伝子が関わっていることが示唆されているが，これらの因子は脳内の様々な領域で発現していることが多く，どの特定の神経細胞が疾患の原因となっているのか明らかにされていない。様々な発現パターンを示す複数の遺伝子が疾患に関わっている場合には，多くの遺伝子が同時に発現している神経細胞とその神経回路を同定することが必要となる。そのための機能として，「Disease search」機能を開発した。この検索機能を用

いて，精神・神経疾患ごとに関連する遺伝子を選別し，それぞれの発現パターンを比較することで精神・神経疾患関連遺伝子の"ホットスポット"を霊長類の脳で明らかにする（図5.3.3）。さらに革新脳プロジェクトで行われている神経回路マッピングデータとの組み合わせにより，遺伝子発現と神経回路の関係を網羅的に解析することができ，これまでの研究では明らかにされてこなかった霊長類脳での疾患に関わる神経回路を明らかにすることを目指す。

二つ目の研究テーマは，データベース上の膨大なデータを利用し，霊長類に特異的な遺伝子発現を明らかにすることである。このために，遺伝子発現を網羅的に脳領域特異的に検索することができる「Structural search」機能の開発を行っている。具体的には「Structure」の項目にある脳領域を選択すると，独自に開発を行っているグリッドシステムによって，選択した脳領域での遺伝子発現があるデータを自動的に選別し表示する機能である（図5.3.4）。これにより，特定の脳領域に発現する遺伝子のみを検索でき，Allen Brain Atlas のマウス脳内での Fine Structure Search との比較によって霊長類特異的に発現する遺伝子をみつけ出すことが可能となる。データベースを利用したハイスループットな種間比較は，これまで明らかにすることができなかった霊長類特有の脳の発達や脳機能獲得の理解に大きく貢献すると考えられる。

以上に述べた研究テーマに取り組むとともに，今後は新生子以外のデータの取得にも取り組んでいく（3カ月齢のデータは既に約50遺伝子分が利用できる）。追加予定のデータは，様々な臨界期を含むと考えられる1カ月齢，3カ月齢，6カ月齢，性成熟期である1歳齢，成体となる2歳齢のデータを収集することを予定している。このデータベースは，様々なツールや遺伝子改変マーモセットの開発，そして精神・神経疾患のモデルマーモセットの解析に役立つのみならず，引いてはヒトの脳機能の理解と精神・神経疾患の克服に貢献するものと期待している。

■ 参考文献 ■

1) Grove EA, *et al.* : Development, 1998; **125**(12): 2315-25.
2) Agarwala S, *et al.* : Science, 2001; **291**(5511): 2147-50.
3) Sanders TA, *et al.* : J Neurosci, 2002; **22**(24): 10742-50.
4) Shimogori T, Blackshaw S : "*In Situ Hybridization Methods*", pp.207-220, Humana Press (2015).
5) Mashiko H, *et al.* : J Neurosci, 2012 ; **32**(15): 5039-53.
6) Shimogori T, *et al.* : Neurosci Res, 2018; **128**: 1-13.
7) Paxinos G, *et al.* : "*The Marmoset Brain in Stereotaxic Coordinates*", Academic Press (2011).
8) Okano H, *et al.* :Neuron, 2016; **92**(3): 582-590.

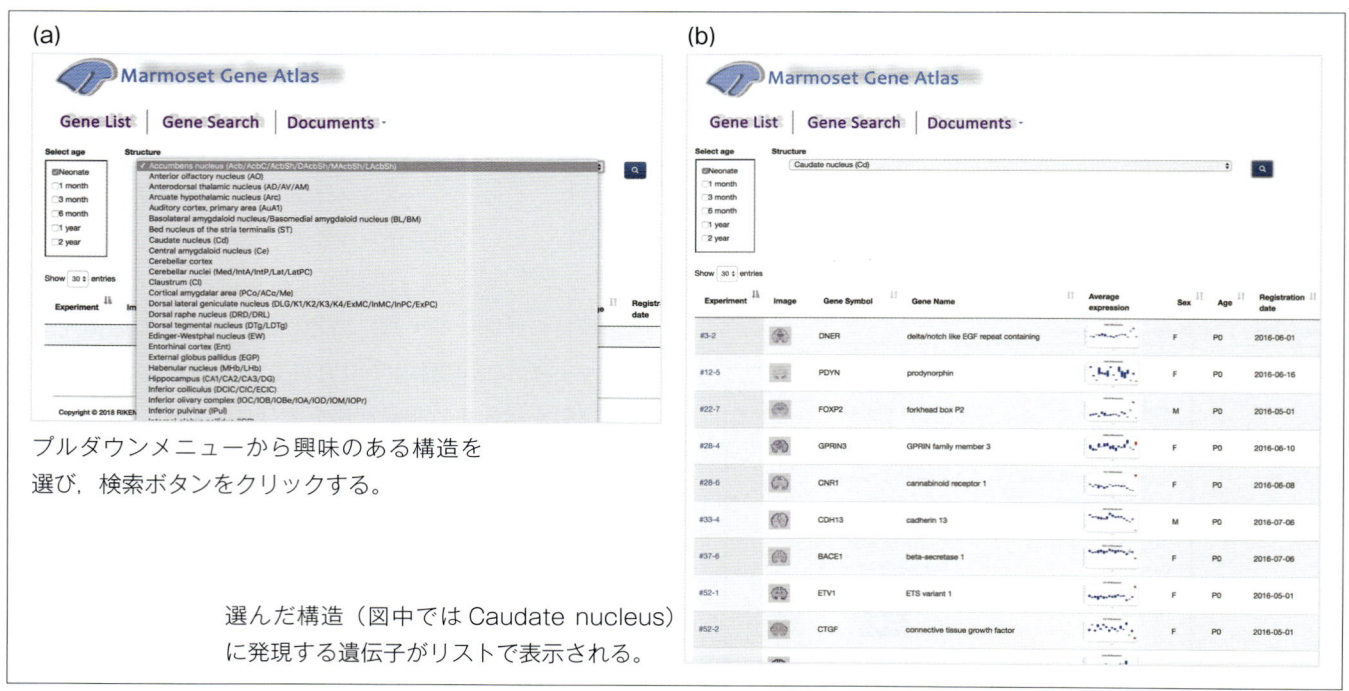

プルダウンメニューから興味のある構造を選び，検索ボタンをクリックする。

選んだ構造（図中では Caudate nucleus）に発現する遺伝子がリストで表示される。

図 5.3.4 Structural search 機能

5.4 ES / iPS 細胞

蝉 克憲・島田亜樹子・高島康弘

マウス ES 細胞の生命科学領域への貢献は大きいものの，研究が進むにつれて種間の差が徐々に明らかになりつつある。近年では，ヒト iPS 細胞の登場からヒト多能性幹細胞を用いた研究が容易になったこともあり，げっ歯類であるマウスを動物モデルとした研究からヒト ES/iPS 細胞をモデルとした研究段階へと進みつつある。しかしながら，iPS 細胞を用いたとしても，ヒト多能性幹細胞を用いた研究では限界があることも事実であり，非ヒト霊長類動物モデルであるマーモセットに寄せる期待は大きい。本稿では，マウスおよびヒト ES 細胞を例に挙げ，樹立の歴史から ES 細胞の培養条件や，未分化性維持に関わる転写因子，シグナル経路について解説すると共に，マーモセット ES 細胞の培養方法について詳細を記載する。

1 はじめに

本節では，代表的な多能性幹細胞であるマウス，ヒト ES 細胞を例に挙げ，多能性幹細胞のもつ特徴について紹介を行う。次項では，ES 細胞樹立の歴史から最新の知見まで幅広く紹介すると共に，マーモセット ES 細胞の特徴や培養方法の詳細について記載する。

2 ES 細胞と iPS 細胞

2-1 ES 細胞

1981 年，Evans らによって，着床前マウス初期胚の内部細胞塊（inner cell mass : ICM）から ES（Embryonic stem）細胞が樹立された[1]。ES 細胞は，多分化能と自己複製能を有する細胞種であり，マウスの皮下に移植することで，三胚葉の成分が混在するテラトーマ（奇形腫）を形成する。さらに，マウス ES 細胞の最大の特徴は，キメラ形成能をもつことであり，樹立された ES 細胞を胚盤胞に注入することで，ES 細胞由来の体細胞をもつキメラマウスを作成することが可能となる。また，注入された ES 細胞が生殖細胞に寄与していた場合には，次世代へと ES 細胞の形質が遺伝する。この能力を利用し，試験管内で遺伝子操作を加えた ES 細胞を用いることで，様々なレポーターマウスやノックアウトマウスが作成可能となった。このように，マウス ES 細胞は，遺伝子の機能解明におけるツールとして，発生や疾患メカニズムの解明に大きく役立っている。

一方ヒト ES 細胞は，マウス ES 細胞の樹立から約 20 年後の 1998 年に Thomson らによって樹立された[2]。しかしながら，同じ ES 細胞と定義されるものの，ヒト ES 細胞とマウス ES 細胞の間には大きな違いがあることが明らかとなっている。ヒト ES 細胞も，マウス ES 細胞と同様に，どちらも着床前胚を培養して樹立されており，三胚葉への分化能をもつ多能性幹細胞である。しかし，各々の ES 細胞が形成するコロニー形態は，マウス ES 細胞が小型でかつ，ドーム状のコロニーを形成するのに対して，ヒト ES 細胞は大きく，扁平なコロニーを形成する（図 5.4.1 (A)）。これはマウス ES 細胞が着床前胚と同様の無極性の細胞形態を保持しているのに対し，ヒト ES 細胞は着床後胚に類似した上皮性の性質を有しているためである。さらに，マウス ES 細胞とヒト ES 細胞では，未分化性維持，および増殖に必要とされるシグナル経路が異なることが知られており，マウス ES 細胞では白血病抑制因子（leukaemia inhibitory factor: LIF）の培養液への添加が必須であるのに対し，ヒト ES 細胞では線維芽細胞増殖因子-2（fibroblast growth factor-2: FGF2）やアクチビン（Activin）シグナルに依存することが明らかとなっている。

2-2 プライム型とナイーブ型

前述のように，マウスとヒトの ES 細胞にはいくつかの差異が認められるものの，この差異は，マウスとヒトの種差によって生じているのではないかと考えられていた。しかし，2007 年に，マウス着床後胚からエピブラスト幹細胞（epiblast stem cells : EpiS 細胞）と呼ばれる多能性幹細胞が樹立されたことにより，ヒト ES 細胞のもつ特徴が種特異的なものではなく，発生段階の違いにより生じていることが明らかとなった[3,4]。

マウス EpiS 細胞は，そのコロニー形態はヒト ES 細胞と近く，LIF ではなく FGF2 とアクチビン添加により維持されることから，マウス ES 細胞と比べ，ヒト ES 細胞に類似した多能性幹細胞であることが示された。また，興味深いことに，マウス EpiS 細胞はキメラマウスへの寄与能は有するものの，生殖細胞系列には寄与することができないことが明らかとなっている[5]。これらの差異から，マウ

ス EpiS 細胞を「プライム型」，マウス ES 細胞を「ナイーブ型」として区別しており，ヒト ES/iPS 細胞はプライム型に分類されている。

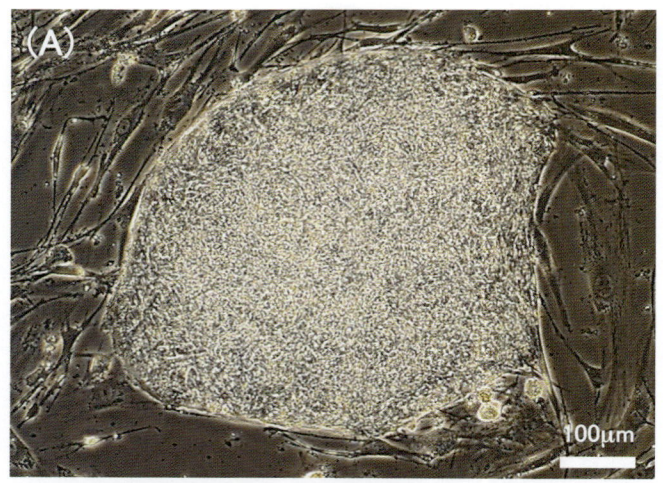

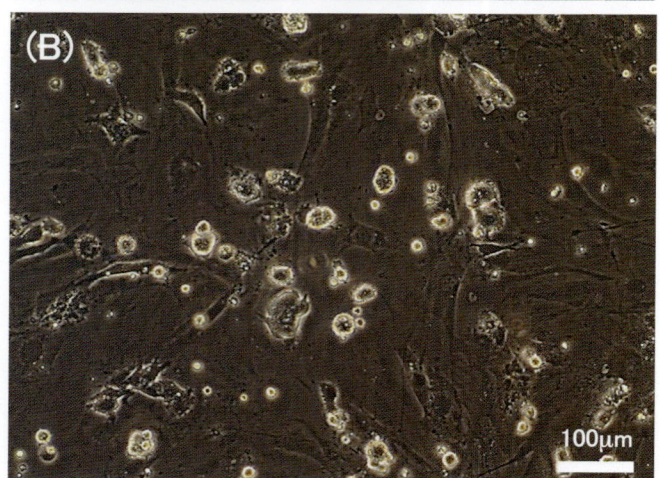

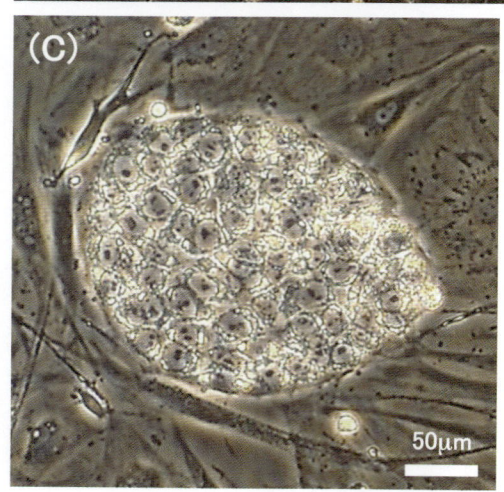

図 5.4.1　ヒトプライム型 ES 細胞とナイーブ型 ES 細胞およびマーモセット ES 細胞

フィーダー上で培養したヒトプライム型 ES 細胞（A），及びナイーブ型 ES 細胞 (B)，コロニー形態が異なることが判断できる。我々のグループで樹立したマーモセット ES 細胞（cjP1）(C)，ヒトプライム型 ES 細胞とも異なるコロニー形態を示している。

マウス EpiS 細胞の発見により，ヒト ES 細胞にもナイーブ型が存在することが示唆されたものの，ヒトの着床前胚を由来として ES 細胞の樹立を行った場合においても，より分化の進んだプライム型として維持されることから，現在の培養方法ではヒトの ES 細胞は着床前の未分化度を維持することが難しいこと，ヒトとマウス ES 細胞の未分化性を維持する機構に種差があることを示しており，培養条件を改良することにより，ヒト ES 細胞においても着床前のナイーブ型を維持することが可能であることを示唆している。

2-3　未分化性を維持するシグナル経路

ES/iPS 細胞は多分化能を有し，外部環境の変化によって容易にその性質が変化する。このため，ES 細胞の未分化性を安定的に維持するためには，ES 細胞の未分化性を維持する転写因子と転写因子が形成する転写ネットワーク，およびそれらの遺伝子群の発現誘導に関わる細胞外シグナルを明らかにする必要がある。

Evans らが樹立したマウス ES 細胞は，血清含有培地，およびマウス胎子由来線維芽細胞（mouse embryonic fibroblast: MEF）をフィーダーとして用いて培養されていた[1]。その後，1988 年に Smith ら，および Williams らにより MEF が産生する LIF がマウス ES 細胞の分化抑制と多能性維持に作用することが報告された[6],[7]。この報告により，LIF を培地中に添加することにより，フィーダー細胞を使用せず，ゼラチン基質を用いてコーティングした培養皿上で未分化性を維持しながら培養が可能となった。

LIF は JAK/STAT 経路の活性化のほかに，PI3K シグナル経路，MAP キナーゼ経路の活性化を行うことが知られている。PI3K シグナル経路は，下流の AKT の活性化に伴い，シグナルが下流に伝達されるが，恒常活性型 AKT を強制発現させることで，LIF 非存在下でも ES 細胞の自己複製能が維持されることが報告されている[8]。一方，MAP キナーゼ経路はマウス ES 細胞自身が分泌する FGF4 によって活性化され，分化を誘導することが知られている。事実，Fgf4 や MAPK シグナル経路の仲介に働く ERK の欠損により，マウス ES 細胞の自発的な分化が抑制されること，自己複製能が安定的に維持されることが明らかとなっている[9]。

一方で，Wnt シグナル経路の活性化が ES 細胞の未分化性維持に働くことが知られている。Wnt シグナル経路は，細胞質内に存在する β - カテニンが核内に移行することに

表 5.4.1 未分化性を維持するシグナル経路

		活性化	抑制
ナイーブ型	マウス ES/iPS 細胞 ヒト ES/iPS 細胞	JAK/STAT, Wnt	MAPK
プライム型	マウス EpiS 細胞 ヒト ES/iPS 細胞	MAPK, TGFb/Activin	
プライム型	マーモセット ES/iPS 細胞	JAK/STAT, MAPK, TGFb/Activin	

* マーモセット ES 細胞についてはさらなる検証が必要と思われる。

より，Tcf ファミリー転写因子と協調して，下流の転写を制御しているが，細胞質に存在する β - カテニンは同じく細胞質内に存在する GSK3β によってリン酸化を受け，分解を受ける。古典的経路においては，Wnt 受容体である Frizzled，Lrp5，Lrp6 がリガンドである Wnt の刺激を受けると GSK3β の機能抑制に働くため，β - カテニンが安定的に核内へと移行する。このメカニズムを応用し，マウス ES 細胞に GSK 阻害剤を添加することで，未分化性が維持されることが明らかとなった[10]。2008 年には，2i と呼ばれる MAPK 阻害剤と GSK 阻害剤の同時添加により，無血清培地中で LIF 非存在下でも未分化性が維持されることが報告された[11]。さらに 2iL 培地に LIF の添加を行うことで，未分化性の増強が認められることから[11]，これらのシグナル経路は未分化性維持に協調的に働いていることを示している（表 5.4.1）。

2-4 iPS 細胞

ヒトの多能性幹細胞は，再生医療における細胞リソースとして重要視されていたものの，受精卵を用いて樹立されることから倫理的な問題点があり，ヒト ES 細胞自体の基礎研究，応用研究への利用が厳しく制限されていた。しかし，2006 年にマウス，2007 年にヒトにおいてそれぞれ iPS（induced pluripotent stem）細胞の樹立が報告されてからは，ヒト多能性幹細胞を用いた研究が盛んに行われるようになった[12), 13)]。

iPS 細胞は，線維芽細胞などの体細胞に対して，ES 細胞の未分化性維持に働く OCT3/4，Sox2，Klf4，Myc を強制発現させ，ES 細胞用培地で培養することにより誘導される人工的な多能性幹細胞である。樹立当初は，がん遺伝子である Myc を使用していること，初期化因子の強制発現をレトロウイルスにより行っていたことからがん化などのリスクが懸念されていたが，ゲノム挿入のリスクが少な

いエピソーマルベクターを用い，MYC の代替因子として，L-MYC を使用したことを含め，現在では，腫瘍形成リスクを低減し，かつ作製効率や多能性が高い樹立方法が確立されている[14]。

iPS 細胞の樹立は，分子生物学においても重要な発見である。2006 年の報告以前は，一度分化した体細胞は分化状態を維持しており，未分化状態へと逆戻りすることはないと考えられていた。これは，一度構築されたエピゲノムのパターンを大きく変化させることは困難だと考えられていたためである。しかし，初期化因子に代表されるマスター因子と呼ばれる転写因子は，体細胞に強制発現させることで，体細胞のエピゲノムと転写ネットワークの変化を誘導し，他の細胞種に分化転換させることが可能となる。さらに，初期化因子を用いて体細胞から iPS 細胞を誘導する過程で，培養条件を神経幹細胞の維持培地に置換すると神経幹細胞を誘導することが可能とされる。これらの点は，細胞の分化状態が，転写因子と細胞外環境によって強く規定されていることを示唆している。

2-5 ヒトナイーブ型 ES 細胞

前述のように，ヒト ES/iPS 細胞は，着床後エピブラストに相当する性質を示すプライム型多能性幹細胞である。とくにヒト ES 細胞は，樹立中に着床前胚から発生が進み，着床後の性質を示す ES 細胞として樹立される。このため，樹立された ES 細胞は様々な分化状態の ES 細胞が混在した不均一な集団であることが示唆されている。一方，ヒト iPS 細胞は体細胞リプログラミング技術によりエピゲノムを ES 細胞様にリセットすることで樹立される。しかし，多くの iPS 細胞はエピゲノムのリセットが不十分であり，とくに体細胞の DNA のメチル化パターンの残存により，分化の方向性に偏りがみられることがある[15]。このような不均一性を解決する方法の 1 つとして，ヒトプライム型多

能性幹細胞のナイーブ型への変換が挙げられる。ナイーブ型のES細胞は、より均一な性質をもつと共に、プライム型多能性幹細胞と比較して、ゲノムワイドなDNAのメチル化レベルも低く維持されていることから、iPS細胞の不均一なエピゲノムパターンをリセットすることが可能であると考えられる。

2010年にナイーブ型ヒト多能性幹細胞の報告がなされたが、ナイーブ型ではなく、維持も困難な手法であった[16]。さらに、MAPKシグナル経路、およびTGFbシグナル経路に依存する培養系が報告されたものの、厳密にナイーブ型ES細胞であるという結論に至ってはいなかった[17]～[20]。これらの点から、少なくとも細胞外環境からのシグナル経路がナイーブ型多能性幹細胞の誘導・維持に適していないことが問題点として挙げられた。さらに、初期化4因子などの転写因子の強制発現によるiPS細胞の誘導によっても、ナイーブ様の多能性幹細胞が樹立されたという報告はない。これは、プライム型多能性幹細胞で発現している転写因子では、ナイーブ化に不十分であることを示している。

前述のMAPK阻害剤およびGSK阻害剤とLIFを加えた2iL培地は、それまでES細胞を樹立できなかった系統のマウスからのES細胞の樹立を可能とし[21]、また、ラットからもES細胞の樹立を可能にしたが[22]、マウスのプライム型EpiS細胞においては、2iL培地は未分化性を維持せず、分化していくことが明らかとなった。このことから、少なくとも2iL培地はナイーブ型の細胞にのみ有効であることが明らかとなった[23]。一方、マウスにおいては、転写因子の強制発現によりEpiS細胞からES細胞へのリセットが行われており、NanogとKlf2が効果的にリセットを誘導することが知られていた。

我々のグループは、ヒトプライム型ES細胞にNANOGおよびKLF2を強制発現させ、t2iLIFGö培地を用いて培養を行うことで、ナイーブ型ヒトES/iPS細胞を樹立できることを報告した[24]（図5.4.1(B)）。現在では、誘導条件の最適化が行われ転写因子の強制発現を行わずに、ナイーブ型ヒト多能性幹細胞の樹立が可能となっている。しかしながら、マウスにおけるナイーブ型の判断基準として用いられているキメラ形成能、生殖系列への寄与は、ヒトではもちろん証明することはできない。このためヒトでは、キメラ形成能に代わり、マウスナイーブ型多能性幹細胞でみられる特徴に着目してナイーブ化が判断されている。これまでに、ナイーブ型多能性幹細胞で特異的に発現している遺伝子群（KLF4, TFCP2L1, DPPA3など）やOCT4

distal enhancerの活性化などが判断基準として用いられていたが、ヒトとマウスの種差から、これらの特徴は必ずしも一致しない可能性がある。現在最も有効な比較対象は、ヒト胚の内部細胞塊のsingle cellトランスクリプトーム解析との発現パターンの比較であり、これまでに報告されたナイーブ型ヒト多能性幹細胞の内、我々のグループとJaenischらによって誘導されたナイーブ型細胞[25]が、最も着床前ICMに類似した発現パターンを示すことが明らかとなった。しかし、ヒトにおいては、キメラ動物を作成することはできず、真のナイーブ型多能性幹細胞であるかの検証は不可能である。非ヒト霊長類を用いたナイーブ化の解析により、キメラ形成能などのナイーブ型の特性について着目した研究が必要である。

3 マーモセット多能性幹細胞

非ヒト霊長類におけるES細胞として、1995年、アカゲザルES細胞がThomsonらによって胚盤胞から樹立された[26]。その後本邦では、2001年にカニクイザルES細胞が末森博文博士らによって樹立された[27]。一方、マーモセットES細胞は、1996年にThomsonらによって樹立されているものの、現在では入手することはできない[28]。近年では、2005年に佐々木えりか博士らにより[29]、また2009年にMüllarらによって新規マーモセットES細胞株が樹立されている[30]。一方、マーモセットiPS細胞は、佐々木えりか博士、岡野栄之博士を含む複数のグループから樹立が報告されている[31]～[33]。以下の項目に、マーモセットES細胞の特徴について記載する。

3-1 コロニー形態

フィーダー上でのマーモセットのコロニー形状は、扁平であり、典型的なプライム型ES細胞のコロニー形状を示している。しかしながら、同じくプライム型のヒトES/iPS細胞に比べ、細胞核が大きく、核を明瞭に観察することができる（図5.4.2）。

3-2 未分化性

マーモセットES細胞の未分化性を判断するうえで最も簡便な手法は、アルカリフォスファターゼ染色である。しかしながら、特異性が低いため、他の未分化マーカーの併用が必要である。未分化性に関与するマーカー遺伝子については、その大部分がヒト多能性幹細胞と同一であるものの、抗体を用いた解析においては、マーモセットを認識可

能であるかどうかの検討が必要となる。我々は OCT3/4，NANOG に対し qPCR による RNA の発現，および抗体染色によるタンパクの発現を確認している（表 5.4.2）。

表 5.4.2　マーモセット ES 細胞用 Primer および抗体

定量的 PCR 用 primer

NANOG	Fw: 5' − CTTGGAAACTGCTGGGGAAA − 3'
	Rv: 5' − ACATGCATGGAATAAA − 3'
OCT3/4	Fw: 5' − GGAGTCCCAAGACATCAAAG − 3'
	Rv: 5' − CACATCGGCCTGTGTATATC − 3'

免疫染色用抗体

NANOG	eBioscience (14-5769-82)，1:200 で使用
OCT3/4	Santa Cruz (sc-5279)，1:500 で使用

3-3　シグナルへの依存性

当初，マーモセットの ES 細胞株はプライム型のコロニー形状を示すにも関わらず，マウス ES 細胞株の培養条件である LIF 存在下で樹立，維持されており[29]，ヒト ES/iPS 細胞とは異なるシグナル経路で未分化性が維持されている可能性が示唆されていた。近年，マーモセット ES 細胞の未分化性維持シグナルについては，FGF2 による PI3K シグナル系路の活性化と，TGFb/Activin シグナルによる SMAD2/3 の活性化を認めることが示されている[34]。一方で Debowski らは，LIF，FGF2，TGFb/Activin 非存在の培地を用いてフィーダー細胞上で培養することによって ES/iPS 細胞の樹立・維持に成功していることから，フィーダー細胞からの分泌因子のみでも未分化性の維持は可能であることを示唆している[33]。実際にどのシグナルがマーモセット ES 細胞の維持に必須であるかあるいは機能的に働いているのかは今後の研究に期待される。

3-4　培養方法

マーモセット ES 細胞は，通常フィーダー上で維持し，ある程度のコロニーサイズを維持したまま，継代することが望ましい（クランプセル播種培養）。一方，シングルセルでの継代を行う場合は，アポトーシスによる細胞死を防ぐために，ヒト ES 細胞と同様に Rock 阻害剤の添加を行うことが望ましい。フィーダー上での培養方法の詳細については次項を参照。

3-5　iPS 細胞

ヒト iPS 細胞の登場後，様々な霊長類の iPS 細胞が樹立

されている。既に，アカゲザル，マーモセット，カニクイザル，ヒヒ，ボノボ，チンパンジーなどから iPS 細胞は樹立されており，これら霊長類の ES/iPS 細胞はすべてプライム型であることが確認されている。マーモセット iPS 細胞は，2010 年に Hornsby らのグループと佐々木・岡野博士らのグループによって樹立が報告されており，Hornsby らは，マーモセットの線維芽細胞にヒトと同様の 4 因子[32]，佐々木・岡野博士らは，マーモセット胎子の肝細胞にヒトの 4 因子，およびこれに NANOG と LIN28 を加えた 6 因子によってそれぞれ iPS 細胞の樹立を行っている[31]。樹立された iPS 細胞は長期培養可能であり，発現パターンが ES 細胞に類似していること，多分化能を有していることなど，ES 細胞とほぼ同様の性質を有していると考えられる。2015 年には，Behr らのグループも iPS 細胞の樹立を報告しており，佐々木・岡野博士らと同様に 6 因子使用しているものの，ヒトではなく，マーモセット遺伝子を使用して iPS 細胞を樹立している[33]。

4　マーモセット ES 細胞培養プロトコール

4-1　入手方法

理研バイオリソースセンターより，マーモセット ES 細胞（CMES40，メス）が入手可能である。

4-2　準　備

a. フィーダー細胞用培地

DMEM+10% FBS，2-Mercaptoethanol (0.1mM)

b. フィーダー細胞

E13.5 マウス胎子から MEF を単離・培養したものを放射線照射あるいはマイトマイシン C により不活化を行うことで作成できる。既に不活化処理を施した MEF を購入することも可能である。我々は放射線照射した不活化 MEF を使用している。

c. マーモセット ES 細胞用培地

DMEM/Ham's F-12+KSR (20%)，NEAA (0.1mM)，2-Mercaptoethanol (0.1mM)

d. CTK 溶液

組　成

2.5% Trypsin	1 mL
10mg/mL Collagenase IV (Invitrogen17104-019)	10 mL

KSR (final 20%)	20 mL
100 mM CaCl$_2$ (final 1 mM)	1 mL
1 × PBS	68 mL

　CollageneaseIV および CaCl$_2$ はフィルター滅菌（0.22 μm）を行う。－30℃で保存し，解凍後は 2 週間程度 4 ℃で保存可能。

e. 0.1 % ゼラチン溶液

f. PBS（－）

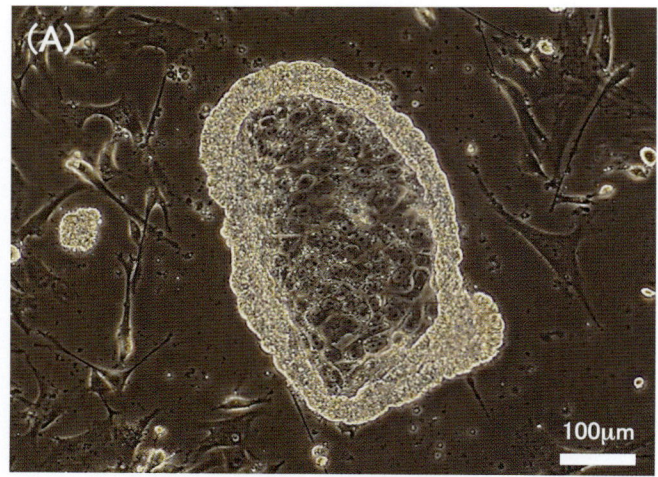

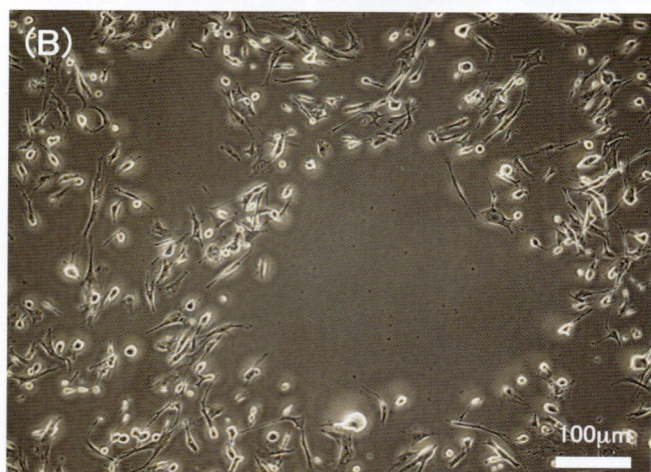

図 5.4.2　マーモセット ES 細胞（継代時）
　CTK 処理を 8 分行った際のマーモセット ES 細胞(A)，コロニー辺縁が剥がれ始めており，ピペッティングにより容易にコロニーを剥離させることができる状態である。剥離させた後には，フィーダー細胞のみが残った状態となる（B）。

g. 細胞凍結保存液 (DAB213)

組　成

2M DMSO	1.42 mL
1M Acetamide	0.59g
3M Propylene glycol	2.2 mL
ES 細胞用培地（FGF 不含）	6.38 mL

1. 0.59g Acetamide を 6mL の ES 細胞培地で溶解する。
2. フィルター滅菌（0.22 μm）する。
3. 1.42mL の DMSO と 2.2mL の Propylene glycol を加える。
4. ES 培地を加えて 10mL とする。
5. 調整後、分注し－80℃にて保存する。数回凍結・融解できる。

h. 液体窒素

4-3　培養操作

a. フィーダー細胞の準備（前日に準備）

1. 6 well plate に 0.1% ゼラチン溶液を添加し，室温で 15 分以上静置する。
2. 15mL 遠心管に培地を 5mL 添加する。
3. 液体窒素タンクより，凍結保存しているフィーダー細胞を取り出し，37℃の恒温槽ですばやく解凍する。
4. 2 の遠心管に解凍したフィーダー細胞を回収し，懸濁する。
5. 遠心（200g，5min）後，上清を取り除く。
6. 適量の培地に懸濁し，細胞数を計測する。
7. 1 × 10^6/6well plate で播種する。フィーダー細胞の状態によっては，播種細胞数の検討が必要である。

b. マーモセット ES 細胞の解凍（ガラス化法）

1. ES 細胞用培地を分注（解凍用：凍結チューブ 1 本当たり 2mL，回収用：凍結チューブ 1 本当たり 10mL）し，恒温槽（37℃）であたためておく。
2. 前日に用意したフィーダー細胞を PBS で 2 回洗浄後，ES 細胞用培地に交換する。
3. 液体窒素タンクから培養室で解凍する直前まで液体窒素の中で凍結しておく。凍結細胞チューブを取り出し，37℃で暖めていた培地 1mL を直接チューブに添加し，ピペッティングを行いながら急速に解凍する。

4. 細胞懸濁液を回収用チューブに回収する。

5. 再度培地 1mL を添加し，残存する細胞を回収する。

6. 遠心（200g，5min）後，上清を取り除く。

7. 適量の培地で懸濁後，2 のフィーダー細胞上に播種する。

8. 37℃の CO_2 インキュベーター内で培養する。

9. 翌日，観察し，細胞が接着している場合には培地交換を行う。

10. 以降，毎日培地交換を行う。

c. 継　代

1. 前日にフィーダー細胞を準備する。

2. 前日に用意したフィーダー細胞を PBS で 2 回洗浄後，ES 細胞用培地に交換し，恒温槽（37℃）であたためておく。

3. コンフルエントになった ES 細胞を PBS で 2 回洗浄する。

4. CTK 溶液を 500 μL（培養スケールに伴い変更する）添加し，37℃ インキュベーター内で 7 ～ 10 分静置する。

5. 顕微鏡で観察する。フィーダーに影響がなく，ES 細胞コロニーの辺縁が剥がれてきたら処理を止め，CTK 溶液を除去する（図 5.4.2 (A)）。

6. ES 細胞用培地を 1mL 加え，穏やかにピペッティングして ES 細胞コロニーのみを剥がし 15mL 遠心管に回収する。ES 細胞の状態がよければ，フィーダー細胞が dish 上に残った状態が観察できる（図 5.4.2 (B)）。

7. 再度培地 1 mL を添加し，残存する細胞を回収する。

8. 遠心（200g，5min）後，上清を取り除く。

9. 適量の培地で懸濁後，コロニーのサイズが小さくなるようにピペッティングを行う。
   ※ ある程度の大きさを維持するようにする。

10. 1：3 ～ 6 の割合で，フィーダー細胞上に播種する。

11. 翌日，観察し，細胞が接着している場合には培地交換を行う。

12. 以降，毎日培地交換を行う。

d. ガラス化法による ES 細胞の凍結

1. 前日に用意したフィーダー細胞を PBS で 2 回洗浄後，ES 細胞用培地に交換し，恒温槽（37℃）であたためておく。

2. コンフルエントになった ES 細胞を PBS で 2 回洗浄する。

3. CTK 溶液を 500 μL（培養スケールに伴い変更する）添加し，37℃ インキュベーター内で 7 ～ 10 分静置する。

4. 顕微鏡で観察する。フィーダーに影響がなく，ES 細胞コロニーの辺縁が剥がれてきたら処理を止め，CTK 溶液を除去する。

5. ES 細胞用培地を 1 mL 加え，穏やかにピペッティングして ES 細胞コロニーのみを剥がす。15mL 遠心管に回収する。

6. 再度培地 1 mL を添加し，残存する細胞を回収する。

7. 遠心（200g，5min）する。

8. 遠心中に液体窒素，および凍結保存液を準備する（凍結保存液は－80℃から取り出した後，数分で解凍される）。

9. 可能な限り上清を取り除いた後，200 μL の凍結保存液に懸濁し，1 ～ 2 回のピペッティングの後に，クライオチューブに移す（クライオチューブを冷やしておく）。

10. チューブを液体窒素に浸し，1 分ほど静置する。なお，9 ～ 10 のステップは可能な限り短時間で行う（15 秒以内）。

11. 液体窒素に浸したまま運搬し，液体窒素タンクで保存する。

5 まとめ
―非ヒト霊長類多能性幹細胞に寄せる期待―

同じ霊長類であるサルやマーモセットのプライム型 ES 細胞は，ヒトと同じくプライム型の形質を有しており，キメラ形成能は確認されていない。アカゲザル iPS 細胞を用いて，ナイーブ型多能性幹細胞を誘導し，キメラ動物を作成したとの報告もあるが，生殖細胞に寄与し次世代まで受け継がれたという報告はまだなく，霊長類においてキメラを形成することができる真のナイーブ型多能性幹細胞はまだ樹立されていない。霊長類におけるキメラ形成は霊長類のナイーブ型多能性幹細胞の証明となるため，その樹立が待たれる。同時に霊長類で遺伝子改変動物の作製が可能になると期待され，生命科学研究への貢献は大きいと考える。

■ 参考文献 ■

1) Evans MJ : Nature, 1981; **292**: 154-156.

2) Thomson J : Science, 1998; **282**: 1145-1147. papers://4a4d46d0-94f3-46c5-8455-299f3d52958c/Paper/p6900.

3) Tesar PJ, *et al.* : Nature, 2007; **448**: 196-199. doi:10.1038/nature05972.

4) Brons IGM, *et al.* : Nature, 2007; **448**: 519-532. doi:10.1038/nature05950.

5) Hayashi K : Cell, 2011; **146**: 191-195. doi:10.1016/j.cell.2011.06.052.

6) Smith AGJ : Nature, 1988; **336**: 688-690. doi:10.1038/336688a0.

7) Williams RL, *et al.* : Nature, 1988; **336**: 684-687. doi:10.1038/336684a0.

8) Watanabe S, *et al.* : Oncogene, 2006; **25**: 2697-2707. doi:10.1038/sj.onc.1209307.

9) Kunath T, *et al.* : Development, 2007; **134**: 2895-2902. doi:10.1242/dev.02880.

10) Sato N : Nat Med, 2004; **10**: 22-63. doi:10.1038/nm979.

11) Ying QL, *et al.* : Nature, 2008; **453**: 519-523. doi:10.1038/nature06968.

12) Takahashi K, *et al.* : Cel, 2006; **126**: 663-676. doi:10.1016/j.cell.2006.07.024.

13) Takahashi K, *et al.* : Cell, 2007; **131**: 861-872. doi:10.1016/j.cell.2007.11.019.

14) Okita K, *et al.* : Nat Methods, 2011; **8**: 409-412. doi:10.1038/nmeth.1591.

15) Kim K, *et al.* : Nature, Methods, 2010; **467**: 285-290. doi:10.1038/nature09342.

16) Hanna J, *et al.* : Proc Natl Acad Sci USA, 2010; **107**: 9222-9227. doi:10.1073/pnas.1004584107.

17) Gafni O, *et al.* : Nature, 2013; **504**: 282-286. doi:10.1038/nature12745.

18) Chan YS, *et al.* : Cell Stem Cell, 2013; **13**: 663-675. doi:10.1016/j.stem.2013.11.015.

19) Valamehr B, *et al.* : Stem Cell Reports, 2014; **2**: 366-381. doi:10.1016/j.stemcr.2014.01.014.

20) Ware CB, *et al.* : Proc Natl Acad Sci USA, 2014; **111**: 4484-4489. doi:10.1073/pnas.1319738111.

21) Nichols J, *et al.* : Nat Med, 2009; **15**: 814-818. doi:10.1038/nm.1996.

22) Buehr M, *et al.* : Cell, 2008; **135**: 1287-1298. doi:10.1016/j.cell.2008.12.007.

23) Guo G, *et al.* : Development, 2009; **136**: 1063-1069. doi:10.1242/dev.030957.

24) Takashima Y, *et al.* : Cell, 2014; **158**: 1254-1269. doi:10.1016/j.cell.2015.06.052.

25) Theunissen, TW, *et al.* : Cell Stem Cell, 2014; **15**: 471-487. doi:10.1016/j.stem.2014.07.002.

26) Thomson JA, *et al.* : Proc Natl Acad Sci USA, 1995; **92**: 7844-8. doi:PMC41242.

27) Suemori H, *et al.* : Dev Dyn, 2001; **222**: 273-279. doi:10.1002/dvdy.1191.

28) Thomson HJ, *et al.* : Biol Reprod, 1996; **55**: 254-259.

29) Sasaki E, *et al.* : Stem Cell, 2005; **23**: 1304-1313. doi:10.1634/stemcells.2004-0366.

30) Müller T, *et al.* : Hum Reprod, 2009; **24**: 1359-1372. doi:10.1093/humrep/dep012.

31) Tomioka I, *et al.* : Genes to Cell, 2010; **15**: 959-969. doi:10.1111/j.1365-2443.2010.01437.x.

32) Wu Y, *et al.* : Stem Cell Res, 2010; **4**: 180-188. doi:10.1016/j.scr.2010.02.003.

33) Debowski K, *et al.* : PLoS One, 2015; **10**: 1-21. doi:10.1371/journal.pone.0118424.

34) Nii T, *et al.* : FEBS Open Bio, 2014. PMID 246494037.

5.5 MRI・*in vivo* イメージング

小牧裕司

コモン・マーモセットは遺伝工学，神経科学の分野において，小型霊長類のモデル動物として大きな利点をもつ。さらに，*in vitro* 試験，マウスなどの基礎研究からヒトの臨床研究を繋ぐ，橋渡しの役目を担っている。ヒトの病態を再現した疾患モデルやその治療法を評価するためには，ヒトと共通の評価ツールが必須である。

そこで，本項目ではヒトと共通の評価ツールであるイメージング法について概説するとともに，Magnetic Resonance Imaging（MRI）の具体的な利用方法について紹介する。

1 はじめに

マーモセットを対象としたイメージング研究の利点のひとつとして，非侵襲性があげられる。ヒトと同様に対象を傷つけることなく観察ができるため，同一個体の繰り返し観察が可能である。よって発症前後の病態変化，治療前後で同一個体の比較が可能であり，個体差がありバラツキの大きな疾患でも統計的に有意差をつけやすく検出力が高い。さらに，視覚に訴える画像を用いて説得力の高いデータを提供することができる。また，発達段階や加齢に関する縦断的解析も可能である [1]～[3]。

他の利点として，ヒトを対象としたイメージング手法と全く同じ原理を用いていることから，実験機で確立した手法をすぐにヒトの臨床へ展開することができる [4]。高い外挿性をもつ前臨床試験を実施することで，橋渡し研究を加速させることができる。

さらに上記利点は，動物実験の "3Rs" に貢献する。非侵襲的な計測方法であることから被験動物への苦痛を軽減する（Refinement）。病態の発症，治療前後で同一個体を計測できることから，対照群とする動物数を削減することが可能である（Reduction）。さらに，ビッグデータ解析のために撮影された画像のデーターベース化プロジェクトがそれぞれ進行中であり，将来的にコンピュータシミュレーションによる疾患の解析が可能となる（Replacement）。

イメージング研究におけるマーモセットの特徴のひとつとして，マーモセットはラットと同程度の体重にもかかわらず，ヒトに近い中枢神経系の構造をもつ。後述のDiffusion tensor tractography（DTT）を用いて，マウス，マーモセット，ヒトの連合線維（同側の大脳半球内を繋ぐ白質神経線維）を観察すると，マーモセットの神経構造は非常にヒトと類似していることがわかる（図 5.5.1）。さらに，大脳だけではなく，脊髄における皮質脊髄路（随意運動，とくに手などの遠位筋の運動制御に関わる重要な脊髄下行路）の局在もげっ歯類と霊長類で異なる。霊長類の皮質脊髄路は側索を下降し運動ニューロンへ直接結合するものが多いが，げっ歯類では後索と後角に分布し介在ニューロンに多く接続する [5], [6]。このため，マーモセットはヒトの精神・神経疾患の高度な再現性が期待されており，その評価ツールとして MRI は重要な役割を果たしている。

2 イメージングツールの紹介

マーモセットの *in vivo* イメージング法として代表的なものを次にあげる。

- 蛍光／発光イメージング／2 光子顕微鏡 [7]
- 光音響イメージング／超音波イメージング
- レントゲン／Computed Tomography (CT)
- Single photon emission computed tomography

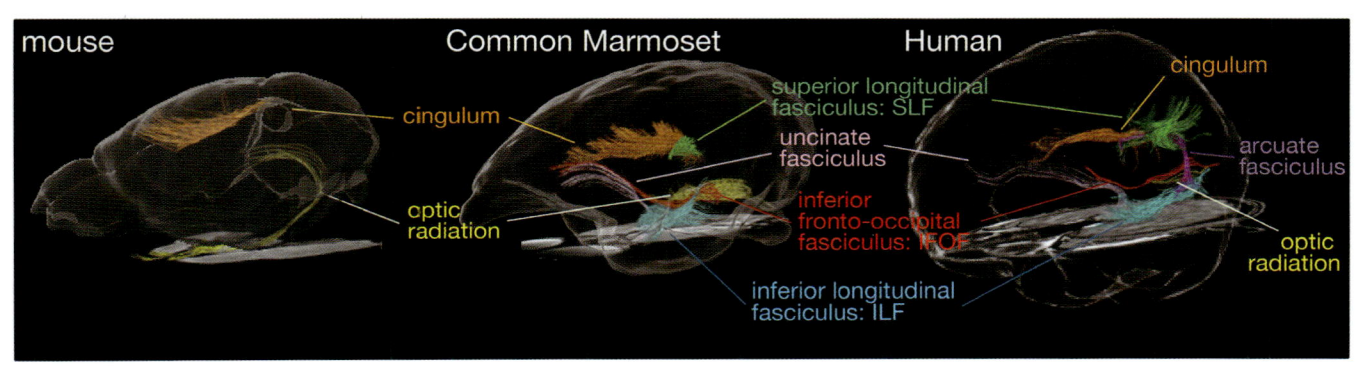

図 5.5.1 Diffusion tensor tractography を用いたマウス，マーモセット，ヒトの連合線維の観察

(SPECT) [8] ／ Positron Emission Tomography (PET) [9], [10]

- MRI

蛍光／発光プローブを用いたイメージング技術は，タンパク質の同定や複合体の検出，特定のタンパク質の局在や活性検出などに利用される。2光子顕微鏡の開発により深部の微細構造の観察が可能であり，蛍光顕微鏡の小型化により顕微鏡を頭部に埋め込み自由行動下の観察も可能になるなど，近年の技術革新がめざましい分野である。

光音響イメージングは，対象にレーザーを照射して生じた光音響波を基に画像化するもので，高いコントラストと高い分解能をもち，ヘモグロビンの酸化／還元を観察することができ，近年注目を浴びている。

本稿では，ヒトと共通の評価ツールであるレントゲン・CT，SPECT・PET，MRI について紹介する。

3 レントゲン撮影・CT

レントゲン撮影・CT は，X 線管球より照射された透過 X 線を検出器で捉え画像化する。レントゲン撮影は，フラットパネルディテクターなどの平板な検出器で透過 X 線を検出し二次元画像として可視化する（図 5.5.2）。CT は，この検出器と X 線管球を回転させて，画像再構成を行うことで断層像を得る（図 5.5.3）。

主な計測対象は骨や肺である（図 5.5.4）。骨折や肺の炎症，腫瘍の観察が可能で，この他には造影剤を用いて血管走行や尿路，消化管などの形態／動態評価が可能である。さらに，解析ソフトと基準ファントムを用いることで骨密度計測を，動画撮影データから心臓の機能解析も可能となる。

CT の特徴として，信号値の定量が可能であり，開発者の名前にちなんでハンスフィールドユニット（HU）を単位として用いる。水を 0HU，空気を -1000HU として定義されており，脂肪は -100 ～ -50HU，骨は 400 ～ 1000HU ほどの値をとる。

レントゲン装置，CT 装置は国内外のメーカー各社で販売されており，マーモセットの場合，ヒト用，小動物用どちらでも計測は可能である。小動物用 CT の場合，ボア径約 8cm 以上であれば検査可能で，撮像視野を絞れば数 µm の分解能で撮影することができる。さらに，自己遮蔽型の装置が多く，放射線の漏洩がないため設置の際の法的ハードルが低い。選定のポイントとしては，高分解能であることはもちろんのこと，良好な組織コントラストを得るために管電圧の設定範囲や，最大管電流値にも注意したい。

レントゲン撮影は数秒で撮影することができるため，用手保定にて簡単に撮影することが可能である。CT の場合は，麻酔下で撮影することが多いが，数分で終えることができ，動物への負担も少ない。

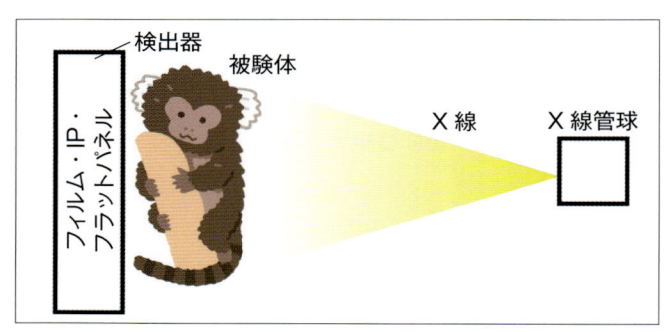

図 5.5.2 レントゲン撮影

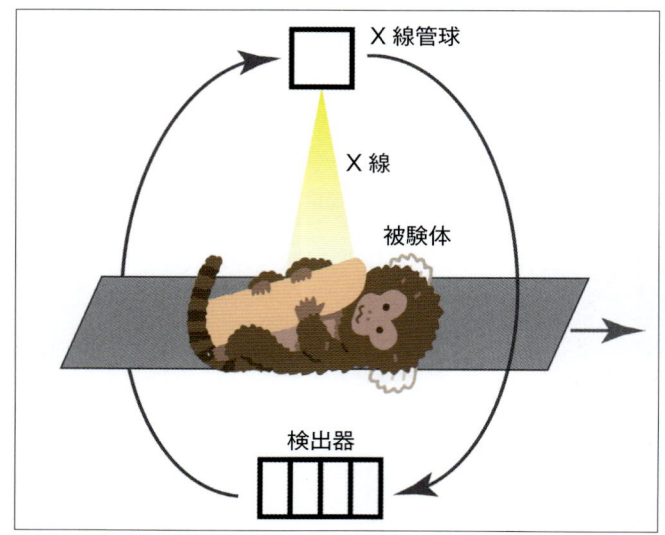

図 5.5.3 CT

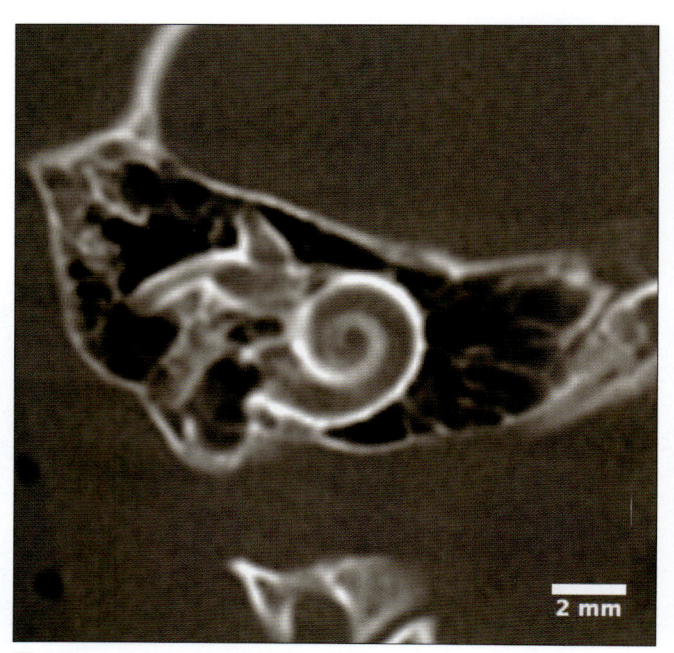

図 5.5.4 マーモセット蝸牛 CT 像

4 SPECT・PET

放射性同位体（radioisotope: RI）を投与し，体内から放出される放射線を外部の検出器で計測することで，その分布を画像化する。これら RI 検査の利点は投与した放射性医薬品を超高感度（pmol レベル）で検出できる点であり，化合物の生体での挙動を明らかにする。

SPECT は，投与された RI から放出されるガンマ線を直接検出器で計測する。CT と同じように被験体の周りを回転することで断層像を得る（図 5.5.5）。6- ヒドロキシドー

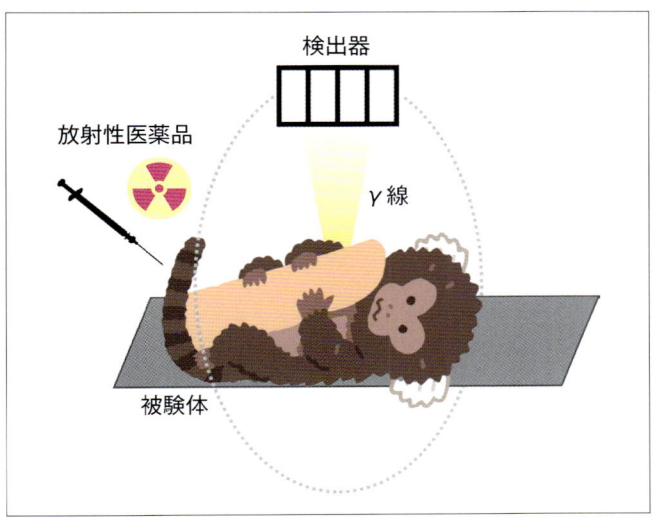

図 5.5.5　SPECT

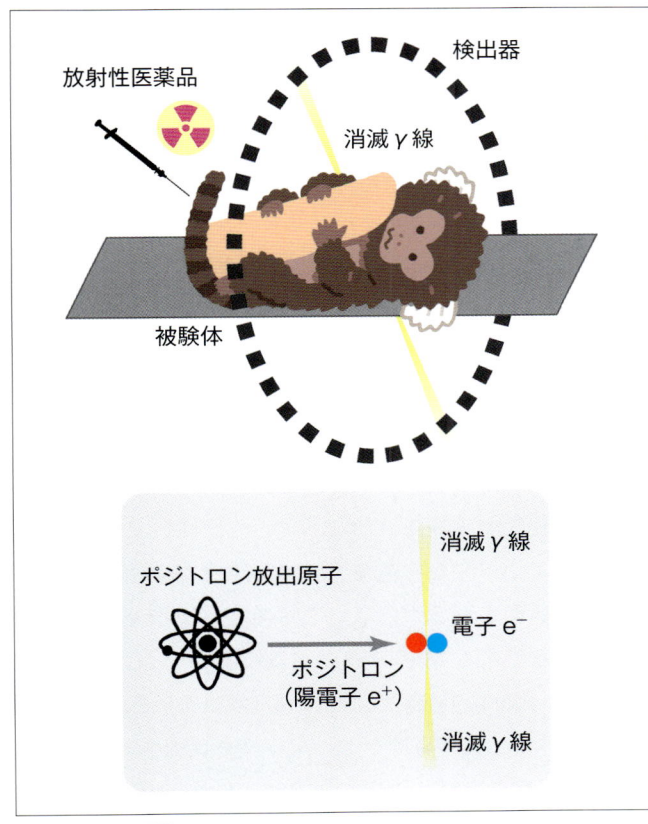

図 5.5.6　PET

パミン（6-OHDA）投与によるパーキンソン病モデルマーモセットに対するイオフルパン（[123]I-FP-CIT，商品名ダットスキャン）を用いた SPECT 計測では，尾状核ドパミントランスポーターへの集積の低下し，Cerebral dopamine neurotrophic factor（CDNF）による介入で有意に回復することが観察されている[8]。

PET は，ポジトロン（陽電子）を放出する RI で標識した薬剤を放射線源として，被験体の周囲 360 度に配置された検出器を用いて可視化する（図 5.5.6）。放出されたポジトロンは近傍の電子と結合して対消滅し，対向する 2 本の消滅 γ 線を放出する。これを周囲に配置した検出器で同時に検出することで，RI の分布を可視化することができる。

最も多く利用されている ^{18}F-FDG はフルオロデオキシグルコースの略で，糖代謝を観測することができる。腫瘍，心筋虚血領域，てんかん領域の細胞はグルコースの代謝異常があり，高感度に検出することができる。また，神経毒のひとつである MPTP を投与したパーキンソン病モデルマーモセットを対象としてドパミントランスポーターのリガンドである [^{11}C]PE2I を投与した PET 計測では，線条体への結合能が有意に低下していることが観察された[9]。

SPECT・PET 検査は非常に高い利益を得ることができる一方で，RI を用いることから，放射線管理区域の設定や放射線取扱主任者の選任が必要で，導入のハードルが最も高い *in vivo* イメージング法である。また，一度 RI を投与した動物は，汚染動物として扱われ，し尿および床敷等は放射性廃棄物として適切に取り扱う必要がある。

5 MRI

通常の MRI が観測対象としているものは水のプロトン（陽子：水素原子核）である。組織内の水が重量比で 70% あるとすればプロトンの数として 80mol ／ L 存在し，スピン角運動量をもつ核種の中で最も感度が高く測定がしやすい。プロトンは回転していて電気的な偏りを保つため小さな磁石としてふるまい，外部磁場（静磁場コイル）の存在下では磁場の向きに順方向，逆方向を向く 2 状態に分布する（ゼーマン分裂）。このプロトンの集団を巨視的にみた場合，磁化ベクトルは外部磁場に順方向の向きにわずかに偏る（ボルツマン分布）。この磁化の偏りに対して，スピンの共鳴周波数（ラーモア周波数）と同じ周波数の回転磁波を RF 送信コイルから送信することで，磁化ベクトルは回転しながら外部磁場に直行する平面を通り，RF の送信を止めると元の状態に戻る（緩和）。この RF の送信を止

めてから元に戻る過程で，回転する磁化は受信コイルに誘導起電力を生じ，この電流値を NMR 信号として検出し位置情報を付与したものが MRI の原理である。このように，MRI は NMR 現象を基としてとても複雑な原理を用いているが，組織の種類や状態による水プロトンの緩和時間（T_1, T_2）の違いが画像コントラストの基礎となっており，他の画像機器では捉えることのできない高い組織コントラストをもつ画像を得ることができる。

　MRI には，静磁場強度 0.5 〜 3T のヒトを対象とした臨床用の装置と，4.7T 以上の小動物を対象とした実験用の装置，1 T 以下のコンパクトで扱いやすい装置がそれぞれ国内外のメーカーから販売されている。静磁場強度が高いほどゼーマン分裂による磁化の偏りが大きいため信号雑音比も高くなるが，それに合わせて購入コストも高くなる。臨床機は競合するメーカーが多く，使いやすいアプリケーションが充実している。一方，実験機はアプリケーションの点で劣るものの，ユーザーが調整可能なパラメータが多く撮像の自由度が高い。臨床機や低磁場 MRI を用いてマーモセットを撮像する場合は良好な信号を得るためにマーモセットに特化した RF コイルを設計する必要がある。現在，マーモセット専用のコイルは，国内では高島製作所株式会社が（図 5.5.7），海外では RAPID MR International がそれぞれ販売している。実験機にてマーモセットを撮像する場合，CT と同じく内径 8cm 以上の空間があれば計測可能であるが，静磁場コイルの中に傾斜磁場，送信／受信コイルを配置する必要があるので，ボア径は 16cm 以上必要である（図 5.5.8）。MRI の特徴として臨床機，実験機ともに高い静磁場を発生させる超伝導状態を保つために，冷媒として液体ヘリウム，液体窒素，再凝縮装置の電気代など毎年高いランニングコストが必要となる。また，他の画像機器と比較して複雑な計測パラメータの設定が必要であり，常に高磁場を発生させているため機器の管理ができる専門知識をもった人材が必要である。

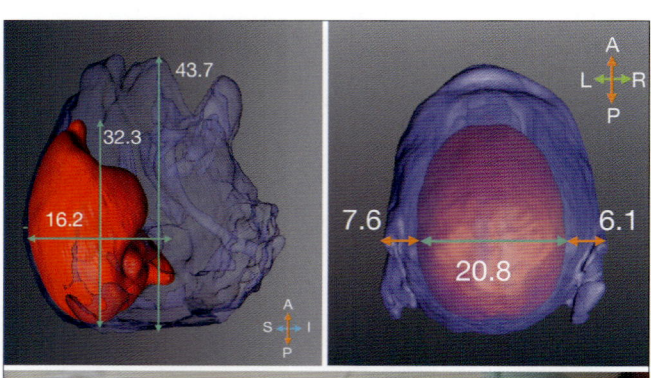
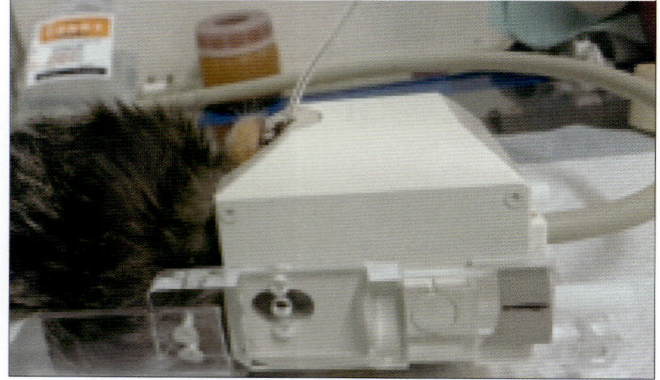

図 5.5.7　マーモセット頭部専用 4ch 受信コイル
（慶應義塾大学 関布美子博士のご好意による）

図 5.5.8　MRI

6 Volumetry, VBM

　MRI は高い組織コントラストをもつことから，領域ごとの容積計測が可能である。とくに脳領域においては，Voxel-based morphometry（VBM）とよばれる手法を用いて，脳全体を細かなボクセル単位（マーモセットの場合約 200 μm）で統計解析することで疾患による脳の萎縮[11]や，学習による皮質の体積増加[12]を検出することができる。VBM 解析に用いるソフトは，ヒトで広く用いられている Statistical Parametric Mapping（SPM）[13]を利用することが多く，後述のマーモセット脳アトラスを利用する。

7 Diffusion MRI

　MRI は T_1 や T_2 など磁気共鳴現象による緩和がコントラストの基礎となるが，これらの物性値から独立した水分子の拡散現象も MRI で観測することができる。Motion Probing Gradient（MPG）と呼ばれる傾斜磁場を位相差が 0 となるように一定の時間をおいて極性を反転させながら偶数回印加することで，磁場勾配方向に移動した水分子の位相差を生み出し，移動距離が大きいほど信号が低下すると

いう原理を用いている[14]。拡散強調画像を用いることで，脳梗塞における細胞性浮腫，拡散を制限する細胞密度の高い腫瘍などの検出が可能でとなる。さらに，白質神経線維内の水分子は軸索，ミエリン鞘の細胞膜によって透過を制限されるため，線維方向に動きやすいといった特徴をもつ[15]。この特性を生かした方法が Diffusion Tensor Imaging（DTI）と呼ばれるもので，6方向以上に MPG を印加し拡散テンソルを求めることで，ボクセル毎に神経線維の配向を推定する。この拡散テンソルの情報を元に神経線維をつなぎ合わせて三次元的に描出したものが DTT である（図 5.5.1）。

さらに第2世代の Diffusion MRI として，テンソルモデルを用いずに多軸撮像と拡散確率分布から交差線維を描出する High Angular Resolution Diffusion-Weighted Imaging（HARDI）[16]や，拡散を制限する構造のサイズを推定する q-space imaging[17]などより高度な計測／解析技術が発展してきた。近年では，脳内の微細構造を細胞内の制限拡散，細胞間の束縛拡散，そして脳脊髄液成分の自由拡散の3つのコンパートメントに分けて解析する Neurite orientation dispersion and density imaging（NODDI）[18]や，一度神経線維を描出した後に画像再構成することで超高分解能化を実現した Track-Density Imaging（TDI）[19]（図 5.5.9）などの新たな解析技術が現在も開発されている。一方でこれら高度な解析には膨大な計測データが必要で，生体計測を行うには時間がかかりすぎてしまう問題がある。

8 functional MRI

MRI は前述の生体の形態の観察に加えて，脳の神経活動も計測することができる。酸素と結合した酸化ヘモグロビン（oxyhemoglobin: oxy-Hb）と，結合していないヘモグロビン（deoxyhemoglobin: deoxy-Hb）の磁化率が異なること（blood oxygenation level-dependent: BOLD）[20],[21]を利用して，神経活動に伴った脳血流の増加を捉える。functional MRI と呼ばれる本手法は，主にヒトの高次認知機能を評価する手法として広く利用されてきたものである。げっ歯類においては，その脳のサイズの小ささからこれまで困難であったが，ハードウェアの革新や計測技術の向上により，近年可能となりつつある[22],[23]。しかし，高次認知機能をげっ歯類の原始的な脳で評価するには限界があり，脳容積が大きくヒトに類似の神経構造をもつマーモセットに近年注目が集まっている[24]。

従来の functional MRI は，ある刺激に対する脳活動を観察する課題型のアプローチあったが，何も行わない安静時の脳活動にも，時間的なゆらぎが存在しており機能的に関連する領域間で同期していることが明らかとなった[25],[26]。この時間的な相関性を領域間のネットワークの結合の強さとして解析したものを resting state functional connectivity MRI とよび（図 5.5.10），グラフ理論を用いて脳活動ネットワークの特性を数学的に定量することができる。この手法は，脳活動ネットワークに異常がみられる精神疾患などへ応用が進んでいる。

しかし，BOLD コントラストは neuro-vascular coupling に基づくもので，直接神経活動をみているわけではない点に注意が必要である。このため，post BOLD とよばれる BOLD によらない脳機能計測の手法が考案されている。

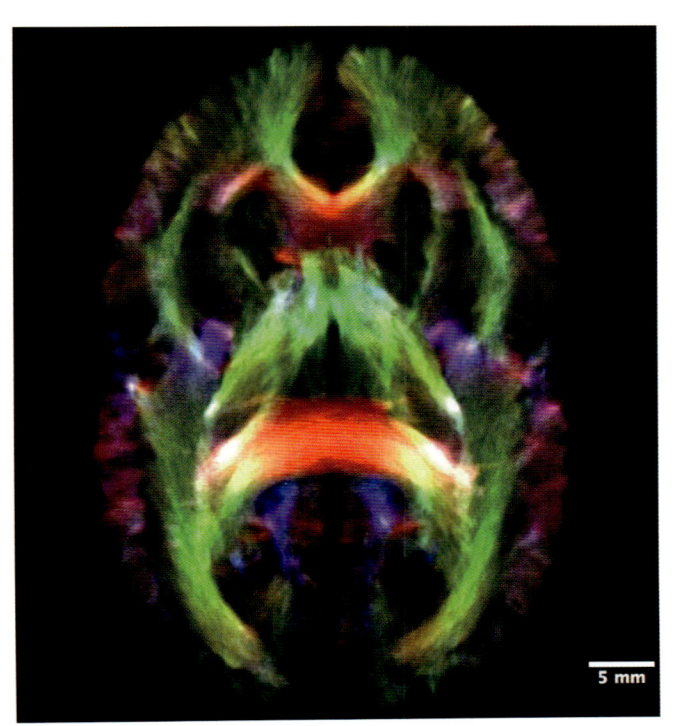

図 5.5.9　マーモセットの *in vivo* Track-Density Imaging（面内分解能 70 μm）　　（理化学研究所 畑純一博士のご好意による）

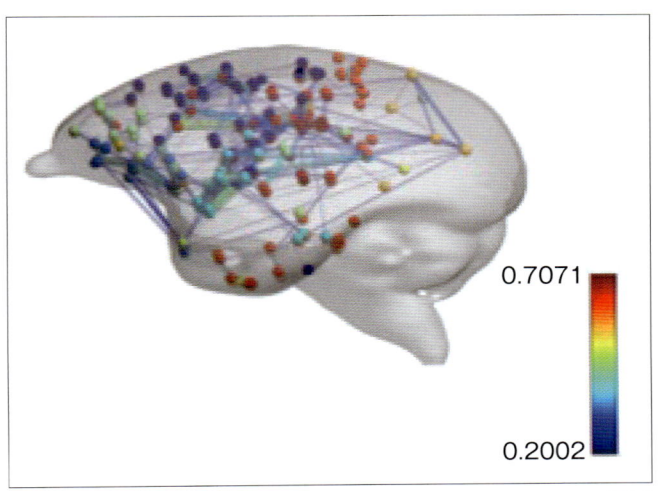

0.7071

0.2002

図 5.5.10　resting state functional connectivity MRI 解析によるマーモセット脳活動ネットワークの可視化

代表的なものとして Denis Le Bihan らによる Diffusion functional MRI は，脳賦活に伴う細胞膜電位の変化，細胞の腫脹，細胞周囲の水分子のトラッピング等による信号変化を利用し，直接神経活動を観測していると考えられている[27]。

9 MRI 計測手順

マーモセットの MRI 計測手順の一例を紹介する。

9-1 絶　食（4 時間以上）：

全身麻酔の副作用や低体温症の影響により嘔気，嘔吐，めまい，頭痛等を引き起こす可能性があるため，撮像前には必ず 4 時間以上の絶食を行っている。撮像中に嘔吐した場合，吐瀉物による誤嚥性肺炎，窒息を起こし死に至る危険性がある。また，撮像の前後でリンゲル液もしくは 1 号液の皮下投与による補液を行っている。

9-2　気管挿管：

上記の理由から，気道確保の目的で気管挿管を原則行っている。唾液の分泌抑制のために 0.1mg/kg i.m. にてアトロピンを投与する。挿管チューブは 5 〜 7Fr のカテーテルを用いて，リドカインゼリーをチューブに塗り挿管を行う。一回換気量 3.0 〜 4.5mL，45 〜 55rpm を基本として，酸素と窒素 1：1 のキャリアガス，0.5 〜 2.5% のイソフルラン麻酔を送っている。

9-3　麻　酔：

導入麻酔としてアルファキサン 12mg/kg i.m. で投与し，上記挿管を行ったのちに，0.5 〜 2.5% のイソフルランによる麻酔維持を行う。麻酔中は下記にあげる体温維持，生体情報を常時観察している。

9-4　体温維持：

麻酔中の低体温を予防するため，外部より温風または温水チューブで保温をする必要がある。温風の場合，温度の上下，ON ／ OFF の切り替えが速やかであり離れた位置から送風できるため，ベッド内のレイアウトを邪魔しない。しかし，送風による乾燥や，ベッドの振動によるアーチファクトの発生に加えて，傾斜磁場コイルも一緒に温めてしまうため一度設定したシミングや中心周波数がずれてしまう危険性がある。一方，温水チューブの場合は，一定の水温で保温するため安定した撮像が可能であるが，流れる温水

が撮像断面の邪魔をしないようベッド内の配置の工夫が必要であり，漏水の問題もあげられる。中枢温の測定は熱電対を直腸に設置し，撮像中は 34 〜 36℃ の範囲を維持できるよう常時観察する。

9-5　生体情報モニター：

この他に生体情報モニターとして，パルスオキシメーターを用いて，脈拍数と経皮的動脈血酸素飽和度（SpO_2）を常時モニターしている。赤色光と赤外光の透過をみているため，後肢下腿部を剃毛し色素沈着のない部位にプローブを設置する。脈拍数は，イソフルラン麻酔の場合 150 〜 250bpm の範囲に収まるよう麻酔深度を調整する。SpO_2 について，95 〜 100% の範囲となるよう呼吸回数，酸素濃度を調整する。SpO_2 は百分率単位で表されているが酸素分圧（PaO_2 [mmHg]）との対応関係は非線形であり，SpO_2 が 90% を下回ると PaO_2 は急激に低下しているため，注意が必要である。

9-6　撮像後：

自発呼吸を確認した後に抜管し，覚醒するまで保温マットの上で回復体位にて様子を観察する。また，必要に応じて小型の ICU など利用する。計測に用いた器具，ベッドなどはエタノール，ヒビテン，次亜塩素酸などで適切に消毒を行い，清浄度を保つ。

10 マーモセット脳アトラス

MRI を用いたマーモセットの脳解析に重要なツールとして，22 頭の成体マーモセット脳画像から作成した標準脳構造テンプレート[28]と，病理切片を三次元構築し領野毎に分画されている 3D アトラス[29]がそれぞれ公開されている。筆者らは，これら 2 つのアトラスの座標を統合して[30]，ROI 解析，VBM，connectivity 解析など幅広く利用している。今後は自閉症モデルなど多様な精神・神経疾患モデルの評価を目指して，発達個体のマーモセット脳テンプレートなどを追加して公開する予定である[1, 2]。

■ 参考文献 ■

1) Seki F, *et al*. : Neuroscience, 2017; **364**: 143-156.

2) Uematsu A, *et al*. : Neuroimage, 2017; **163**(September): 55-67.

3) Sakai T, *et al*. : Neurosci Res, 2017; **122**(9): 55-67.

4) Fujiyoshi K, *et al*. : J Neurosci, 2016; **36**(9): 2796-2808.

5) Rosenzweig ES, *et al*. : Nat Neurosci, 2010; **13**(12): 1505-1510.

6) Taniguchi M, *et al*. : Spinal Surg, 2015; **29**(3): 267-278.

7) Yamada Y, *et al*. : Sci Rep, 2016; 6(1): 35722.

8) Garea-Rodríguez E, *et al*. : PLoS One, 2016; 22;11(2): e0149776.

9) Ando K, *et al*. : PLoS One. 2012; **7**(10): 3-10.

10) Yokoyama C, *et al*. : Synapse, 2010; **64**(8): 594-601.

11) Hikishima K, *et al*. : Neuroscience, 2015; **300**: 585-592.

12) Yamazaki Y, *et al*. : Sci Rep 2016; **6**(1): 31084.

13) Ashburner J, *et al*. : Neuroimage 2000; **11**(6): 805-821.

14) Le Bihan D, *et al*. : Radiology. 1986; **161**: 401-407.

15) Moseley ME, *et al*. : Radiology 1990; **176**(2): 439-445.

16) Tuch DS, *et al*. : Magn Reson Med. 2002; **48**(4): 577-582.

17) Callaghan PT, *et al*. : Nature. 1991; **351**(6326): 467-469.

18) Zhang H, *et al*. : Neuroimage. 2012; **61**(4): 1000-1016.

19) Calamante F, *et al*. : Neuroimage, 2012; **59**(1): 286-296.

20) Pauling L, *et al*. : Proc Natl Acad Sci USA, 1936; **22**(4): 210-216.

21) Ogawa S, *et al*. : Proc Natl Acad Sci USA, 1990; **87**(24): 9868-72.

22) Baltes C, *et al*. : NMR Biomed, 2011; **24**(4): 439-46.

23) Komaki Y, *et al*. : Sci Rep, 2016; **6**(November): 37802.

24) Okano H, *et al*. : Neuron 2016; **92**(3): 582-590.

25) Biswal B, *et al*. : Magn Reson Med, 1995; **34**(4): 537-41.

26) Fox MD, *et al*. : Proc Natl Acad Sci USA, 2005; **102**(27): 9673-9678.

27) Le Bihan D, *et al*. : Proc Natl Acad Sci USA, 2006/05/17. 2006; **103**(21): 8263-8268.

28) Hikishima K, *et al*. : Neuroimage, 2010/11/04. 2011; **54**(4): 2741-2749.

29) Hashikawa T, *et al*. : Neurosci Res, 2015; **93**: 116-127.

30) 石原良祐, *et al*. : 日本磁気共鳴医学会雑誌, 2016; **36**(1): 64.

6.1 マーモセットの薬物代謝

山崎浩史

　非ヒト霊長類は，進化上ヒトに近い哺乳動物であることから，医薬品開発における有効性，安全性および薬物動態等の前臨床試験に頻用されている実験動物のひとつである。薬物代謝には一般に種差のあることが知られているため，動物実験データからヒトにおける候補薬物の薬物動態学的評価を行うには，種差の小さい動物種の選択が重要である。マーモセットは小型であるため，創薬研究において少量の医薬候補品で有効性・安全性試験が行えるメリットがある。しかしながら，2012 年当時，薬物代謝のカギ酵素であるマーモセットのチトクロム P450（P450）の詳細な解析は乏しく，薬物代謝におけるヒトのモデルとしての有用性には不明な点が多かった。本稿では，医薬候補品の薬物動態試験への適応が期待されているマーモセットの薬物代謝酵素 P450 に焦点を絞り，ヒトとの比較研究を行った 2017 年時点での成果について述べる。すなわち，マーモセットの創薬研究への普及をめざし，GenBank 登録されたマーモセット P450，P450 機能解析，P450 遺伝子多型，P450 機能に及ぼす老化の影響および外来異物による P450 酵素誘導について述べ，ヒトと概ね類似した特徴を以下に紹介する。

■1 GenBank 登録されたマーモセット P450

　次世代シークエンス技術の組合せによるマーモセット遺伝子転写産物の同定および定量的発現解析を実施した[1]。マーモセット雌雄の肝，腸，腎と脳試料を用い定性的デノボおよび定量的発現解析を行ったところ総転写物 47,883 の約 30% は，マーモセット遺伝子の既知配列に一致した。均一化全長 cDNA 解析からその存在が推定される主に未同定の薬物代謝酵素チトクロム P450（P450）分子種の組換え酵素を調製し，これらマーモセット P450 分子種の酵素機能についてヒトの P450 分子種と比較考察するとともに，mRNA の臓器別発現量を測定し，臓器局在と酵素機能を合わせて評価した。医薬品の体内動態を規定しうるマーモセット薬物代謝型 P450（既知 8 種および新規 15 種 P450）分子種（表 6.1.1）[2] やその他一部の薬物酸化酵素は，組織特異的な発現パターンを示し，P450 2D と 3A 酵素が肝で高発現であった[3)~15)]。これらのマーモセットの P450 酵素の cDNA 情報は GenBank に登録済みである。DDBJ にて *Callithrix jacchus* cytochrome P450 をキーワードとして高速検索すると，ステロイド合成に関わる P450 17 および P450 還元酵素ならびに一部の重複を含む 27 件がヒットした（2017 年 9 月現在）。

■2 マーモセット P450 機能解析

　（公財）実験動物中央研究所にて典型的なヒト P450 カクテル基質 5 種（カフェイン，ワルファリン，オメプラゾー

表 6.1.1　マーモセットの P450 酵素

P450 サブファミリー	P450 分子種	GenBank アクセッション番号
1A	**1A1**	KJ922553
	1A2	NM_001204434
1B	**1B1**	KX231947
2A	**2A6**	KJ922555
2B	2B6	KJ922556
2C	2C8	NM_001204437
	2C18	KJ922558
	2C19	KJ922561
	2C58	KJ922559
	2C76	KJ922560
2D	2D6(19)	NM_001204438
	2D8	KJ922562
2E	2E1	NM_001267751
2F	**2F1**	MF457786
2J	**2J2**	KX231948
3A	3A4(21)	NM_001204440
	3A5	NM_001204442
	3A90	NM_001204443
4A	**4A11**	KX231949
4F	**4F2**	KX231950
	4F3(3B)	KX231951
	4F71(11)	KX231952
	4F12	KX231953
17	17	AY746982

太字は新規分子種を示す。文献 2（Uno *et al.*, 2016）の情報を更新。

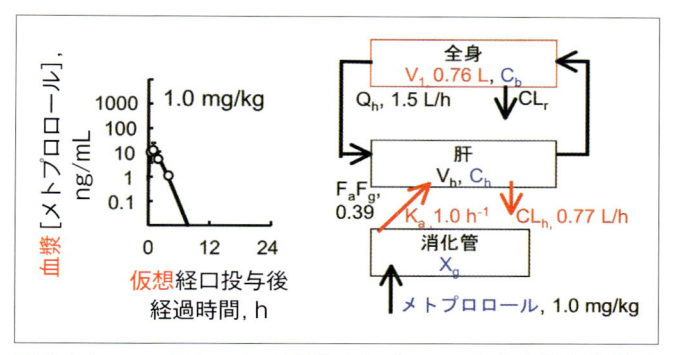

図 6.1.1 マーモセット 4 頭のメトプロロール血中濃度実測平均プロットと構築した PBPK モデルによる仮想投与曲線
（文献 17（Utoh *et al.*, 2016）より作図）

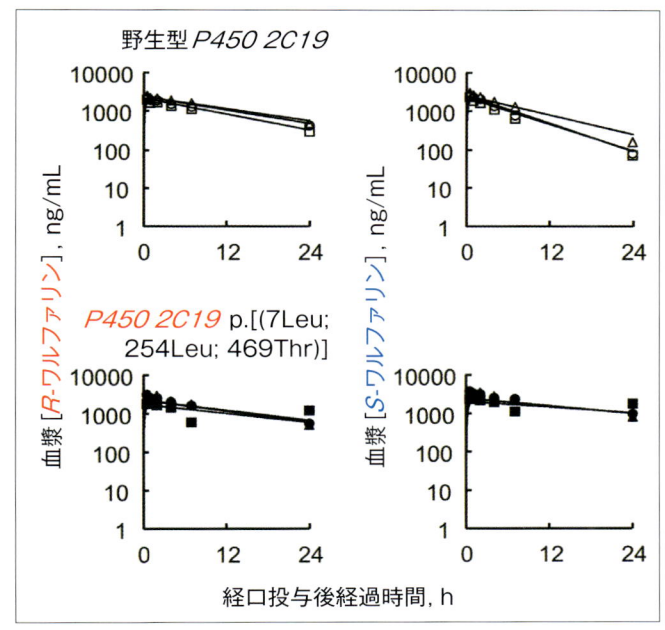

図 6.1.2 *P450 2C19* 遺伝子多型を判定したマーモセット 6個体の光学分割した *R-* および *S-* ワルファリンの血中濃度実測プロットと構築した PBPK モデルによる仮想投与曲線
（文献 24（Uehara *et al.*, 2016）と文献 17（Utoh *et al.*, 2016）より作図）

ル，メトプロロールおよびミダゾラム，各 1.0 mg/kg 体重）を同時投与し，雄性マーモセットにおける薬物動態を筆者のグループにて評価した[16),17)]。基質 5 種における薬物動態パラメーターを基にマーモセットの薬物血中濃度を再現する簡便な生理学的薬物動態モデル（PBPK）を構築した（図 6.1.1）。例として，メトプロロールの血漿中実濃度の実測値をプロットで，さらに仮想投与の結果を曲線にて図示する（図 6.1.1）。動物 PBPK モデルが構築できたことから，薬物の試験管内肝固有クリアランス比を活用して薬物動態パラメータをヒト化し，種差を考慮したヒト PBPK モデルの構築を行い，ヒト文献値と比較してその妥当性を評価した。細部の記載を省くが，本手法により，マーモセットの *in vivo* 投与実験から簡易にヒト薬物動態を予測する手法を確立した。典型的なヒトの 5 種 P450 プローブ薬の薬

物動態データは，対応するマーモセット血中濃度と簡略化生理学的薬物動態学（PBPK）モデルを組合わせることで，ヒトへ外挿可能であることを示した[16),17)]。

試験管レベルでは，マーモセット，カニクイザルおよびヒト肝に共通して典型的な薬物酸化酵素活性が認められた[18)〜23)]。とくにマーモセット肝の *β* 遮断薬の水酸化酵素活性（P450 2D の指標）は，ヒトに比べて強力な触媒機能が認められた。P450 3A/4F 酵素は中枢神経を含めた全身性の抗ヒスタミン薬の体内動態制御に深く関与した。

3 マーモセット P450 遺伝子多型

P450 基盤情報によりワルファリン 7 水酸化反応の主要代謝酵素は P450 2C19 であることが明らかとなった[14)]。ワルファリンの血中消失が遅い個体のゲノムを解析したところ，新規 P450 2C19 遺伝子多型がみつかった。P450 2C19 の変異タンパク質を用いてその変異が酵素機能に及ぼす影響を詳細に解析したところ，ヒトと同様に，ワルファリン消失の個体差に及ぼすアミノ酸置換を伴う *P450 2C19* 遺伝子多型の影響を明らかにした[24)]。マーモセットの *in vivo* 投与実験においてワルファリンの血中消失に大きな個体差が認められ，アミノ酸置換を伴う *P450 2C19* 遺伝子型を判定した雄マーモセットでは，*S-* ワルファリンの血中からの代謝消失速度は，野生型群に比較し変異型では有意に低下したが（図 6.1.2），この薬物消失に及ぼす遺伝子多型の影響は，*R-* ワルファリンでは観察されなかった[24),25)]。マーモセットにおける P450 2C 依存性薬物の代謝消失の個体差は，ヒトと同様に *P450 2C19* 遺伝多型に一部依存することから，マーモセットはヒトへの外挿を目指した霊長類モデルとして有益であることが示唆された。

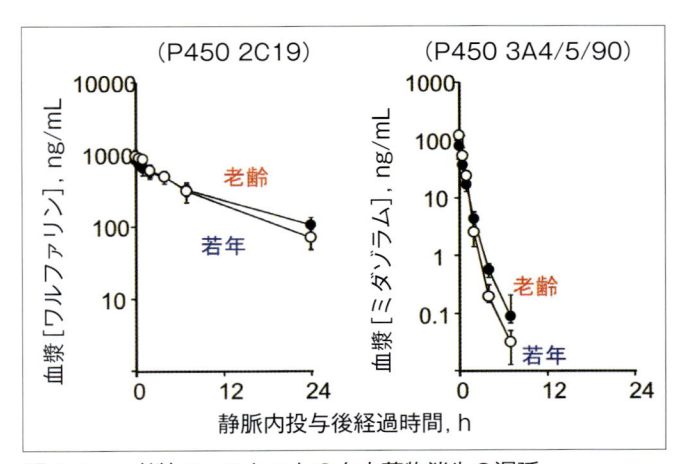

図 6.1.3 老齢マーモセットの血中薬物消失の遅延
（文献 26（Toda A *et al.*, 2017）より作図（*n*=3））

4 マーモセット P450 機能に及ぼす老化の影響

P450 3A 酵素は，市場の半数以上の医薬品の代謝に関与し，主要な代謝臓器である肝臓や小腸で最も多く発現している P450 分子種である。ヒト P450 3A の個人差，阻害や誘導を介した臨床薬物相互作用が数多く報告されている。そこで，老齢（10 〜 14 歳）と若年（3 歳）雄性マーモセットの P450 が触媒する薬物動態解析を解析したところ（図 6.1.3），ヒトの P450 3A 酵素に依存するミダゾラムなどの薬物代謝消失が有意に緩徐となった。このように，マーモセットがヒト型老齢モデル動物として相応しい特徴をもつことが明らかとなった[26]。

5 マーモセット P450 酵素誘導

典型的な P450 誘導剤暴露による肝薬物代謝酵素誘導能を市販の凍結マーモセット肝細胞を用いて評価し，ヒト肝細胞の場合と比較検討した。マーモセット肝 P450 1A/3A の薬物応答性は，フェノバルビタールによる P450 2B6

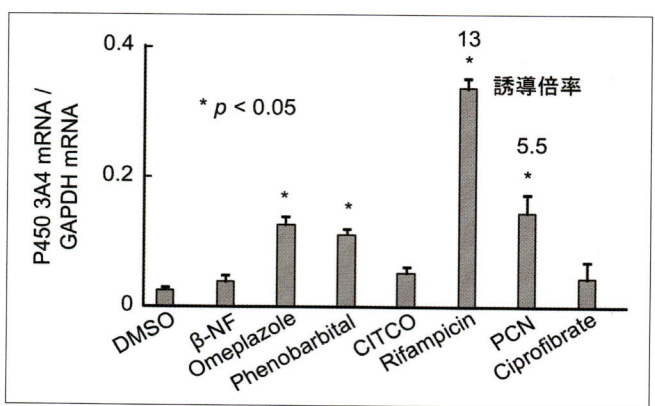

β -NF, β -naphthoflavone; CITCO, 6-(4-chloropheny-l) imidazo [2,1-b] [1,3] thiazole-5-carbaldehyde O-(3,4-dichlorobenzyl) oxime; PCN, pregnenolone 16 α-carbonitrile.

図 6.1.4 マーモセット肝細胞の外来異物による P450 3A4 誘導 （文献 27 (Uehara et al., 2016) より作図）

誘導率が 2 倍未満であった点を除き，ヒト肝の場合と概ね類似性を示した。中でも P450 3A 酵素誘導が確認され（図 6.1.4），マーモセットのヒト型モデルとしての有用性が示唆された[27]。マーモセット個体レベルの検討として，P450 3A の基質であるミダゾラム等を指標薬とし，併用薬リファンピシンによる体内動態の変動を解析した（図 6.1.5）[26]。リファンピシンを 1 日体重 1 kg 当たり 25mg 4 日間前投与すると，ワルファリンの血中濃度時間曲線下面積が 70%，オメプラゾールの血中消失半減期が 20% 減少した。ヒトの報告例と同様に，創薬における各国規制庁が発出している薬物相互作用評価ガイダンスの観点からも，マーモセットは良好なヒト臨床薬物相互作用の予測モデルになることが示唆された。

6 まとめ

マーモセットおよびヒト肝では概ねヒトと同様の P450 基質を代謝するが，その代謝酵素活性には一部に違いのあることも明らかとなった[28]。単位体重当たりで医薬候補品を投与して薬物動態を調べるには，ラットなみの体重であるマーモセットはヒトの医薬品開発において好ましい特徴を備えた実験動物となる。しかしながら，マーモセットの創薬研究での活用においては，両者の薬物代謝酵素の機能上の類似性と一部の差異を考慮することが重要であると推察される。しかしながら，創薬開発研究でのヒト代謝予測に小型霊長類マーモセットは総じて極めて重要な位置にある。ここに紹介したヒトとの類似性と特徴を示した薬物酸化に関する知見は，前臨床試験における実験動物としてのマーモセットの基盤情報となることが期待される。

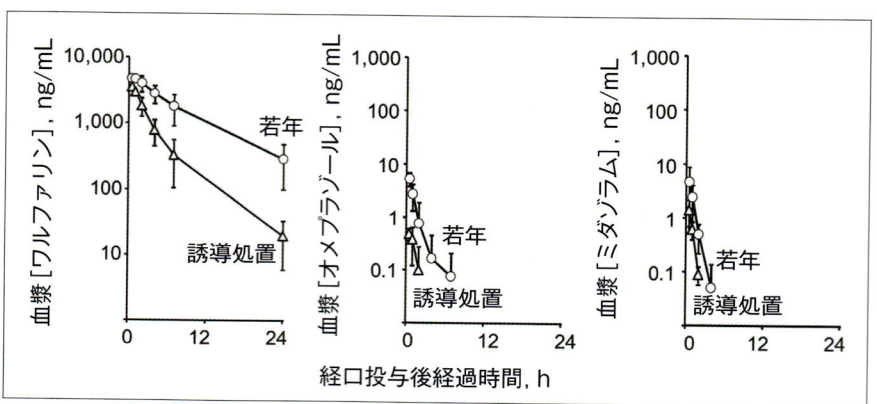

図 6.1.5 リファンピシン前処置マーモセットの血中薬物消失の亢進 （文献 26 (Toda A et al., 2017) より作図 (n=3)）

■ 参考文献 ■

1) Shimizu M, *et al*. : PLoS One, 2014; **9**: e100936.

2) Uno Y, *et al*. : Biochem Pharmacol, 2014; **121**: 1-7.

3) Uehara S, *et al*. : Drug Metab Dispos, 2016; **44**: 833-841.

4) Uehara S, *et al*. : J Vet Med. Sci, 2017; **79**: 267-272.

5) Uehara S, *et al*. : Biopharrm Drug Dispos, 2017; **38**: 394-397.

6) Uehara S, *et al*. : Xenobiotica, 2015; **45**: 766-772.

7) Uehara S, *et al*. : Xenobiotica, 2016; **46**: 977-985.

8) Uehara S, *et al*. : Drug Metab Dispos, 2017; **45**: 457-467.

9) Uehara S, *et al*. : Xenobiotica, 2017; **47**: 553-561.

10) Uehara S, *et al*. : Drug Metab Dispos, 2017; **45**: 497-500.

11) Uehara S, *et al*. : Xenobiotica, 2017; in press.

12) Uehara S, *et al*. : Drug Metab Dispos, 2017; **45**: 883-886.

13) Uehara S, *et al*. : Drug Metab Dispos, 2016; **46**: 8-15.

14) Uehara S, *et al*. : Drug Metab Dispos, 2015; **43**: 1408-1416.

15) Uehara S, *et al*. : Drug Metab Dispos, 2015; **43**: 969-976.

16) Uehara S, *et al*. : Xenobiotica, 2016; **46**: 163-168.

17) Utoh M, *et al*. : Xenobiotica, 2016; **46**: 1049-1055.

18) Uehara S, *et al*. : Xenobiotica, 2016; **46**: 573-578.

19) Uehara S, *et al*. : Drug Metab Dispos, 2015; **43**: 735-742.

20) Nakanishi K, *et al*. : Xenobiotica, 2018; in press.

21) Uehara S, *et al*. : Biochem Pharmacol, 2016; **120**: 56-62.

22) Uehara S, *et al*. : Drug Metab Dispos, 2017; **45**: 896-899.

23) Uehara S, *et al*. : Xenobiotica, 2018; in press.

24) Uehara S, *et al*. : Drug Metab Dispos, 2016; **44**: 911-915.

25) Kusama T, *et al*. : Xenobiotica, 2018; in press.

26) Toda A, *et al*. : Xenobiotica, 2018, in press.

27) Uehara S, *et al*. : Drug Metab Lett, 2016; **10**: 244-253.

28) Nakanishi K, *et al*. : Biochem Pharmacol, 2018; **152**: 272-278.

6.2 2光子顕微鏡を用いた脳のin vivoカルシウムイメージング

正水芳人・松崎政紀

2光子顕微鏡を用いたマーモセットの脳のin vivoカルシウムイメージングを行うことによって，単一細胞レベルで多細胞の神経活動の計測，長期間・同一神経細胞の細胞体での神経活動の計測，樹状突起および軸索での神経活動の計測が可能となる。本節では，我々がこれまでの研究で行ってきたマーモセット脳のin vivoカルシウムイメージングの研究内容，手術方法（AAVの注入方法とガラス窓の設置方法），イメージング法に関して説明する。

1 研究内容（in vivoカルシウムイメージング）

2光子顕微鏡は，励起光として長波長の近赤外光を用いるため，生体内での散乱の影響を受けにくく，生体深部にある蛍光分子を励起することができる顕微鏡である。この2光子顕微鏡と，神経活動に伴って蛍光強度が強くなる蛍光カルシウムセンサーを組み合わせることによって，神経活動を可視化して計測することが可能となる[1]。

この手法を用いて，我々は，最近，理化学研究所・脳科学総合研究センター・高次脳機能分子解析チーム（山森哲雄チームリーダー）との共同研究で，マーモセットの大脳新皮質のin vivoカルシウムイメージング法を開発し，長期間にわたり，数百個の神経細胞の活動を同時に計測することに成功した[2]。この研究では，蛍光カルシウムセンサー

として，GCaMP6fを使用した。GCaMP6fは，cpEGFP（circularly permuted Enhanced Green Fluorescent Protein），カルモジュリン，ミオシンのカルモジュリン結合部位M13からなる[3]。カルシウムイオンがカルモジュリンと結合すると，カルモジュリンはM13と結合できるようになり，立体構造が変化し，励起光によって緑色の蛍光を発する。神経細胞が興奮する際には，細胞内のカルシウムイオン濃度が上昇するため，GCaMP6fを神経細胞に遺伝子発現させることによって，神経活動を緑色蛍光の上昇として可視化できる。

可視化のためには，蛍光カルシウムセンサーを神経細胞に遺伝子発現させる必要があるが，げっ歯類で使われている従来の方法を霊長類に応用しても蛍光カルシウムセン

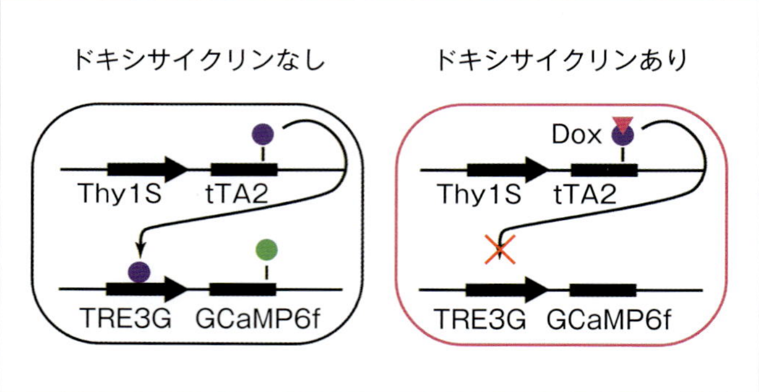

図6.2.1 テトラサイクリン発現誘導システムの模式図

Thy1Sプロモーターは，神経細胞内で活性化されるプロモーターである。Thy1Sプロモーターが活性化されると，テトラサイクリン制御性トランス活性化因子のtTA2が発現する。左図のドキシサイクリン（Dox）なしの場合は，このtTA2が，テトラサイクリン応答因子のTRE3Gプロモーターに結合し，活性化することによって，蛍光カルシウムセンサーGCaMP6fの発現が増幅される。右図のドキシサイクリンありの場合は，ドキシサイクリンがtTA2することによって，tTA2がTRE3Gプロモーターに結合できなくなるため，GCaMP6fは転写されない。

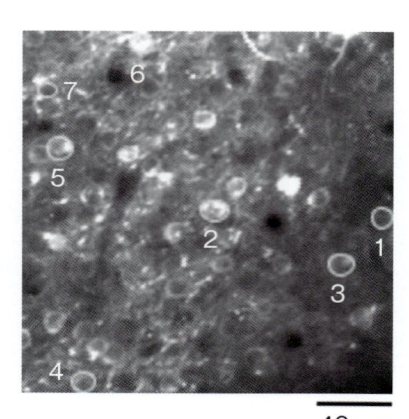

図6.2.2 単一細胞レベルで多細胞のin vivoカルシウムイメージング

左図は，大脳新皮質（体性感覚野）から2光子顕微鏡を用いて取得した画像（脳表から150μmの深さ）である。右図は，左図で囲んだ各細胞体のGCaMP6fの蛍光シグナルの時間的変化を示している。各波形がひとつひとつの神経細胞の細胞体からの記録に対応している。横軸が時間，縦軸が蛍光シグナルの強度変化率を示しており，時々，蛍光シグナルの一時的な上昇，つまり神経細胞の自発活動がみられる。

サーの発現が低く，顕微鏡で多くの細胞を観察することは困難であった[4]。このため，我々はテトラサイクリン発現誘導システムと呼ばれる遺伝子発現誘導システムを用いて，蛍光カルシウムセンサーの発現を増幅することによってこの問題を解決した。テトラサイクリン発現誘導システムは，転写因子のテトラサイクリン制御性トランス活性化因子（tTA）と，tTA が結合する配列のテトラサイクリン応答因子（TRE）を組み合わせ，両方の遺伝子をアデノ随伴ウイルス（AAV; adeno-associated virus）ベクターによって細胞に発現させることで，TRE の下流につなげた遺伝子の発現を調節することができるシステムである（図6.2.1）。このテトラサイクリン発現誘導システムは，本来，発現させた後，ドキシサイクリン（Dox）投与により，tTA の活性を調節するために用いるが，この研究では，主に tTA-TRE の遺伝子発現増幅作用（数十倍）を利用する目的[5]で用いた。

このテトラサイクリン発現誘導システムを組み込んだ AAV ベクターをマーモセットの大脳新皮質（体性感覚野）に注入し，蛍光カルシウムセンサーの GCaMP6f を神経細胞に発現させた。その結果，2光子顕微鏡で観察に必要なレベルの GCaMP6f シグナルを得ることが可能になり，イソフルラン麻酔下の *in vivo* カルシウムイメージングで，数百個の神経細胞の自発的活動を観察することに成功した（図6.2.2）。今後，この系を用いることによって，これまでげっ歯類で解明されてきた様々な課題実行時の神経活動の時間的・空間的特性[6]を，霊長類でも明らかにすることが可能となる。

また，今回開発した手法を用いることで，同じ神経細胞群を長期間に渡って観察し続けることが可能となり，100日以上の長期観察にも成功した（図6.2.3）。今後，この系

が課題実行時のマーモセットに適用できれば，これまでげっ歯類で行われてきたように，マーモセットが課題を学習する際の神経細胞活動を長期間繰り返し記録し，学習に伴う神経ネットワークの変化を解析する[7]ことが可能になると期待される。

また，マーモセットの脚や腕に振動刺激を与えた際に，大脳新皮質の体性感覚野で，その刺激に応答する細胞体の神経活動をイメージングすることにも成功した。さらにテトラサイクリン発現誘導システムを用いて GCaMP6f の発現を増幅することで，神経細胞の細胞体だけでなく，樹状突起や軸索といった微細な構造の神経活動もイメージングできるようになった（図6.2.4）。今後，この系を用いることによって，様々な脳領域間での入出力のやりとり[3),8]を，霊長類でも明らかにすることが可能となる。

図6.2.5 が以上の結果を要約した図である。2光子顕微鏡を用いたマーモセットの脳の *in vivo* カルシウムイメージングを行い，世界で初めて霊長類の脳で，単一細胞レベルで多細胞の神経活動の計測，長期間・同一神経細胞の細胞体での神経活動の計測，樹状突起および軸索での神経活動の計測に成功した。

今回紹介した研究では，麻酔下のマーモセットの脳で，*in vivo* カルシウムイメージングを行った。今後の課題は，まずは課題実行時の *in vivo* カルシウムイメージングの系を立ち上げることである。このためには，マーモセットに頭部固定状態で課題を実行させる必要がある。これまでの固定方法では，固定によるストレスによってマーモセットは，運動課題を行わなくなってしまうことが報告されている[9]。よりストレスが少ない拘束方法を開発する必要がある。次に，まだ明らかにされていない様々な脳機能の神経基盤を解明するために，特定の神経回路の活動を計測でき

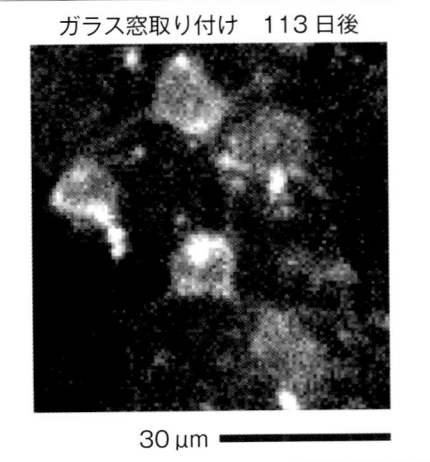

図6.2.3　長期間・同一の神経細胞での *in vivo* カルシウムイメージング
左図は，大脳新皮質（体性感覚野）に，rAAV2/1-Thy1S promoter-tTA2 と rAAV2/1-TRE3G promoter-GCaMP6f-WPRE を注入し，ガラス窓を設置してから10日後に観察した神経細胞群である。右図は，同じ場所を AAV ベクター注入してから113日後に観察した神経細胞群である。細胞体の並びが AAV ベクター注入10日後と同じである。

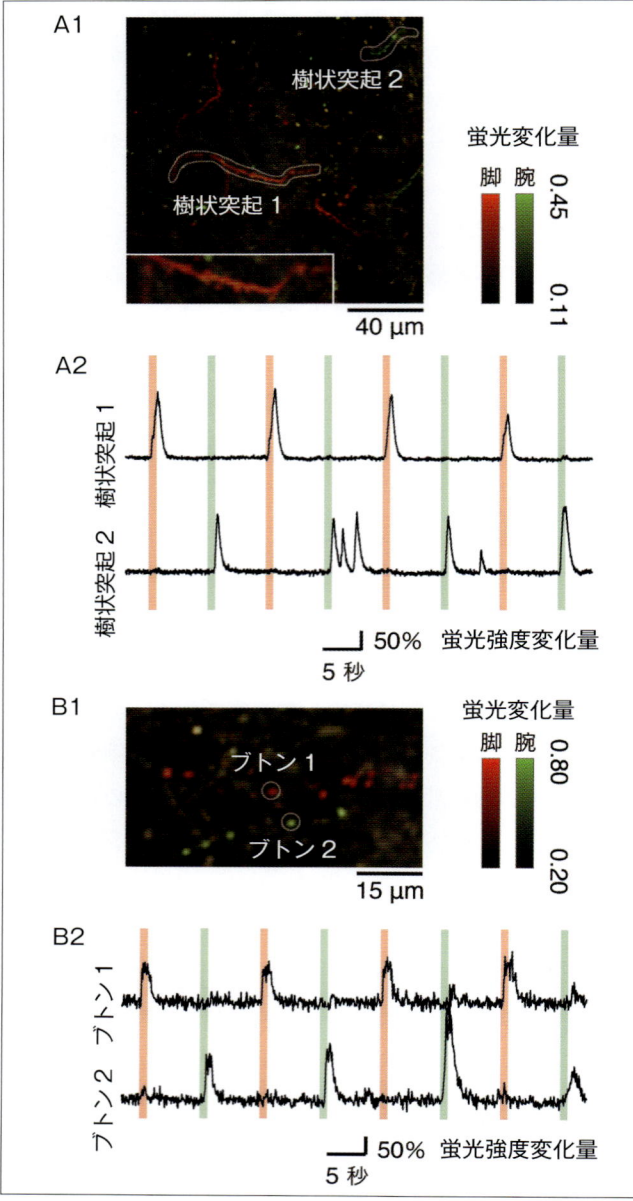

図 6.2.4 神経細胞の樹状突起・軸索での *in vivo* カルシウムイメージング 図 A1 は，大脳新皮質（体性感覚野）の神経細胞の樹状突起での GCaMP6f の蛍光シグナル（脳表から 15μm の深さ）である。赤色は脚に，緑色は腕に対する振動刺激によって活動の上昇が見られたことを示している。図 A1 左下に樹状突起 1 の拡大図を示す。図 A2 は，図 A1 の樹状突起 1 と 2 で記録された感覚応答の時間的変化を示す。縦線の赤色は脚に，緑色は腕に振動刺激を加えたタイミングを示している。樹状突起 1 は脚への振動刺激に，樹状突起 2 は腕への振動刺激に反応している。図 B1 は，大脳新皮質（体性感覚野）の神経細胞の軸索・ブトンでの GCaMP6f の蛍光シグナル（脳表から 20μm の深さ）である。赤色は脚に，緑色は腕に対する振動刺激によって活動の上昇がみられたことを示している。図 B2 は，図 B1 のシナプス前終末であるブトン 1 と 2 で記録された感覚応答の時間的変化を示す。縦線の赤色は脚に，緑色は腕に振動刺激を加えたタイミングを示している。ブトン 1 は脚への振動刺激に，ブトン 2 は腕への振動刺激に反応している。

る系を立ち上げる必要がある。具体的には，今回紹介したテトラサイクリン発現誘導システムと，これまでの先行研究で明らかにされた AAV の逆行性感染[7), 10), 11)]（軸索末端側から感染）や順行性経シナプス伝播[12)]（シナプス前細胞からシナプス後細胞へ，シナプスを越えて伝播）を組み合わせることによって，霊長類でも経路特異的に遺伝子発現させることが可能となるだろう。

　今後，これらの系をマーモセットに応用することによって，様々な脳機能の神経基盤に関して新たな知見が得られることが期待される。これらの知見と，これまでのげっ歯類の研究で明らかにされたことを比較することによって，哺乳類で共通の神経基盤と霊長類特有の神経基盤が解明できるため，ヒトの神経疾患治療への貢献も期待される。また，マーモセットは社会性があり，ヒトやチンパンジーのように向社会行動（外的な報酬を求めずに，自分が労力を費やし，他者に利益を与える行動）をとることも知られている[13)]。このため，マーモセットが，げっ歯類の研究ではアプローチすることが難しい社会行動課題を実行している際に，*in vivo* カルシウムイメージングを行うことによって，ヒトの理解には欠かせない社会性に関わる神経基盤に迫れることも期待される。

❷ 手術方法（AAV の注入方法およびガラス窓の設置方法）

　2 光子顕微鏡を用いた脳の *in vivo* カルシウムイメージングのためには，脳への蛍光カルシウムセンサーの遺伝子導入と，観察用のガラス窓の設置が必要である。遺伝子導入のために，AAV アデノ随伴ウイルスを使用する。AAV は，安全性が高く細胞毒性も低いため，P1・P1A レベルにて使用可能なウイルスベクターで，神経細胞への遺伝子導入にも多く利用されている。1990 年代から細胞に遺伝子導入するためのベクターとして使用されるようになり，様々なセロタイプの AAV が発見され改良されてきた。AAV のセロタイプによって，感染しやすい細胞の種類は異なるが，マーモセットの脳では AAV1 や AAV9 が効率的に感染することが知られている[2), 10)]。AAV ベクターによって神経細胞に遺伝子導入された遺伝子の発現は，1 年以上の長期間にわたって持続する。下記にマーモセットの脳への AAV の注入方法およびガラス窓の設置方法に関する手術方法を記載する。この方法で，少なくとも生後 8 カ月〜7 歳のマーモセットでの手術が可能である。

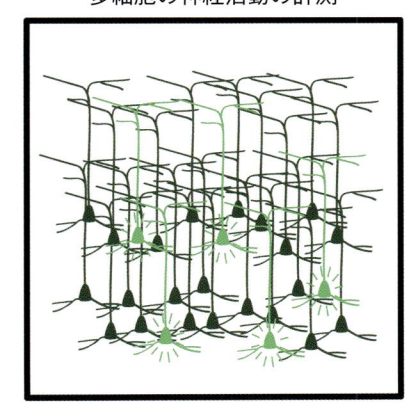
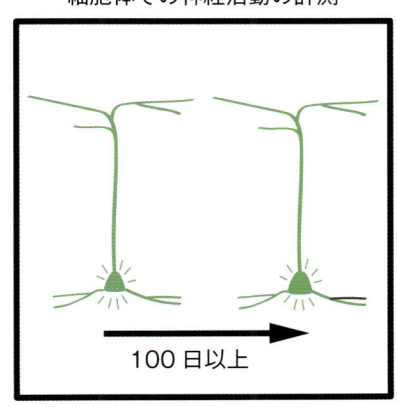
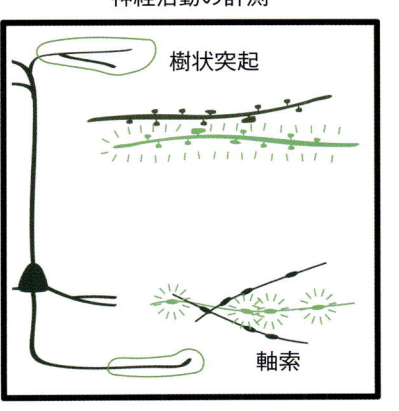

図 6.2.5　2光子顕微鏡を用いた脳の *in vivo* カルシウムイメージング　テトラサイクリン発現誘導システムを用いて，GCaMP6f をマーモセットの脳の神経細胞に発現させることによって，単一細胞レベルで多細胞の神経活動の計測，長期間・同一神経細胞の細胞体での神経活動の計測，樹状突起および軸索での神経活動の計測が可能となる。

2-1　手術時の麻酔と生体情報のモニタリング

　麻酔は，実験動物麻酔装置（SN-487-0T Air+O₂ 回収機能付き；シナノ製作所）を使用する。この麻酔装置の吸入イソフルラン（酸素中 1.5 ～ 4.0%）を使用し，麻酔を維持した状態で，マーモセットを定位固定器具（SR-5C-HT；ナリシゲ）に固定する。マーモセットの状態を把握するために，経皮的動脈血酸素飽和度（SpO₂）と心拍数は，動物用パルスオキシメーター（9847V; Nonin）とセンサーのクリップ（2000SL; Nonin）を用いて計測する。直腸温度は，ヒーティングパッド・システム（FHC-HPS; FHC）を用いて計測し，温度コントローラにフィードバックし，ヒーティングパッド（HPS-M-100 × 125 mm; FHC）により動物を温める。

2-2　術前の投与薬

　抗生物質としてセフォベシン（14 mg/kg）（コンベニア注；ゾエティス・ジャパン）を，手術中および術後の痛みおよび炎症を軽減するための非ステロイド性抗炎症薬としてカルプロフェン（3.75 mg/kg）（リマダイル注；ファイザー）を，制吐剤としてマロピタント（1 mg/kg）（セレニア注；ゾエティス・ジャパン）を筋肉内注射する。さらに，リン酸リボフラビンナトリウム（200 µg）（ビスラーゼ注；トーアエイヨー）を含む酢酸リンゲル液（10 mL）（ソリューゲン F 注；共和クリティケア）を皮下注射する。

2-3　手術方法（AAV の注入方法）

　AAV の注入部位は，マーモセットの脳アトラスを参考にする。具体的には，医学書院もしくは NCBI Bookshelf の Yuasa, S., Nakamura, K. & Kohsaka, S. :"Stereotaxic atlas of the marmoset brain" (2010) と，Hardman, C. D. & Ashwell, K. W. S. :"Stereotaxic and chemoarchitectural atlas of the brain of the common marmoset (Callithrix jacchus) ",CRC Press (2012) が参考になる。まずはバリカンで頭部の毛を剃り，さらに除毛クリームで脱毛し，ポビドンヨード，70% エタノールで消毒した後，皮膚を切開し，頭蓋骨を露出させる。なお皮膚を切る前に，痛みを軽減するためにリドカインゼリー（アストラゼネカ）を創傷部位に塗る。次に，鋭匙を用いて，骨膜を剥離する。その後，ドリル（SD-102；ナリシゲ）を用いて，顕微鏡下で観察したい領域に直径 4.5mm の円形の開頭手術を行い，頭蓋骨と硬膜を除去する。

　AAV 注入のために，外径 30 µm のガラスピペット，ハミルトンシリンジ（75RN，5 µL；ハミルトン），ガラスピペットとハミルトンシリンジをつなぐアダプター（55750-01; ハミルトン）を用いる。ガラスピペットは，外径 1 mm のガラスキャピラリー（B100-50-10; Sutter Instrument）をプラー（P-87; Sutter Instrument）で引き伸ばし，研磨機（EG-6; ナリシゲ）を用いて，外径 30 µm に作製する。シリンジには，ミネラルオイル（23306-84; ナカライ）を充填し，さらにガラスピペット部分には，AAV のウイルス液を充填する。AAV は，rAAV2/1-Thy1S promoter-tTA2（0.20 × 10¹² vector genomes/mL）と rAAV2/1-TRE3G promoter-GCaMP6f-WPRE（1.0 × 10¹²vector genomes/mL）を用いる。脳への AAV の注入は，イメージングしたい領域に複

数箇所，シリンジポンプ（KDS310; KD Scientific）を用いて，0.1 μL/min のスピードで 0.5 μL ずつ注入する。注入後，ガラスピペットを追加で 5 ～ 10 分維持し，その後，ピペットをゆっくりと引き抜く。

2-4　手術方法（ガラス窓の設置）

　顕微鏡下で観察するために，カバーガラスを重ねた厚さ約 1.3 mm のガラス窓を作製する。具体的には，直径 3mm の円形カバーガラス（厚さ約 300 μm; 松浪ガラス）の 4 枚と，直径 5.5mm の円形カバーガラス（厚さ約 100 μm; 松浪ガラス）を，UV 硬化型接着剤（NOR-61; Norland Optical Adhesive）で接着することによって，ガラス窓を作製する。このガラス窓を，脳表の上に置き押さえ，周りをグラスアイオノマー系レジンセメントのフジリュート BC（GC）と接着用レジンセメントのスーパーボンド（サンメディカル）で固める。このようにすることにより，ガラス窓と大脳新皮質の隙間がなくなり，イメージング領域での硬膜の再生・進入を防ぐことが可能となる（図 6.2.6 上）。血管構造も図

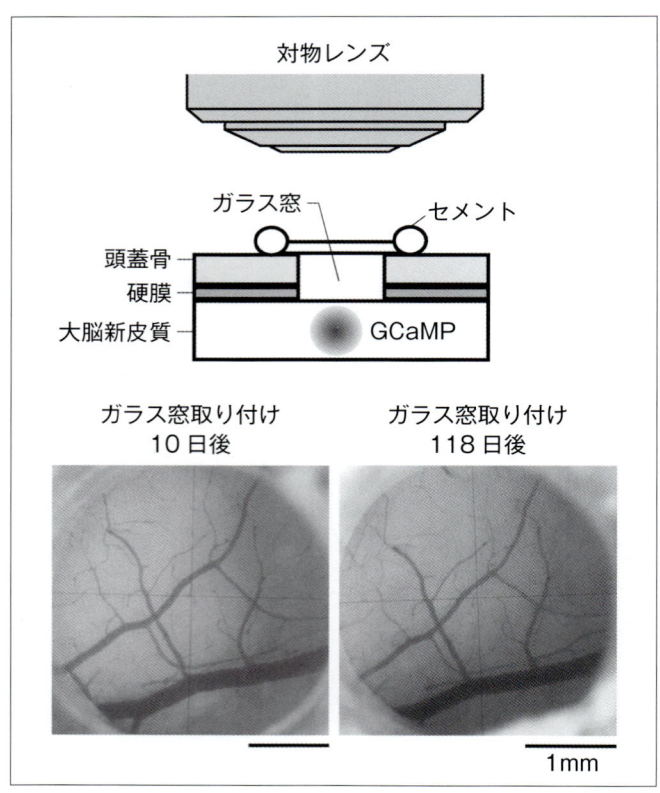

図 6.2.6　顕微鏡下観察用のガラス窓
上図に示してあるように，顕微鏡下で観察したい領域の頭蓋骨および硬膜を除去し，代わりに透明なガラス窓を設置し，周りをセメントで固める。下図に示してあるように，ガラス窓設置後も脳の血管構造は保たれていて，長期間，顕微鏡下で観察することが可能である。

6.2.6 下に示すように長期間，保たれており，長期間，観察が可能である。次に，頭蓋骨の表面にユニバーサルプライマー（トクヤマデンタル）を塗り，デュアルキュア型のコンポジットレジン系レジンセメントのビスタイト II（トクヤマデンタル）を用いて，ヘッドプレート（CFR-1; ナリシゲ）を頭蓋骨に取り付ける。さらに，ビスタイト II の上にスーパーボンドを塗る。顕微鏡下で *in vivo* カルシウムイメージングを行う際には，このヘッドプレートをカスタムオーダーで作製したマーモセットチェア（小原医科産業）に固定する。

2-5　術後の体調管理

　体調管理は，行動，飲水量，摂食量，排泄物，毛並み，体重，経皮的動脈血酸素飽和度（SpO_2），心拍数，体温等から判断する。飼育には，マーモセット用アイソレーターラック内に設置したケージ（夏目製作所）を用いる。体調が悪い場合は，温度・酸素濃度の調節が可能な簡易 ICU（P-100; 東京メニックス）を用いる。術後，食欲が回復しない場合は，通常の餌に加えて，嗜好性が高いバナナプリン（キューピー），カステラ等を与える。水分の摂取が不十分な場合は，リン酸リボフラビンナトリウム（200 μg）（ビスラーゼ注；トーアエイヨー）を含むブドウ糖加乳酸リンゲル液（10 mL）（ソルラクト D; テルモ）等の輸液を皮下注射する。また下痢になる場合もある。軽度の場合は，耐性乳酸菌製剤のビオフェルミン R 散（ビオフェルミン製薬）や合成抗菌製剤のナリジクス酸シロップ（ウイントマイロンシロップ；第一三共）を経口投与，重症の場合はフルオロキノロン系抗菌薬のエンロフロキサシン（5 mg/kg）（バイトリル；バイエル薬品）を筋肉内注射する。それでも悪化する場合は，C. DIFF QUIK CHEK コンプリート（Alere）を用いて，ディフィシル腸炎かどうかを判断する。ディフィシル腸炎の場合は，嫌気性菌感染症治療剤のメトロニダゾール（20 mg/kg）（アネメトロ；ファイザー）を皮下注射する。嘔吐の場合は，消化管運動改善薬の塩酸メトクロプラミド（0.7 mg ／ kg）（プリンペランシロップ 0.1%；アステラス製薬）やヒスタミン H_2 受容体拮抗薬のファモチジン（0.7 mg ／ kg）（ガスター散 2 %；アステラス製薬）を経口投与する。

❸ 2 光子顕微鏡を用いた *in vivo* カルシウムイメージング法

　麻酔状態のマーモセットのヘッドプレート（CFR-1; ナリシゲ）を，カスタムオーダーで作製したマーモセット

チェア（小原医科産業）に固定する。マーモセットチェアは，多光子励起レーザー走査型顕微鏡（FVMPE-RS; Olympus）の下に設置する。麻酔は，吸入イソフルランを使用し，自発神経活動をイメージングする時は，酸素中0.5〜1%，振動刺激による神経活動をイメージングする時は，酸素中0.25〜0.5%の濃度で行う。また，振動刺激による神経活動をイメージングする時は，鎮静・鎮痛薬のメデトミジン（20µg/kg）（ドミトール；ゼノアック）も筋注投与する。実験中，経皮的動脈血酸素飽和度（SpO_2）と心拍数は，動物用パルスオキシメーター（9847V; Nonin）とセンサーのクリップ（2000SL; Nonin）を用いて常時計測し，体は使い捨てカイロで温める。

　2光子イメージング時のレーザーは，ワイドチューニングフェムト秒レーザー（InSight DeepSee, Spectra Physics）を使用し，波長は940 nmで行う。マーモセットチェアに取り付けられたゴニオメーター回転ステージ（オリンパス）を，5〜10度傾けることによって，ガラス窓の平面を光軸に対してほぼ垂直になるように調整する。検出器は，GaAsP光電子増倍管（浜松フォトニクス）を用いる。対物レンズは，多光子励起レーザー走査型顕微鏡専用の10倍対物レンズ（XLPLN10XSVMP; オリンパス）を使用する。この対物レンズの開口数は0.6，作動距離は8mmである。レーザー出力は，主に38〜69mWで行う。ただし，深層の脳表面から400µmの深さでは，最大120mWで行う。細胞体と樹状突起は，レゾナントスキャナを用いて30Hzのフレームレートで，軸索はガルバノスキャナを用いて16.6Hzのフレームレートで計測する。これらの計測パラメータは目安であり，個々の顕微鏡や計測領域，蛍光カルシウムセンサーの種類や発現量によって最適値は異なると考えられる。実験ごとに最適化を行うことがSN比の高い画像を得るために重要である。

■ 参考文献 ■

1) Yang W, et al. : Nature Methods, 2017; 14(4): 349-359.
2) Sadakane O, et al. : Cell Reports, 2015; 13(9): 1989-99.
3) Chen T, et al. : Nature, 2013; 499(7458): 295-300.
4) Heider B, et al. : PLoS One, 2010; 5(11): e13829.
5) Watakabe A, et al. : PLoS One, 2012; 7(10): e46157.
6) Hira R, et al. : JNeurosci, 2013; 33(4): 1377-90.
7) Masamizu Y, et al. : Nature Neurosci, 2014; 17(7): 987-94.
8) Glickfeld LL, et al. : Nature Neurosci, 2013; 16(2): 219-26.
9) Remington ED, et al. : PLoS One, 2012; 7(10): e47895.
10) Masamizu Y, et al. : Neurosci, 2011; 193: 249-58.
11) Tervo DG, et al. : Neuron, 2016; 92(2): 372-382.
12) Zingg B, et al. : Neuron, 2017; 93(1): 33-47.
13) Burkart JM, et al. : PNAS, 2007; 104(50): 19762-6.

6.3 発生工学

外丸祐介

　発生工学技術は，マウス・ラットの現状が示すように，実験動物としての利便性向上に極めて重要な役割を果たしている。とくに受精卵・配偶子の凍結保存技術は生体を扱うことなく系統の維持・供給を可能とし，体外での受精卵作製・培養技術は遺伝子改変動物の作製において礎となるものである。本稿ではマーモセットの発生工学技術における現状と今後への課題を概説する。

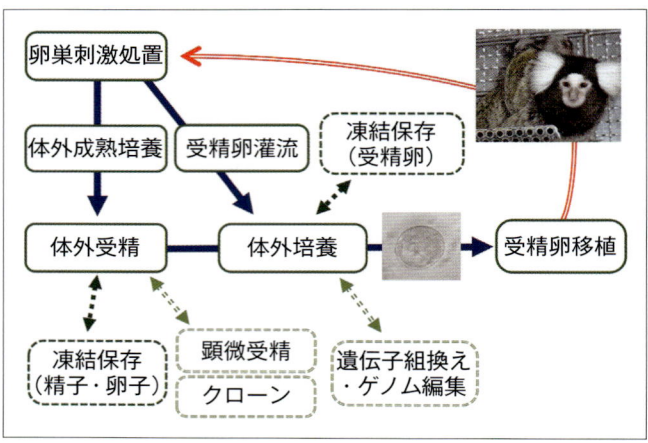

図 6.3.1　発生工学技術

1 はじめに：発生工学技術の概要

　体外培養系受精卵から産子を得るまでの発生工学技術（卵巣刺激処置による卵胞卵子の採取，卵子の体外成熟培養，体外授精による受精卵の作製，受精卵の体外培養等）は，マーモセットも含めたアカゲザル，カニクイザル，ニホンザル等のサル類においても既にある程度の実用レベルにある（図 6.3.1）。しかし，生殖医療の進展の目覚ましいヒトや生殖工学技術が実務的にも用いられているマウス・ラット等の実験動物や家畜などと比べて報告例は少なく，そのレベルも発展途上にある。近年では国内外において改良・

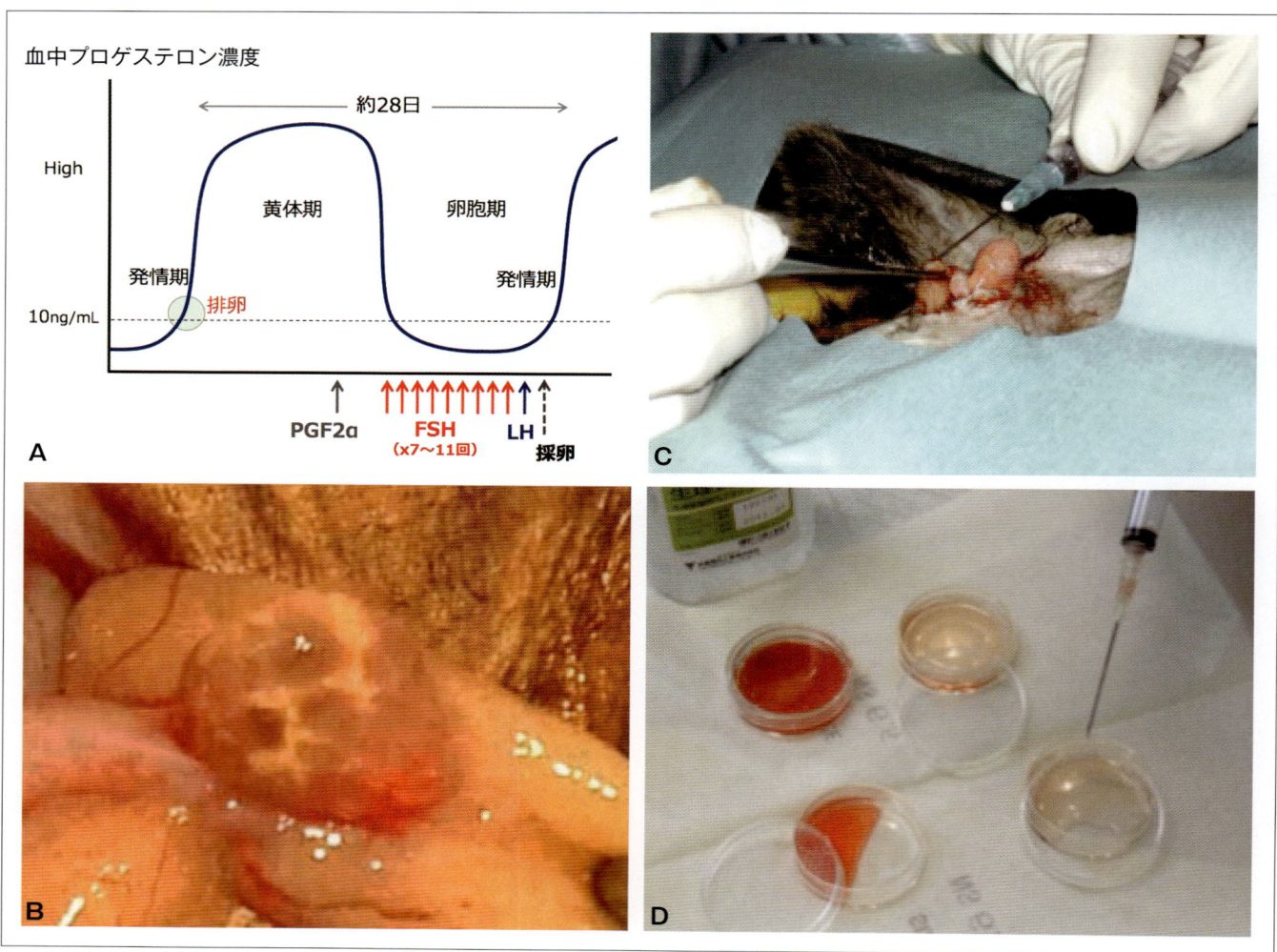

図 6.3.2　ホルモン動態と卵巣刺激処置

開発研究が活発化し，とくにマーモセットは我が国においてサル類では初めての遺伝子組改変個体が相次いで作製されるなど，先進的な立場にある。

2 基盤的技術について

2-1 卵巣刺激処置・卵子の採取

卵巣刺激処置は，性腺刺激ホルモンを投与することで雌個体から効率的かつ計画的に卵子を得る手段である。マウスでは，一般的な手法として卵胞刺激ホルモン（FSH）様作用をもつ妊馬血清性性腺刺激ホルモンと黄体形成ホルモン（LH）様作用をもつヒト絨毛性性腺刺激ホルモン（hCG）を約48時間間隔で投与することで，hCG投与の約11時間後に排卵を誘起することが可能であり，必要とされる日時に合わせて既に成熟状態にある卵子を準備することができる。これに対し，マーモセットでは卵子を得ることのできるタイミングが個体の性周期に大きく依存し，またホルモン投与も継続的に数日間実施する等，以下のような煩雑な行程となる（図 6.3.2 (A)）[1)〜3)]。

① 卵巣刺激処置（FSH 投与）を開始するためには，血中ホルモンレベル（プロゲステロン）の測定により性周期を把握して，発情休止期の初期にある雌個体を選抜，もしくは黄体期中－後期にある個体へのプロスタグランジン F2α の投与等により同時期へ誘導する必要がある。

② ホルモン投与は，卵胞の成長を促すために 7 〜 10 日間連続もしくは隔日で FSH（フォリルモン，あすか製薬）を投与した後に, LH（ゴナトロピン，あすか製薬）を投与する。

③ LH 投与後 24 時間程度で，外科的開腹処置にて卵巣表面の卵胞より卵胞卵子を吸引採取する（図 6.3.2 (B 〜 D)）。

④ 卵胞卵子は大部分が未成熟であるため，体外培養により成熟を促す必要がある。培養液には Waymouth 液（Waymouth's MB 752/1 Medium，Gibco）や POM 液（機能性ペプチド研究所）等が用いられ，補助添加物としてウシ胎子血清（Fetal bovine serum: FBS）や FSH 等が報告されている [4), 5)]。

この行程を経て，1 頭の雌当たり平均 15 個程度の成熟卵子を得ることができる。この一方で，卵巣刺激処置に対する反応には個体差があり，得られる数やクオリティにはばらつきがみられることから [6)]，ホルモン投与のプロトコールや成熟培養の条件等には改善の余地が残されている。

2-2 体外受精

体外受精に用いる精子は，マウス・ラット等のげっ歯類実験動物では摘出した精巣上体尾部より採取した精巣上体精子が一般的であるが，マーモセットでは生体からの繰り返し採取を前提とすることから射出精子が用いられる。無麻酔下で雄個体を確保し（必要があれば保定器を使用する［図 6.3.3 (A)]），ラット気管送管用チューブを装着した電動歯ブラシの振動で陰茎を刺激することで，射精を誘起することができる（図 6.3.3 (B)）。採取した射出精液は，体外受精培地に懸濁した後，遠心操作と Swim-up 法により活性の高い精子を洗浄・濃縮し，約 1.0×10^6/mL の精子濃度で成熟卵子に 4 〜 6 時間媒精する（図 6.3.3 (C, D)）。培地は TALP，TYH，IVF-100 等が用いられ，いずれも平均で 60% 程度の受精率を得ることができる [6), 7)]。ただし，その効率は精子の活性や卵子のクオリティ等の個体差に由来する要因に大きく影響を受けることから，確実に受精卵を得るためには顕微授精の適用も同時に考慮することが望ましい。

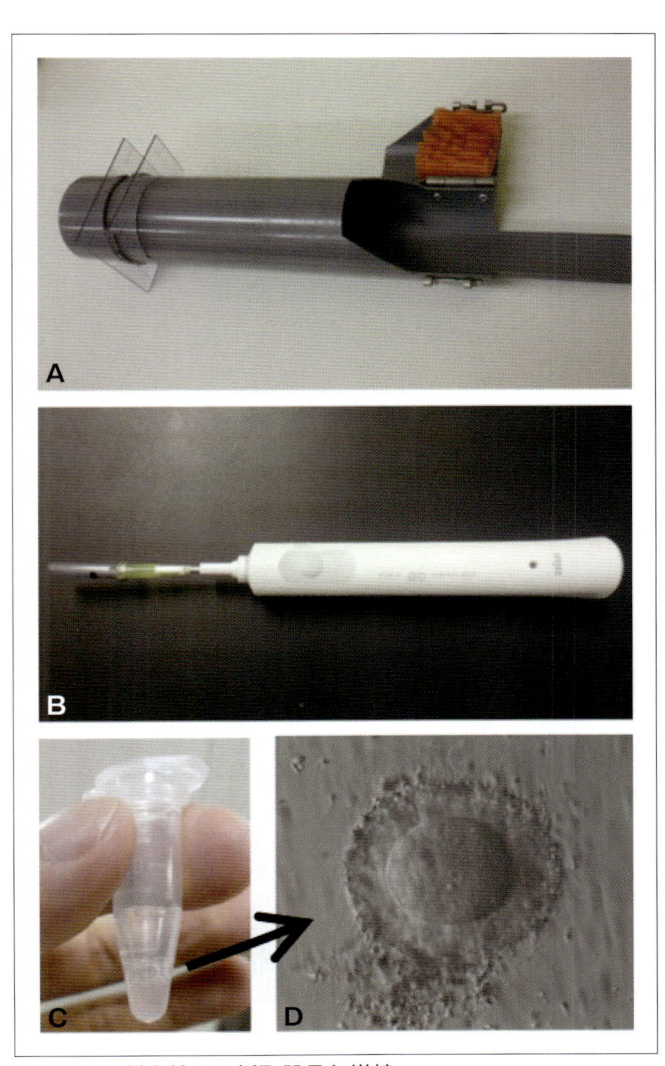

図 6.3.3 射出精子の採取器具と媒精

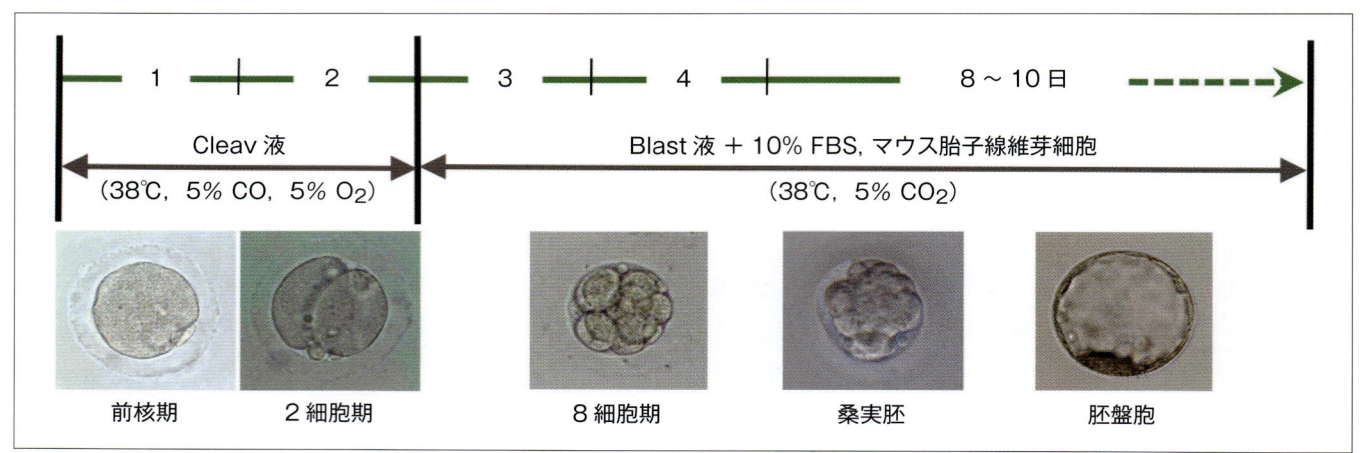

図 6.3.4 体外培養による受精卵の発生

2-3 体外培養

マーモセット受精卵の体外培養では，受精後最初の 48 時間を比較的単純な組成の培地で培養し，以降はアミノ酸等を豊富に含む培地で培養する 2 段階培養法が主流である。FBS を添加した TL 液と CMRL-1066 液（Gibco）の

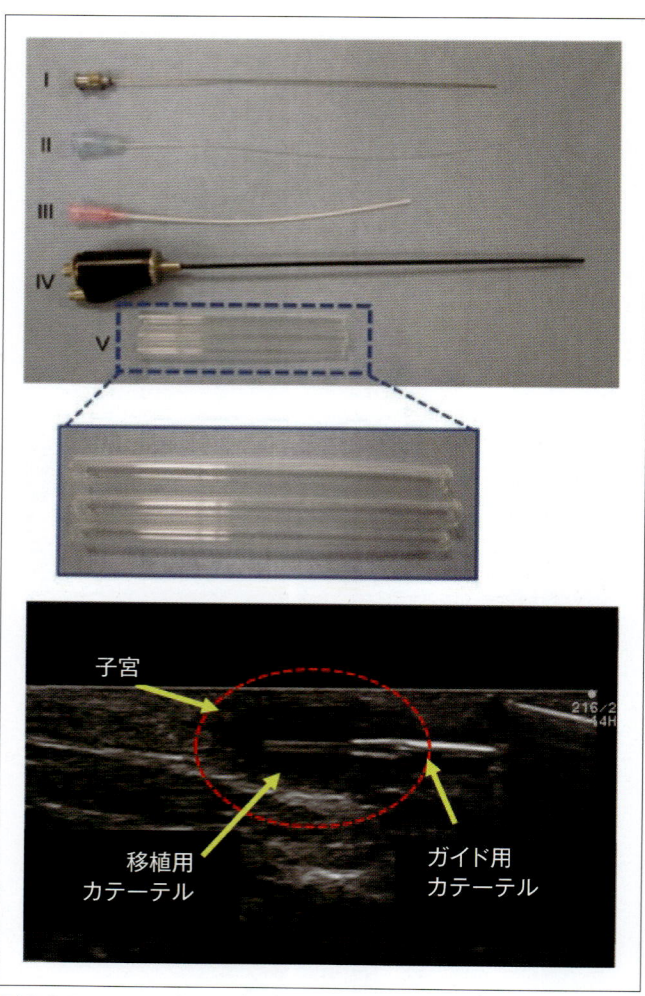

図 6.3.5 マーモセット経膣子宮移植用器具と移植実施画像
（実験動物中央研究所佐々木えりか博士からの提供資料）

組み合わせや，ヒト用に開発された Cleav/ISM1 液（Origio）と Blast/ISM2 液（Origio）の組み合わせ等での実績が報告されている[5],[8]。また，我々は，受精後 48 時間は Cleav 液で培養し，以降は Blast 液に 10%FBS を添加したうえで，38℃・5% CO_2 の気相下で不活化したマウス胎子線維芽細胞と共培養する培養系を採用している（図 6.3.4）[3],[6]。この培養系により体外受精卵を培養した場合，60% 程度が胚盤胞へ発生することを確認しているが，優位性については検証中である。

2-4 受精卵移植

マーモセットにおける受精卵移植は，排卵後 1 ～ 3 日のレシピエントの卵管，もしくは排卵後 3 ～ 5 日の子宮へ，外科的開腹処置下で行われる[9],[10]。また，最近では，超音波診断装置により観察を行いながら，マーモセット経膣子宮移植用のカテーテルセット（アルテア技研）を用いた非観血的に子宮へ移植する方法も報告されている（図 6.3.5）[7]。移植時の受精卵のステージは，ある程度の発生能が保証された桑実胚以上で行われることが多い。

サル類における受精卵移植による産子獲得のうえで憂慮される点は，レシピエントの準備である。性周期が 4 ～ 5 日で回帰するマウスやラットとは異なり 28 日前後と長いうえに，多数の個体の保有は現実的には困難であることから，移植に適した性周期にある雌の確保は容易ではない。解決策としては受精卵保存によるタイミングの調整が考えられるが，現状では体外培養系受精卵については確実性の高い保存法が確立されておらず，今後の開発が望まれる。

3 応用的技術について

3-1 受精卵・精子の凍結保存

受精卵や配偶子（精子・卵子）の凍結保存は，系統維持

の省力化や遺伝子資源の保存に不可欠な技術である。また，個体供給の効率化，輸送の省力化や希少系統の維持におけるリスク回避においても有効な手段である。また，前述のように，サル類では受精卵移植におけるレシピエントの確保が容易ではないことから，受精卵保存は適当なレシピエントが確保されるまでの時間的調整の手段としても有効である。生体より灌流により得られた受精卵は，マウス受精卵の保存で用いられる一般的な簡易ガラス化法 [11] や Cryotop 法（北里コーポレーション）により十分保存可能である。しかし，人為的操作を加えた体外培養系受精に対しては大きなダメージが生じ，確実に保存できる手法は確立されていない。

精子の凍結保存は，Test Yolk Buffer（JX 日鉱日石エネルギー）を用いることで比較的活性の高い精子を得ることができる。融解後数時間の内に大部分の精子の活性が低下するが，媒精に先立って 1mM Dibutyryl-cAMP と 1mM Caffeine を含む BO 液（機能性ペプチド研究所）で 1 時間培養処理することでその低下を抑えることができ，受精率が改善される。新鮮精子の場合の受精率が平均 50% であることに対して凍結精子では平均 20% 程度であることから改良の余地は残されているが，顕微授精等の受精補助を伴わずに体外受精卵を作製することが可能である。また，融解後 4 時間程度まで高い運動性を有する精子が維持されることから，受精補助処置として体外受精の実施に先立って卵子の透明帯の一部を切開することで受精率の向上をはかることができる。

3-2　クローン・受精卵分離技術

クローン技術とは「卵子細胞質に細胞核を導入することで核の状態を受精卵の状態に再プログラムし，分化の進んだ細胞から個体を作製する技術」であり，体細胞や ES 細胞を核ドナーとする場合を体細胞／ES 細胞クローン [12]，初期発生段階の受精卵の核をドナーとする場合は受精卵クローン [13] と呼ぶ（図 6.3.6）。体細胞／ES 細胞クローンは培養細胞から個体を作出できる手段であることから，クローンという言葉のイメージ通りに遺伝的に相同な個体いわゆるクローンを無限に作製できる手段であり，また，遺伝子操作を加えた細胞をドナーとすることで遺伝子改変動物を作製する手段となる。体細胞クローン動物の作製は，これまでにヒツジやウシ等の家畜やマウス等の実験動物をはじめとした多くの哺乳動物で報告されている。しかし，サルにおいてはカニクイザルでの成功例が 2018 年になり初めて報告されたが [14]，これまでの数々の取り組みにかかわらず困難な技術となってきた。我々もマーモセットにおける試みを続けているが，着床初期の段階を確認するに止まっている。この原因は，ドナーとして移植された核が卵子細胞質中で受けるリプログラミングの程度や様式が動物種により異なるためと考えられる。

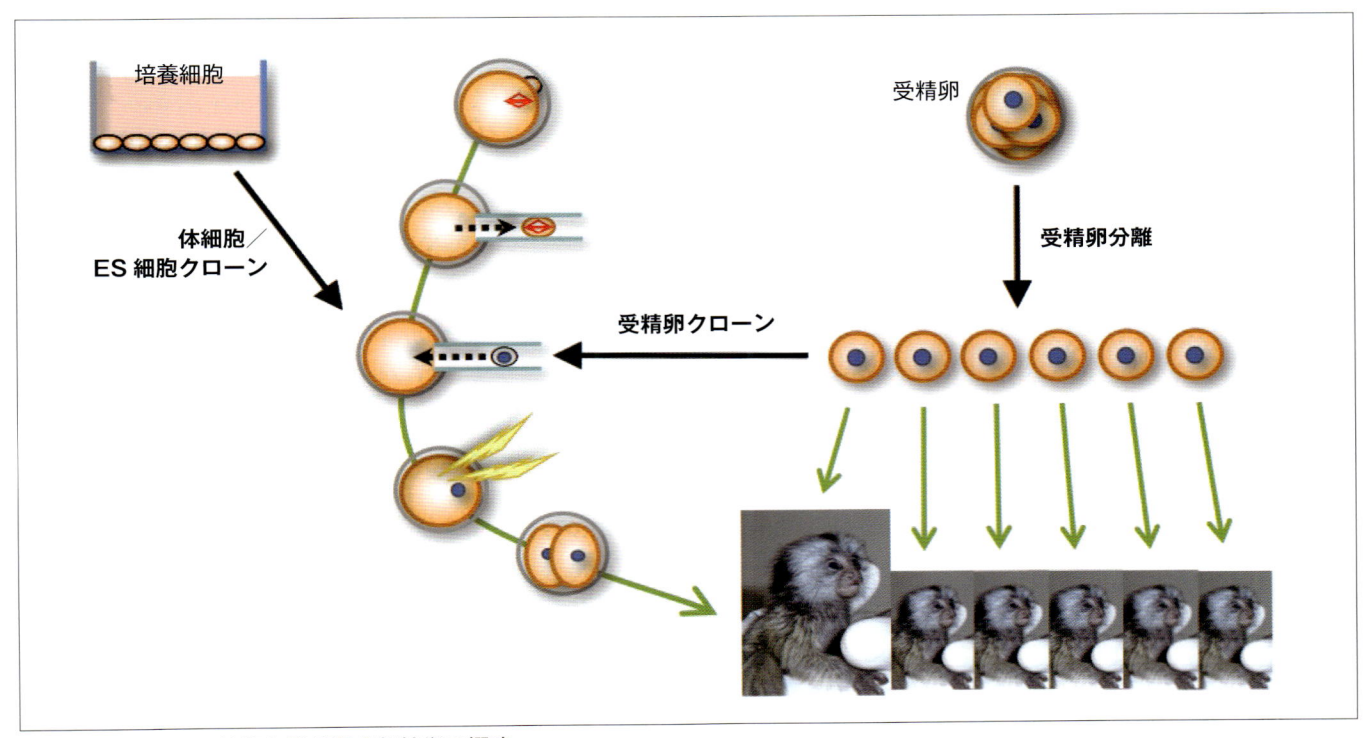

図 6.3.6　クローン技術と受精卵分離技術の概略

マーモセットでは，2009 年にはサル類における初めての遺伝子改変個体となる GFP 遺伝子導入マーモセットが作製され[2]，また最近ではゲノム編集技術の応用により遺伝子ノックアウト個体が誕生している[15]。その反面，マーモセットではキメラ個体作製が可能な高度な未分化性かつ分化能力をもつ ES 細胞・iPS 細胞が現状では樹立されていないことから，より自由度の高い遺伝子改変を可能とする「ES 細胞・iPS 細胞への遺伝子改変操作→キメラ胚作製→生殖腺キメラ個体の獲得→遺伝子改変個体の獲得」という，マウスでは常法となっている手段が適用できない状況にある。この解決手段としても，体細胞／ES 細胞クローン技術の応用が期待されるところである。

受精卵クローンは，得られる結果としては一卵性多子を作製する手段である。一卵性多子は自然で生じる可能性は極めて低いが，遺伝的に相同であることから，マウス・ラットのような遺伝的に均一な集団である近交系コロニーが存在しないサル類においては実験動物として極めて有意義である。(マーモセットは 1 回に 2 ～ 3 子を出産するが別個の卵子に由来するものであることから，遺伝的には相同ではない。)また，1 つの受精卵から複数の産子を得る手段として，遺伝子改変個体や希少動物の効率的育種繁殖への応用が期待される技術である。受精卵クローンでは，体細胞／ES 細胞クローンと比べて分化度の低い受精卵の核をドナーとする優位点からも産子を得ることが可能なレベルにあり，近い将来の実務応用に向けて改良が進められている。

また，我々はクローン技術とは異なるアプローチにより一卵性多子を得る手段として受精卵分離技術に取り組んでいる（図 6.3.6）。この技術は「受精卵割球を分離して，それぞれを個体に発生させる」という比較的単純な手段であり，クローン技術と比べて理論上の得られる遺伝的相同個体の数は制限を受けることになるが，ウシでは 4 分離した受精卵から一卵性四子を得た報告もある[16]。この一方で，一つの受精卵に由来する個々の割球の発生調整能には種差

があり，産子への発生能が維持される限界はヒツジでは 8 分離，ウシでは 4 分離，マウスでは 2 分離までであることが知られている[17]。マーモセットにおいては詳細な知見がないが，核のリプログラム等の複雑な発生制御プロセスを伴わないことから，複数の一卵性子を得るという目的の達成には近道であると考えられる。

4 おわりに

近年，マーモセットは生命科学分野の様々な研究へと利用が拡大し，またゲノム編集技術により遺伝子ノックアウト個体が誕生する等，次世代の実験動物として注目が高まっているが，発生工学技術はその発展に大きな寄与を果たすとともに不可欠なツールとなっている。しかしながら，上述のように凍結保存をはじめとした各技術は完成型にはなく，更なるマーモセットの実験動物としての高度化に向けて，各技術の開発・効率改善が望まれる。

■ 参考文献 ■

1) Marshall VS, et al. : J Med Primatol, 2003; **32**: 57-66.
2) Sasaki E, et al. : Nature, 2009; **459**: 523-7.
3) Sotomaru Y, et al. : Cloning Stem Cells, 2009; **11**: 575-83.
4) Yoshioka K, et al. : Biol Reprod, 2002; **66**: 112-9.
5) Tomioka I, et al. : Theriogenology, 2012; **78**: 1487-93.
6) Kanda A, et al. : Theriogenology, 2018; **106**: 221-6.
7) Takahashi T, et al. : PLoS One, 2014; **9**: e95560.
8) Gilchrist RB, et al. : Biol Reprod, 1997; **56**(1): 238-46.
9) Summers PM, et al. : J Reprod Fertil, 1987; **79**: 241-50.
10) Lopata A, et al. : Fertil Steril, 1988; **50**: 503-9.
11) Nakao K, et al. : Exp Anim, 1997; **46**: 231-4.
12) Wilmut I, et al. : Nature, 1997; **385**(6619): 810-3.
13) Willadsen SM: Nature, 1986; **320**(6057): 63-5.
14) Liu Z, et al. : Cell. 2018; **172**(4): 881-887.
15) Sato K, et al. : Cell Stem Cell, 2016; **19**: 127-38.
16) Johnson WH, et al. : Vet Rec, 1995; **137**: 15-6.
17) Illmensee K and Levanduski M: Middle East Fertility Society Journal, 2010; **15**: 57-63.

6.4 トランスジェニックマーモセット

黒滝陽子

　生物科学の発展により，様々な生物のゲノムを自在に操作した遺伝子改変動物を用いて，生体内のダイナミックな遺伝子の働きを理解することが可能となった。一方，高い確率での遺伝子改変動物獲得は未だ難しい。霊長類の遺伝子改変動物作製法は，動物福祉や動物生命倫理の観点から動物実験の 3Rs を意識した方策を併せた技術が利用されている。本節では一般的なトランスジェニック技術やレンチウイルスを用いたトランスジェニックマーモセット（Tg）作製技術について紹介する。

1 モデル動物と遺伝子改変動物の必要性

　ヒトの病態や生命機序の一部を模倣した特徴を示す動物，つまり疾患モデル動物は生命科学・医学研究・創薬などの多くの分野で利用されてきた。旧来より用いられている突然変異体などの自然発症モデルは，ヒトの病態解明を行う身近な実験動物であるが，研究の目的に叶う対象は限定的である。そのため，薬剤誘導，外科処置障害など人為的作出モデルが開発・利用され，遺伝的背景が均一化されたマウスなどを中心に小型の実験動物が多く用いられるようになった。しかしながらヒト疾患を模倣させるための病態のコントロールや再現性のばらつき，病態以外の実験動物への侵襲的な負担が生じ，モデル動物作製や病態維持が難しい場合もあり，医薬品研究開発においても大きな課題となっている。

　自然発症モデルのように非侵襲な状態かつ継代が可能な疾患モデル動物を自分の目的とする研究に使用できたらという願いを叶えるのが遺伝子改変技術である。遺伝子改変技術はトランスジェニック（Tg）マウス作製に始まり，ES 細胞を用いたジーンターゲッティングにおけるノックイン・ノックアウトマウスの誕生，また個体作出までの時間を大幅に短縮できるゲノム編集技術ではマウス以外の生物でも遺伝子改変を行えるまでに発展した。そして，現在では基礎研究における個々の遺伝子機能の探索からヒト疾患モデル作製まで多くの遺伝子改変動物が作出され，生命科学・医学研究・創薬に多くの貢献をもたらしている。しかしながら，この夢のような技術の裏では，残念ながら狙った表現型とは異なる，予測された表現型が得られないなどの問題を抱えているのも現状である。その原因の一つとして，実験動物として広く利用されているマウスでは表現できない霊長類特異的な遺伝子やその働き，生体の構造の相違が挙げられる。そのため，近年，ヒトへの外挿性を考えた際に，よりヒトに近縁な非ヒト霊長類を用いた遺伝子改変動物が必要とされている。

　本節は Tg マーモセットについてのトピックであるが，Tg 技術においてはマウスが基盤となっているため，それらの情報もあわせて話題提供する。

2 分子遺伝学の発展と遺伝子改変技術の誕生

　ワトソンとクリックが 1953 年に DNA の二重らせん構造を発見して[1] DNA の構造を通して遺伝の実態探求が本格的になり，1958 年には遺伝情報が DNA から RNA ，Protein へと伝達して形質へとつながる仕組み，「セントラルドグマ」が提唱された[2,3]。その後，ゲノムの解読から多くの遺伝子情報が得られ，それらを利用して遺伝子を人為的に操作する遺伝子工学技術が発展した。人工的な遺伝子組み換えが可能となったことで，操作した遺伝子を細胞へ導入するための細胞工学，直接遺伝子を導入，または遺伝子改変した細胞を個体化するための発生工学技術などの各分野が融合した結果，遺伝子改変動物が作出され，大腸菌や細胞などとは異なる生体内でのダイナミックな遺伝子の働きを実証することが可能となった。実験動物としてヒトと同じ哺乳類（綱）の中で遺伝子改変技術が最も発展している動物はマウスであり，繁殖能力が高く，遺伝的背景が均一，手軽にハンドリングが可能なことから，より多くの研究に用いられるようになった。

3 一般的なトランスジェニックマウスの利用と作製

1982 年に Gordon らにより生殖系列に伝達する Tg マウスが作出され[4]，人工的な遺伝子組換えを行った DNA をゲノムに複数コピー導入することで遺伝子の過剰発現による表現型異常（gain of function）をマウスの生体内で再現することが可能となった。

　Tg マウスでは外来遺伝子がゲノムに複数コピー導入されるが，マウスの生殖系列細胞に導入された遺伝子は正常な組織特異性および時期特異性をもつことが示されている。Tg 動物は導入した遺伝子がいつ，どこでどのように働いているか（遺伝子発現の組織特異性や時期特異性に関する制御機構），その遺伝子が働いた結果どのようになる

か（表現型の相違）を解析することが一般的な利用法である。また，いくつかの導入遺伝子では過剰に作られた表現型損失変異による優性抑制（Dominant negative）を得ることが可能であり，ほかにも疾患の遺伝子変異体の過剰発現や特定の細胞集団を消失させる，新しいマーカーを付与させて生体内での可視化を容易にするなど多岐にわたるTgの利用法が考えられた[5]。

　Tgの作製法は目的のタンパク質をコードする遺伝子を含むベクターを構築し，DNA断片を切り出して精製，ガラス管にDNA断片の含まれる溶液を補充し，マイクロマニュピレーター（図6.4.1）を用いてマウス受精卵の前核にDNA溶液を注入，その後発生した胚を移植して産子を得る。それらに目的の挿入遺伝子が検出された場合，その産子は通常ファウンダーと呼ばれる。遺伝子改変動物を得るためには，マイクロマニュピレーターやマウス卵管への胚移植を確実に行うための高度な技術習得も必要である。これらの詳細は「マウス胚の操作マニュアル」に多岐にわたる情報やプロトコルが掲載されており，マウス以外の実験にも広く転用可能であるので，遺伝子改変動物を作る際にはぜひ一読されたい[5]。また，現在では遺伝子改変マウス作製の委託会社も多く，ステップ毎に外注することが可能となっている。

4 レンチウイルスを用いた Tg 動物

　前章では一般的な Tg マウスの作製法を紹介したが，感染力の高いレンチウイルスを用いて受精卵に感染させるこ

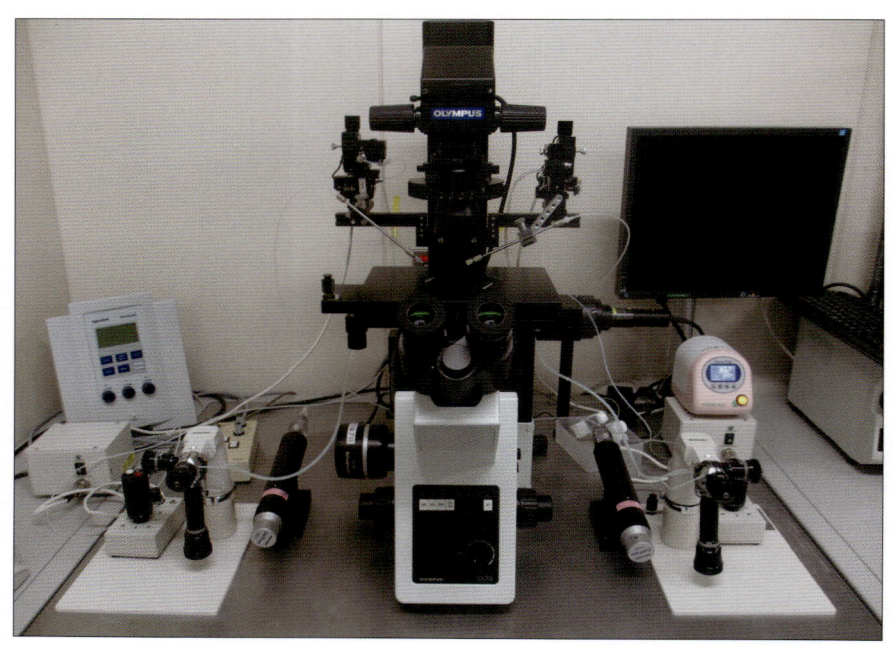

図6.4.1　マイクロマニュピレーター
マイクロインジェクションを行うためのマイクロマニュピレーター付きの顕微鏡（中央）と空気圧のコントロールを行うことで DNA やウイルスを注入するためのインジェクター（左奥）。

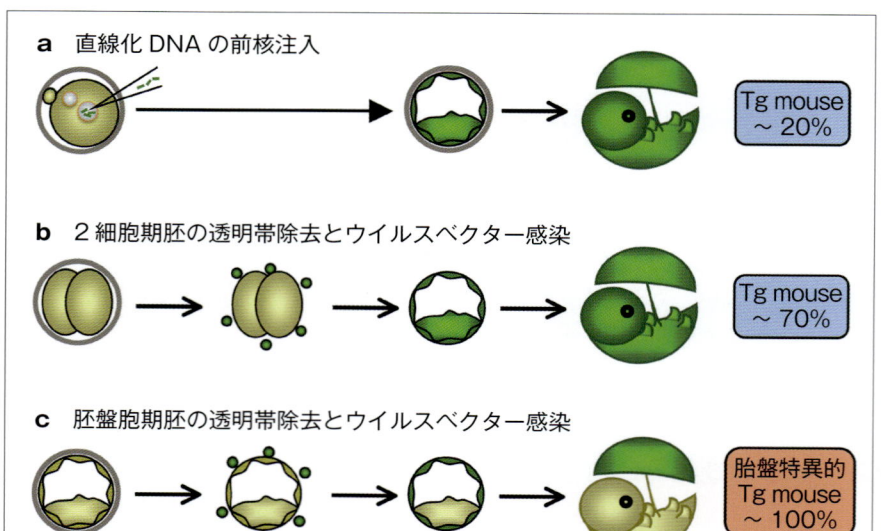

a　直線化 DNA の前核注入

Tg mouse
～ 20%

b　2 細胞期胚の透明帯除去とウイルスベクター感染

Tg mouse
～ 70%

c　胚盤胞期胚の透明帯除去とウイルスベクター感染

胎盤特異的
Tg mouse
～ 100%

図6.4.2　レンチウイルスを用いた胎盤特異的な遺伝子導入法
a）前核に直接 DNA を注入する通常の Tg 作製法により胎盤や胎子に外来遺伝子が導入される。
b）透明帯を除いた 2 細胞期胚にレンチウイルスベクターを感染させることで胎盤や胎子に外来遺伝子が導入される。
c）透明帯を除いた胚盤胞期胚にレンチウイルスベクターを感染させることで胎盤特異的に外来遺伝子が導入される。

（大阪大学微生物病研究所 伊川正人 教授よりご提供）

とで遺伝子導入を行う方法も確立されている。1本鎖RNAと逆転写酵素をもつウイルスはレトロウイルス科に分類され，その中にレンチウイルスが属する。最もよく使われているのはHIV（Human immunodeficiency virus）であり，そのウイルスの構造としては，複製に必要な末端繰り返し配列（Long terminal repeat：LTR）が両端に配置され，ウイルスのパッケージングに関わる配列や修飾遺伝子として構造タンパク質や逆転写酵素，エンベロープタンパク質などがコードされている。ウイルスが体内に入り増殖すると，宿主ゲノムDNAに組みこまれ，プロウイルスとして存在し続けることになる。分子生物学の発展により，ウイルスの高い感染能力やプロウイルス化を利用し，病原部を取り除いたウイルスベクターが開発された。レンチウイルスベクターの利点として，増殖中の細胞だけでなく，細胞周期が停止しているG0期の細胞にも遺伝子挿入が可能であることから，神経細胞や造血幹細胞などにも使用できる[6]。ベクターの安全を確保するために，レンチウイルスベクターはHIV-1の構造のうちLTRとパッケージング配列のみが利用されLTRに含まれるU3エンハンサー／プロモーター領域の活性を取り除くことで，全ゲノムが転写されないように処理されたself-inactivating（SIN）が一般的に用いられている。さらに修飾遺伝子や制御遺伝子などが取り除かれていること，構造遺伝子の固有部分が取り除かれていることを条件とする増殖力欠陥株を用いる。「遺伝子組換え生物等の使用等の規制による生物の多様性の確保に関する法律」であるカルタヘナ法に基づき，遺伝子組換え生物等の使用に応じた措置がとられている。前述のレンチウイルスベクターを用いた実験においてはP2施設での取扱いが必要であり，加えて動物使用の際はP2Aの特定飼育区画を設けなければならない。詳細は文部科学省の生命倫理・安全に関する取り組み【カルタヘナ法説明書】に基づき，実験申請，承認に関しては各研究施設の遺伝子組換え実験安全委員の規定に従う。レンチウイルスベクターについては，三好浩之博士により開発され，理研バイオリソースセンターのDNAバンクより入手可能になっており，ベクターの特性や取り扱いQ&A等も掲載されている（http://cfm.brc.riken.jp/lentiviral_vectors_j/）。

　レンチウイルスを用いたTg動物作製法はウイルスと細胞を接触させるだけで感染させることが可能であることから，透明帯を除いたマウス胚盤胞期の表面のtrophectoderm（TE）にレンチウイルスを感染させて，胎盤特異的に遺伝子改変させるユニークな手法が開発されて

図6.4.3　非ヒト霊長類初のトランスジェニックマーモセット
a) CAG-EGFP-Tgの翡翠，足は左が野生型，右がEGFP-Tgで蛍光を当てると緑色に光る。

いる[7]（図6.4.2）。

5 Tgマーモセット

　2009年にSasakiらが非ヒト霊長類で初めてレンチウイルを用いて緑色蛍光タンパク質（GFP）を組み込んだTgマーモセットを作出した（図6.4.3）[8]。Tgマーモセットを作出する際には体外受精と自然交配から得られたマーモセット受精卵にレンチウイルス液を注入した。体外受精卵は野生型の雌マーモセットの卵巣から吸引採取した卵を成熟培養し，翌日に野生型雄の精子を用いた体外受精を一晩行い，第2極体を放出して，細胞質内に雌雄前核が認められたものを使用した。自然交配卵は排卵を確認したマーモセット雌の卵管をクランプして子宮から子宮頸管に培養液を灌流することで前核期から胚盤胞期の受精卵を獲得した[9]。当時は，まだ効率のよいマーモセットの体外授精法が確立していなかったため，発生率の高い自然交配卵が併用された。またレンチウイルスは前核注入が必要なく，どの発生ステージの胚にも感染可能であることや遺伝子導入効率が高いことから，Tgマーモセットの作製に使用された。レンチウイルス液の注入は細胞質と透明帯の間の囲卵腔に注入するが，その際に多くのウイルスを受精卵に注入するために0.25Mスクロース（Suc）液の浸透圧を用いて卵細胞質を縮小させた後，囲卵腔を最大限に広げることで感染効率を上げる工夫がなされた（図6.4.4）。3種類のプ

ロモーター（CAG, CMV, EF1）のコンストラクションのうち，体外受精卵からはCAGプロモーターを用いたコンストラクション，自然交配卵からはCAG, CMVプロモーターを用いたコンストラクション由来の計5頭のGFP強制発現Tgマーモセットを得た。現在は2世代にわたり安定してGFPの発現が確認されている（図6.4.5）。その後，神経細胞のカルシウムイメージングに資するGCaMP遺伝子Tgマーモセットや脊髄小脳失調症マーモセットなどが作出されており，神経科学研究モデル，ヒト疾患モデルとしての有用性が期待されている[10), 11)]。また，2016年にはカニクイザルにおいてマーモセットと同様にGFP強制発現によるTg動物が作出され[12)]，今後もヒト疾患モデルを対象とした非ヒト霊長類の遺伝子改変動物の作出が期待されている。

Tgの利点は強制発現させる遺伝子とGFPなどのレポーター遺伝子を組み込むため，移植前にそのレポータータンパク質の発現の有無でTg胚を選別可能なことである。これは，近年ますます重要視されている動物福祉や動物生命倫理の観点から動物実験の3Rを意識した方策として非常に有益であることから，霊長類の実験では現在もなお本技術を用いている局面がある。

一方，Tgの欠点としては導入遺伝子が大きくなればなるほど遺伝子導入効率は悪くなる，ゲノムに外来遺伝子がランダムに挿入されるため，その挿入数や挿入箇所は制御できず，均一な遺伝子改変動物を獲得することが難しい等の欠点がある。一方，標的遺伝子ノックアウトは，標的の

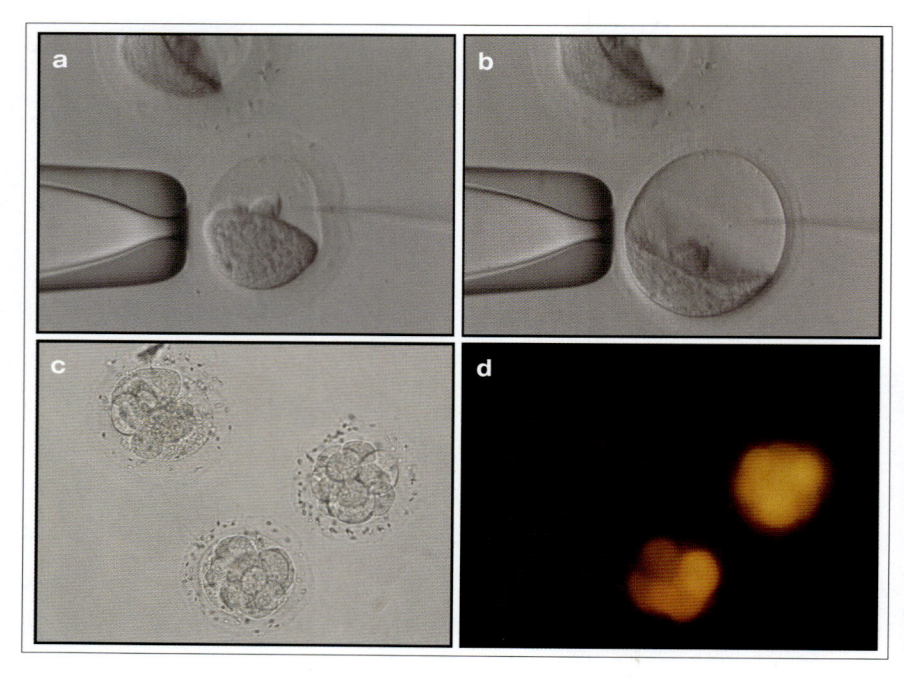

図6.4.4
マーモセット受精卵へのウイルス注入法
a）0.25Mスクロース液に入れた受精卵の細胞質がシュリンクし，透明帯との間の囲卵腔が広がる。b）ウイルス液を注入する。c）ウイルスを注入した受精卵に体外培養を施し，d）発生した胚に蛍光を当てると遺伝子導入のあった胚を選別することが可能である。

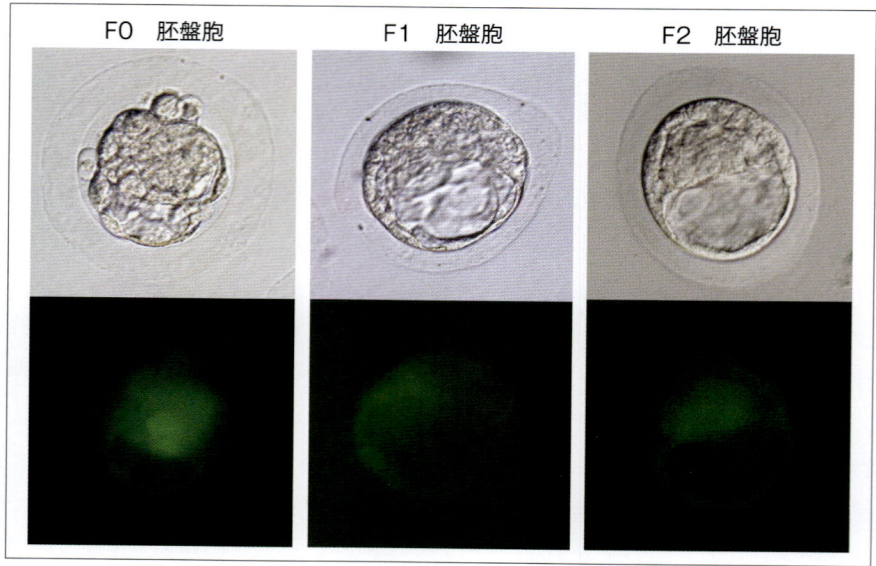

図6.4.5 2世代にわたるEGFP-Tg由来胚
EGFP-Tgマーモセットは現在F3世代まで継代が進み，各世代の受精卵採卵ではGFPの安定した発現がみられた。

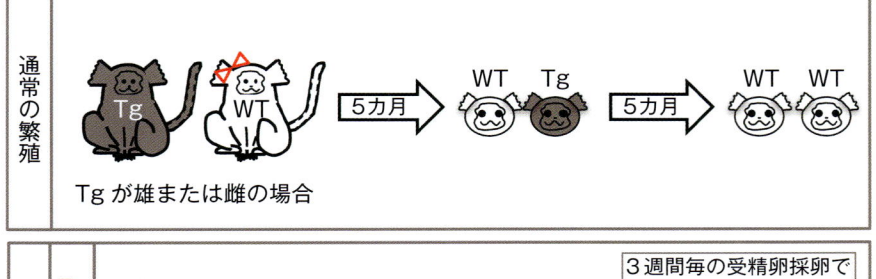

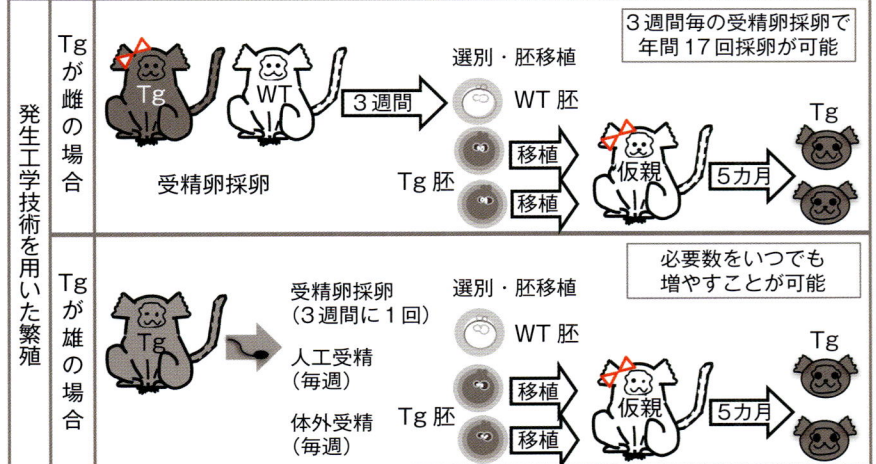

図 6.4.6
発生工学を用いた効率的な次世代獲得技術

遺伝子のみを破壊するため，遺伝子改変動物の中でも，比較的安定した遺伝型，表現型が得られる。近年，ゲノム編集技術による標的遺伝子ノックアウト法がマーモセットにおいても用いられ[13]，現在標的遺伝子ノックイン法も研究開発がなされている。

6 今後の課題

　非ヒト霊長類の研究において大きな問題となるのは決まって次世代獲得までに時間を要することである。とくに遺伝子改変動物を作出するだけではなく，それらの次世代を繁殖，Tg を選別，疾患モデルとして使用する実用化ベースに乗せるためには，次世代獲得を 1 日でも短縮させ，効率よく Tg を獲得する繁殖戦略が必要である。Tg マーモセットが雄の場合はその精子を用いて体外受精を行い，そこから得られた受精卵を仮親に移植することで，理論上は多くの次世代を獲得することが可能である。また，Tg マーモセットが雌である場合は，性周期を管理して排卵後に受精卵採卵を 3 週間に 1 回のペースで行い，仮親へ胚移植したり，胚の凍結保存を行ったりすることが可能である。Tg マーモセットから受精卵が得られた場合は，レポーター遺伝子を確認することで Tg 胚を選別して，仮親に移植・妊娠させることで Tg を高確率で獲得することが可能である（図 6.4.6）が，Tg 動物が性成熟に至る期間を短縮することはできていない。現在，ますます盛んになる幹細胞の研究において，マウスの人工多能性幹細胞（iPS）から卵子や精子を作成することが可能になっており[14], [15]，マーモセットにおいても有用なファウンダーが獲得されると同時に iPS から次世代を作出することができれば繁殖に時間のかかる霊長類を用いた研究のデメリットを克服することが可能になるかもしれない。

■ 参考文献 ■

1) Watson JD, Crick FH. *et al.* : Nature. 1953 Apr; **171**(4356): 737-738.
2) Crick FH, *et al.* : Symp Soc Exp Biol. 1958; **12**: 138-163.
3) Crick F, *et al.* : Tsitologiia. 1971 Jul; **13**(7): 906-910.
4) Gordon JW, Ruddle FH. *et al.* : Prog Clin Biol Res. 1982; 85.
5) Nagy A, Gertsenstein M, Vintersten K, Behringer R: "マウス胚の操作マニュアル, 第三版", 近代出版 (2005).
6) Naldini L, *et al.* : Science. 1996 Apr; **272**(5259): 263-267.
7) Okada Y, *et al.* : Nat Biotechnol. 2007 Feb; **25**(2): 233.
8) Sasaki E, *et al.* : Nature. 2009 May; **459**(7246): 523-527.
9) Sasaki E, *et al.* : Stem Cells. 2005 Oct; **23**(9): 1304-1313.
10) Park JE, *et al.* : Sci Rep. 2016 Oct; **6**: 34931.
11. Tomioka I, *et al.* : eNeuro. 2017 Apr; **4**(2).
12) Seita Y, *et al.* : Sci Rep. 2016 Apr; **6**: 24868.
13) Sato K, *et al.* : Cell Stem Cell. 2016 Jul; **19**(1): 127-138.
14) Hirota T, *et al.* : Science. 2017 01; **357**(6354): 932-935.
15) Hikabe O, *et al.* : Nature. 2016 10; **539**(7628): 299-303.

佐藤賢哉・汲田和歌子

　特定の遺伝子が改変された遺伝子改変動物は，その遺伝子の機能解析や，関連する疾患の研究において有用である。近年では「ゲノム編集技術」が確立され，あらゆる動物種で特定の遺伝子改変が可能となった。本項では，筆者らが行ったゲノム編集による疾患モデルマーモセットの作製を例として挙げ，マーモセットにおけるゲノム編集を解説する。

■1 遺伝子改変霊長類の作製

　実験動物は，基礎生物学における生命現象の理解から臨床医学に至るまで，人類の健康にとってはかり知れない貢献をもたらしており，なかでも遺伝子操作により作製される「遺伝子改変動物」は，様々な研究を加速させるための重要な存在である。遺伝子改変マーモセットの作製方法としては，前項（6章4節「トランスジェニックマーモセット」）で述べられているような外来遺伝子の導入方法が既に確立されており，近年では，脳神経科学分野において脳神経活動の評価を可能とする蛍光カルシウムセンサーを導入した

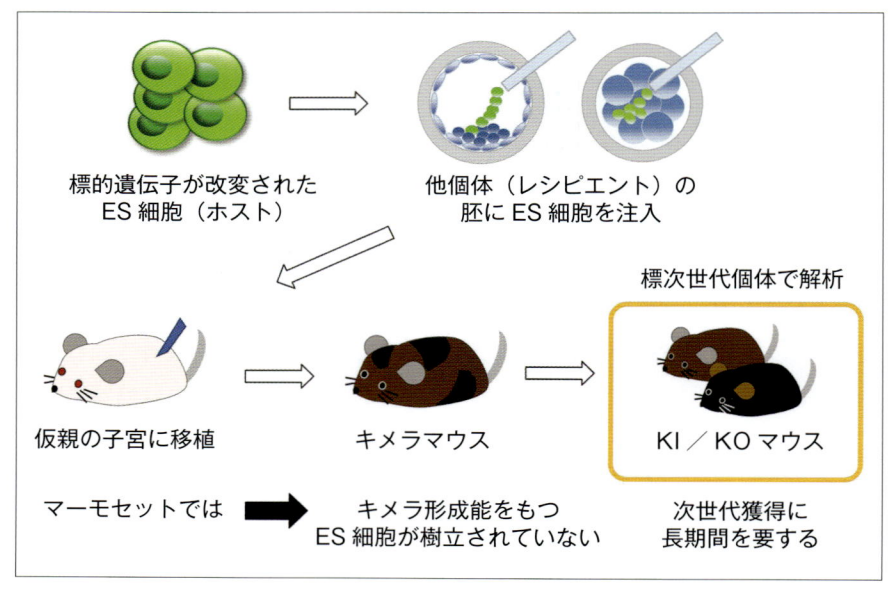

標的遺伝子が改変された
ES 細胞（ホスト）

他個体（レシピエント）の
胚に ES 細胞を注入

仮親の子宮に移植

キメラマウス

標次世代個体で解析

KI ／ KO マウス

次世代獲得に
長期間を要する

マーモセットでは　キメラ形成能をもつ
ES 細胞が樹立されていない

図 6.5.1　マウスにおける ES 細胞を用いた標的遺伝子改変
マウスの ES 細胞は未分化（ナイーブ）な状態であるため，他個体の受精卵に注入することで，それぞれの細胞が混ざり合ったキメラ動物（キメラマウス）を作製することが可能である。一方で，マウス・ラット以外の動物種由来の ES 細胞はキメラ動物を作製する能力をもたない。

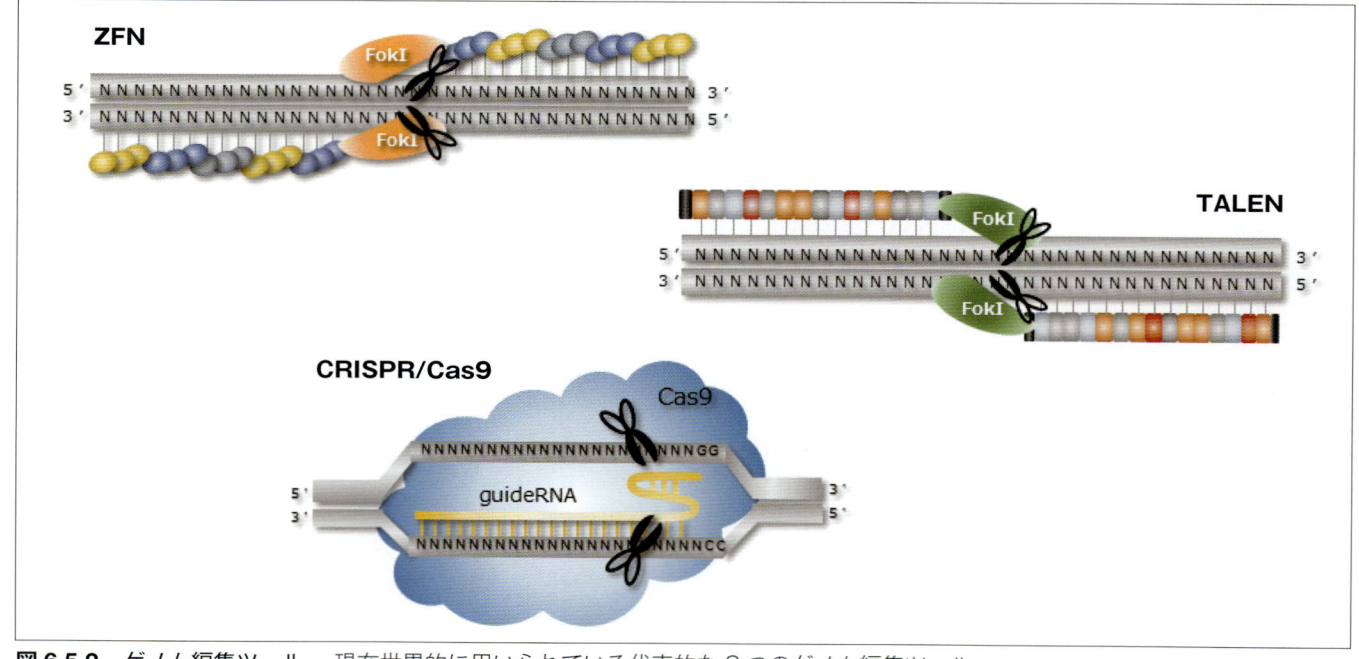

図 6.5.2　ゲノム編集ツール　　現在世界的に用いられている代表的な 3 つのゲノム編集ツール。

モデルや，神経変性疾患の一つであるポリグルタミン病を再現するモデルが，トランスジェニック法により作製されている[2), 3)]。

　一方で，ある特定遺伝子の異常により発症するようなヒト疾患の解明を目指す場合などは，トランスジェニック法とは異なる方法によって，その遺伝子の改変動物を作製する必要がある。特定遺伝子の改変を目指す場合，主として標的とする遺伝子配列を人工的に違う遺伝子配列と置換するノックイン（Knock in：KI）または，破壊するノックアウト（Knock out：KO）のいずれかの方法を用いる。実験動物として最も一般的なマウスにおいては，1980 年代に任意の遺伝子配列を内因性の遺伝子と置換する「相同組換え」が考案されており，現在もなお KI ／ KO 動物を作製するための最も信頼できる遺伝子改変の方法として用いられている[3)]。マウスでの相同組換えでは，まず，任意の改変型遺伝子を含むドナー遺伝子をマウスの胚性幹細胞（Embryonic stem cell：ES 細胞）に導入後，改変型遺伝子が正確に置換された ES 細胞を選抜し，これを毛色の異なる別系統のマウスの胚に注入することで動物を作製する（図 6.5.1）。これにより得られる個体は，遺伝子が改変された ES 細胞（ホスト）と，別系統のマウス胚（レシピエント）の遺伝形質が混ざり合ったキメラマウスとなり，さらには改変型の遺伝形質がどの程度導入されたかを毛色の比率によって推定することも可能である。その後は交配により体細胞が改変型の遺伝形質で均質化された動物を選抜することで，目的とする KI ／ KO マウスを得るわけである（図 6.5.1）。この技術において最も重要なポイントは，遺伝子改変された ES 細胞の遺伝形質が，移植した胚の生殖系列細胞に寄与するということである。しかしながら，これまでの研究により，マウス・ラット以外の動物種から樹立された ES 細胞は，キメラ動物を作製する能力をもたないということが広く知られており，また，この違いについてはながらくの間，種差によるものと考えられてきた。しかし，2007 年に着床後のマウス胚からエピブラスト幹細胞（Epiblast stem cell：EpiSC）とよばれる新しい幹細胞が樹立されたことで，げっ歯類と霊長類の ES 細胞の性質の違いが解明されつつある[4), 5)]。EpiSC はマウスの ES 細胞と同様に 3 つの胚葉（外胚葉・中胚葉・内胚葉）に分化する能力を有するが，キメラ形成能力をもたない。また，コロニーの形態は霊長類の ES 細胞と同じく扁平で，未分化の状態を維持するために線維芽細胞増殖因子が必要であり，さらに X 染色体が不活性化されている。このような特徴はヒトを含む霊長類の ES 細胞に非常によく似ており，現在では，ES 細胞はナイーブ（マウス）型とプライム（ヒト）型があると認識されている（詳しくは本書 5 章 4 節「ES/iPS 細胞」を参照願いたい）[6)]。

　マーモセットでは既に，ES 細胞や人工多能性幹細胞（induced pluripotent stem cells：iPS 細胞）が樹立されており，細胞内での相同組換えにも成功しているが，先に述べた理由によりキメラ動物の作製には至っていない[7)～9)]。近年の目覚ましい幹細胞研究の進展から考えると，近い将来にはキメラ形成能力をもつ霊長類の幹細胞が開発される可能性は非常に高い。しかしながら，マウスと同じ戦略によってマーモセットでの KI ／ KO を目指す場合は，キメラ動物は得られても次世代個体を得るという点において，霊長類特有の長い世代時間を考慮する必要も出てくることから，世代間短縮技術などの新たな技術の開発も期待される。

② ゲノム編集技術

　先述の通り，マウス・ラット以外の動物種では ES 細胞の樹立の有無，ならびに，その性質という大きな理由によって KI ／ KO 動物の作製は困難であったわけであるが，その状況を一変させたのが「ゲノム編集技術」の登場である。Zinc-finger nuclease（ZFN）[10)]，Transcription activator-like effector nuclease（TALEN）[11)]，Clustered regularly interspaced short palindromic repeat ／ CRISPR-associated protein 9（CRISPR ／ Cas9）[12)]に代表されるゲノム編集ツールは共通の特徴として，特定の遺伝子配列を認識する機構と，その部位を二重鎖切断する機構を併せもっている（図 6.5.2）。

　すべての生物は，細胞内の遺伝子が正常に維持されることで生命の恒常性が保たれている。この遺伝子の維持に深く関わっているものが遺伝子修復機構であり，修復の方式によって大きく二つに大別される。一つは相同組換え（Homologous recombination：HR）とよばれる機構で，遺伝子すなわち DNA の二重鎖の片側塩基が損傷したような場合に働き，塩基の相補性の法則にしたがった正確な修復が行われる（図 6.5.3A）。二つめは非相同末端再結合（Non-homologous end joining：NHEJ）とよばれる機構で，DNA が二重鎖切断された場合に働くが，この修復の過程では相補性の法則が利用できないため，修復された遺伝子は高い確率で変異を生じる（図 6.5.3B）。このときに起こる変異は，多くの場合，塩基の過不足に伴う塩基配列情報

（トリプレット暗号）に変化をきたすことから，結果としてその遺伝子が担う機能の失活へとつながる（図6.5.3B）。したがって，ゲノム編集技術による遺伝子改変個体の作製は，「特定の遺伝子に人工的に NHEJ を起こすことによって，その遺伝子の変異を誘発する仕組み」を利用したものとなる。またゲノム編集技術は，特定遺伝子の直接的な KO だけでなく，二重鎖切断する部位の近傍の塩基配列を含んだドナー遺伝子をゲノム編集ツールと同時に導入することで，KI 動物作製にも応用されている（図6.5.4）。

このように，ゲノム編集は生物種を問わず，細胞や受精卵といった単細胞レベルで特定遺伝子の改変を可能とする

革新的な技術であり，これまで ES 細胞の問題によって作製が困難とされていた動物種における KI ／ KO 個体作製を現実化したわけである。

❸ 霊長類におけるゲノム編集の始まり

霊長類の実験動物を対象としたゲノム編集の第一報は，CRISPR/Cas9 を用いたカニクイザルでの実施例であった[13]。この研究では三つの標的遺伝子（*Nr0b1*，*Ppar-γ*，*Rag1*）の同時 KO が計画され，Cas9 タンパクをコードする mRNA，および，それぞれの遺伝子を認識する single guide RNA（sgRNA）がカニクイザルの胚に同時注入され

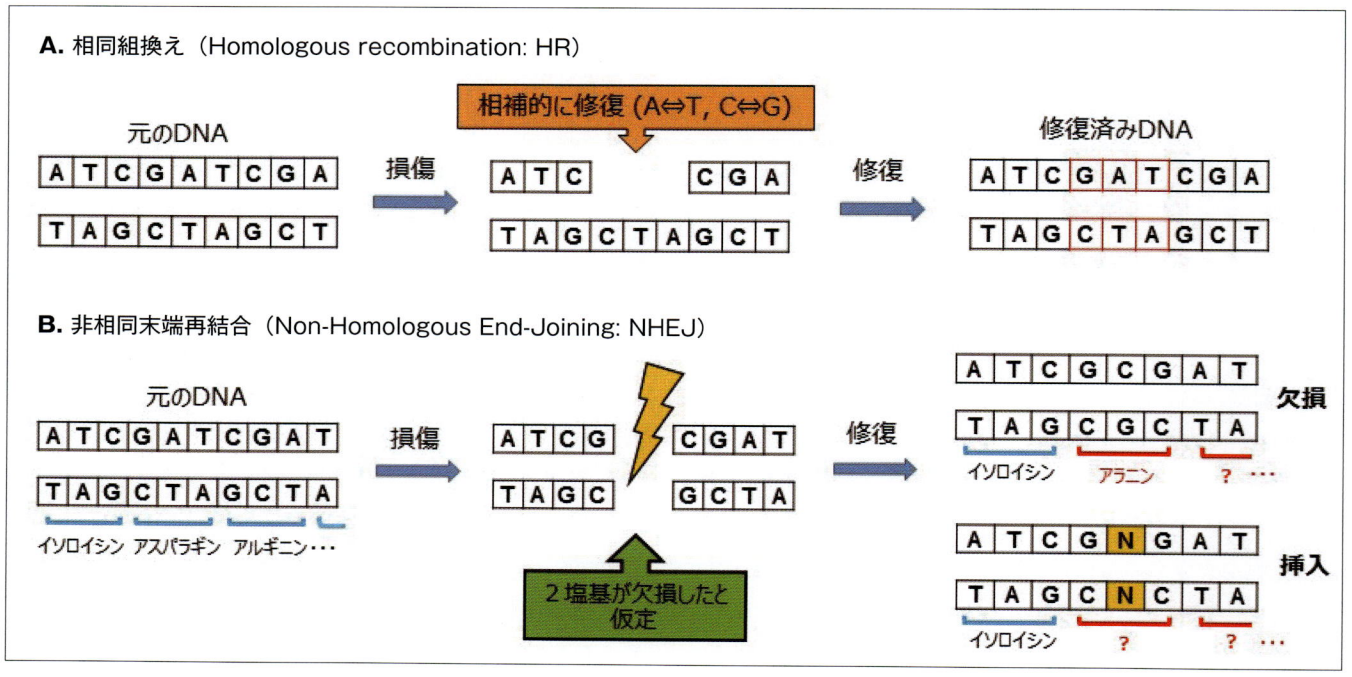

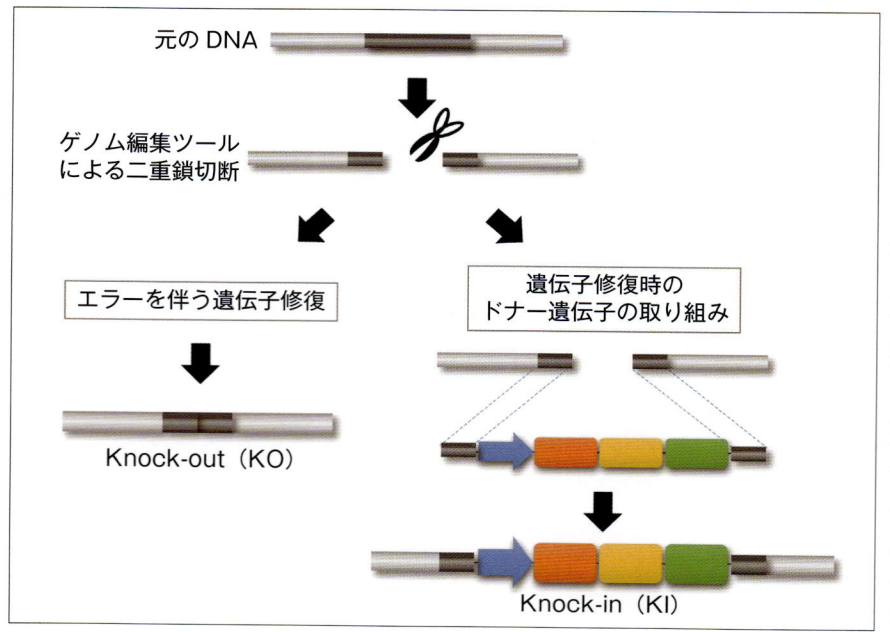

図6.5.3　ゲノム編集において利用される遺伝子修復機構
生体細胞内には，損傷を受けた遺伝子を迅速に修復する機構が備わっている。A: 相同組換え。DNA 二重鎖の片側の塩基が損傷した場合に起こるもので，修復の正確性が高いことから遺伝情報への影響はほぼ出ない。B: 非相同末端再結合。DNA が二重鎖切断された場合に起こるもので，修復された遺伝子は高い確率で変異を生じる。その結果として，遺伝子が担う機能の失活をきたす。

図6.5.4
ゲノム編集による遺伝子改変の模式図
ゲノム編集は，特定遺伝子の二重鎖切断によって遺伝子修復のエラーを人為的に発生させることで，遺伝子の KO や KI を可能とする技術である。

た。この結果，19頭の候補個体が獲得され，そのうちの2頭で二つの標的遺伝子（*Ppar-γ*, *Rag1*）の改変が確認されたが，さらなる解析によってこれらの改変は「モザイク改変（体内に改変型と野生型の標的遺伝子が混在した状態）」であることが示され，標的遺伝子のKOによる表現型は確認されていなかった。また，同年にはTALENを用いたアカゲザルおよびカニクイザルでの実施例も報告された[14]。この研究では，自閉症スペクトル障害（Rett syndrome：RTT）に関連するMethyl-CpG binding protein 2（MeCP2）遺伝子のKOが計画され，MeCP2を標的とするTALENがアカゲザル，および，カニクイザルの胚に注入された。この結果，末梢組織中に変異型MeCP2遺伝子を豊富に保有するカニクイザルが1頭獲得されたが，自閉症様症状すなわち表現型は認められていなかった。

上記に示した二つの報告は，霊長類の実験動物における標的遺伝子のゲノム編集が可能であるということを実験的に証明した重要なものであった。

4 モザイクと表現型

ゲノム編集技術は，今後も霊長類の実験動物を用いた様々なモデル動物の作製に活用されるものと考えられるが，動物を作製する際には霊長類ならではの問題に目を向ける必要がある。ゲノム編集技術は，マウスでのES細胞を用いたKO／KIとは異なり，遺伝子改変成功の効率や，その結果得られる遺伝子改変のパターンは実験ごとに変化するという不安定な側面をもつ。この際に霊長類で大きな問題となるのがモザイクである。

ゲノム編集技術によって遺伝子改変動物を得るためには，ゲノム編集ツールを受精卵すなわち1細胞期の胚に注入するわけであるが，その結果得られる個体の遺伝子改変の成否は，ゲノム編集ツールがもつ遺伝子切断活性に大きく依存する。最も理想的なゲノム編集は，受精卵に注入した直後にゲノム編集ツールによる二重鎖切断が起こり，標的とする遺伝子が両対立遺伝子で改変される形式である。これにより得られる動物は，体内に均質に変異した標的遺伝子を保有することから，意図する表現型の出現や次世代への遺伝形質の伝達がほぼ確実なものとなる（図6.5.5上段）。一方で，ゲノム編集ツールの遺伝子切断活性が不安定である場合は，注入後の受精卵において遺伝子改変が不均質に起こる。これにより得られる動物は，体内に変異した標的遺伝子を部分的に保有するモザイク動物とよばれ，意図する表現型が出現しない場合が多い（図6.5.5下段）。マウス・ラットなどの実験動物では，ゲノム編集によってモザイク動物が得られた場合は，交配によって次世代個体を獲得することで，比較的短期間のうちに目的とする標的遺伝子の均質な改変個体を獲得することが可能である。し

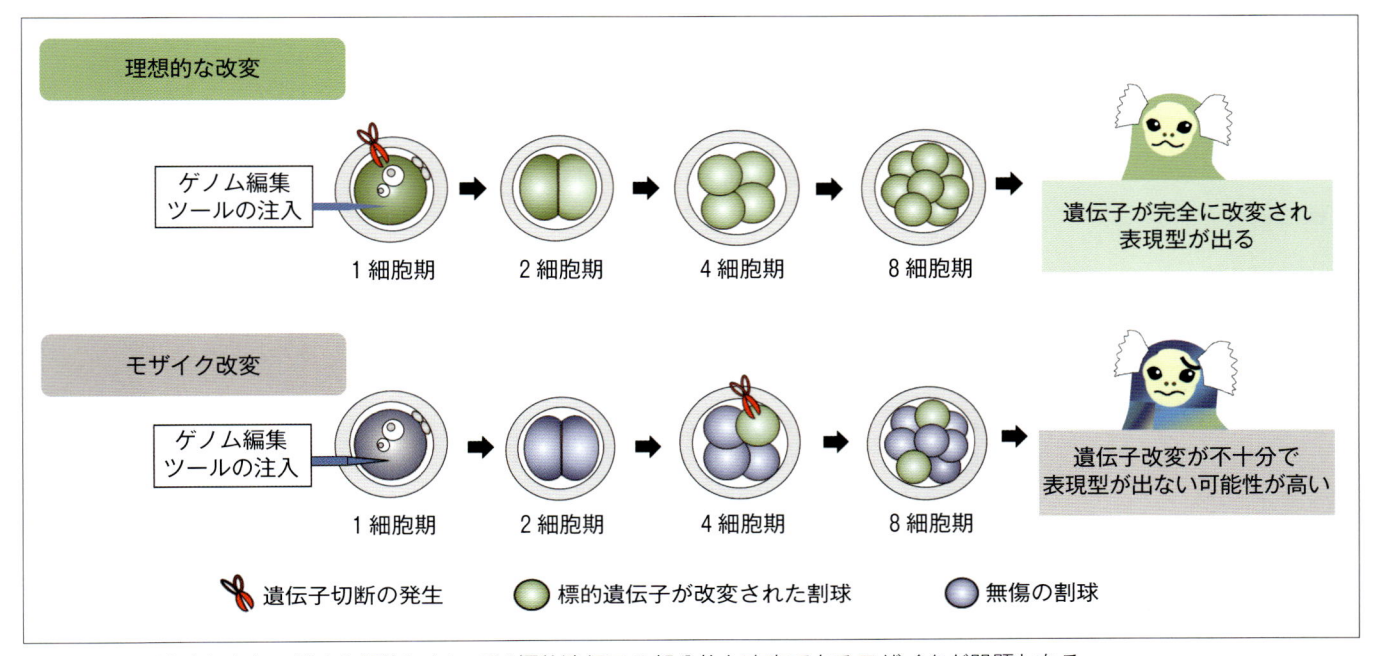

図6.5.5 モザイク改変 ゲノム編集においては標的遺伝子の部分的な改変であるモザイクが問題となる。
上段：標的とする遺伝子の数が最も少ない1細胞期の胚で完全なゲノム編集が起こると，野生型遺伝子配列は残存せず，作製された動物では高確率な表現型出現が期待できる。**下段**：発生が進んだ胚内で部分的にゲノム編集が起こると，野生型と変異型の遺伝子が混在し，作製された動物の表現型出現の確率が下がる。また，次世代への変異型遺伝子の伝達も困難になることが予想される。

かしながら，霊長類では他の動物種と比較して世代時間が長いため，研究のスピードや維持費用などを考慮すると，大量のファウンダー個体の作製，および，モザイク個体からの次世代個体を作製することは容易ではない。したがって，ゲノム編集による霊長類の遺伝子改変個体作製においては，ファウンダー世代で表現型を示す個体を高効率に作製することが重要となる。

5 ゲノム編集ツールの評価

霊長類の実験動物において，最善の結果であるファウンダー世代での標的遺伝子の完全改変を目指す場合，動物作製の前検討としてゲノム編集ツールの活性を充分に評価し，最も遺伝子切断効率の高いものを選抜することが重要である。著者らは，これまでの様々な実験結果をもとに「ゲノム編集ツールの評価系」を構築し，これを実践することで遺伝子改変マーモセットの作製効率を向上させることに成功している。本項ではその手法についての紹介を行う。

ゲノム編集技術では一般的に，一つの標的遺伝子に対して複数のツールが作製可能である。その中から，まず遺伝子切断活性をもたないものを除外することを目的として，マーモセット線維芽細胞を利用した一次スクリーニングを行う。具体的には，マーモセット線維芽細胞にゲノム編集

ツールをそれぞれ導入し，30℃の炭酸ガス培養器の中で3日反応させる。低温環境を用いる理由は，ゲノム編集ツールによる遺伝子改変を受けなかった正常な細胞の増殖を抑えるためである[15]。反応終了後には培養細胞からゲノムを抽出し，標的遺伝子の改変の有無を確認することで，ゲノム編集ツールごとの遺伝子切断活性の有無が評価できる（図6.5.6A）。

次に，選抜されたゲノム編集ツールについて，マーモセット胚内での遺伝子切断活性と毒性の確認を目的とした二次スクリーニングを行う。具体的には，ゲノム編集ツールを注入したマーモセット胚を1週間程度培養することで，後期胚までの到達の可否すなわち胚発生への影響を確認し，後期胚に至った胚についてはゲノムを抽出した後に標的遺伝子の改変の有無を確認する（図6.5.6B）。この評価では，遺伝子改変胚と野生型胚の比をとることで，遺伝子改変動物の作製効率を暫定的に割り出すことも可能である。

最終スクリーニングでは，ごく少数に絞り込まれたゲノム編集ツールを対象として，モザイク改変の評価を行う。具体的には，ゲノム編集ツールを注入したマーモセット胚を8細胞期まで発生させた後，透明帯を除去して割球を分離し，それぞれ割球ごとに標的遺伝子の解析を行う（図6.5.6C）。この評価では，同一胚内での標的遺伝子の正常型，

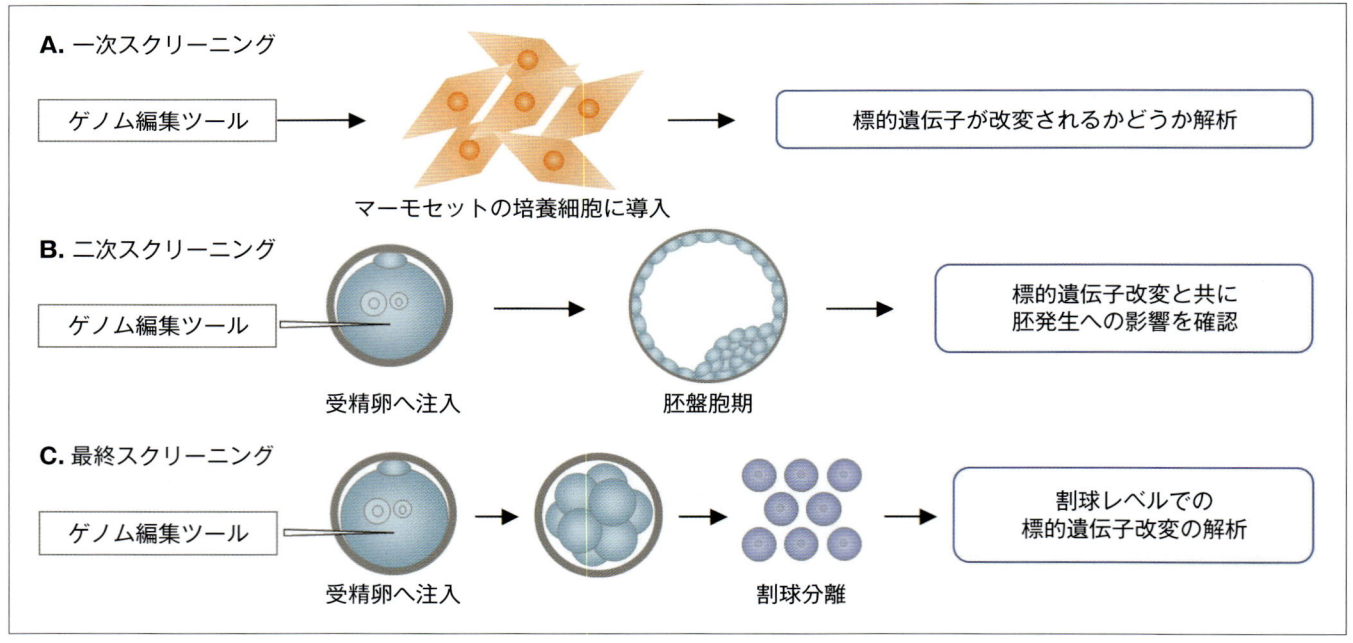

図 6.5.6　ゲノム編集ツールの評価　標的遺伝子に対して設計した複数のゲノム編集ツールから，最も活性の高いものを選抜するための方法。**A:** 組織培養細胞を用いた一次スクリーニング。標的遺伝子配列が一致する場合は，他の生物種由来の細胞株を用いることもできる。**B:** マーモセット胚を用いた二次スクリーニング。ゲノム編集ツールの胚発生への影響と遺伝子改変個体の作製効率の推定が可能である。**C:** 割球分離法を用いた最終スクリーニング。ゲノム編集ツールを胚注入した後，8細胞期まで発生させた胚の割球を単離し，それぞれの標的遺伝子の改変の有無を解析することで，モザイクの評価を行うことができる。

改変型の混在比率すなわちモザイクの推定だけではなく，胚発生のどの段階でゲノム編集ツールによる遺伝子切断が起きたかなど，ツールの詳細な検討を行うことができる（図6.5.7）。

6 疾患モデルマーモセット

　著者らはマーモセットの免疫不全関連遺伝子である Interleukin 2 receptor common gamma chain（*IL2RG*）を対象としたゲノム編集を行うことで，IL2RG-KO マーモセットを作製することに世界で初めて成功した[16]。この研

表 6.5.1　ゲノム編集による IL2RG 遺伝子改変マーモセットの作製結果

M：オス，F：メス

ゲノム編集ツール	胚に注入した数（個）	仮親に移植した胚の数（%）	妊娠した個体数（%）	獲得できた子の数（頭）	免疫不全マーモセットであった子の数（%）
ツール ①	131	95 (72.5)	10 (21.7)	M：11　F：1	M：1 (8.3)
ツール ②	58	42 (72.4)	5 (13.2)	M：2　F：3	M：1，F：3 (80.0)

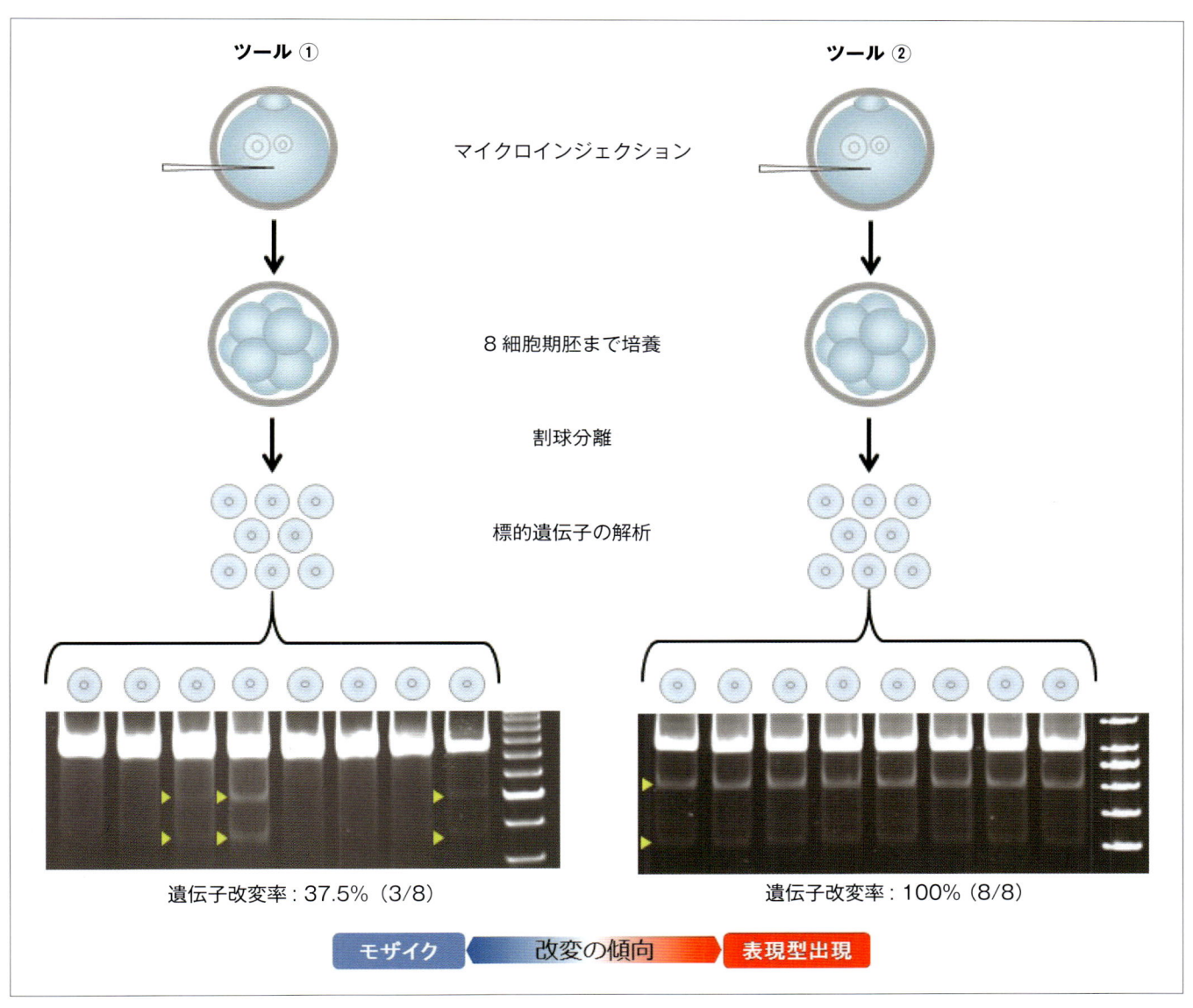

ツール ①　　　　マイクロインジェクション　　　　ツール ②

8 細胞期胚まで培養

割球分離

標的遺伝子の解析

遺伝子改変率：37.5%（3/8）　　　　遺伝子改変率：100%（8/8）

モザイク　改変の傾向　表現型出現

図 6.5.7　モザイク改変評価の例

二つのゲノム編集ツールを対象とした実施例。遺伝子改変の確認には，改変遺伝子の存在を複数のバンドの出現（図中矢頭）によって可視化することが可能な CEL-1 アッセイを用いる。図中左のツール①では，8 細胞中 5 個の割球で野生型の標的遺伝子が残存しているためモザイクと判定され，作製された動物での表現型の出現の可能性は低い。図中右のツール②では，すべての割球で変異型の標的遺伝子が検出されており，作製された動物での表現型の出現が高確率で見込まれる。

究では，前項で述べたゲノム編集ツールのスクリーニングにより最も活性が高いツールを用いて動物の作製を行い，他に類をみない高い効率で遺伝子改変動物を獲得することに成功した（表 6.5.1）。IL2RG-KO マーモセットの新生子を対象とした表現型解析では，ヒトにおいて IL2RG-KO により発症する X 連鎖性重症免疫不全症（X-SCID）の幼齢期患者の臨床症状である胸腺の委縮と，特徴的なリンパ球所見（T 細胞著減，B 細胞正常，NK 細胞著減）が正確に再現されることが明らかとなった。これにより，IL2RG-KO マーモセットは，いまだに明らかとなっていないヒト X-SCID の病態解明や新規治療法の開発などに有用と考えられ，また，免疫機能の欠如という面からは，再生医療における異種細胞移植モデルとしての貢献も期待される。

7 技術的な展望

霊長類を対象としたゲノム編集は，世界的な広がりをみせており，前項で述べたような特定遺伝子の KO に関する報告が徐々に増加してきている。その一方で，ゲノム編集技術を用いた KI については，すべての動物種において成功率という点で実用可能な段階には達しておらず，さらなる技術革新が待たれる。また，ゲノム編集技術の新たな展開としては，CRISPR ／ Cas9 から派生した新たな手法である「Target-AID」が日本の研究グループから発表されている [17]。この方法は，CRISPR ／ Cas9 システムの遺伝子切断活性を脱アミノ化酵素に置き換えることで，標的遺伝子を切断するのではなく，塩基を置換するという機構となっており，細胞への負担が少ないゲノム編集として注目されている。

8 動物愛護および倫理

これまでに述べてきた通り，長い世代時間をもつ霊長類を対象としたゲノム編集では，目的とする遺伝子改変動物の作製効率を向上させる工夫を行うことが肝要となる。このことは，遺伝子改変個体の獲得率の向上のみならず，ゲノム編集に失敗した遺伝子改変に至らなかった個体の削減にも繋がることから，動物実験の理念である 3R「Replacement（代替）」「Reduction（削減）」「Refinement（改善）」に大きく貢献するものである。

霊長類の実験動物を対象としたゲノム編集の実施は，一般社会ではヒトへの転用を連想させることも少なくない。我々はそのような声に真摯に応えられるよう，国際的な法規制の動向などに常に注目することが必要である。最後に，日本では「遺伝子治療等臨床研究に関する指針」（平成 27 年 8 月 12 日厚生労働省）により，「ヒトの生殖細胞や胚の遺伝的改変を目的とした遺伝子治療等臨床研究，およびヒトの生殖細胞または胚の遺伝的改変をもたらすおそれのある遺伝子治療等臨床研究は行ってはならない」と規定されていることを念のため記しておく。

■ 参考文献 ■

1) Park JE, *et al*. : Sci Rep, 2016; **11**(6): 34931.
2) Tomioka I, *et al*. : eNeuro, 2017; **28**(4): 2.
3) Mansour SL, *et al*. : Nature, 1988; **336**(6197): 348-52.
4) Brons IG, *et al*. : Nature, 2007; **12**; 448(7150): 191-5.
5) Tesar PJ, *et al*. : Nature, 2007; **12**;448(7150):196-9.
6) Nichols J and Smith A: Cell Stem Cell, 2009; **4**(6): 487-92.
7) Sasaki E, *et al*. : Stem Cells, 2005; **23**(9): 1304-13.
8) Shiozawa S, *et al*. : Stem Cells Dev, 2011; **20**(9): 1587-99.
9) Tomioka I, *et al*. : Genes Cells, 2010; **15**(9): 959-69.
10) Urnov FD, *et al*. : Nature, 2005; **435**(7042): 646-51.
11) Mahfouz MM, *et al*. : Proc Natl Acad Sci USA, 2011; **108**(6): 2623-8.
12) Jinek M, *et al*. : Science, 2012; **337**(6096): 816-21.
13) Niu Y, *et al*. : Cell, 2014; **156**(4): 836-43.
14) Liu H, *et al*. : Cell Stem Cell, 2014; **14**(3): 323-328.
15) Doyon Y, *et al*. : Nat Methods, 2010; **7**(6): 459-60.
16) Sato K, *et al*. : Cell Stem Cell, 2016; **19**(1): 127-38.
17) Nishida K, *et al*. : Science, 2016; **353**(6305).

6.6 高次脳機能解析

山﨑由美子・入來篤史

　高次脳機能とは一般に，記憶，思考，言語，学習などのいわゆる知的活動とよばれる様々な認知機能であり，その遂行には大脳皮質が重要な役割を果たす。マーモセットはヒトと同じ霊長類に属するため，その相同な脳構造に基づいた高次脳機能の解析方法を手に入れれば，ヒト特有の精神神経疾患の病態解明や，損傷を受けた高次脳機能の回復過程の評価が可能になる[1]。これまでに実験室内外で，マーモセットの様々な認知能力が報告されてきているが[2]，本稿ではマーモセットの高次脳機能の例として，私たちの研究室で検証してきた物理的関係の理解，概念形成および使用能力，空間記憶能力，道具使用の獲得について論じる。

1 物理的関係の概念的理解

　コモンマーモセット（*Callithrix jacchus*）はブラジルの北東部の，比較的乾いた地域を原産とする。普段樹上で生活し，木の枝から枝へ，日中群れで移動する。移動中自分の体重を支えてくれそうな枝をみつけてそこに飛び移ったり，枝に捕食対象の昆虫が留まっていたら枝を動かさないようにこっそりと近づいたりする。このような活動時，動物は環境内で自分と関わりのある物体の性質，強度，表面の肌触り，すべりやすさなどを一瞬にして判断している。物体の物理的特性についての知識ともいうべきものであるが，これらの知識は物理法則のようなものを理解していな

くても，発達とともに環境との相互作用によって自然と備わってくるものである。心理学ではこれを「Folk physics（素朴物理学）」と呼ぶことがある[3]。程度に差こそあれ，動物は自分の身の回りの物体について知識を有し，それを踏まえて自らの行動を決定する。

　素朴物理学がどのようなものか示す一例として，サポートテスト（Support test）というものがある。細長い布の上におもちゃや食べ物など，被験体／被験者の興味をひくものを載せる。被験体は布には手が届くが，おもちゃや餌には直接手が届かない。しかし，布を自分の方に引くことにより，興味のあるものを自分の近くに寄せることができる。

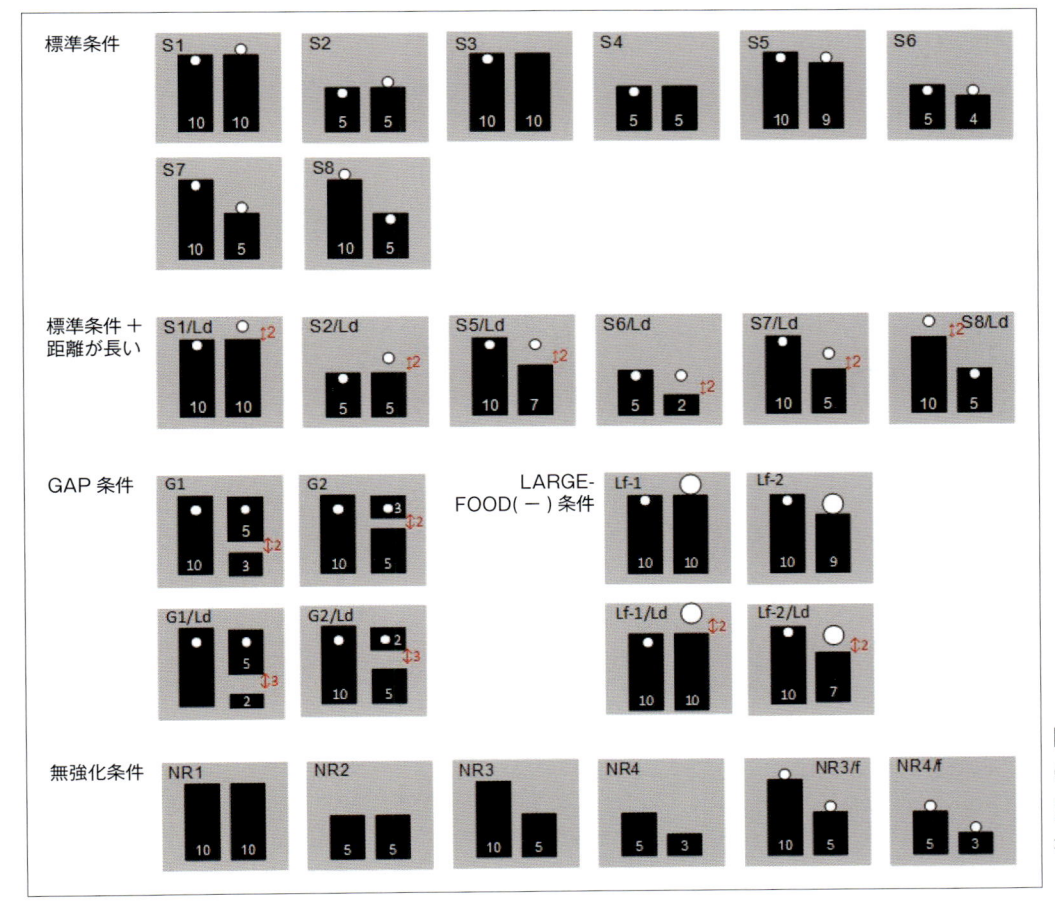

図 6.6.1　サポートテストで用いられた条件
図中の数字は布の長さや餌と布の距離（cm）を示す。

（文献4より改変）

この時，布を引けばその上に載っている（支持 support されている）物体も，同じように自分に近づいてくるということを理解しているならば，布が物体としっかりと接触していること，物体を載せた布は連続していること，という点が押さえられていなければならないはずである。

　私たちはマーモセットでこの能力を検討した[4]。支持という物理的関係を理解するかどうか，また理解するならばそれを一般的な概念としてもつか，ということを，目標とする餌までの距離，餌の大きさ，布の状態（つながっているかどうか）といった，様々な知覚的変数を操作することによりテストした（図 6.6.1）。その結果，マーモセットは一般的な布と餌との関係—支持あるいは非支持関係—の違いを理解した反応を示した。しかも，この反応は最初から示されたため，テスト中に学習したものではなかった。ところが，支持されていない餌が，支持されている選択肢よりもずっと大きく，自分からより近い場所に位置している条件（Large-Food（−）条件）と，左右どちらの選択肢も餌が布に載っているが，一方の布には非連続な切れ目がある条件（Gap 条件）では，テストの初期に反応は大幅に影響を受けた。Large-Food（−）条件ではテストを繰り返すうちに正答率が上がったが，Gap 条件では上昇がみられなかった（図 6.6.2）。つまり，マーモセットは餌が支持されているかどうか判断する際，支持するもの（布）が支持されるもの（餌）と物理的に接触していなければならないということを概念的に理解していたといえるが，そこに布が連続しているかどうか，というもう 1 つの条件を考慮することには困難があったということになる。

　これまでに様々な動物種がサポートテストで試されてき

たが，野生で多様な道具使用行動を示すチンパンジーであっても[3]，マーモセットと近縁のワタボウシタマリンでも[5]，あらゆる知覚的な差異を超えて一般的な概念という形で支持を理解しているわけではなかった。マーモセットの反応も同様な傾向を示すものと思われ，支持という物理的関係性についての概念の一般性は，ヒトとヒト以外の動物では異なるのかもしれない。

❷ 対象の大きさに関する相対的関係概念

　捕食者の目の前に大きなコオロギと小さなコオロギがいるとき，大きなコオロギをまず襲うだろう。大きなコオロギを食べた方が一度により多くの栄養価を摂取することができるためである。テリトリーを争う戦いを挑むときには自分と相手の体格を比較するだろう。自分が勝てるかどうか，怪我をするかどうかの判断材料になるからである。大きさの区別ができることが生存にとって有利となる，と考えられる例は少なくない。

　では，この大きさに関する認識がどの程度の一般性をもつのか，言い換えれば概念として利用されているのか，をマーモセットで検証した[6]。視覚刺激として，大きさの異なる 3 つの正方形（小さい順に S, M, L）を用意した。タッチモニター画面に S と M の正方形が現れ，M をタッチすれば正解となり，餌がもらえた。この課題の正答率が十分に高くなったら，正解となる刺激を逆転させた。つまり，今度は S を選べば正解となった。逆転後しばらくは逆転前に正解となった選択が出現するが，徐々にそれは減っていき，新しい正解刺激に対する選択率が高くなっていった。この傾向は逆転を繰り返すうちにより顕著になる。このような訓練を逆転学習と呼ぶ。

　さて，この訓練で被験体が学習したのは「M（または S）を選択すること」だろうか。「より大きい（小さい）方を選択すること」だろうか。強化随伴性に基づく絶対的選択か，あるいは 2 つの刺激間の関係に基づく相対的選択であろうか。これを検証するためのテスト方法として，S と M が提示されて M が正解となる訓練文脈において，ある時 M と L を提示する。もし，M を選んだら絶対的選択，L を選んだら相対的選択ということになる。

　マーモセットはこのテストにおいて L をより選んだ（図 6.6.3）。つまり，学習されたのは相対的刺激間関係であった。このような選択を「移調 transposition」と呼ぶ。移調は対象の大きさのみならず，明るさや音の高さなど，ある物理的特性について次元軸上に並べることのできる刺激を用い

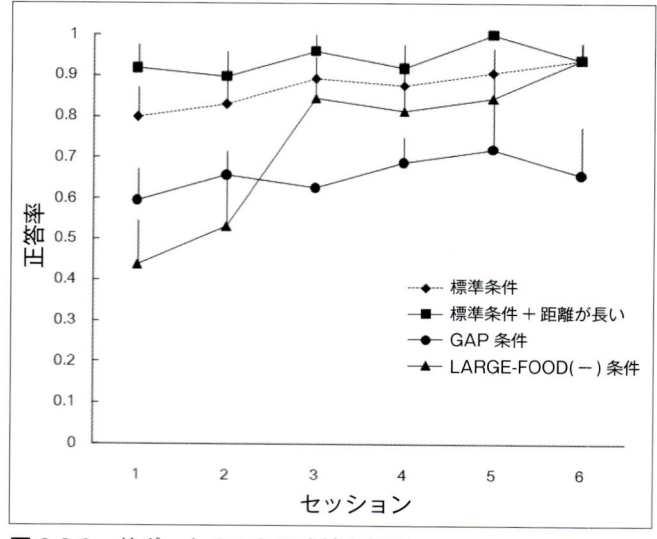

図 6.6.2　サポートテストの成績の推移　　　　（文献 4 より改変）

た実験で，様々な種類の動物で確認されている。この実験でみられた移調とは，相対的な大きさについての一般的な理解，すなわち概念であるといえる。

では，概念としてみられたこの相対的大きさに基づく選択は，正方形という，訓練で用いられた刺激に限定されるだろうか，それともより一般化された理解として，新奇な図形に対しても適用されるだろうか。これを検証するために，今まで使われたことのない5種類の図形で（Cross, LShape, Pentagon, Star, Triangle），訓練刺激と同様に3つの大きさを用意した。これを，訓練刺激を用いた試行の間に混在させ，訓練刺激の文脈（より大きい／小さいのいずれかが正解）に即した反応がみられるかどうかテストを行った。その結果，刺激ごとに反応率は異なったが，2種類（Pentagon, Triangle）に対しては訓練刺激と異ならない程度の選択率が示された（図6.6.3）。さらに，これらの刺激ごとの違いがどのような変数によるものか解析するため，訓練刺激と新奇刺激との類似度を，面積，外周長，辺の数の3変数で算出し順位付けを行ったところ，選択率と外周長との順位相関が最も高いことが示された。

5種類の図形のテスト場面では，みたことのない図形が提示されるため，選択に利用できる知覚的手掛かりは制限される。そのような条件下で，一般的な概念として「より大きい／小さい」が適用されることが示された。しかしよくみると，マーモセットは図形の物理的特徴の中で外周長を利用し，その類似度に従って訓練刺激と同じ「より大きい」あるいは「より小さい」という概念を適用した。どのような物理的特徴を用いるかは動物種によって異なるかもしれないが，利用できる手掛かりに応じて，概念の使用を調整するような変数が存在することが示されたといえよう。

3 空間的な記憶能力

マーモセット科の動物は野生で昆虫などの小動物や樹脂を食料源とすることが知られているが，中でもコモンマーモセットは樹脂に依存する程度が大きいことで知られる[7]。樹脂を出す木を中心にしてテリトリーを作り，日中の活動中長い時間樹脂の摂取に費やし，樹脂を出した木にマーキングをする[8]。樹脂を出す木には無数のかじり痕があり，マーモセットが繰り返しその木を訪れていることがわかる。木をかじってから樹脂が出てくるまでには時間がかかるため，待つ必要がある。一方，小動物の捕食者としては，逃げたり隠れたりする獲物がみえなくなっても，その場所の記憶を一定時間保持し，移動とともに更新する必要がある。すなわち，マーモセットに限らず，多くの動物では空間記憶は生存のために重要な認知機能の一つで，空間のみならず視覚，嗅覚など多感覚的に符号化されていると考えられる。

実験室でマーモセットの空間記憶―刺激や餌の位置―を調べるために，遅延位置マッチング課題（Delayed Matching to Position task: DMPT）を用いた実験がある。モニターを用いたDMPTでは，図形などの視覚刺激が提示されると一旦それが消え，一定の遅延時間後，前と同じ位置に1つ，異なる位置に1つずつ刺激が提示され，最初に出てきたのと同じ場所の刺激を選択すれば正解となる。このような課題では，12秒から16秒の遅延時間になるとマーモセットの刺激位置の記憶成績は低下し，マカクサルと比べてかなり劣ると報告されていた[9], [10]。本来の生態を考えると疑問の残るパフォーマンスであったため，私たちはDMPTの実験変数を変えて空間記憶を再検討した[11]。毎試行異なる位置に刺激を提示し，5種類の遅延時間

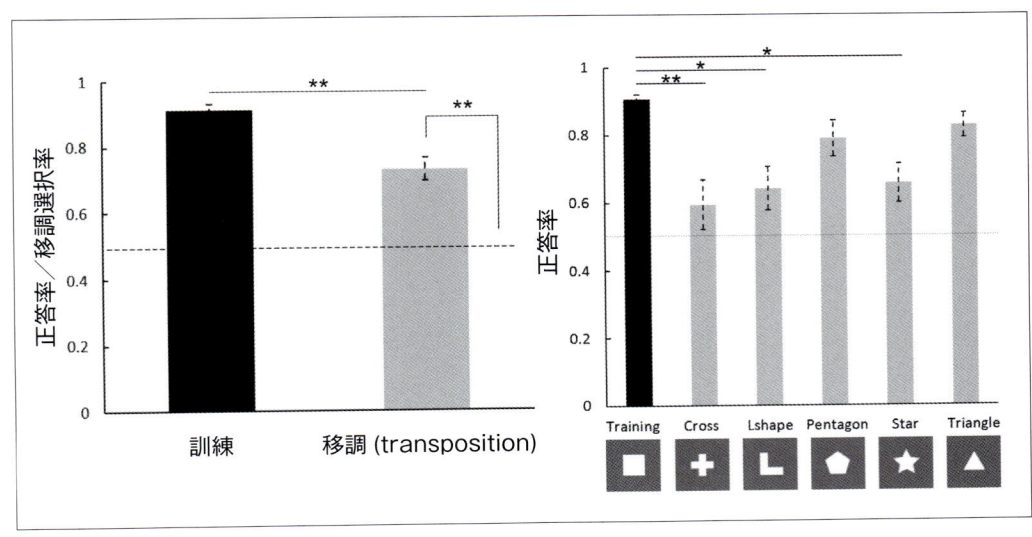

図 6.6.3
左：訓練および移調テストの成績（**p < 0.01; 文献[6]より改変）。
右：新奇な形に対する般化テストの成績（**p < 0.01, *p ≦ 0.05; 文献[6]より改変）。

をセッション内に分散させることで，遅延時間が長くなることによるモチベーションの低下を防ぐ措置を取った。その結果，6頭中5頭で60秒以上，そのうち4頭では100秒を超える遅延時間後でも，高い正答率を保つことができた（図6.6.4）。この成績は遅延時間中刺激が出現した場所に居続けるというような方略によるものでもなかった。実験手続きを少し調整するだけで，DMPTの成績に大きな違いが生まれた。野生ではより多くの手掛かりを用いて空間認識を行うため，これよりも優れた空間記憶が用いられていると考えられよう。

4 道具使用の獲得

道具が使えるということは，目的を達成するために外在する何らかの物を操作することを意味する。そして，道具の原初的形態は，動物の身体的器官の延長や代替であったと考えられる。例えば，ピンセットや金槌は指や手という運動器官の機能を延長し，増強させたものであり，顕微鏡は目という感覚器官の機能を拡大させたものである。ヒトは非常に多様な道具使用行動を示し，感覚器官，運動器官のどちらをも置き換えることのできる道具を使用する。一方，ヒト以外の動物は圧倒的に後者の，運動器官の拡張型の道具を使用する[12]。何がこのような差を生みだしたのだろうか。学習能力と，それを支える脳の構造が重要な役割を担うと考えられる。

道具使用が行動的にどのように獲得され，どのような神経基盤によって支えられているのかを知るには，道具を使

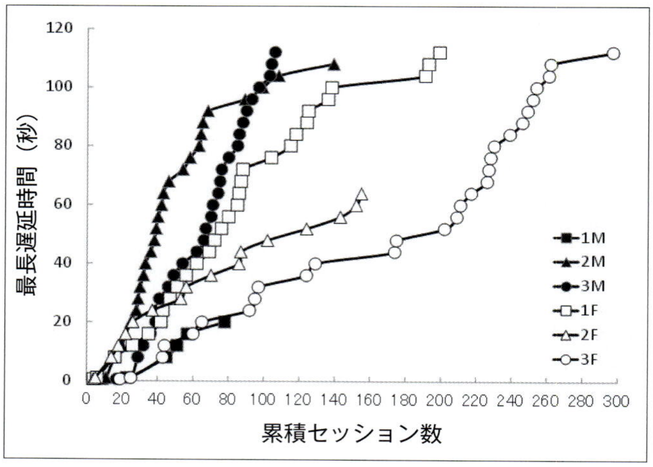

図6.6.4　遅延位置マッチング課題の成績
累積訓練セッション数に対する，各被験体が基準以上の正答率を示した最長遅延時間（秒）を示す。黒いマーカーはオス，白いマーカーはメスの個体を表す。

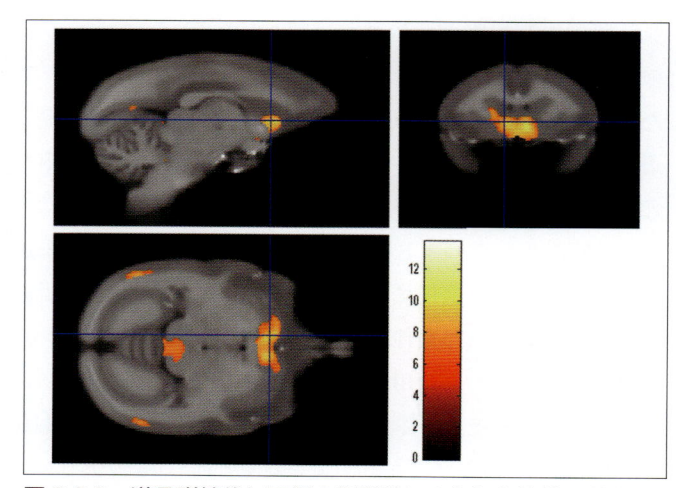

図6.6.6　道具訓練後に両側の側坐核にみられた体積の増大
左上：矢状断。**右上**：冠状断。**左下**：水平断 。　（文献15より改変）

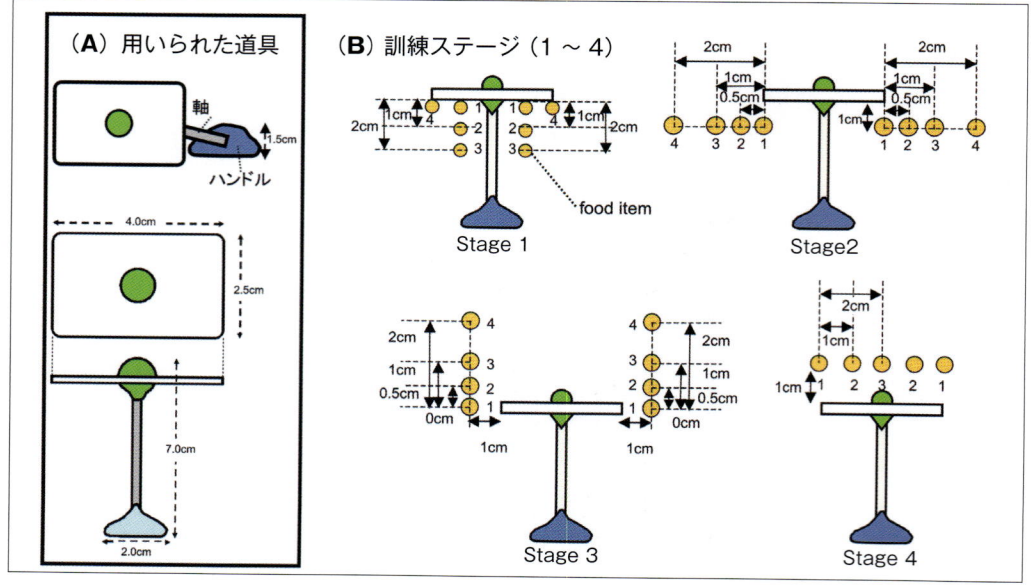

図6.6.5　マーモセットの道具使用訓練で用いられた熊手型の道具（**A**）と訓練プロトコル（**B**）。　（文献14より改変）

うことのない動物に訓練をするという方法が有効である。自発的には道具使用を示さないニホンザルに，熊手型の道具で餌を引き寄せることを訓練すると，おおよそ2週間以内で獲得できる[13]。また，この道具使用を獲得する過程で，経時的に脳の形態を MRI で撮像したところ，訓練前後で頭頂間溝や二次体性感覚野など，ヒトが道具使用をする際に活性化する場所の体積が増大していた[13]。

　マーモセットが野生で道具使用をするという報告は今のところみられないが，飼育下の個体に，熊手型の道具で餌を引き寄せるという訓練を行ったところ（図6.6.5），数センチ単位で餌の位置を変化させる段階的プロトコルを用いて約1年を要した[14]。さらに，ニホンザルと同様に，訓練前後での脳体積の変化をみたところ，両側の側坐核，二次・三次視覚野および MT 野を含む部位などに，信号の増大を認めた[15]。とりわけ，視覚野の信号増大は訓練フェイズの初期に顕著であったのに対し，側坐核の増大は訓練後期で顕著であった（図6.6.6）。訓練の初期は，新奇な道具を動かし，それを置いてある餌に逐次近づけていくことを繰り返し行うため，視覚野の変化は動きを伴う視覚刺激を注目しつづけるという機能を支えていたのだろうと解釈できる。一方訓練後期では，初期と比べて道具を動かす距離が長くなり，道具操作開始後餌を取るまでの時間も延長した。1度に得られる餌の量は変わらない。それにもかかわらず，マーモセットは自発的に訓練に参加し続けた。つまり，コストの高い行動に対する1個の強化子の価値がより高くなった，あるいは道具使用訓練に従事すること自体が強化子として機能するようになった，というような，被験体の環境条件に対する評価の変化に応じた脳活動が，側坐核の体積変化に関与していたと考えられる。また，マーモセットで起きた脳部位の体積変化はすべて，訓練終了後3カ月以上経っても保たれていた。これはニホンザルにはみられなかったことであった[13]。

　一般に道具使用獲得過程では，繰り返されるうちに使い方の上手さ―巧緻性や円滑さといったようなもの―が向上する方向で学習が進む。しかし，マーモセットでは，訓練後期での上手さを表すスコアは頭打ちとなり，むしろ道具を動かす時間は遅くなっていた。そのような動物で報酬に関わる側坐核という部位の体積が変化し，その変化が保たれたことは，外在の物体が新しく機能を獲得しただけでなく，個体の側における一般的な学習へのモチベーションが不可逆的に変化したことを意味するのかもしれない。このモチベーションが別の新たな学習を支えると考えれば，道具使用は単にある目的を達成するために発達し，その動物に固定した能力なのではなく，道具を使えるように行動と脳が変化し，変化した脳は別の行動の獲得をも可能にした，というような，認知進化における脳と行動の相互関係を表していると解釈できよう。

5 おわりに

　マーモセットを含む新世界ザルは，ヒトを含む類人猿や旧世界ザルとは約3500万年前に枝分かれしてしたといわれている[16]。それにもかかわらず，今日彼らはヒトと比較可能な高次脳機能を様々に発現している。高次脳機能は必ずしも近縁種でばかり共有されるわけではない。例えば協力のような向社会的行動は，進化的な近さや脳重量などよりも，マーモセットとヒトの共通点である協力的養育を行う程度と相関がある[17]。高次脳機能を支える認知能力は一つではない。ヒトをヒトたらしめるような高次脳機能をより深く，多面的に理解するためには，マーモセットという行動的近縁関係にある種で得られた発見が鍵を握ると考えられる。

■ 参考文献 ■

1) Yamazaki Y, et al. : Jpn Psychol Res. 2009; 51(3): 182-196.
2) Schiel N, et al. : Develop Neurobiol. 2017; 77(3): 244-262.
3) Povinelli D. : "Folk physics for apes: The chimpanzee's theory of how the world works", Oxford University Press (2000).
4) Yamazaki Y, et al. : Anim Cogn. 2011; 14(2): 175-186.
5) Hauser M, et al. : Anim Behav. 1999; 57(3): 565-582.
6) Yamazaki Y, et al. : J Exp Psychol Anim Learn Cogn. 2014; 40(3): 317-326.
7) Ferrari SF, et al. : Am J Primatol. 1996; 38: 19-27.
8) Stevenson MF, et al. : In: Mittermeier RA, Cimbra-Filho A, Fonseca GAB, ed. "Ecology and behavior of neotropical primates", Vol.2. Washington, D.C.: p.131-222. World Wildlife Fund (1988).
9) Miles RC: J Comp Physiol Psychol. 1957; 50(4): 352-355.
10) Spinelli S, et al. : Brain Res Cogn Brain Res. 2004; 19(2): 123-137.
11) Yamazaki Y, et al. : Behav Brain Res. 2016 Jan 15; 297: 277-284.
12) Asano T. : In. Hayes S, Hayes L, Sato M, Ono K, eds. "Behavior analysis of language and cognition", p.145-148, Reno: Context Press (1994).
13) Quallo MM, et al. : Proc Natl Acad Sci USA. 2009; 106(43): 18379-18384.
14) Yamazaki Y, et al. : Exp Brain Res. 2011; 213(1): 63-71.
15) Yamazaki Y, et al. : Sci Rep. 2016; 6: 31084.
16) Schrago CG, et al. : Mol Biol Evol. 2003 10/01; 20(10): 1620-1625.
17) Burkart JM, et al. : Nat Commun. 2014; 5: 4747.

野生マーモセット

山﨑由美子・入來篤史

　南米大陸の東の突端に近くに Natal という都市があり，そこの大学（Federal University of Rio Grande do Norte）には野生のコモンマーモセットを研究するグループがある。彼らは Caatinga という，ブラジル北東部の乾燥した地域にフィールドステーションを築き，野生マーモセット研究の拠点としている。マーモセットは家族単位の群れを構成し，繁殖をするが，研究グループはいくつかの群れを長期にわたり観察し続けている。

　研究グループの Maria de Fatima Arruda 教授が，私たちを Caatinga のフィールドステーションへと案内してくれた。舗装が未完成な土の道を，茶色い砂煙を巻き上げて，大型ダンプカーを何台も追い越しながら，Natal から5時間ほどかけてたどり着いた。その当時，マーモセットの群れの1つを1日中追いかけ行動観察を行っている大学院生がおり，翌日に彼女と一緒に野生の群れを観察することになった。マーモセットの群れは日の出前，ねぐらにしているフィールドステーション内のマンゴーの大木から三々五々動き出し，断続的に位置を変えながら，徐々に乾いた木が茂る藪の中へと入っていった。誰を先頭にするでも

なく，誰の合図で動くでもなく，個体ごとに離れすぎない距離感で移動していった。大学院生と私は，群れを見失わないように，道なき道を枝をかき分けて歩いたり小走りになったりしながら追跡した。

　現地はちょうど真夏，乾季にあたり，朝から日差しが強烈で，観察中何度も水を口にしなければならなかった。藪の中は乾季ということもあり鬱蒼とはしていないが，サボテンや蔦がところどころに根を張っていて，脛に巻いたゲイターの上からとげがずぼりと刺さったり，足を取られそうになったりした。木の上の方をぴょんぴょん飛び移っていく群れの位置を見定めながら，足元を注意するのはなかなか忙しかった。サンゴヘビやガラガラヘビが生息するという事前情報もしばしば頭をかすめた。同じような景色が広大に続くため，大学院生は時々 GPS で自分の位置を確認した。

　観察中，群れは実に様々な活動に従事した。移動したり，カマキリの卵鞘をかじったり，体色が同化するような色のサボテンの木の中で休んだり，水平に張った幹の上でつがいが寝そべってグルーミングしあったり，テリトリーが隣り合う群れと境界付近で遭遇

し，一触即発のような雰囲気で威嚇しあったりもした。前線で大声をあげて攻撃態勢を取る個体，その近くで不安げに動き回る個体，離れた場所でコールを出しているだけの個体，と様々だった。家族のメンバーがそれぞれの役割を果たしたり，果たさなかったりと，よくある人間の家族のようにもみえた。

　途中，群れの全員がものすごいスピードで駆け回るという場面があった。よくみると，1頭が全長20cm くらいのトカゲを捕らえたため，他のメンバー全員がおねだりに追いかけ回っていたのだった。飼育室では決してみられない，機敏でダイナミックな動きに驚かされた。

　その後，群れは徐々に，ねぐらとするマンゴーの大木に戻っていった。午後の暑い時間はとくに活動せず，まとまってゆっくり過ごしているのも，現地の人の生活とよく似ていた。その後もう一度テリトリーを小さく回ってから，夕暮れ前にマンゴーの大木に皆で入って行き1日の活動を終えた。私たちは熟れたマンゴーをかぶりつきながら，群れがねぐらに入っていく様子を見届けた。

移動途中にグルーミングをするブラジル Caatinga の野生マーモセットのつがい。

6.7 老化コモンマーモセットに認められる病変—病理学的立場より

秦 順一

　非ヒト霊長類であるコモンマーモセット（*Callithrix jacchus*，以下マーモセット）は小型で繁殖力も強いうえ，遺伝子改変が可能となりヒト疾患モデル動物として用いられるようになってきた。マーモセットは実験動物として飼育すると 20 年以上生存する。今回われわれは老齢マーモセットに認められる病変を病理的に解析し，ヒトの経年病変と比較した。

1 対象・方法

　対象は日本クレア製マーモセット（ヨーロッパ産 ICI 系統由来）の老齢群（I 群）121 カ月から 260 カ月（10 歳〜22 歳）雄雌 36 頭（I 群）および若年群 36 〜 60 カ月（3 〜5 歳）雄雌 8 頭（II 群）で，自然死または犠死させた無処置の動物を用いた。方法は全身の剖検を行い，各臓器を組織学的に検索した。犠死させた動物については電顕的にも解析した。

2 II 群のみに認められた経年変化と思われる病変

2-1 腫瘍または腫瘍類似病変

a. 甲状腺腫瘍

　I 群の 3 頭（200 カ月以上）に甲状腺腫瘍を認めた。組織学的には 2 例が濾胞状甲状腺腫，1 例では被膜への浸潤を認め，乳頭状甲状腺癌であった（図 6.7.1）。

b. 乳腺腫瘍

　I 群の雌 1 頭に乳腺の腫瘍を認めた。組織学的には乳管の拡張と乳管上皮の著しい増殖および炎症細胞浸潤であった（図 6.7.2，図 6.7.3）。

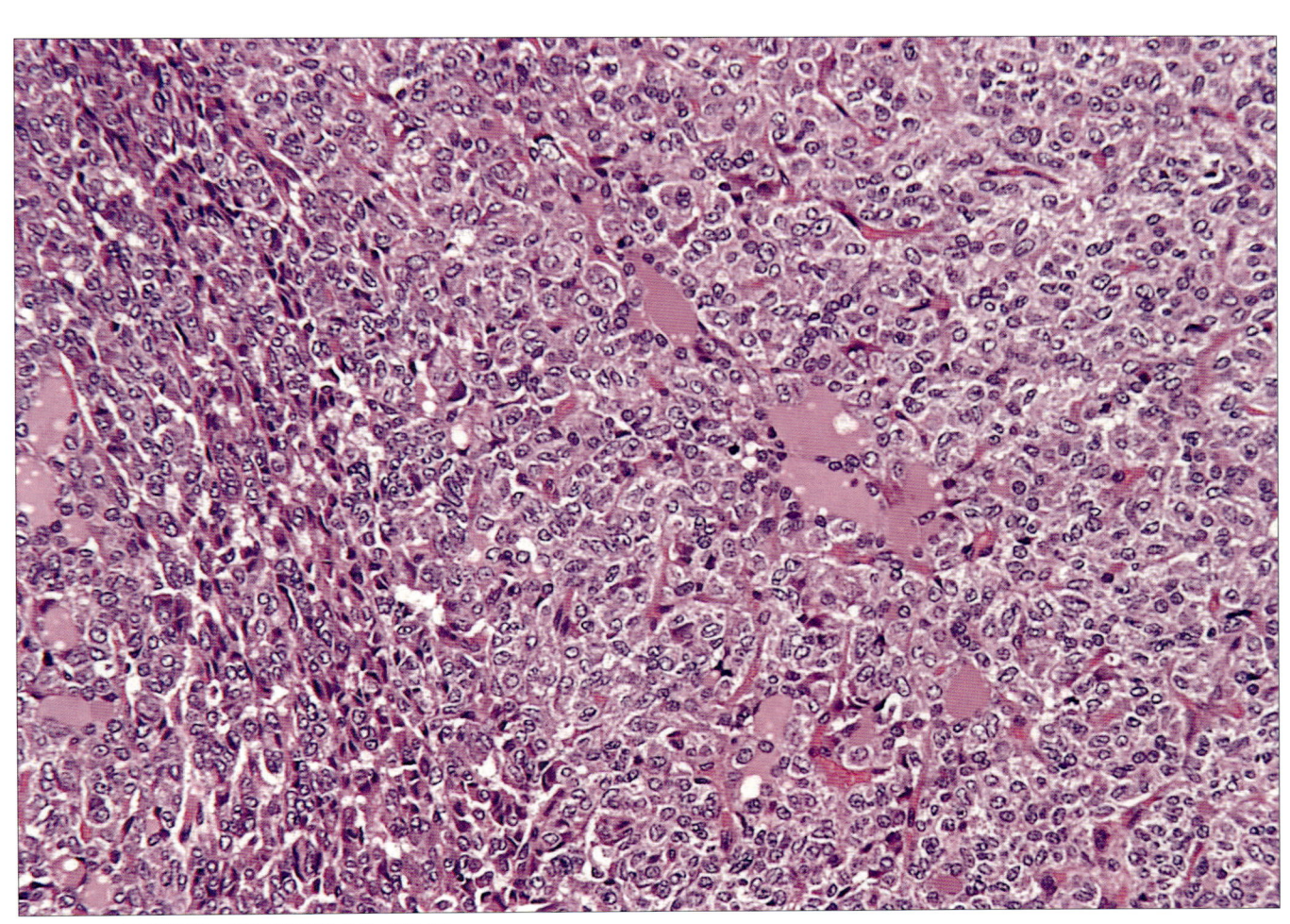

図 6.7.1　甲状腺腫　濾胞状腺腫の像（20 倍）。

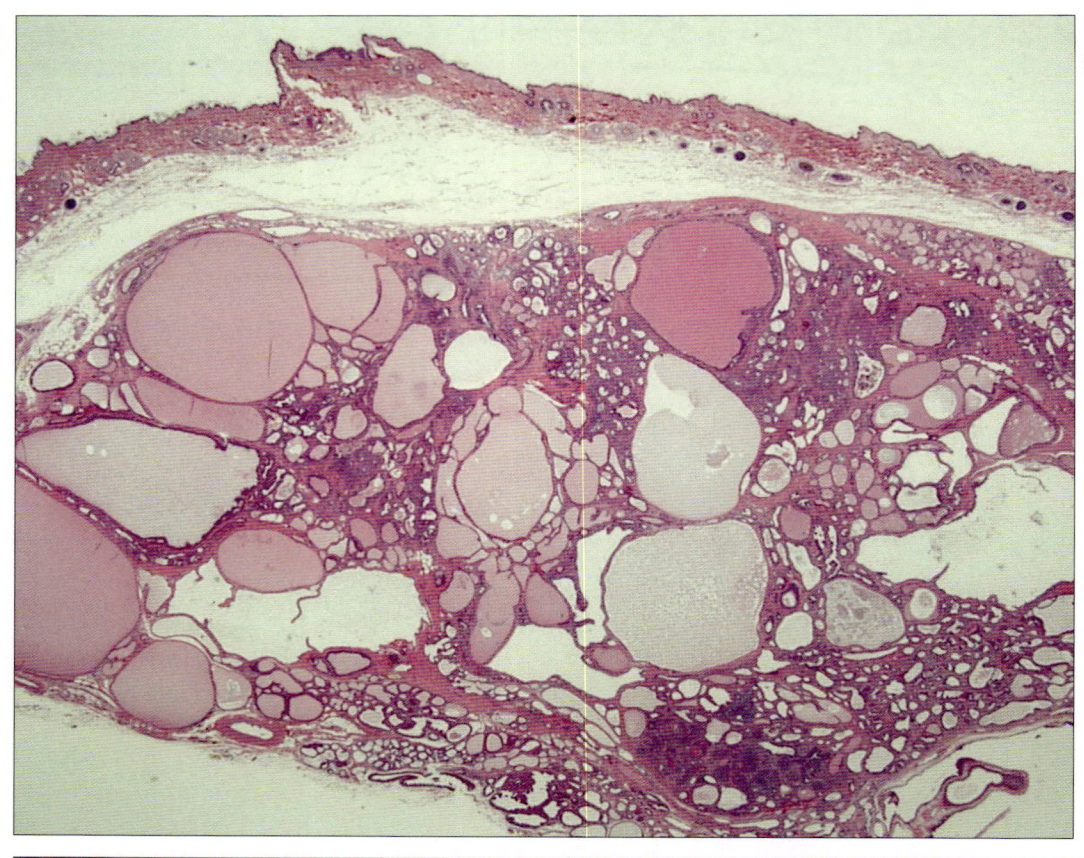

図 6.7.2　乳腺腫
乳腺組織に大小の嚢胞状に拡張した乳管を認めるルーペ像。

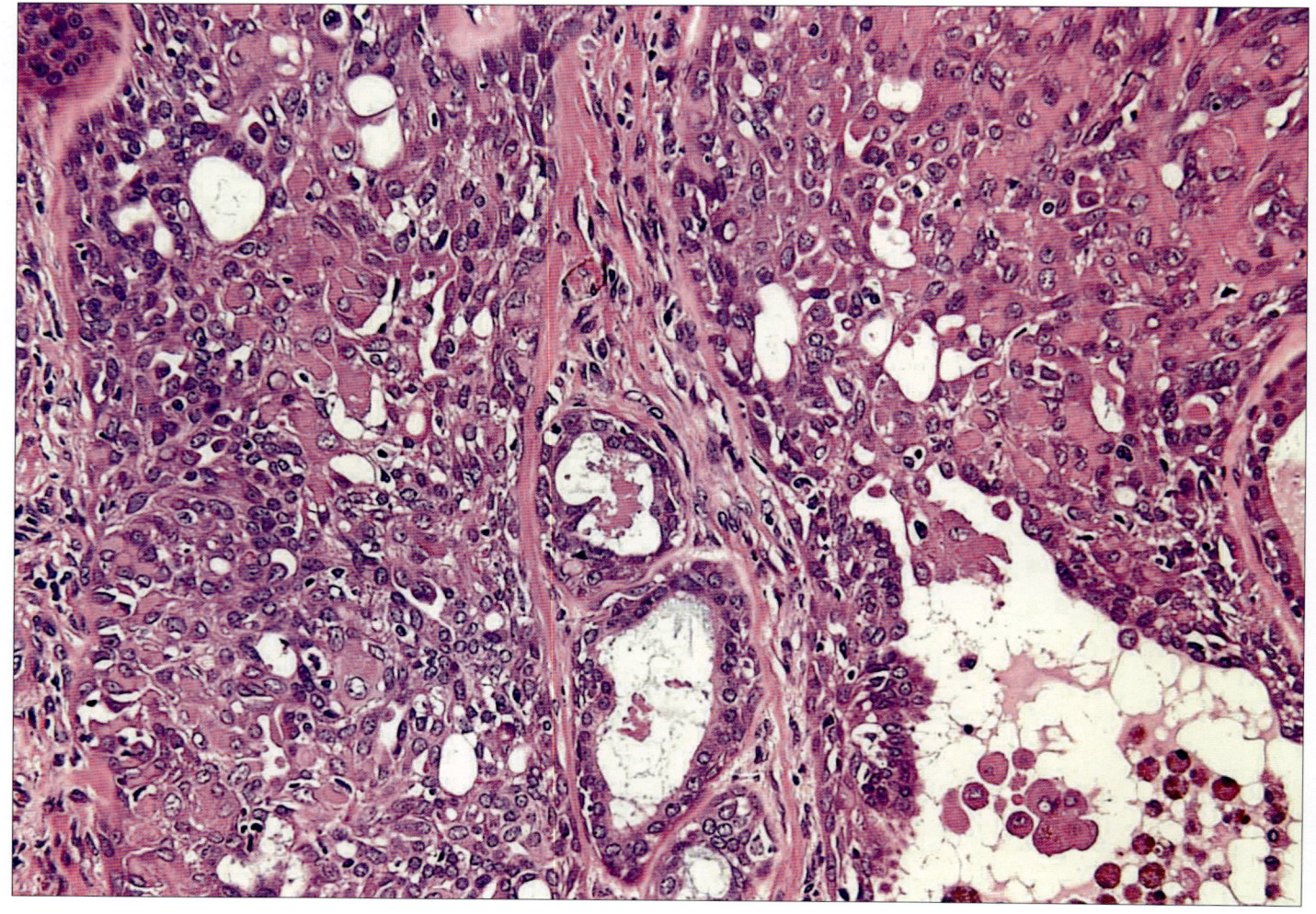

図 6.7.3　乳腺腫
嚢胞状に拡張した乳管上皮には異型性を認めない（20 倍）。

c. 肝再生性結節性肥大

　Ⅰ群の雄雌合わせて4頭に肝表面に最大0.3cm大の黄色の結節（ときに多発性）を認めた（図6.7.4）。同部は組織学的に肝細胞の腫大，肝細胞索の配列の乱れを認めた。ま

た，結節を取り囲むように門脈域の拡大を伴う軽度の炎症性細胞浸潤を認めた。しかしながら，基本的な肝小葉構造の乱れや肝細胞の腫瘍増殖は認められず再生性結節性肥大に相当する像であった（図6.7.5）。

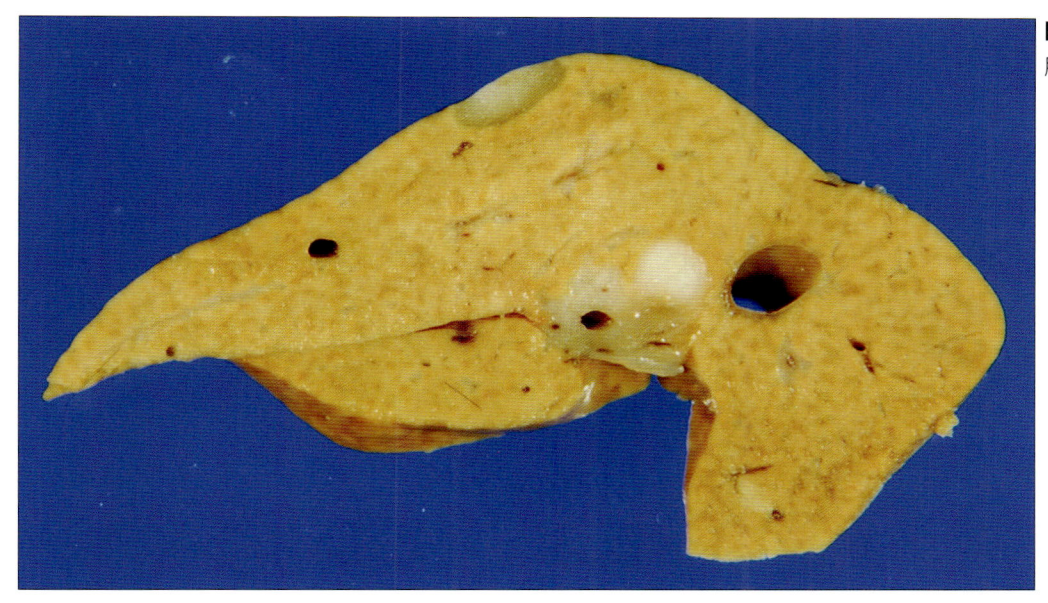

図6.7.4　肝腫瘤マクロ
肝臓内に白色の結節を認める。

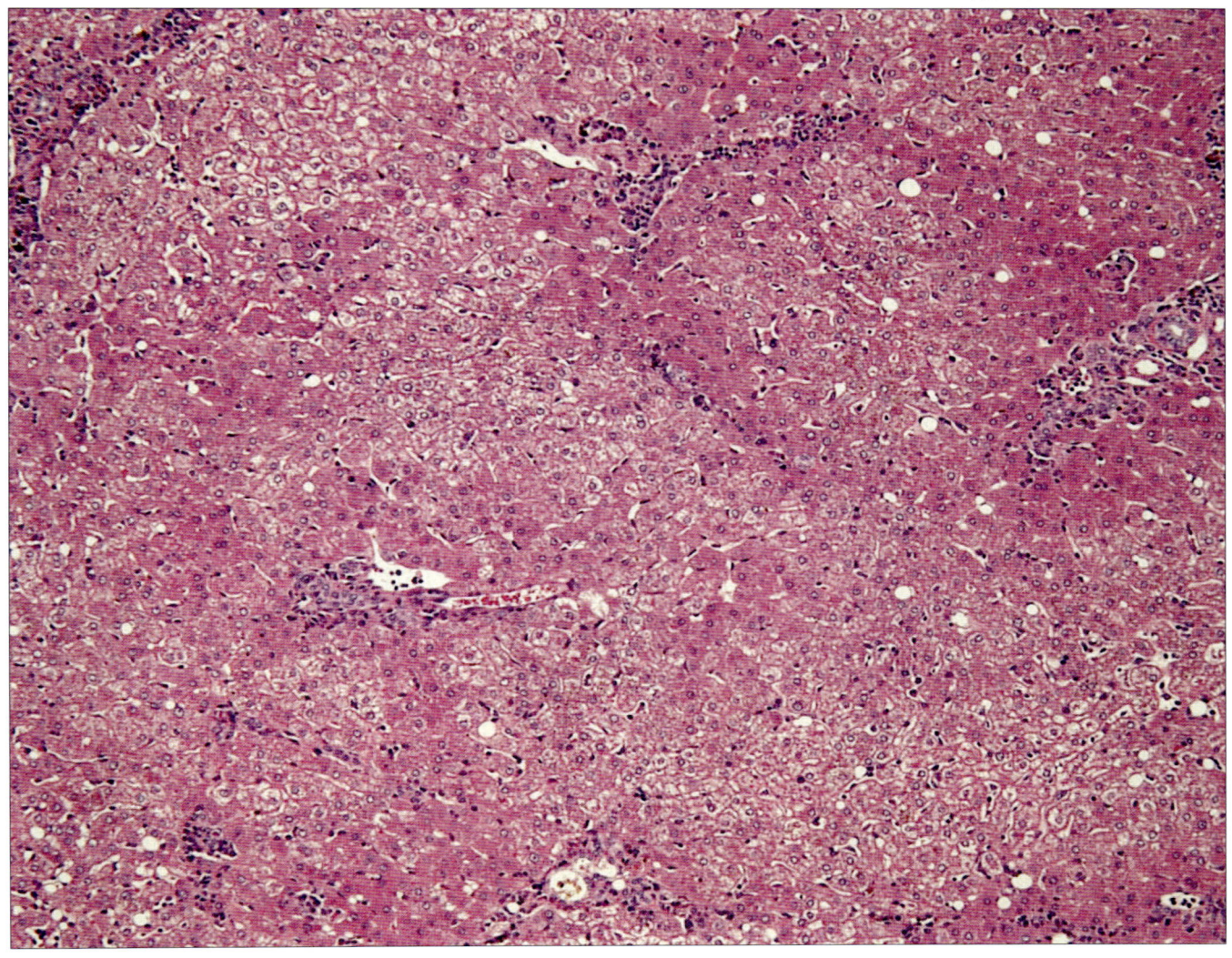

図6.7.5　肝腫瘤
肝小葉の基本構造は保たれているが，肝細胞の再生性増殖を認める（10倍）。

2-2 腎病変

a. 腎病変

① 尿の定性試験（表 6.7.1）

　腎病変の検索のため，年齢 6 カ月から 173 カ月（14 歳）までの雄雌個体各 18 頭の早朝尿を尿検査用試験紙（オーシャンスティック 9EA，アークレイファクトリー社製）で定性的に検査した。その結果，雄雌共に 54 カ月（4 歳）以上の個体では尿タンパクが高頻度で陽性であった。さらに年齢が進むに従いその頻度と陽性度が増加した。それに伴い赤血球および白血球が検出された。年齢別のそれぞれの頻度は表 6.7.1 に示した。尿タンパクは 48 カ月（4 歳）を越えると検出頻度が急激に増加し，61% 強となる。120 カ月（10 歳）を越えると 100%（いずれも 3$^+$）となる。

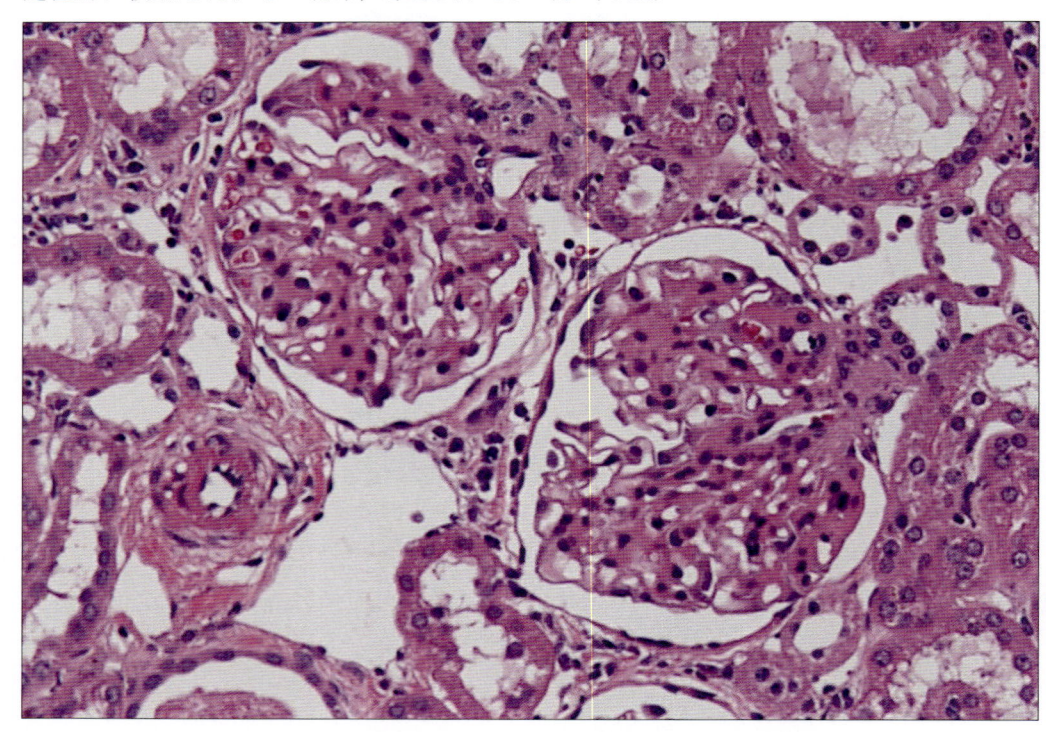

図 6.7.6　腎糸球体
メサンギウム細胞の増殖と同マトリックスの増加を認める（20 倍）。

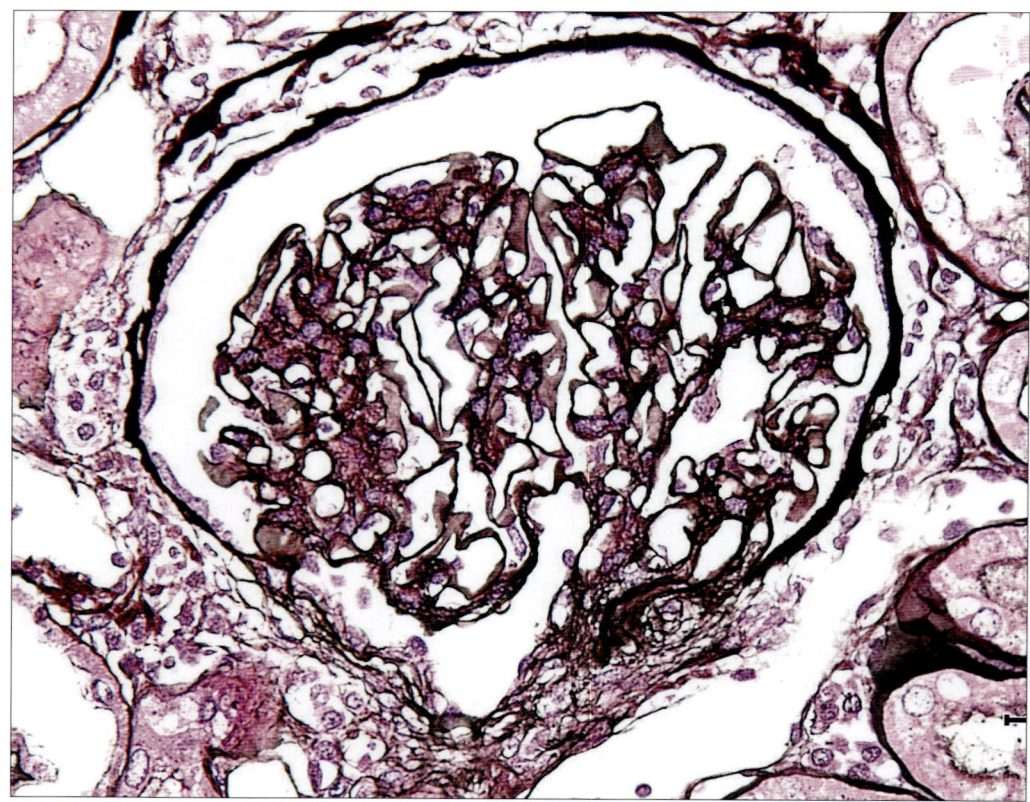

図 6.7.7
腎糸球体（PAM 染色）
メサンギウム細胞の増殖を認める。基底膜の肥厚は認められない（40 倍）。

表 6.7.1　尿定性検査

月齢	No	タンパク	赤血球	白血球
6 － 30	14	1/14（1$^+$）	0/14	1/14
31 － 60	10	5/10（1$^+$ － 2$^+$）	1/10	3/10
61 － 110	6	2/6（2$^+$）	0/6	4/6
111 －	6	6/6（すべて3$^+$）	2/6	2/6

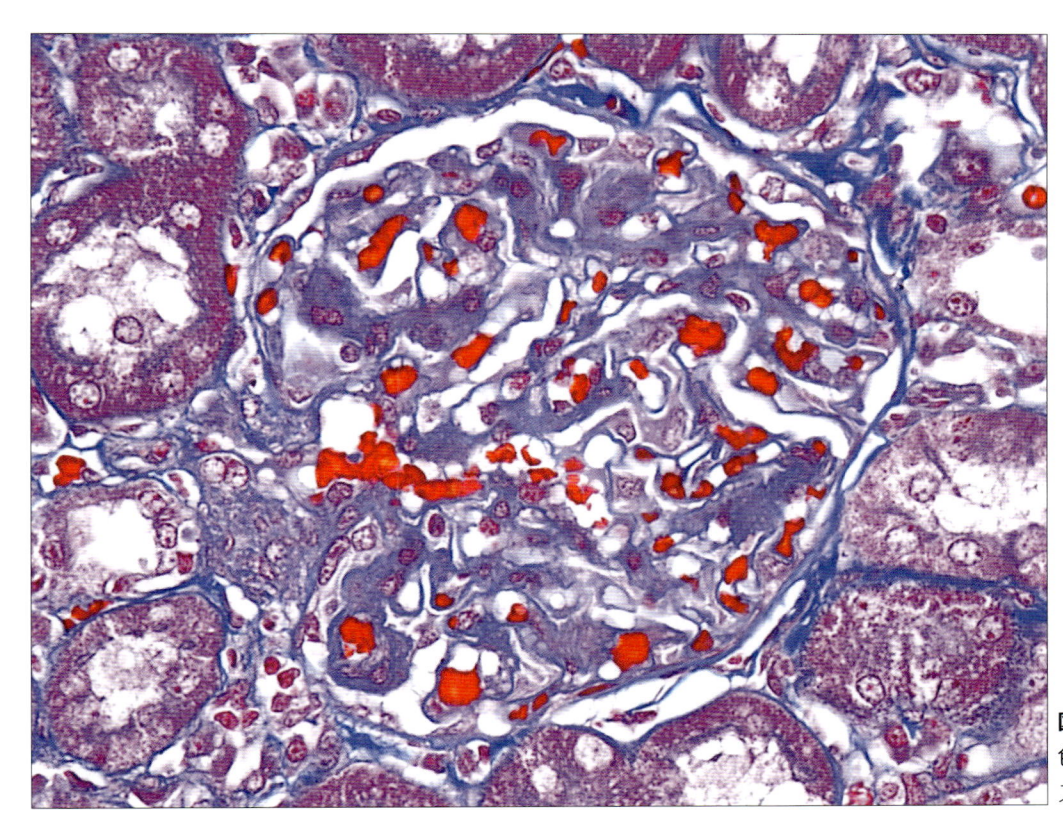

図 6.7.8　腎糸球体（アザン染色）　メサンギウムマトリックスの増加が顕著である（40倍）。

② 組織学的所見

　I，II 群の腎組織を HE 染色のほか，PAS，アザン染色，PAM 染色を施し，組織学的に検索した。対照として尿タンパク陰性の個体，雄雌各5頭を同様に検索した。

　その結果，I 群では糸球体メサンギウムマトリックスの増加とメサンギウム細胞の増殖が認められた。この変化は年齢と共に高度になり，228 カ月雄ではほとんどの糸球体とボーマン嚢が癒着し，多くの糸球体の硝子化が認められた。増加したメサンギウムマトリックスはアザン染色で赤紅色を示していた。また，間質には慢性炎症性細胞浸潤と線維化を認めた（図 6.7.6 ～ 6.7.8）。

③ 電顕的所見

　95カ月雌および30カ月雌の腎組織を電顕的に検索した。30カ月雌の糸球体では明らかな異常を認めなかった。一方，95カ月雌の糸球体ではメサンギウムマトリックスに電子密度の高い沈着物を認めた。さらに，顕著なメサンギウム細胞の増殖を伴っていた（図6.7.9，6.7.10）。糸球体毛細血管基底膜の肥厚や腎上皮細胞には異常が認められなかった。

④ 腎病変の総括

　尿検査結果，ならびに病理組織学的，電顕的検索よりマーモセットに認められた糸球体病変はヒトのメサンギウム増殖性糸球体腎炎に相当する所見であり，ヒトのIgA腎症に極めて近似している。本病変に認められた沈着物については現在検討中である。この病変は雌雄に関わりなく48カ月以上になると高頻度で発症することが明らかとなった。

b. 大動脈硬化症

　I群のとくに高齢の個体の数例に内膜への高度の脂質沈着，線維化に伴ったアテローム硬化症を認めた。

2-3　結果ならびに総括

　1．老齢マーモセットでは検索した約10%に甲状腺腫瘍を認めた。この所見はヒト高齢者の甲状腺腫瘍の頻度とほぼ同じであった。

　2．肝臓ではしばしば再生結節性肥大を認めたが明らかな腫瘍性病変は認められなかった。

　3．マーモセットに認められる腎糸球体病変は，48カ月から急激に認められるようになる。これらの病変は組織学的ならびに電顕的検索によりメサンギウム増殖性糸球体腎炎に相当することが明らかとなった。本所見はヒトIgA腎症に近似するものであった。

　4．100カ月齢以上の雄固体では高度の大動脈アテローム硬化症の像が認められた。

　以上，マーモセットに認められる経年性病変を病理学的に検討したが，自然発症腫瘍がヒトやげっ歯類に比較して少ないことが明らかとなった。しかしながら，老齢マーモセットの10%で癌を含む甲状腺腫瘍をみられたことは，同程度の割合でヒト高齢者（70歳以上）に甲状腺ラテン

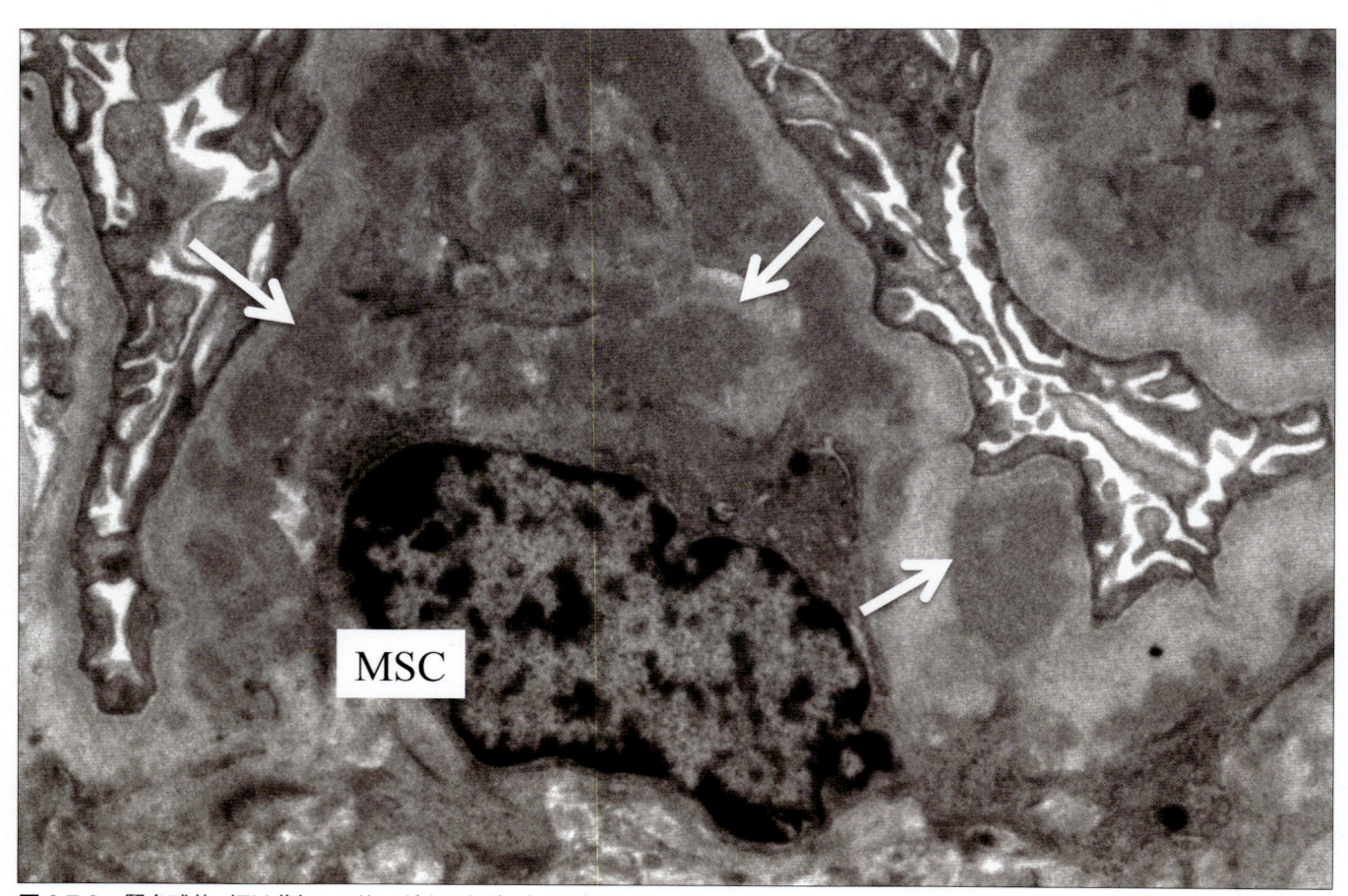

図6.7.9　腎糸球体（EM像）　メサンギウム細胞（MSC）周囲に電子密度の高い物質の沈着を認める（3,000倍）。

ト癌を認める成績と一致した。甲状腺腫瘍に関してはヒトの経年変化と一致している。一方，腎病変は4歳を過ぎると雌雄ともにメサンギウム増殖性糸球体腎炎が高頻度に認められるようになり，9歳を過ぎると必発で生じることが明らかとなった。本病変の成因は現在のところ不明である。なんらかの持続的感染による抗原抗体複合物沈着，飼料の

可能性などについても明らかにすべきであろう。一方，これら糸球体病変はヒトIgA腎症に近似しており，同疾患のモデルとなる可能がある。また，本糸球体病変が年齢とともに増加，悪化することは遺伝子改変によるヒトモデル動物を作製し，表現型を解析する際に基礎データとして認識しておく必要がある。

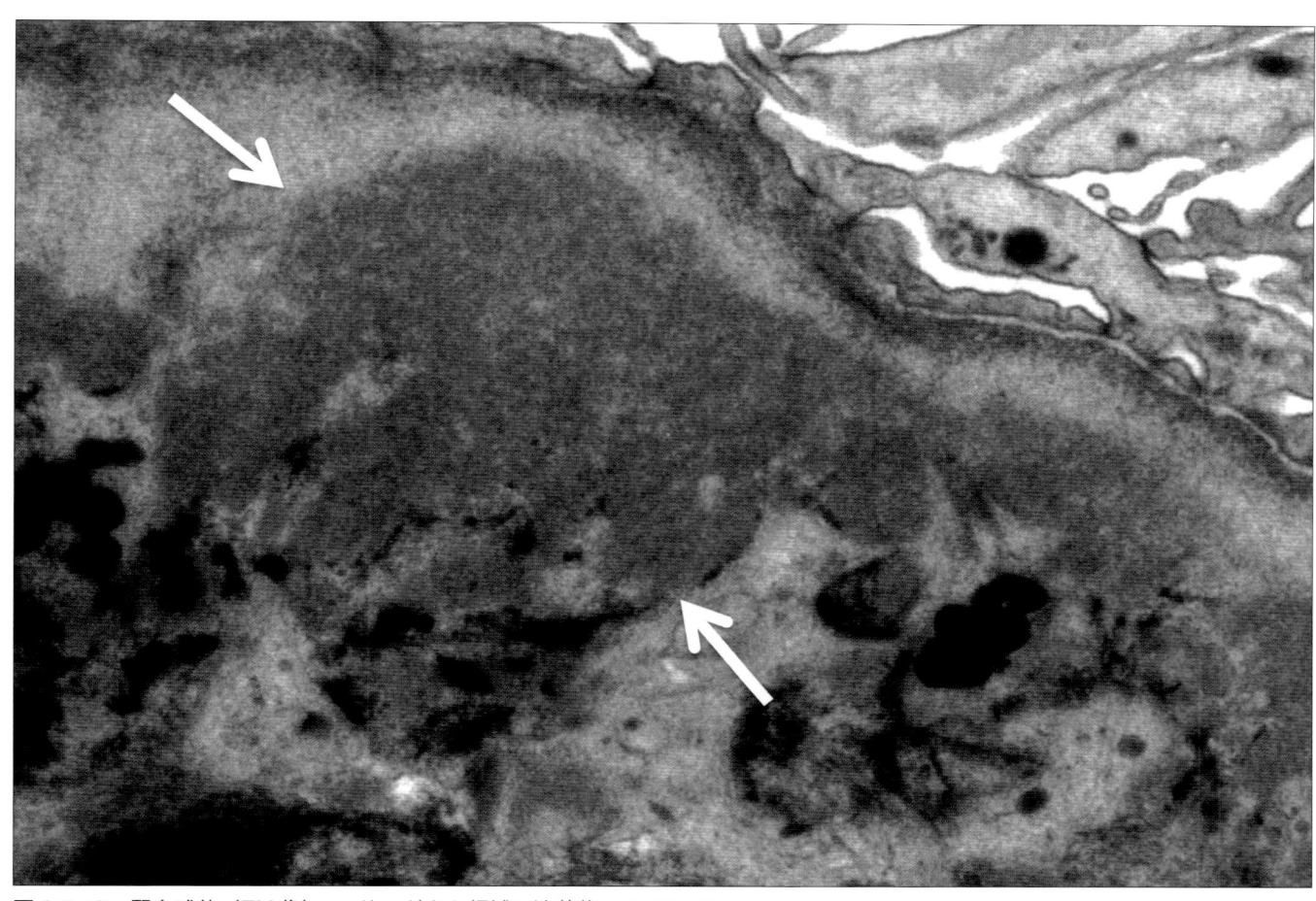

図6.7.10　腎糸球体（EM像） メサンギウム領域の沈着物（10,000倍）。

6.8 マーモセットの脳マッピング

植松明子・岡野栄之

脳の神経回路の全容を明らかにすることによりこれまで治療法のなかった精神・神経疾患の病巣部位を神経回路のレベルから明らかにすることにより新しい治療法の開発に繋げようというブレインマッピングプロジェクトが世界的にも進んでいる。わが国では革新脳（Brain/MINDS）という小型霊長類であるマーモセットに注目したプロジェクトが2014年より開始している。ここでは、マーモセットの脳の構造と機能のマップについて概説したい。

1 はじめに

脳は細胞組織構成が異なる複数の領域に分けられ，様々なニューロンが領域内・外に神経回路網を構築している。その神経回路網が電気信号や神経伝達物質によって各脳領域に情報伝達を行うことで認知・行動機能を生じさせている。脳マッピングとは，文字どおり脳内の地図作成をすることであり，脳内にはどのような領域があり，領域内・外はどのように繋がり機能しているのか理解することを目的とした研究の総称である。近年，分子生物学と融合した神経科学やコンピューター・情報処理工学と融合した脳画像技術の急速な進歩により，脳の分子細胞レベル（ミクロス

ケール）から全脳レベル（マクロスケール）まで幅広いスケールでの研究が可能となり，脳神経回路網に関する理解が深まってきている。

わが国でも2014年から霊長類モデルとしてのマーモセット脳の神経回路の構造と機能の全容解明を目指しているBrain/MINDs（http://www.brainminds.jp/）プロジェクトが進められている[1]。このプロジェクトは例えるなら，脳内の地理情報システムを作成するもので，空間情報（各領域の位置，形状，組織や機能属性や領域間の接続路等）＋時間次元（発達・加齢や病気の進行や治療の予後による変化等）に縮尺の指定（マクロレベルからミクロレベル）

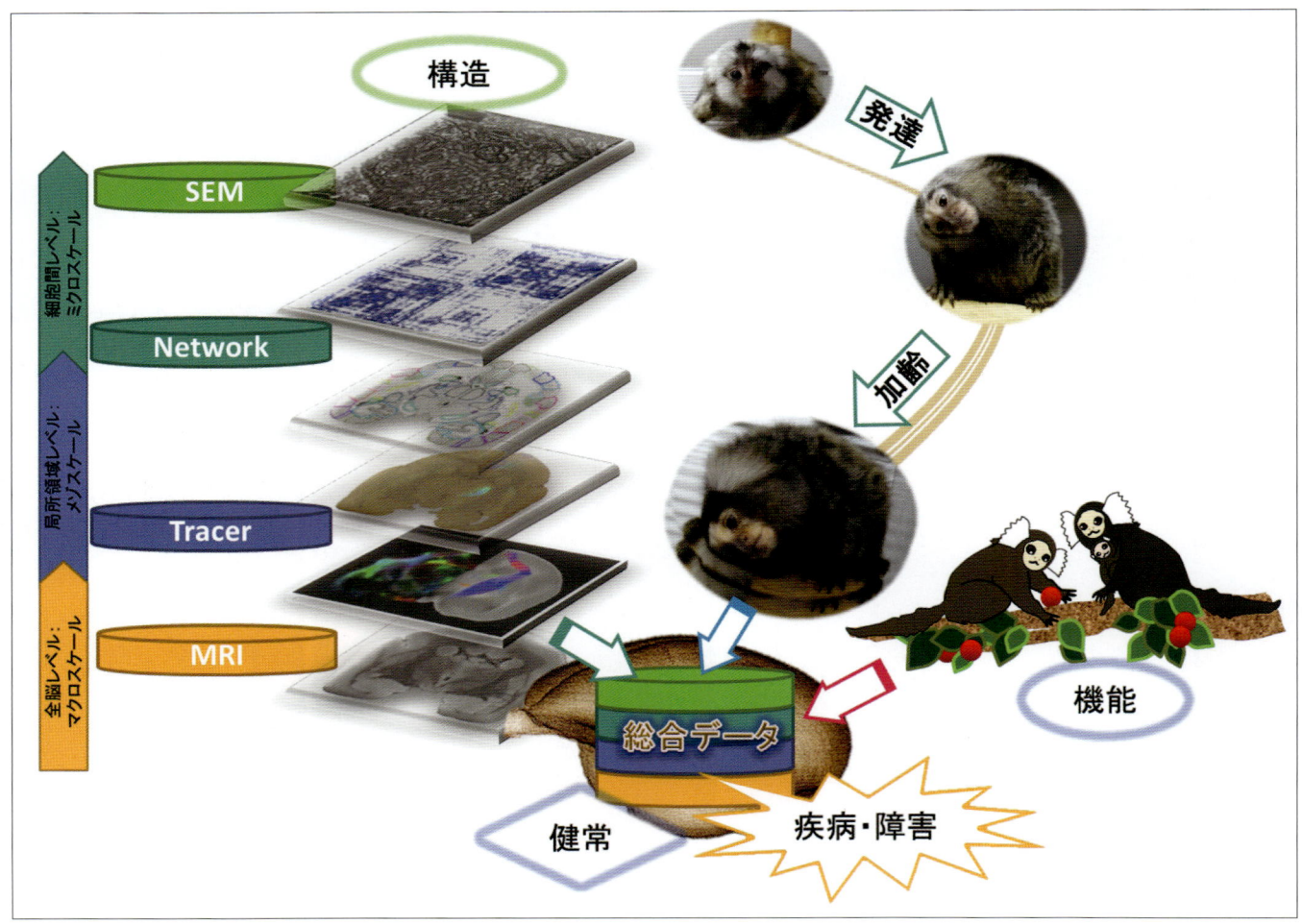

図6.8.1 脳マッピング研究プロジェクトの概要図

196

が加えられた壮大なプロジェクトである（図 6.8.1）。

本節では，マーモセット脳構造・機能マッピングに関して紹介する。

2 構 造

マーモセット脳は，成体で重さが 7 〜 9g（体重のおよそ 2 〜 3%）で，ヒト脳 1200 〜 1500g に対しておよそ 0.6% の大きさである。また，脳溝パターンが単純で脳回がない滑らかな皮質表面をした構造である（図6.8.2）。しかしながら，ヒトも含めた他の霊長類の脳と解剖学的な特徴の多くを共有しており[2]，灰白質と白質の比率もヒトと近い[3]。また，脳回・脳溝のない滑らかな脳表面は，functional MRI（fMRI），光学イメージング，マルチ電極アレイを用いた細胞外電位記録等の皮質を研究していく実験にとっては，とても都合がよい状態であるといえる。

マーモセット脳における解剖学的所見は，古くは 1891 年 Beevor[4] が白質線維束アトラス，1909 年 Brodmann[5] が大脳皮質の組織学アトラスなど 1 世紀以上前から存在し，時代のニーズと技術発展と共に，現在では脳アトラスに両外耳道を結ぶ線を 0 とするような座標軸を加えたステレオタキシック（stereotactic）組織学アトラスや 5 章 3 節実験ツールに記述されている ISH 法による脳内遺伝子発現分布アトラス[1] や免疫染色切片画像と MRI 画像を融合させて作成された 3D アトラス[6] などより深く多面的に脳構造の知見が深められている（図 6.8.3）。

一方，マーモセット脳の大きさや形の個体差は，系統が確立されているようなマウスやラットなどと比べ大きい。すなわち，実験，手術，解析を行う際には，文献による解剖学的知見を参考にしつつ，個体ごとに関心領域を同定することが求められている。

脳マッピングは，このような個体差の大きさや影響も考慮にいれて研究していく必要がある。

2-1 マクロスケール：磁気共鳴画像（MRI）

MRI の原理や撮像方法に関しては，前章で述べられているため割愛するが，MRI では脳を切断することなく，主に水分子（プロトン）量の差異によって生じる信号値（画像輝度）コントラストによって灰白質／白質や各脳領域を区別し，その構造を観察することができる（図 6.8.4）。

ミエリンは水分子（プロトン）密度が高く，T1 強調画像だと高信号で，より明るく画像化される。言い換えれば，T1 強調画像でマーモセット脳を撮像した場合，より

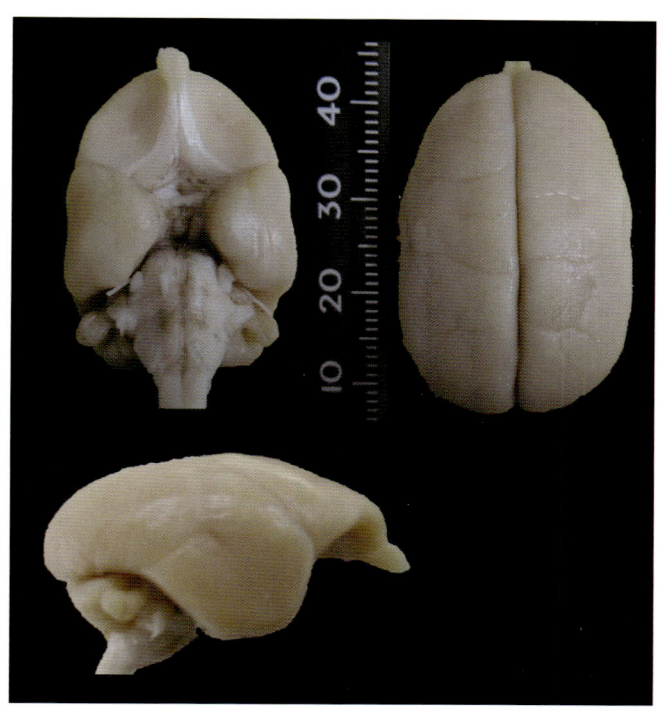

図 6.8.2 コモンマーモセット脳

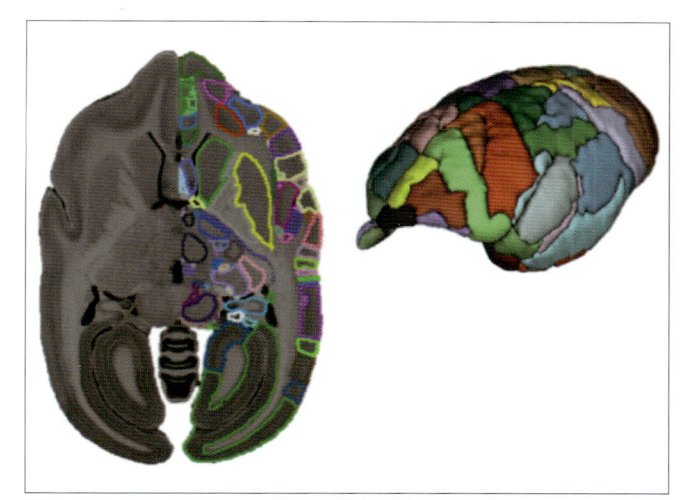

図 6.8.3 マーモセット脳 3D 領域分けマップ

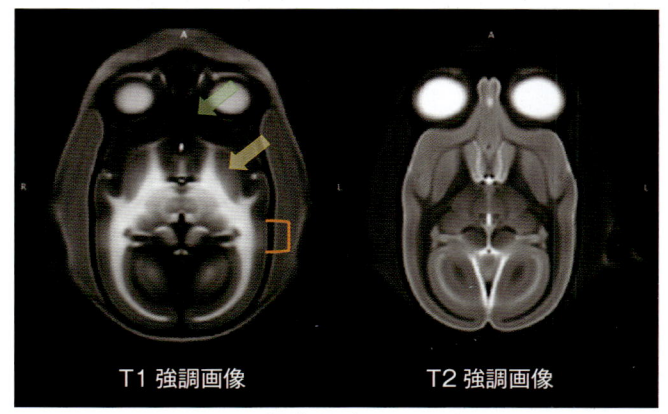

T1 強調画像　　　　　　　T2 強調画像

図 6.8.4 マーモセット標準脳（2 〜 10 歳の成体マーモセット 91 個体からなる左右対象平均脳画像）9.4 テスラ 小動物用 MRI スキャナーで撮像。

ミエリンが存在する領域を可視化できる。図 6.8.4 の緑矢印と黄矢印の箇所を比較してもらうと確認できるが，マーモセット脳の T1 強調画像では，皮質間でもコントラストが異なることがわかる。前述したように輝度値が高さ（より明るい）はミエリン由来によるものが大きく，皮質内でもよりミエリンがより多く存在する領域があることを示している。とくに V1 や MT（図 6.8.4 オレンジかっこ）などの視覚野，体性感覚野（S1），第一次聴覚野（A1），といった領域は他の皮質領域と比べよりミエリンが存在することが確認されている[3]。このような皮質内のミエリンの存在を証明するのは脳回のあるヒトや他の霊長類では難しく，これもまたマーモセットが有用な動物モデルであることを示す 1 つである。

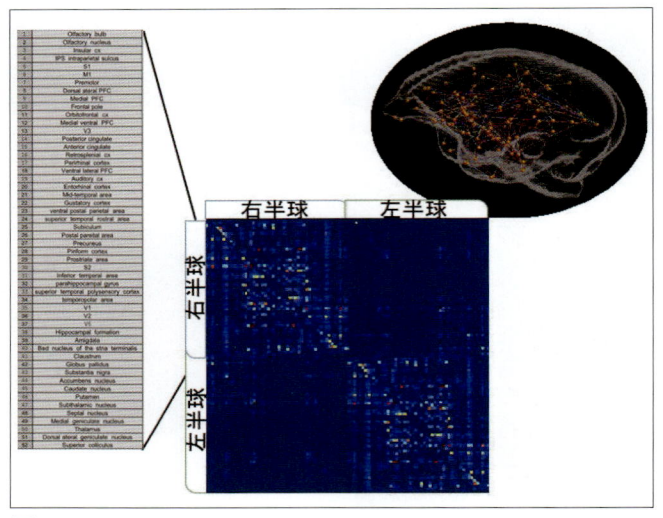

図 6.8.5
MRI データによるマーモセット脳構造コネクトームマトリックス

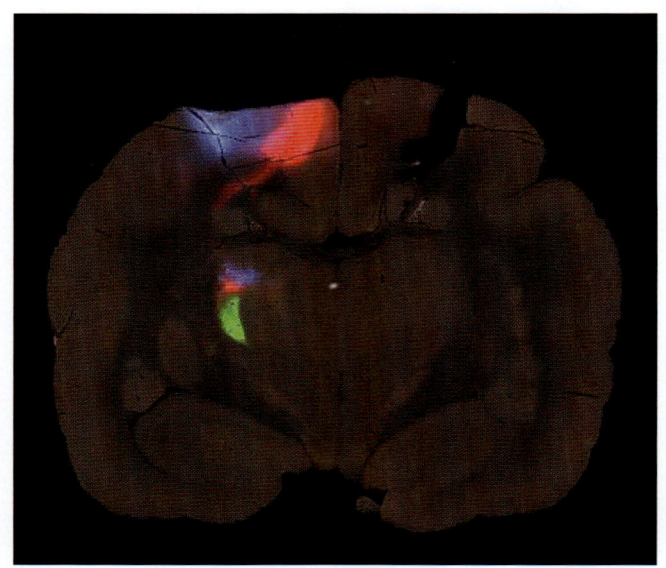

図 6.8.6　複数箇所から注入された 3 色の異なる蛍光トレーサー
（理研 CBS Lin Meng Kuan 先生ご提供）

さらに MRI 画像の中には主に水分子の動態（ブラウン運動）の異方向性を信号値とする拡散強調画像とよばれるものがある。この水分子がランダムな方向へ拡散することを阻害するもの，例えば神経細胞やグリア細胞などの存在によってある一定の方向性をもつと仮定し，その動態を数学的にアルゴリズム化し神経線維の追跡を予測し画像化したものがトラクトグラフィーとよばれるものである。トラクトグラフィーは，神経線維束を反映しているといわれている。

このトラクトグラフィーの 1 本 1 本の走行を前述したアトラスと照らし合わせ，2 領域間の接続をマトリックス化したものが，MRI ベースのコネクトーム（2 領域間接続）マトリックスである（図 6.8.5）。コネクトームマトリックスによって，領域間の神経接続の有無や接続の強さを定量化し統計的に群間比較や継時変化を追うができるだけでなく，違いを視覚的に表示することができる。

2-2　メゾスケール：トレーサー

MRI は，神経線維連絡を撮像から得られた物理信号を数学的に推測する。一方，実際の神経線維連絡を観察する技術としてトレーサーがある。トレーサーは軸索輸送される化学物質や感染能力の高いウイルスと蛍光色を放つ性質をもった蛍光タンパク質遺伝子を合わせたウイルスベクターを利用して，トレーサー注入箇所からの輸送路あるいは感染経路の神経細胞を染色・標識していき，神経接続を追跡したり細胞集団の観察をしたりすることができる[7]。トレーサーは細胞体から軸索終末への輸送による順行性（anterograde）のものと，軸索終末から細胞体へ向かう逆行性（retrograde）のものがあり，神経線維の投射方向の情報を得ることもできる。

マーモセット脳においては，トレーサーとして用いるウイルスに低毒性で長期にわたって遺伝子発現量が高いアデノ随伴ウイルス（adeno-associate virus：AAV）やレンチウイルス（lentivirus）が採用されている[3]。また同じ AAV でも，いくつかの血清型（Serotype）があり，同じ領域に注入しても異なる結果をもたらすことがわかっている。そのため，ベクターに用いるウイルスを決める際は，領域に適したものを検討していく必要がある。

トレーサーは数日間かけて，軸索を介しながら接続する領域へと拡散する。トレーサー拡散後は，偏光顕微鏡などによって標識された細胞の観察を行う。切片に Nissl ／ミエリン染色等の異なる免疫染色法を用いることで，目的

に応じた各領域の線維連絡の特徴を量的・質的に検討することができる。マーモセットの神経細胞を標識するものとしては、緑色（GFP）や赤色（tdTomato）蛍光タンパク質遺伝子や細胞質を青色（Fast Blue）や黄色（diamidino yellow）に染色するなどが使用されている。異なる標識色を使用し複数箇所にトレーサーを注入することで、一切片に対し多重標識も可能になっている（図6.8.6）。

また、先に述べたようにマーモセット脳は個体差があることからトレーサー注入箇所を定める際には、座標軸の基点になる眼窩や内耳、頭頂などにマーカーとなるものをつけて、事前にMRI撮像する方法が採用されてきている[8]。MRI画像における分解能（隣接する2点を識別できる最短距離）は、小動物用超高磁MRI装置で50μm～であるのに対し、光学顕微鏡は0.2μmである。このマクロからメゾスケールデータのギャップ解消にもMRIの事前撮像は有用であるといえる。

これまでのマーモセット脳における免疫染色脳切片とトレーサーによる神経細胞の標識から、トレーサー注入領域からの投射先が同じ領域であっても、投射先領域内で注入領域ごとに区分されていることがわかっている。例えば、背側前頭前野、外側前頭前野、内側前頭前野、眼窩前頭前野のそれぞれからトレーサーを注入した場合、すべての領域の神経細胞が尾状核に投射していることが観察できるが、背側前頭前野は尾状核のより背側に、外側前頭前野はより腹外側に投射し、内側や眼窩前野は吻側では重なりあっているが、尾側に向かうにつれて区分化されている[9]。前頭前野はまた視床と相互に投射し合っているが、とくに視床の背内側核（mediodorsal nucleus：MD）との神経連絡が強い。背内側核はさらに大細胞（magnocellular）層と小細胞（parvicellar）層に分割することができるが、大細胞層側には眼窩と内側前頭前野の、小細胞層側は背側と外側前頭前野の投射先となっている（図6.8.7）[9]。

2-3 ミクロスケール：電子顕微鏡（SEM）

トレーサーは主に光学顕微鏡によってトレーサーの拡散走行先を観察するケースが多いが、光学顕微鏡の場合は光の波長より小さいものをとらえることができず、ナノメートル（nm）サイズの微小な接続構造を観察することは難しい。この問題を解決するのが、光の代わりに、光よりも短い波長の電子線を利用してミクロレベルの構造をとらえる、走査電子顕微鏡である（図6.8.8）。同一個体でMRI、光学顕微鏡、そして電子顕微鏡と異なる分解能をもった

マーモセット脳データを収集することで、より深いマーモセット脳構造理解につながると期待される。

3 機　能

脳構造と機能発現がいかに対応し合うのか明らかにすることは、脳への更なる総合的な理解を深める。ヒトを含む霊長類にとって、他者との交わりはフェロモンなどの化学物質による嗅覚刺激によるものではなく、視覚（表情や身体の動き）と聴覚（鳴き声）刺激によるもので占められる。とくにマーモセットは、ヒト同様に基本的に一夫一妻制の家族でコロニーを形成し、母親だけでなく父親や兄姉も子育てに参加し、互いに協力し合う社会性をもっている。また、旧世界ザルよりも頻繁にアイコンタクトを行い、また相手に向かって発声し、鳴き声のレパートリーも多い。以上のことから、社会性行動を軸とした脳機能研究が多く行われてきている[10]。

また社会性や認知だけでなく、マーモセットの感覚入力や運動出力の機能についても研究がすすんでいる。例えば、マーモセットに道具をもたせ操作させる際には、自己身体認識の基盤となる体性感覚、外界認識の基盤となる視覚、

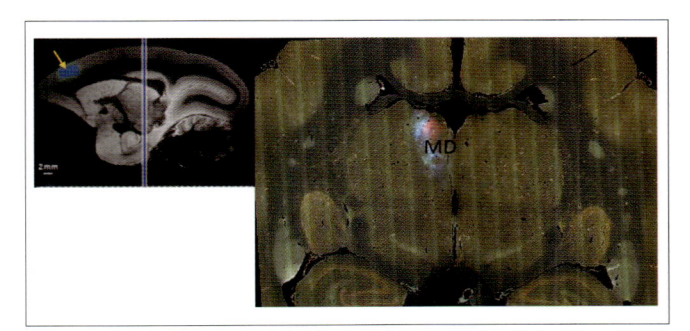

図6.8.7　背側前頭前野（黄矢印）から、視床・背内側核（MD）への投射

（理研 BSI Adam Lin 先生ご提供）

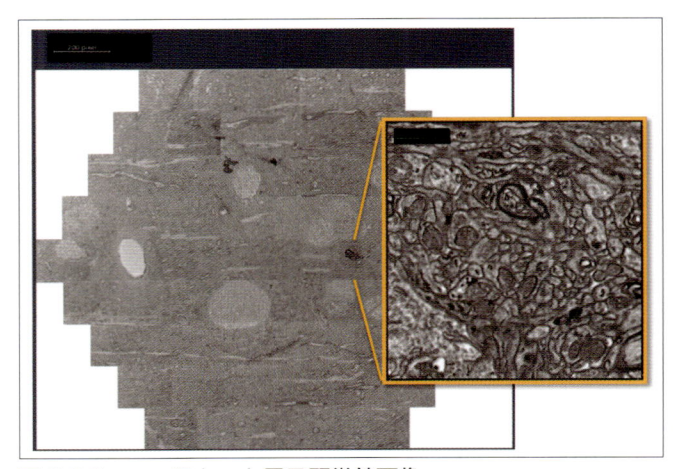

図6.8.8　マーモセット電子顕微鏡画像

（慶應義塾大学医学部電子顕微鏡教室 芝田先生ご提供）

および道具操作に必要な姿勢（座位・直立などの体軸回転），認識の基盤となる平衡感覚，などの複数感覚情報処理が必須なことが判明している。さらに，これらの情報は主に頭頂連合野や弁蓋部皮質の多種感覚皮質に引き継がれて，基本的には後の運動出力の具体化を計算する各種空間にわたる座標変換が行われていると考えられている。

マーモセットが実際に何を思い，考え行動しているかを調べる実験というのは非常に難しいことだが，行動と脳との関連を調べることで間接的に示唆していくことはできる。実際，マーモセットは道具使用訓練に伴って，各種動機付けにかかわる報酬の中枢回路の一部であると知られている脳深部の側坐核が膨大することが報告されており，これは内発的に道具操作への学習に対するやる気（動機付け）が生じていたと考えられる[11]。このように，感覚的な刺激に対する脳活動や何かしらの行動中・後にみられる脳構造や反応の変化を調べていくことでマーモセットの認知・行動も深く理解していくことができると期待される。

3-1 機能的磁気共鳴画像（fMRI）

コモンマーモセットに対して初めて fMRI の実験が行われたのは 2001 年の Ferri らがオスのマーモセットに排卵期のメスと卵巣を切除されたメスの匂いをかがせた際の脳活動の比較を行ったものである[3), 9)]。この実験では，視床下部前部の血中酸素濃度に依存する信号（BOLD 信号）が卵巣を切除されたメスの匂いでは，2 ～ 3% の変化だったのに対して排卵期のメスの匂いでは 7 ～ 9% の変化が示されたと報告している[12]。

上記の実験では匂い刺激による脳活動を調べているが，先に述べたようにマーモセットの fMRI 実験では視覚刺激による脳活動の研究がより多く，マーモセットにおける視覚処理の知識が深められてきている。例えば，マーモセットは，給水容器などの物体と，他のマーモセットの顔，身体のみ，の写真をみせられた際，上側頭溝（superior temporal sulcus：STS）に沿ったライン上に存在する V2 野／V3 野，V4 野／FST 野，そしてとくに TE 野前部・後部（anterior TE, posterior TE）の領域で他のマーモの顔をみたときの方が，他の視覚刺激よりもより強く BOLD 信号が変化し，他者の顔に対して特異的に反応する領域が存在していることが報告されている[3), 13)]。

脳は特定の刺激を与えたりや動作をさせたりしない安静時の状態でもすぐに反応できるようアイドリングしていることがわかっている。マーモセット脳においては安静時

fMRI（resting state fMRI：rsfMRI）の実験から，視覚情報処理用のネットワークが4，体性感覚情報処理用に2，高次機能処理に4，その他基底核ネットワーク，小脳ネットワークの計12のネットワークがアイドリング状態であると報告されている[14]。

また別の研究で，これらのネットワーク同士は，前部帯状回，線条体，視床，外側中隔核，脳梁膨大皮質などを通じてさらに繋がりあっているとの報告もされている[15]。

3-2 ECoG

ECoG 電極は脳表面に置かれた電極から，電極周辺の局所電位を記録する技術である。その電位は電極周辺の細胞集団活動を反映するといわれており，マクロな神経活動を明らかにするのに適している[1]。とくに，電極を広い範囲に配置し高い時間解像度で記録することが容易である。

fMRI で述べた顔画像特異的に反応する領域は同グループで行われた ECoG でも一致した領域での反応がみられると報告されている[16]。

3-3 カルシウムイメージング：GECI/GCamp

神経細胞から次の神経細胞へ活動電位が伝わる際には，電位依存性カルシウムチャネルが開口し，カルシウムイオンが流入する。カルシウムイオンは神経伝達物質を含有する小包と結合し神経伝達物質を放出し，次の神経細胞にさらなる活動電位を生じさせる。

Genetically encoded calcium indicator：GECIs カルシウムイオン結合箇所に蛍光を放つ性質をもった分子である。GCaMP は GECI の仲間でカルシウム結合タンパク質であるカルモジュリン（calmodulin）に GFP などの蛍光タンパクを融合させた分子で，トレーサー同様にウイルスベクターを利用して観察したい領域に注入する。カルシウムの動態を二光子励起顕微鏡で観察することで神経細胞の観察を調べることができる[3), 10)]。

光子励起顕微鏡は，光子の高い密度を集めることで，焦点以外の箇所は光の密度が十分でなくなる。そのため，レーザー光は脳表面を通り抜け深部（数 μm ～ 1mm）の観察が可能となる。深部までの観察が可能なため皮質層内の神経細胞間の機能接続の観察することができ，新たな機能イメージングとして期待されている。

4 継時的構造変化

脳マッピングでは発達や加齢による神経回路網の変化

や，また神経変性を伴うような疾患の進行や治療による効果や予後の変化を継時的にとらえていく研究も含まれる。とくに MRI は非侵襲的な方法で脳情報を取得できることから，同一個体での変化を追っていくことを可能とする。マーモセット脳における灰白質や白質，皮質，皮質下の T1・T2 強調画像から得られる体積や拡散強調画像から得られる値の発達に伴う変化は，とくに生後 3 カ月間が最も大きく，灰白質体積においては生後 6 カ月あたりから減少がみられ始め非線形な変化をすることが報告されている [17), 18)]。

　組織学や遺伝子学的にも，Area8，14，24 のシナプス数と樹状突起の広がりの変化を 1，2，3，6 カ月齢で比較した研究で，生後 2 ～ 3 カ月に樹状突起が最も広い広がりをもち [19)]，シナプス刈り込みに関係すると思われる遺伝子発現量の変化が生後 6 カ月でみられ，MRI データとも一致している [20)]。

5 脳マッピングデータベース化と公開

　限られた資源の中で，マーモセット脳の全容を解明していくには，世界に点在する研究グループが互いの手法やデータを共有していくことが重要であるが，論文などの文献だけでは限界がある。また，各データ種の欠点（分解能，観察範囲など）を互いに補い総合的な情報を収集していくことが脳マッピング研究には必要不可欠である [1), 7)]。そこで，現在では研究データ自体を共有できるようデータベースや発表されたデータが公開されてきている。

　下記のリンクが，2017 年現在マーモセット脳データとして公開されているものである。

Brain Atlas of Common Marmoset [2)]
http://udn.nichd.nih.gov/brainatlas_home.html

Marmoset Brain Architecture [8)]
http://marmoset.braincircuits.org

■ 参考文献 ■

1) Okano H, *et al*. : Brain/MINDS: Phil Trans, 2015; **370**(1668): 20140310.
2) Newman JD, *et al*. : Brain Res Rev, 2009; **62**(1): 1-18.
3) Silva AC.: Dev Neurobiol, 2017; **77**(3): 373-389.
4) Beevor CE: Phil Trans, 1891; **182**: 135-199.
5) Brodman K: Brodmann's localisation in the cerebral cortex (Garey LW tans). 1994.
6) Hashikawa T, *et al*. : Neurosci Res, 2015, **93**: 116-127.
7) Majka P, *et al*. : J Comp Neurol. 2016; **524**(11): 2161 doi: 10. 1002/cne. 24023.
8) Inaki-Carril, *et al*. : Nat Protoc, 2016; **11**(7): 1299-1308.
9) Roberts AC, *et al*. : J Comp Neurol, 2007; **502**(1): 86-112.
10) Miller CT, *et al*. : Neuron, 2016; **90**(2): 219-233.
11) Yamazaki Y, *et al*. : Scientific reports, 2016; **6**: 31084.
12) Ferris CF, *et al*. : Neuroreport, 2001; **12**(10): 2231-2236.
13) Hung CC, *et al*. : Neuroimage, 2015; **120**: 1-11.
14) Belcher AM, *et al*. : Neurosci, 2013; **33**(42): 16796-16804.
15) Belcher AM, *et al*. : Front Integr Neurosc, 2016; **10**:9
16) Hung CC, *et al*. : J Neuro, 2015; **35**(3): 1160-1172.
17) Seki F, *et al*. : Neuroscience, 2017; **364**: 143-156.
18) Uematsu A, *et al*. : NeuroImage, 2017; **163**: 55-67.
19) Sasaki T, *et al*. : Brain Structure and Function, 2015; **220**(6): 3245-3258.
20) Sasaki T, *et al*. : BBRC, 2014; **444**(3): 302-306.

付　録

表1　マーモセットで利用可能な主な抗体リスト

抗原名	抗原種	免疫動物	クラス	クローン	メーカー	WB	適用 IHC	FACS
α Smooth Muscle Actin	Human	Mouse	IgG2a, κ	1A4	Nichirei		○	
α-Amylase	Human	Mouse	—	Polyclonal	abcam		○	
β-actin	Mouse	Mouse	IgG1	AC-15	Merck (Sigma)	○		
β-Catenin	Human	Rabbit	IgG	mAb, D10A8	Cell Signaling Technology	○		
β-Tubulin III	Human	Mouse	IgG2b	SDL.3D10	Merck (Sigma)		○	
c-kit	Marmoset	Mouse	IgG1κ	Mar 117-22	Oriental Yeast			○
c-kit	Human	Rabbit	IgG	YR145	abcam		○	
CaMK2	Rat	Mouse	IgG1	6G9	Merck (Millipore)		○	
Caspase-3 (Asp175)	Human	Rabbit	—	Polyclonal	Cell Signaling Technology		○	
CD2	Human	Mouse	IgG1κ	RPA-2.10	BioLegend			○
CD3	Human	Mouse	IgG1λ	SP34-2	BD			○
CD3	Human	Rabbit	IgG	SP7	Nichirei		○	
CD4	Human	Mouse	IgG1κ	SK3	BioLegend			○
CD4	Marmoset	Mouse	IgG1κ	Mar 4-33	Oriental Yeast			○
CD8	Marmoset	Mouse	IgG1	6F10	BioLegend	○	○	○
CD11b	Human	Rabbit	IgG	EP1345Y	abcam		○	
CD14	Human	Mouse	IgG2a, κ	M5E2	BioLegend			○
CD20 (MS4A1)	Human	Mouse	IgG1	B-Ly1	Abnova			○
CD25	Marmoset	Mouse	IgG1κ	Mar 25-3	Oriental Yeast			○
CD335(NKp46)	Human	Mouse	IgG1	BAB281	Beckman Coulter			○
CD34	Marmoset	Mouse	IgMκ	MA24	Oriental Yeast			○
CD45	Marmoset	Mouse	IgG1	6C9	BioLegend	○	○	○
CD49f	Human	Rat	IgG2a	GoH3	BD			○
CD90	Human	Mouse	IgG1	5E 10	BD			○
Cytokeratin	Human	Mouse	IgG1κ	AE1/AE3	Leica Biosystems		○	
DDX4/MVH	Human	Rabbit	—	Polyclonal	abcam		○	
Desmin	Human	Mouse	IgG1	D33	Nichirei		○	
DNMT3L	Human	Rabbit	IgG	EPR18774	abcam		○	
E-Cadherin	Human	Rabbit	IgG	24E10	Cell Signaling Technology	○	○	
GATA-4	Mouse	Goat	IgG	polyclonal	Santa Cruz Biotechnology		○	
GATA-4	Human	Mouse	IgG2a, κ	G-4	Santa Cruz Biotechnology		○	
GATA-6	Human	Goat	IgG	Polyclonal	R&D Systems		○	
GFAP	Human	Mouse	IgG1	6F2	Agilent (Dako)		○	
Golgi protein	Human	Rabbit	IgG	EPR7908	abcam		○	
H3K27me3	Human	Rabbit	IgG	Polyclonal	Merck (Millipore)		○	
HepatoC	Human	Mouse	IgG1κ	OCH1E5	Agilent (Dako)		○	

表 1 マーモセットで利用可能な主な抗体リスト （続き）

抗原名	抗原種	免疫動物	クラス	クローン	メーカー	WB	適用 IHC	FACS
HLA	Human	Mouse	IgG1	EMR8-5 (HOKUDO)	COSMO BIO	○		
Iba1	—	Rabbit	IgG	Polyclonal	Wako	○		
Iba1	Human	Rabbit	IgG	EPR6136(2)	abcam	○		
IFN-γ	Marmoset	Mouse	IgG1κ	5G3	Oriental Yeast			○
IgG (H&L chain)	Human	Rabbit	—	Polyclonal	abcam	○		
IgM (mu chain)	Monkey	Goat	—	Polyclonal	Rockland	○		
IL-4	Marmoset	Mouse	IgG2a, κ	1E10C4	Oriental Yeast			○
Insulin Receptor beta	Human	Mouse	IgG1	C18C4	abcam	○	○	○
Ki-67	Human	Mouse	IgG1κ	MIB-1	Agilent (Dako)		○	
Lin28A (A177)	Human	Rabbit	—	polyclonal	Cell Signaling Technology		○	
MageA3	Human	Mouse	IgG1κ	57B	Merck (Millipore)		○	
Mitochondria	Human	Mouse	IgG1	113-1	Merck (Millipore)		○	
Nanog	Human	Mouse	IgG1κ	1E6C4	Cell Signaling Technology		○	
Neurofilament Protein	Human	Mouse	—	2F11	Agilent (Dako)		○	
OCT3/4	Human	Rabbit	IgG	H-134	Santa Cruz		○	
OCT3/4	Human	Mouse	IgG2b	C10	Santa Cruz		○	
Olig1	Human	Mouse	IgG2b	257219	R&D SYSTEMS		○	
p44/42 MAPK (Erk1/2)	Rat	Rabbit	—	Polyclonal	Cell Signaling Technology	○		
PCNA	Rat	Mouse	IgG2a, κ	PC10	Agilent (Dako)		○	
Phospho-p44/42 MAPK (Erk1/2) (Thr202/Tyr204)	Human	Rabbit	IgG	Polyclonal	Cell Signaling Technology	○		
phospho-Histone H2A.X (Ser139)	Mouse	Mouse	IgG1	JBW301	Merck (Millipore)		○	
S-100	Cow	Rabbit	—	Polyclonal	Leica Biosystems		○	
Sall4	Human	Mouse	—	Polyclonal	abcam		○	
Sox2	Human	Mouse	IgG1	L1D6A2	Cell Signaling Technology		○	
SSEA4	Human	Mouse	IgG3	MC813	abcam		○	
Stat3	Mouse	Rabbit	—	Polyclonal	Santa Cruz	○		
TdT	—	Mouse	IgG1κ	7UNA8U6	Thermo Fisher (eBioscience)		○	
TRA1-60	Human	Mouse	IgM	TRA-1-60	Merck (Millipore)		○	
TRA1-60	Human	Mouse	IgM	TRA-1-60	Thermo Fisher		○	
TRA1-81	Human	Mouse	IgM	TRA-1-81	Merck (Millipore)		○	
Tyrosine Hydroxylase	Rat	Rabbit	—	Polyclonal	Merck (Millipore)		○	
UTF1	Human	Mouse	IgG1κ	5G10.2	Merck (Millipore)		○	
VASA	Human	Goat	IgG	Polyclonal, AF2030	R&D Systems		○	
Vimentin	Pig	Mouse	IgG1κ	V9	Thermo Fisher (Zymed)		○	
Vimentin	Human	Rabbit	IgG	SP20	Nichirei		○	
製造中止のため削除								
N-Cadherin	Human	Mouse	—	6G11	Agilent (Dako)		○	
E-Cadherin	Human	Rabbit	—	Polyclonal	Cell Signaling Technology	○		

表2 マーモセット研究に役立つウェブサイト[§]

ウェブサイト名	提供内容	URL
日本マーモセット研究会	医学・生命科学分野のマーモセット研究者のコミュニティ	http://jsmr-marmoset.net/
日本クレア株式会社	マーモセットおよび飼育関連器材の購入，背景データなど	http://www.clea-japan.com/animalpege/a_1/g_01.html
Common Marmoset Care	マーモセットの生態や飼育方法について〈英国のサイト〉	http://www.marmosetcare.com/
理研 BRC 遺伝子材料開発室ホームページ	マーモセット EST クローンの提供	http://dna.brc.riken.jp/ja/clonesetja/marmosetja
理研 BRC 細胞材料開発室ホームページ	マーモセット ES 細胞の提供	http://www2.brc.riken.jp/lab/cell/detail.cgi?cell_no=AES0166&type=1
UCSC Genome Browser Gateway	マーモセットゲノムブラウザー	https://genome.ucsc.edu/cgi-bin/hgGateway?org=Marmoset&db=0&redirect=manual&source=genome.ucsc.edu
	(ミラーサイト)	https://genome-asia.ucsc.edu/cgi-bin/hgGateway?org=Marmoset&db=0&redirect=manual&source=genome.ucsc.edu
NIH NHP Reagent Resource	マーモセットで利用可能な抗体の情報など	http://www.nhpreagents.org/NHP/contact.aspx
Marmoset Brain Architecture	マーモセット脳の結合性アトラス切片アトラスの pdf も有り	http://marmoset.braincircuits.org
BSI-NI-Marmoset Laboratory for Symbolic Cognitive Development	3D の脳アトラスの閲覧、MRI 標準脳テンプレートの提供	http://brainatlas.brain.riken.jp/marmoset/
Brain / MINDS data portal　AMED 革新脳プロジェクト		
Marmoset gene atlas	マーモセット脳の遺伝子発現アトラス (ISH)	https://gene-atlas.bminds.brain.riken.jp/gene-list/
Marmoset structural map	マーモセット脳構造マップ	https://www.bminds.brain.riken.jp/th/2121
Marmoset Reference Brain	マーモセット 3D 組織・MRI 画像アトラス	https://www.bminds.brain.riken.jp/th/1493
Marmoset MRI	マーモセット脳形態・神経構造の MRI 画像	https://www.bminds.brain.riken.jp/th/1494
Marmoset Tracer Projects	マーモセット脳結合性マップ	https://www.bminds.brain.riken.jp/th/1495

[§]本ページに紹介してある URL は p.64 に記載してある https//www.ciea.or.jp/marmo_protocol/ または QR コードよりアクセスできます。

索　引

マーモセットラボマニュアル
はじめての取扱いから研究最前線まで

2018 年 10 月 31 日　発　行

監　修　　佐々木えりか

編　集　　井上貴史・黒滝陽子・三木理雅

発行所　　**株式会社アドスリー**
〒 164-0003　東京都中野区東中野 4-27-37
TEL（03）5925-2840／FAX（03）5925-2913
principle@adthree.com
https://www.adthree.com

発売所　　**丸善出版株式会社**
〒 101-0051 東京都千代田区神田神保町 2-17
TEL（03）3512-3256／FAX（03）3512-3270
https://www.maruzen-publishing.co.jp

© 2018, Printed in Japan

印刷・製本　日経印刷株式会社

ISBN 978-4-904419-78-6　C3047